Eberhard Ehlers
Chemie I Prüfungsfragen 1979 – 2002

W0098118

Chemie I
Prüfungsfragen
1979 – 2002

Originalfragen mit Antworten zur
allgemeinen und anorganischen Chemie
des 1. Abschnitts der Pharmazeutischen Prüfung

von Eberhard Ehlers

Deutscher Apotheker Verlag Stuttgart 2003

Wissen & Praxis

Anschrift des Autors:

Privatdozent Dr. Eberhard Ehlers
Lorsbacher Str. 54 B
65719 Hofheim

Ein Warenzeichen kann warenrechtlich geschützt sein, auch wenn ein Hinweis auf etwa beste-
hende Schutzrechte fehlt.

Bibliografische Information der Deutschen Bibliothek

Die Deutsche Bibliothek verzeichnet diese Publikation in der Deutschen Nationalbibliografie;
detaillierte bibliografische Daten sind im Internet unter http://dnb.ddb.de abrufbar.

ISBN 3-7692-3279-8

Jede Verwertung des Werkes außerhalb der Grenzen des Urheberrechtsgesetzes ist unzulässig
und strafbar. Das gilt insbesondere für Übersetzungen, Nachdrucke, Mikroverfilmungen oder
vergleichbare Verfahren sowie für die Speicherung in Datenverarbeitungsanlagen.

© 2003 Deutscher Apotheker Verlag Stuttgart
Birkenwaldstr. 44, 70191 Stuttgart
Printed in Germany
Satz: primustype R. Hurler GmbH, Notzingen
Druck und Bindung: Bosch-Druck, Landshut/Ergolding
Umschlaggestaltung: Atelier Schäfer, Esslingen

Vorwort

Die vorliegende Auflage der Chemie I besteht aus zwei Bänden, einem Band mit den offiziellen Multiple-Choice-Fragen und einem zweiten Band in Form eines Kurzlehrbuches mit kommentierenden Querverweisen auf die gestellten Fragen.

Der erste Abschnitt des MC-Fragenbandes enthält 1235 Prüfungsfragen zur allgemeinen und anorganischen Chemie bis einschließlich Frühjahr 1992. Diese Fragen sind nach den Themen der Prüfungsstoffliste (Anlage 13) für den 1. Abschnitt der Pharmazeutischen Prüfung geordnet und untergliedern sich in 13 Kapitel mit Fragen zur allgemeinen Chemie und weiteren 10 Kapiteln mit Fragen zur anorganischen Chemie. Fragen, die in identischer Form wiederholt gestellt wurden, sind mit einem Kreuz (+) gekennzeichnet.

Ein zweiter Abschnitt des MC-Fragenbandes enthält zusätzlich noch 683 Prüfungsfragen zur allgemeinen und anorganischen Chemie aus den Originalprüfungen von Herbst 1992 bis einschließlich Herbst 2002 mit wechselndem Fragentyp. Aufgaben jüngerer Prüfungen sind zusätzlich noch in die Themenbereiche allgemeine Chemie und anorganische Chemie untergliedert. Altfragen, die in diesen Prüfungen erneut gestellt wurden, sind nicht mehr aufgelistet worden, werden aber am Ende des jeweiligen Prüfungsabschnittes explizit erwähnt. An diesen Fragen kann die aktuelle Prüfungssituation mit variierenden Sachthemen und wechselnden Aufgabentypen geübt werden.

Ich hoffe, daß die Chemie I in ihrer jetzigen Gestaltung bei den jeweiligen Examensvorbereitungen nützliche Dienste leisten kann und wünsche allen Studenten viel Erfolg bei der MC-Prüfung bzw. den jeweiligen Semesterabschlußprüfungen.

Hofheim, im Frühjahr 2003   Dr. Eberhard Ehlers

Inhaltsverzeichnis

1. Allgemeine Chemie

1.1 Atombau 3

1.1.1 Elementarteilchen 3
1.1.2 Isotope 7
1.1.3 Radioaktiver Zerfall und Strahlungsarten 8
1.1.4 Atommodelle 14
1.1.5 Elektronenbesetzung der Orbitale 16
1.1.6 Angeregte Atome 17

1.2 Periodensystem der Elemente 20

1.2.1 Perioden, Gruppen .... .20
1.2.2 Hauptgruppenelemente, Nebengruppenelemente 20
1.2.3 Elektronenkonfiguration 23
1.2.4 Periodische Eigenschaften der Elemente 24
1.2.5 Elektronegativität 25

1.3 Ionenbindung 27

1.3.1 Bildung von Ionen und Ionengittern 27
1.3.2 Gitterenergie, Kristallstrukturen, Mischkristalle 28
1.3.3 Physikalische und chemische Eigenschaften von Ionenverbindungen 29

1.4 Kovalente Bindung 32

1.4.1 Elektronenpaarbindung, Oktettregel 32
1.4.2 VB-Methode 33
1.4.3 Bindungsparameter und Bindungsordnung 35
1.4.4 MO-Methode 36
1.4.5 Polare Atombindungen 38

1.5 Koordinative Bindung 40

1.5.1 Nomenklatur von Komplexen 40
1.5.2 Koordinationszahl und Struktur von Komplexen 40
1.5.3 Bildung, Stabilität und Eigenschaften von Komplexen 42
1.5.4 Liganden, Chelatkomplexe 43
1.5.5 Ligandenfeldtheorie 44

1.6   **Metallische Bindung** 46

1.6.1   Bildung von Metallen und Halbmetallen 46
1.6.2   Eigenschaften von Metallen und Halbmetallen 46

1.7   **Zwischenmolekulare Bindungskräfte** 50

1.7.1   Dipol-Dipol-Wechselwirkungen, van der Waals-Kräfte 50
1.7.2   Ionen-Dipol-Kräfte, ioneninduzierte Dipolkräfte 50
1.7.3   Wasserstoffbrückenbindung 51

1.8   **Zustandsformen der Materie, Lösungen und heterogene Systeme** 53

1.8.1   Grundbegriffe der Wärmelehre 53
1.8.2   Aggregatzustände der Materie 54
1.8.3   Der gasförmige Aggregatzustand, Gasgesetze 57
1.8.4   Der flüssige Aggregatzustand, Dampfdruck 61
1.8.5   Der feste Aggregatzustand 64
1.8.6   Mehrphasensysteme, Zustandsdiagramme 64
1.8.7   Lösungen, Solvatation 67
1.8.8   Konzentrationsabhängige Eigenschaften von Lösungen 67
1.8.9   Elektrolytlösungen 71

1.9   **Grundlagen der Thermodynamik** 72

1.9.1   Offene und geschlossene Systeme 72
1.9.2   Zustandsgrößen geschlossener Systeme 72
1.9.3   1. Hauptsatz der Thermodynamik 72
1.9.4   2. Hauptsatz der Thermodynamik 76
1.9.5   3. Hauptsatz der Thermodynamik 76
1.9.6   Gibbs-Helmholtz-Gleichung 78
1.9.7   Kriterien für den Reaktionsablauf in geschlossenen Systemen 78

1.10   **Chemisches Gleichgewicht** 81

1.10.1 Kriterien des Gleichgewichtszustandes 81
1.10.2 Beschreibung der Gleichgewichtslage 81
1.10.3 Abhängigkeit der Gleichgewichtslage 82
1.10.4 Heterogene Gleichgewichte 83
1.10.5 Andere Gleichgewichte 84

1.11   **Säure-Base-Systeme** 85

1.11.1 Säure-Base-Begriffe 85
1.11.2 Protolysegleichgewicht des Wassers 87
1.11.3 Stärke von Säuren und Basen 88
1.11.4 Nichtwäßrige Systeme 92
1.11.5 Puffersysteme 93

1.12   **Redox-Systeme** 95

1.12.1 Oxidation und Reduktion 95
1.12.2 Redoxpotential 99
1.12.3 Voraussage von Redoxvorgängen 101

1.13   Reaktionskinetik 103

1.13.1 Thermodynamische und kinetische Stabilität; Metastabilität 103
1.13.2 Reaktionsgeschwindigkeit und Reaktionsordnung 103
1.13.3 Reaktionsmolekularität 106
1.13.4 Reaktionsdiagramme, Reaktionskontrolle 106
1.13.5 Katalyse 108

2. Anorganische Chemie

2.1   Edelgase 113

2.1.1   Vorkommen, Gewinnung, Reaktivität und Anwendung 113

2.2   Wasserstoff 115

2.2.1   Gewinnung und Bildung von Wasserstoff 115
2.2.2   Wasserstoffisotope 116
2.2.3   Eigenschaften und Reaktionen 117
2.2.4   Wasserstoffverbindungen 118

2.3   Halogene 120

2.3.1   Vorkommen und Gewinnung der Elemente 120
2.3.2   Eigenschaften der Elemente 121
2.3.3   Halogenwasserstoffe 123
2.3.4   Halogenide und kovalente Halogenverbindungen 124
2.3.5   Interhalogenverbindungen 124
2.3.6   Halogensauerstoffsäuren 125
2.3.7   Halogenverbindungen von Hauptgruppenelementen 125
2.3.8   Pseudohalogene, Pseudohalogenide und Pseudohalogenwasserstoffe 125

2.4   Chalkogene 127

2.4.1   Sauerstoff 127
2.4.2   Wasserstoffperoxid, Peroxoverbindungen 128
2.4.3   Wasser 130
2.4.4   Metalloxide, Nichtmetalloxide, Oxokomplexe 131
2.4.5   Schwefel 131
2.4.6   Schwefelwasserstoff und Sulfide 132
2.4.7   Schwefeloxide und Schwefelhalogenverbindungen 133
2.4.8   Sauerstoffsäuren des Schwefels 133

2.5   Stickstoffgruppe 136

2.5.1   Stickstoff 136
2.5.2   Ammoniak 136
2.5.3   Hydrazin 137
2.5.4   Stickstoffwasserstoffsäure 138
2.5.5   Hydroxylamin 138
2.5.6   Halogenverbindungen des Stickstoffs 138
2.5.7   Stickstoffoxide 138
2.5.8   Salpetrige Säure 140

2.5.9 Salpetersäure 140
2.5.10 Phosphor 141
2.5.11 Phosphane (Phosphorwasserstoffe) 141
2.5.12 Halogen- und Schwefelverbindungen des Phosphors 142
2.5.13 Phosphoroxide 142
2.5.14 Phosphinsäure (Hypophosphorige Säure) 143
2.5.15 Phosphonsäure (Phosphorige Säure) 143
2.5.16 Phosphorsäure 143
2.5.17 Arsen, Antimon und Bismut 144

2.6 **Kohlenstoffgruppe** 147

2.6.1 Kohlenstoff 147
2.6.2 Kohlenmonoxid 148
2.6.3 Kohlendioxid, Kohlensäure und Derivate 149
2.6.4 Silicium, Halogen- und Schwefelverbindungen des Siliciums 151
2.6.5 Sauerstoffverbindungen des Siliciums 152
2.6.6 Silicone 152
2.6.7 Zinn und Blei 153

2.7 **Borgruppe** 155

2.7.1 Bor 155
2.7.2 Wasserstoffverbindungen des Bors 156
2.7.3 Sauerstoffverbindungen des Bors 157
2.7.4 Halogenverbindungen des Bors 158
2.7.5 Aluminium 158
2.7.6 Verbindungen des Aluminiums 158

2.8 **Erdalkalimetalle** 160

2.8.1 Elemente 160
2.8.2 Verbindungen 160

2.9 **Alkalimetalle** 162

2.9.1 Elemente 162
2.9.2 Verbindungen 164

2.10 **Nebengruppenelemente, insbesondere Elemente der ersten Übergangsreihe** 165

2.10.1 Allgemeines über Nebengruppenelemente 165
2.10.2 Elemente der ersten Übergangsreihe 165

2.11 **Elemente der ersten und zweiten Nebengruppe** 167

2.11.1 Elemente der Kupfergruppe 167
2.11.2 Elemente der Zinkgruppe 168

2.12 **Platinmetalle** 169

2.13 **Nomenklatur anorganischer Verbindungen** 170

Prüfungsfragen vom Herbst 1992 171

Prüfungsfragen vom Frühjahr 1993 176

Prüfungsfragen vom Herbst 1993 180

Prüfungsfragen vom Frühjahr 1994 184

Prüfungsfragen vom Herbst 1994 187

Prüfungsfragen vom Frühjahr 1995 191

Prüfungsfragen vom Herbst 1995 195

Prüfungsfragen vom Frühjahr 1996 199

Prüfungsfragen vom Herbst 1996 202

Prüfungsfragen vom Frühjahr 1997 206

Prüfungsfragen vom Herbst 1997 208

Prüfungsfragen vom Frühjahr 1998 212

Prüfungsfragen vom Herbst 1998 215

Prüfungsfragen vom Frühjahr 1999 218

Prüfungsfragen vom Herbst 1999 223

Prüfungsfragen vom Frühjahr 2000 229

Prüfungsfragen vom Herbst 2000 235

Prüfungsfragen vom Frühjahr 2001 241

Prüfungsfragen vom Herbst 2001 245

Prüfungsfragen vom Frühjahr 2002 248

Prüfungsfragen vom Herbst 2002 252

Lösungen der MC-Fragen 255

Anmerkungen zu einzelnen MC-Fragen 265

Erklärung der Aufgabentypen 266

1. Allgemeine Chemie

1.1 Atombau

(siehe Ehlers, Chemie I-Kurzlehrbuch)

1.1.1 Elementarteilchen

Aufbau der Atome

1 Welche Aussagen über Kernbausteine treffen zu?

(1) Ein Neutron besitzt eine größere Masse als ein Proton.
(2) Ein Proton kann aus einem Neutron entstehen.
(3) Ein Neutron kann aus einem Proton entstehen.
(4) Die Molmasse von 1 Mol Protonen ist größer als die von 1 Mol Wasserstoffatomen.

(A) nur 1 ist richtig
(B) nur 2 ist richtig
(C) nur 2 und 4 sind richtig
(D) nur 1, 2 und 3 sind richtig
(E) 1–4 = alle sind richtig

2+ Welche Aussage über die beiden Kernbausteine Proton und Neutron trifft **nicht** zu?

(A) Freie Neutronen sind instabil und zerfallen nach relativ kurzer Zeit unter anderem in Protonen und Elektronen.
(B) Freie Neutronen lassen sich aus leichten Elementen (Li, Be, B) durch Bestrahlung mit α-Teilchen gewinnen.
(C) Das Neutron hat eine etwas geringere Masse als das Proton.
(D) Aus einem Proton kann unter geeigneten Bedingungen ein Neutron entstehen.
(E) Außer Proton und Neutron existieren noch andere Elementarteilchen.

3 Welche der folgenden Aussagen über den Aufbau der Atome (normaler Materie) trifft **nicht** zu?

(A) Atomkerne sind stets positiv geladen.
(B) Atomkerne enthalten stets Neutronen.
(C) Atomkerne enthalten stets Protonen.
(D) Die Atomhülle besteht aus Elektronen.
(E) Die Atomhülle ist stets negativ geladen.

4 Welche der folgenden Aussagen über den Aufbau der Atome trifft **nicht** zu?

(A) Atomkerne sind negativ geladen.
(B) Die Masse der Atomkerne stimmt nahezu mit der gesamten Atommasse überein.
(C) Ein Kern des Heliumnuclids $_2^4$He enthält zwei Protonen und zwei Neutronen.
(D) Mit Ausnahme des Wasserstoffatoms $_1^1$H enthalten stabile Atomkerne stets Neutronen.
(E) Die Atomhülle besteht aus Elektronen.

5 Welche der folgenden Aussagen treffen zu?

(1) Atomkerne enthalten als Bausteine Protonen, Neutronen und Elektronen.
(2) Die Masse eines Elektrons ist kleiner als die Masse eines Protons.
(3) Die Massenzahl der Nuclide ist gleich der Zahl ihrer Protonen.
(4) Isotope Nuclide eines Elements unterscheiden sich in der Zahl der Neutronen im Kern.

(A) nur 1 und 3 sind richtig
(B) nur 2 und 3 sind richtig
(C) nur 2 und 4 sind richtig
(D) nur 3 und 4 sind richtig
(E) nur 1, 2 und 4 sind richtig

6 Welche der folgenden Aussagen treffen zu?

(1) Die Masse eines Atoms ist überwiegend in seinem Kern vereinigt.

(2) Einzelne Atome lassen sich lichtmikroskopisch gerade noch abbilden.

(3) Die Radien einzelner Atome liegen in der Größenordnung 10^{-6} m.

(A) nur 1 ist richtig
(B) nur 2 ist richtig
(C) nur 1 und 2 sind richtig
(D) nur 1 und 3 sind richtig
(E) nur 2 und 3 sind richtig

7⁺ Welche der folgenden Aussagen treffen zu?

(1) In der Natur kommen elektrisch neutrale Atome verschiedener chemischer Elemente vor.

(2) Alle Arten von Atomen lassen sich ionisieren.

(3) Atome lassen sich (abgesehen von der Ionisation) chemisch nicht weiter aufteilen.

(4) Atome lassen sich mit ultraviolettem Licht abbilden.

(A) nur 1 und 3 sind richtig
(B) nur 1, 2 und 3 sind richtig
(C) nur 1, 2 und 4 sind richtig
(D) nur 2, 3 und 4 sind richtig
(E) 1–4 = alle sind richtig

8 Welche Aussagen über Nucleonen treffen zu?

(1) Die Masse eines Protons entspricht etwa einer atomaren Masseneinheit.

(2) Der Radius eines Protons liegt in der Größenordnung 0,1 nm.

(3) Bei der Umwandlung von Neutronen in Protonen werden Elektronen frei.

(A) nur 1 ist richtig
(B) nur 2 ist richtig
(C) nur 3 ist richtig
(D) nur 1 und 3 sind richtig
(E) 1–3 = alle sind richtig

9⁺ Neutronen können (in einer Radium-Beryllium-Quelle) gemäß folgender Reaktionsgleichung

$$^{9}_{4}\text{Be} + ^{4}_{2}\text{He} \longrightarrow \bigcirc + ^{1}_{0}\text{n}$$

erzeugt werden.

Welches Nuclid muß an Stelle des Kreises eingesetzt werden?

(A) $^{226}_{88}\text{Ra}$
(B) $^{14}_{7}\text{N}$
(C) $^{13}_{6}\text{C}$
(D) $^{12}_{6}\text{C}$
(E) $^{9}_{4}\text{Be}$

10 Welche Aussage über Neutronen trifft **nicht** zu?

(A) Neutronen haben näherungsweise die gleiche Masse wie Protonen.

(B) Neutronen sind gut geeignet zur Einleitung von Kernreaktionen.

(C) Neutronen sind gut geeignet zur Herstellung kurzlebiger radioaktiver Nuclide.

(D) Neutronen können durch das Coulombfeld eines Atomkerns angezogen werden.

(E) Isotope Nuclide des gleichen Elements enthalten im Kern unterschiedlich viele Neutronen.

11 Welche der folgenden Aussagen trifft auf Neutronen **nicht** zu?

(A) In einem elektrischen Feld werden Neutronen beschleunigt.

(B) Neutronen kommen als Bausteine der Atomkerne vor.

(C) Neutronen sind elektrisch neutrale Elementarteilchen.

(D) Die Masse des Neutrons ist etwas größer als die Masse des Protons.

(E) Neutronen entstehen bei der künstlichen Spaltung des Uranisotops ^{235}U.

12 Welche Aussage trifft für Elektronen **nicht** zu?

(A) Elektronen tragen eine negative Elementarladung.

(B) Elektronen haben eine kleinere Masse als Protonen.

(C) Elektronen können in elektrischen und magnetischen Feldern beschleunigt werden.

(D) Elektronen werden beim radioaktiven β^{-}-Zerfall emittiert.

(E) Isotope Nuclide des gleichen Elements enthalten im Kern verschieden viele Elektronen.

Elementarladung, Atommassen

13 Welche der folgenden Aussagen treffen zu?
Die Elementarladung

(1) tritt als positive Ladung auf
(2) tritt als negative Ladung auf
(3) hängt im Massenspektrographen von der Geschwindigkeit der Ionen ab

(A) nur 1 ist richtig
(B) nur 2 ist richtig
(C) nur 1 und 2 sind richtig
(D) nur 2 und 3 sind richtig
(E) 1–3 = alle sind richtig

14 Welche der folgenden Aussagen treffen zu?
Die Elementarladung

(1) läßt sich in der Einheit Coulomb darstellen
(2) tritt bei Elektronen auf
(3) beträgt etwa $1,6 \cdot 10^{-19}$ A · s

(A) nur 1 ist richtig
(B) nur 3 ist richtig
(C) nur 1 und 2 sind richtig
(D) nur 2 und 3 sind richtig
(E) 1–3 = alle sind richtig

15 Welche Aussage zur Elementarladung trifft **nicht** zu?

(A) Ihr Wert beträgt etwa $1,6 \cdot 10^{-19}$ A · s.
(B) Die Ladung des Cl^--Ions beträgt −e.
(C) Die Ladung eines Cu^{++}-Ions beträgt +e.
(D) e = Faraday-Konstante/Avogadro-Konstante.
(E) Die kinetische Energie eines Elektrons, das mit der Spannung 1 V beschleunigt wurde, beträgt 1 eV.

16 Ein (nicht angeregtes) Atom nimmt ein Volumen ein in der Größenordnung von

(A) 10^{-10} m³
(B) 10^{-19} m³
(C) 10^{-23} m³
(D) 10^{-29} m³
(E) 10^{-42} m³

17 Welche Aussage trifft zu?
Die relativen Atommassen sind definitionsgemäß (nach IUPAC)

(A) Vielfache der Masse des Wasserstoffnuclids $^1_1$H
(B) Vielfache des zwölften Teils der Masse des Kohlenstoffnuclids $^{12}_6$C
(C) Vielfache des vierzehnten Teils der Masse des Kohlenstoffnuclids $^{14}_6$C
(D) Vielfache des sechzehnten Teils der Masse des Sauerstoffnuclids $^{16}_8$O
(E) Keine der Aussagen (A) bis (D) trifft zu.

18+ Die Masse des Heliumkerns $^4_2$He^{2+} ist kleiner als die Summe der Massen von zwei Protonen und zwei Neutronen,

weil

ein $^4_2$He-Atom außer den Elementarteilchen des Kerns zusätzlich noch zwei Elektronen enthält.

19 Welche Größenordnungen kommen der Masse m und dem Radius r eines der leichteren Atome des periodischen Systems am nächsten?

(A) m = 10^{-26} kg, r = 10^{-10} m
(B) m = 10^{-26} kg, r = 10^{-14} m
(C) m = 10^{-23} kg, r = 10^{-10} m
(D) m = 10^{-23} kg, r = 10^{-14} m
(E) m = 10^{-19} kg, r = 10^{-10} m

Ordnen Sie bitte den in Liste 1 aufgeführten Elementarteilchen die jeweils entsprechende Masse aus Liste 2 zu.

Liste 1		Liste 2	
20 Elektron	(A)	$1,600 \cdot 10^{-19}$ g
21 Proton	(B)	$6,023 \cdot 10^{-23}$ g
22 Neutron	(C)	$1,675 \cdot 10^{-24}$ g
	(D)	$1,672 \cdot 10^{-24}$ g
	(E)	$0,911 \cdot 10^{-27}$ g

23 Welche Aussage trifft zu?
Die Masse eines Atoms des Nuclids $^{12}_6$C beträgt etwa

(A) $2 \cdot 10^{-23}$ g
(B) $6 \cdot 10^{-23}$ g
(C) $12 \cdot 10^{-23}$ g
(D) $2 \cdot 10^{-22}$ g
(E) $6 \cdot 10^{-22}$ g

24 Welche der folgenden Aussagen trifft **nicht** zu?
Das Symbol eines Elements (X) wird durch die Zahlen n und m als $_m^n X$ gekennzeichnet.
m ist gleich der

(A) Ordnungszahl
(B) relativen Massenzahl
(C) Zahl der Protonen
(D) Zahl der Elektronen
(E) Kernladungszahl

25 Welche der folgenden Aussagen trifft zu?
Das Symbol eines Elements (X) wird durch die Zahlen n und m als $_m^n X$ gekennzeichnet.
n ist gleich der

(A) Ordnungszahl
(B) relativen Massenzahl
(C) Zahl der Protonen
(D) Zahl der Elektronen
(E) Kernladungszahl

Avogadro-Konstante

26+ Welche Aussage trifft **nicht** zu?
Die Avogadro-Konstante N_A

(A) hängt von der jeweiligen Substanz ab
(B) ist unabhängig von der Temperatur
(C) ist unabhängig von Druck und Volumen
(D) ist gleich F/e (F: Faraday-Konstante, e: Elementarladung)
(E) gibt etwa die Zahl der Moleküle an, die bei Normalbedingungen (1013 mbar, 0 °C) in 22,4 l eines idealen Gases enthalten sind

27 Welche der folgenden Aussagen zum Mol-Begriff treffen zu?

(1) 1 Mol ist die Stoffmenge eines Systems, das aus ebenso vielen Teilchen besteht wie in 12 g des Nuclids $_6^{12}C$ enthalten sind.
(2) Verschiedenartige Substanzen enthalten pro Mol jeweils die gleiche Anzahl von Teilchen.
(3) Die Avogadro-Konstante beträgt ca. $6,03 \cdot 10^{23}$ mol^{-1}.
(4) 1 Mol einer Flüssigkeit nimmt unter Normalbedingungen ein Volumen von 22,4 Liter ein.

(A) nur 1 ist richtig
(B) nur 2 und 3 sind richtig
(C) nur 1, 2 und 3 sind richtig
(D) nur 2, 3 und 4 sind richtig
(E) 1–4 = alle sind richtig

28 Vergleichen Sie ein Mol Wasser und ein Mol Benzol.
Welche der folgenden Größen sind für beide gleich?

(1) Zahl der Atome
(2) Zahl der Moleküle
(3) Gewicht

(A) nur 1 ist richtig
(B) nur 2 ist richtig
(C) nur 3 ist richtig
(D) nur 1 und 3 sind richtig
(E) nur 2 und 3 sind richtig

29 Welche Aussage trifft zu?
Löst man 0,1 Mol NaCl in 1 l Wasser, so enthält die Lösung insgesamt etwa die folgende Anzahl von Ionen:

(A) $1,2 \cdot 10^{23}$
(B) $6 \cdot 10^{22}$
(C) $3,2 \cdot 10^{19}$
(D) $1,6 \cdot 10^{19}$
(E) Die relative Ionenzahl beträgt 10^{-7} entsprechend dem pH-Wert 7

30+ Welche der folgenden Aussagen treffen zu?
Die Avogadrosche Konstante entspricht

(1) der Zahl der H-Atome in einem Mol H_2O
(2) der Zahl der He-Atome in einem Mol He
(3) etwa der Zahl der C-Atome in 12 g reinem Kohlenstoff
(4) etwa gleich $1,6 \cdot 10^{19}$

(A) nur 2 ist richtig
(B) nur 2 und 3 sind richtig
(C) nur 1, 2 und 3 sind richtig
(D) nur 1, 3 und 4 sind richtig
(E) 1–4 = alle sind richtig

1.1.2 Isotope

31 Welche Aussage trifft zu?
Isotope sind charakterisiert durch folgende Angaben der Kernbausteine:

	Zahl der Protonen	Zahl der Neutronen	Zahl der Nucleonen
(A)	gleich	gleich	gleich
(B)	gleich	verschieden	verschieden
(C)	verschieden	gleich	gleich
(D)	verschieden	verschieden	gleich
(E)	verschieden	verschieden	verschieden

32⁺ Welche Aussage trifft zu?
Neutrale Isotope eines Elements sind charakterisiert durch folgende Angaben ihrer Bausteine:

	Zahl der Protonen	Zahl der Neutronen	Zahl der Elektronen
(A)	gleich	gleich	gleich
(B)	gleich	verschieden	verschieden
(C)	verschieden	gleich	verschieden
(D)	verschieden	verschieden	gleich
(E)	gleich	verschieden	gleich

33 Welche Aussage trifft **nicht** zu?
Isotope Nuclide eines Elements

(A) haben gleiche Kernladungszahlen
(B) haben gleiche relative Atommassen
(C) stehen an gleicher Stelle im Periodensystem
(D) haben eine unterschiedliche Anzahl von Neutronen im Kern
(E) haben die gleiche Struktur in ihren Elektronenhüllen

34 Welche der folgenden Aussagen treffen zu?
Isotope Nuclide eines Elements unterscheiden sich hinsichtlich

(1) der Elektronenzahl
(2) der Kernladungszahl
(3) der Nucleonenzahl
(4) der Ordnungszahl im periodischen System
(5) der Neutronenzahl

(A) nur 5 ist richtig
(B) nur 3 und 5 sind richtig
(C) nur 2, 3 und 4 sind richtig
(D) nur 1, 2 und 5 sind richtig
(E) nur 1, 3, 4 und 5 sind richtig

35 Welche Aussage trifft zu?
Ein Atomkern wird (u. a.) beschrieben durch die Zahl A der eingebauten Nucleonen, die Zahl N der eingebauten Neutronen und die Zahl Z der eingebauten Protonen. Zwei verschiedene Nuclide, gekennzeichnet durch die Indizes 1 und 2, heißen isotop, wenn gilt:

(A) $A_1 = A_2, N_1 = N_2, Z_1 = Z_2$
(B) $A_1 = A_2, N_1 \neq N_2, Z_1 \neq Z_2$
(C) $A_1 \neq A_2, N_1 = N_2, Z_1 \neq Z_2$
(D) $A_1 \neq A_2, N_1 \neq N_2, Z_1 = Z_2$
(E) $A_1 \neq A_2, N_1 \neq N_2, Z_1 \neq Z_2$

36 Welche der folgenden Aussagen über Isotope treffen zu?

(1) Isotope Atome desselben Elements unterscheiden sich in der Zahl der Elektronen.
(2) Isotope eines Elements haben die gleiche Anzahl von Protonen und Elektronen.
(3) Isotopeneffekte treten nur bei Isotopen mit hohen Massenzahlen auf.
(4) Isotope sind stets radioaktiv.

(A) nur 2 ist richtig
(B) nur 1 und 2 sind richtig
(C) nur 3 und 4 sind richtig
(D) nur 2, 3 und 4 sind richtig
(E) 1–4 = alle sind richtig

37 Welche Aussagen treffen zu?
Isotope

(1) besitzen die gleiche Kernladungszahl
(2) reagieren chemisch gleichartig
(3) besitzen unterschiedliche Atommassen
(4) besitzen die gleiche Neutronenzahl

(A) nur 1 ist richtig
(B) nur 2 und 3 sind richtig
(C) nur 1, 2 und 3 sind richtig
(D) nur 2, 3 und 4 sind richtig
(E) 1–4 = alle sind richtig

38 Welche der folgenden Aussagen treffen zu?

Das in der Natur am häufigsten vorkommende Zinn-Nuclid besitzt 70 Neutronen und 50 Protonen.
Bei welchen der folgenden Nuclide, die alle in der Natur vorkommen, handelt es sich um Zinn-Isotope?

(1)   52 Protonen, 68 Neutronen
(2)   51 Protonen, 70 Neutronen
(3)   52 Protonen, 70 Neutronen
(4)   50 Protonen, 59 Neutronen
(5)   50 Protonen, 62 Neutronen

(A)   nur 1 ist richtig
(B)   nur 2 ist richtig
(C)   nur 5 ist richtig
(D)   nur 2 und 3 sind richtig
(E)   nur 4 und 5 sind richtig

Kohlenstoffisotope

39 Welche Aussagen über die in der Natur vorkommenden Kernarten ^{14}C und ^{14}N treffen zu?

(1)   Es sind isotope Nuclide.
(2)   Ihre Massen sind fast gleich.
(3)   Sie sind chemisch gleichartig.

(A)   nur 1 ist richtig
(B)   nur 2 ist richtig
(C)   nur 3 ist richtig
(D)   nur 1 und 2 sind richtig
(E)   nur 1 und 3 sind richtig

40 Welches der folgenden Nuclide ist **nicht** radioaktiv?
(A) $^{238}_{92}U$
(B) $^{40}_{19}K$
(C) $^{14}_{6}C$
(D) $^{3}_{1}H$
(E) $^{13}_{6}C$

41 $^{14}_{6}C$ ist ein radioaktives Isotop des Kohlenstoffs,
weil
alle Nuclide mit größerer Neutronen- als Protonenzahl instabil sind.

42⁺ $^{14}_{6}C$ ist ein radioaktives Isotop des Kohlenstoffs,
weil
$^{14}_{6}C$ aus $^{14}_{7}N$ durch Einfang eines Neutrons und Abgabe eines Protons gebildet werden kann.

1.1.3 Radioaktiver Zerfall und Strahlungsarten

Strahlungsarten

43 Welche Aussage trifft **nicht** zu?
Radioaktive Nuclide können entstehen bzw. gewonnen werden

(A)   bei der Bestrahlung stabiler Nuclide mit Neutronen in Kernreaktoren
(B)   durch Isotopentrennung aus einem Gemisch stabiler Nuclide
(C)   als Folgeprodukt bei der Kernspaltung von Uran
(D)   als Folgeprodukt eines α-Zerfalls
(E)   als Folgeprodukt eines β⁻-Zerfalls

44 Atome oder Ionen eines Elements lassen sich mit chemischen Mitteln nicht in andere Elemente überführen,
weil
Ionen aus neutralen Atomen durch Elektronenabtrennung entstehen können.

45 Welche der folgenden Aussagen treffen zu?
In der Natur vorkommende radioaktive Stoffe können folgende Arten von Strahlung emittieren:
(1)   α-Strahlung
(2)   β-Strahlung
(3)   γ-Strahlung

(A)   nur 1 ist richtig
(B)   nur 3 ist richtig
(C)   nur 1 und 3 sind richtig
(D)   nur 2 und 3 sind richtig
(E)   1–3 = alle sind richtig

Ordnen Sie bitte den angegebenen Strahlungsarten (Liste 1) die jeweils zutreffende Aussage aus Liste 2 zu.

Liste 1	Liste 2
46⁺ α-Strahlen	(A) sind Elektronen
47⁺ β⁻-Strahlen	(B) sind Protonen
48 γ-Strahlen	(C) sind Neutronen
	(D) sind Heliumkerne
	(E) ist eine elektromagnetische Strahlung

49 Welche Aussage trifft **nicht** zu?
Folgende Strahlungen sind elektromagnetische Wellen:

(A) infrarote Strahlung
(B) sichtbares Licht
(C) Röntgenstrahlung
(D) β-Strahlung
(E) γ-Strahlung

50 Welche der angegebenen Strahlungen ist **keine** elektromagnetische Welle?

(A) α-Strahlung
(B) γ-Strahlung
(C) Röntgenstrahlung
(D) sichtbares Licht
(E) infrarote Strahlung

51 Welche der folgenden Aussagen treffen zu?
Ionisation von Atomen und Molekülen kann bewirkt werden durch folgende Art von Strahlung:

(1) α-Strahlung
(2) β-Strahlung
(3) Infrarot-Strahlung

(A) nur 1 ist richtig
(B) nur 1 und 2 sind richtig
(C) nur 1 und 3 sind richtig
(D) nur 2 und 3 sind richtig
(E) 1–3 = alle sind richtig

52 Welche der folgenden Strahlen können in Luft Ionen erzeugen?

(1) α-Strahlen
(2) β-Strahlen
(3) γ-Strahlen
(4) Röntgenstrahlen

(A) nur 3 ist richtig
(B) nur 1, 2 und 3 sind richtig
(C) nur 1, 2 und 4 sind richtig
(D) nur 2, 3 und 4 sind richtig
(E) 1–4 = alle sind richtig

Gesetzmäßigkeiten des radioaktiven Zerfalls

53 Beim radioaktiven Zerfall eines Elements unter α-Strahlung nimmt die relative Atommasse um etwa 4, die Ordnungszahl um 2 ab,
weil
α-Strahlung aus Heliumkernen besteht.

54 Welche der folgenden Aussagen trifft **nicht** zu?
Für den α-Zerfall eines radioaktiven Atomkerns gilt:

(A) Die Ordnungszahl nimmt um 2 ab
(B) Die Nucleonenzahl nimmt um 2 ab
(C) Die Kernladungszahl nimmt um 2 ab
(D) Die Neutronenzahl nimmt um 2 ab
(E) Die Protonenzahl nimmt um 2 ab

55 Welche der folgenden Aussagen trifft **nicht** zu?
Für den β$^-$-Zerfall eines radioaktiven Atomkerns gilt:

(A) Die Nucleonenzahl nimmt um 1 ab
(B) Die Ordnungszahl nimmt um 1 zu
(C) Die Kernladungszahl nimmt um 1 zu
(D) Die Neutronenzahl nimmt um 1 ab
(E) Die Protonenzahl nimmt um 1 zu

Radionuclide emittieren Strahlung.
Geben Sie bitte zu jeder Teilchenart aus Liste 1 an, wie sich durch die Emission dieser Strahlung jeweils die Nucleonenzahl A und die Kernladungszahl Z ändern (Liste 2).

Liste 1	Liste 2
56 α-Teilchen	(A) A und Z ändern sich nicht
57 β$^-$-Teilchen	(B) A nimmt um 4 ab, Z nimmt um 2 ab
	(C) A nimmt um 4 ab, Z nimmt um 2 zu
	(D) A nimmt um 1 zu, Z ändert sich nicht
	(E) A ändert sich nicht, Z nimmt um 1 zu

58 Welche Aussage trifft zu?
Beim radioaktiven Zerfall können sich die Nu-

cleonenzahl A und die Kernladungszahl Z ändern.
Durch γ-Emission ändern sich:

(A) A um −4, Z um −2
(B) A um −2, Z um −1
(C) A um −1, Z um 0
(D) A um 0, Z um +1
(E) weder A noch Z ändern sich

59⁺ Beim β⁻-Zerfall eines Kerns nimmt die Ordnungszahl um 1 zu,
weil
beim β⁻-Zerfall im Kern ein Neutron in ein Proton und ein Elektron übergeht, das emittiert wird.

60 Beim β⁻-Zerfall eines Kerns nimmt die Ordnungszahl um 1 ab,
weil
beim β⁻-Zerfall im Kern ein Proton in ein Neutron und ein Elektron übergeht, das emittiert wird.

61 Beim β⁻-Zerfall eines Kerns nimmt dessen Ordnungszahl um 1 zu,
weil
der Kern nach dem β⁻-Zerfall ein Proton mehr besitzt als vor dem Zerfall.

62 Welche der folgenden Aussagen treffen zu?

(1) γ-Strahlung besteht aus negativ geladenen Teilchen.
(2) Isotope sind jeweils Kerne gleicher Nucleonenzahl.
(3) Bei der Emission von α-Strahlung erhöht sich die Ladung des verbleibenden Kerns.

(A) Keine der Aussagen 1 bis 3 trifft zu
(B) nur 2 ist richtig
(C) nur 3 ist richtig
(D) nur 1 und 2 sind richtig
(E) nur 2 und 3 sind richtig

63 Welche der folgenden Aussagen treffen zu?
Infolge der Emission eines γ-Quants aus einem radioaktiven Atomkern

(1) ändert sich die Ordnungszahl nicht
(2) nimmt die Gesamtenergie des Kerns ab
(3) nimmt die Nucleonenzahl um 1 ab
(4) nimmt die Neutronenzahl um 1 ab

(A) nur 1 ist richtig
(B) nur 2 ist richtig
(C) nur 1 und 2 sind richtig
(D) nur 2 und 3 sind richtig
(E) nur 1, 3 und 4 sind richtig

Ordnen Sie bitte den in Liste 1 aufgeführten Kernprozessen die jeweils dabei entstehende Strahlungsart aus Liste 2 zu.

Liste 1 **Liste 2**

64⁺ $^{238}_{92}U \rightarrow {}^{234}_{90}Th + ?$ (A) α-Strahlen
(B) β-Strahlen

65⁺ $^{234}_{90}Th \rightarrow {}^{234}_{91}Pa + ?$ (C) α- und β-Strahlen
(D) n-Strahlen ($^{1}_{0}$n)
(E) keine der angegebenen Strahlungsarten

66 Welche Aussage trifft **nicht** zu?
Folgende Kernumwandlungen sind hinsichtlich Nucleonen- und Ladungsbilanz möglich:
(Auftretende Neutrinos sollen unberücksichtigt bleiben.)

(A) $^{17}_{8}O$ wird durch Emission eines Neutrons zu $^{16}_{8}O$.
(B) Ein angeregter $^{30}_{14}Si$-Kern geht durch Emission von γ-Strahlung in den Grundzustand $^{30}_{14}Si$ über.
(C) $^{65}_{30}Zn$ wird durch Emission eines Protons zu $^{64}_{29}Cu$.
(D) $^{233}_{91}Pa$ wird durch Emission eines Elektrons zu $^{233}_{90}Th$.
(E) $^{238}_{92}U$ wird durch Emission eines α-Teilchens zu $^{234}_{90}Th$.

Eigenschaften radioaktiver Strahlen

Ordnen Sie bitte den in Liste 1 aufgeführten Teilchen die jeweils zutreffende Ladung aus Liste 2 zu. (e = 1,6 · 10⁻¹⁹ A · s)

Liste 1 **Liste 2**

67 H-Atom (A) + 2 · e
68 β⁻-Teilchen (B) + e

69 Neutron (C) 0
70 Natriumion im (D) – e
NaCl-Kristall (E) – 2 · e
71 Proton
72 α-Teilchen

73+ Welche Aussagen treffen zu?
In elektrischen Feldern können abgelenkt werden:

(1) α-Strahlen
(2) β-Strahlen
(3) γ-Strahlen
(4) Neutronenstrahlen

(A) nur 1 ist richtig
(B) nur 2 ist richtig
(C) nur 1 und 2 sind richtig
(D) nur 2, 3 und 4 sind richtig
(E) 1–4 = alle sind richtig

74 Welche der folgenden Strahlenarten können in Magnetfeldern abgelenkt werden?

(1) α-Strahlen
(2) β-Strahlen
(3) γ-Strahlen
(4) Röntgenstrahlen

(A) nur 1 ist richtig
(B) nur 2 ist richtig
(C) nur 1 und 2 sind richtig
(D) nur 1, 3 und 4 sind richtig
(E) 1–4 = alle sind richtig

75+ Welche Aussage trifft zu?
Die Fähigkeit von α-, β⁻- und γ-Strahlen vergleichbarer primärer Energie, Materie zu durchdringen, ist bei

(A) α-Strahlen am größten, bei β⁻-Strahlen am kleinsten
(B) α-Strahlen am größten, bei γ-Strahlen am kleinsten
(C) β⁻-Strahlen am größten, bei α-Strahlen am kleinsten
(D) γ-Strahlen am größten, bei α-Strahlen am kleinsten
(E) γ-Strahlen am größten, bei β⁻-Strahlen am kleinsten

76 Welche Aussage trifft zu?
Ordnet man α-, β- und γ-Strahlung (gleiche

Energie der Teilchen/Quanten vorausgesetzt) in einer Folge abnehmender Eindringtiefe in Materie, so gilt:

(A) α, β, γ
(B) γ, α, β
(C) γ, β, α
(D) α, γ, β
(E) β, γ, α

77 Welche Aussage über die Strahlungswirkung in Materie trifft **nicht** zu?

(A) α-Strahlung wirkt ionisierend.
(B) β-Strahlung wirkt ionisierend.
(C) γ-Strahlung wirkt ionisierend.
(D) γ-Strahlung ist durchdringender als β-Strahlung gleicher Energie.
(E) α-Strahlung ist durchdringender als β-Strahlung gleicher Energie.

78 Welche Aussage über die Wirkung der Strahlung von radioaktivem Material trifft **nicht** zu?

(A) Fotomaterial wird geschwärzt.
(B) Metalle leuchten im Bereich des sichtbaren Lichtes.
(C) Zinksulfid leuchtet grünlich.
(D) In Gasen tritt Ionisation auf.
(E) Organische Moleküle werden verändert.

Kinetik des radioaktiven Zerfalls

79+ Der radioaktive Zerfall von $^{137}_{53}I$ verläuft nach einer Reaktion 1. Ordnung.
Wie lautet die entsprechende Differentialgleichung für die Zerfallsgeschwindigkeit v, wenn [A] die Konzentration bedeutet?

(A) $v = -\dfrac{d\,[A]}{dt} = k\,[A]$

(B) $v = -\dfrac{d\,[A]}{dt} = k$

(C) $v = -\dfrac{d\,[A]}{c \cdot dt} = k$

(D) $v = -\dfrac{d\,[A]}{dt}\,[A] = k$

(E) $v = -\dfrac{d\,[A]}{dt} = -k$

80 Die gemessene Aktivität A eines einheitlichen Nuclids nimmt mit der Zeit ab gemäß der nachstehenden Abbildung.

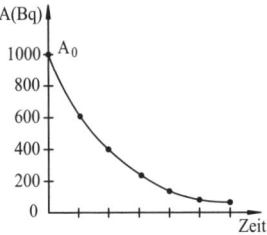

Welche Gerade in der unteren Abbildung (gleiche lineare Unterteilung der Zeit-Achse) stellt dieselben Meßwerte richtig dar?
(lg: dekadischer Logarithmus)

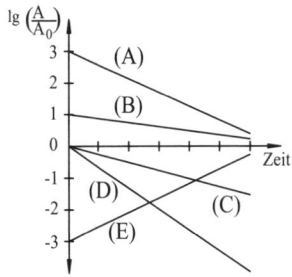

81 Welche Aussage trifft **nicht** zu?
Die Aktivität A eines radioaktiven Präparats wird in Abhängigkeit von der Zeit t gemessen; die Meßwerte ergeben folgendes Diagramm:

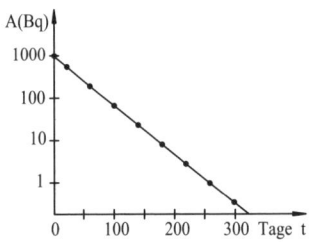

(A) Es gilt der Zusammenhang
$A = A_0 \cdot e^{-\lambda \cdot t}$ (λ = Konstante).
(B) Die Anfangsaktivität A_0 beträgt 1000 Bq.
(C) Die Halbwertszeit $t_{1/2}$ beträgt 150 Tage.
(D) Nach 200 Tagen ist die Aktivität auf ca. 1% der Anfangsaktivität abgeklungen.
(E) In etwa 100 Tagen nimmt die Aktivität jeweils um einen Faktor 10 ab.

82⁺ Welche Aussage über den radioaktiven Zerfall trifft zu?
Die Zerfallsgeschwindigkeit eines radioaktiven Elements hängt ab von der

(A) äußeren Temperatur
(B) zu einem bestimmten Zeitpunkt vorhandenen Anzahl unzerfallener Atome
(C) Art der emittierten Strahlung
(D) Modifikation des Elements
(E) Bildung stabiler Zerfallsprodukte

83 Zur Zeit t = 0 seien N_0 Kerne eines radioaktiven Nuclids, das mit der Halbwertszeit t_h zerfällt, vorhanden.
Welches der abgebildeten Diagramme gibt die Zahl N der jeweils noch nicht zerfallenen Kerne im Laufe der Zeit graphisch am besten wieder?

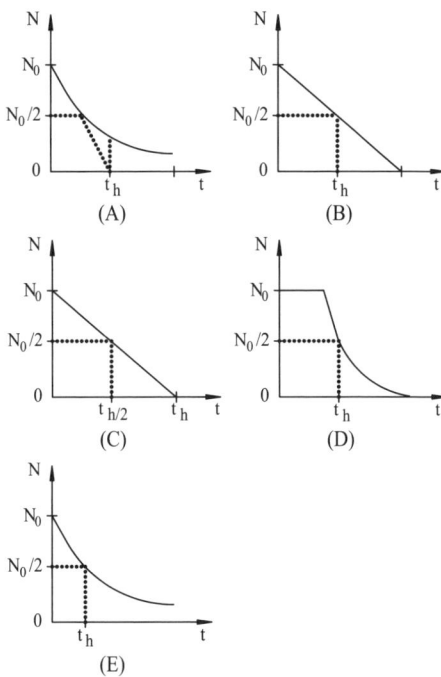

Halbwertszeit

84 Welche Aussage trifft zu?
Die Halbwertszeit eines radioaktiven Nuclids bedeutet

(A) die Zeit, nach der die Aktivität auf die Hälfte zurückgegangen ist

(B) die Hälfte der Zeit, die vergeht, bis die Aktivität auf die Hälfte zurückgegangen ist

(C) die Hälfte der Zeit, die der Emissionsvorgang eines Atoms beansprucht

(D) die Zeit, nach der die Zahl der je Sekunde zerfallenden Kerne gerade halb so groß ist wie die Zahl der noch vorhandenen

(E) die Hälfte der Zeit, die vergeht, bis die Aktivität ganz verschwindet

85⁺ Welche Aussage trifft **nicht** zu?
Eine bestimmte Menge eines radioaktiven Präparats möge ein einziges radioaktives Isotop enthalten, das eine nicht aktive Tochtersubstanz bildet.

(A) Anfangs zerfallen pro Zeiteinheit mehr Atome als gegen Ende der Aktivitätszeit.

(B) Der Zeitabschnitt, währenddessen die Aktivität jeweils auf die Hälfte des Wertes zu Beginn des Zeitabschnittes sinkt, ist konstant.

(C) Die zu einem bestimmten Zeitpunkt gemessene Aktivität ist von der Anfangsaktivität abhängig.

(D) Die Geschwindigkeit des Zerfalls gehorcht dem Gesetz einer Reaktion 1. Ordnung.

(E) Die Halbwertszeit ist eine Funktion der Anfangsaktivität.

86 Welche Aussage trifft zu?
Das Nuclid $^{137}_{55}$Cs zerfällt mit einer Halbwertszeit $t_h = 30$ a. Die Aktivität einer Probe mit diesem Nuclid sinkt demnach auf 10% ihres ursprünglichen Wertes in einem Zeitraum von etwa

(A)   3 a
(B)   10 a
(C)   30 a
(D) 100 a
(E) 300 a

87 Die Halbwertszeit einer Substanz beim radioaktiven Zerfall betrage 2 Stunden. Zu einem bestimmten Zeitpunkt liegen 40 ng dieses Stoffes vor.
Welche Menge dieser Substanz ist 8 Stunden später noch vorhanden?

(A) 10 ng
(B)   5 ng
(C) 2,5 ng
(D) 1,25 ng
(E)   0

88⁺ Das radioaktive $^{14}_{6}$C hat eine Halbwertszeit von 5760 Jahren.
Wie alt ist ein archäologischer Fund, wenn der $^{14}_{6}$C-Gehalt auf 25% des natürlichen Isotopenverhältnisses der Atmosphäre abgesunken ist?

(A)   2280 Jahre
(B) 11520 Jahre
(C) 17280 Jahre
(D) 28800 Jahre
(E) mehr als 50000 Jahre

Radiopharmaka

89 Welche der folgenden Aussagen treffen zu?
Beim Einsatz radioaktiver Tracer für pharmakokinetische Untersuchungen muß man beachten, daß die Zerfallskonstante des verwendeten Nuclids

(1) von der Wertigkeit der chemischen Bindung abhängt

(2) umgekehrt proportional zur Temperatur ist

(3) nicht von der Zeit abhängt

(A) nur 1 ist richtig
(B) nur 2 ist richtig
(C) nur 3 ist richtig
(D) nur 1 und 3 sind richtig
(E) nur 2 und 3 sind richtig

90 Welche der folgenden Aussagen treffen zu?
Zur pharmakokinetischen Analyse mit Messungen an einem Organ, in das eine radioaktiv markierte Substanz eingelagert ist, sind folgende Abhängigkeiten bei den Meßwerten zu berücksichtigen:
Die Halbwertszeit des verwendeten Nuclids

(1) wächst mit steigender Körpertemperatur

(2) ist unabhängig von der chemischen Bindung

(3) wird mit zunehmender Meßzeit geringer

(A) nur 1 ist richtig

(B)   nur 2 ist richtig
(C)   nur 1 und 2 sind richtig
(D)   nur 2 und 3 sind richtig
(E)   1–3 = alle sind richtig

91 Welche der folgenden Aussagen treffen zu?
Bei der Einlagerung und der Eliminierung einer mit ^{32}P markierten organischen Substanz treten folgende Effekte auf:

(1)   Bei der Verdünnung im Blut nimmt die physikalische Halbwertszeit der ^{32}P-Kerne ab.
(2)   Bei der Einlagerung in das untersuchte Organ nimmt die physikalische Halbwertszeit der ^{32}P-Atome ab.
(3)   Bei der Eliminierung ändert sich die physikalische Halbwertszeit der ^{32}P-Atome nicht.

(A)   nur 2 ist richtig
(B)   nur 3 ist richtig
(C)   nur 1 und 2 sind richtig
(D)   nur 1 und 3 sind richtig
(E)   nur 2 und 3 sind richtig

1.1.4 Atommodelle

Bohrsches Modell

92 Welche Aussagen über das Bohrsche Atommodell treffen zu?

(1)   Der Kern des neutralen Atoms enthält ebensoviele positive Elementarladungen wie die Hülle Elektronen.
(2)   Die Masse des gesamten Atoms befindet sich ungefähr zur Hälfte im Kern und in der Hülle.
(3)   Bei der Absorption von Strahlung kann das Atom in einen Zustand größerer Energie übergehen.

(A)   nur 1 ist richtig
(B)   nur 2 ist richtig
(C)   nur 1 und 3 sind richtig
(D)   nur 2 und 3 sind richtig
(E)   1–3 = alle sind richtig

93 Welche Aussage trifft **nicht** zu?
Das Bohrsche Modell des Wasserstoffatoms beruht auf der Annahme, daß das Elektron den Kern auf einer stationären Kreisbahn umläuft, für die gilt:

(A)   An jeder Stelle der Umlaufbahn wirkt die anziehende Coulomb-Kraft.
(B)   Je größer der Radius der Bahn ist, desto größer ist die kinetische Energie des Elektrons.
(C)   Für die erlaubten Bahnen gilt: Energie = Drehimpuls.
(D)   Das angeregte Elektron kann unter Lichtemission von einer energiereichen Bahn spontan auf eine energieärmere Bahn übergehen.
(E)   Die Frequenz der beim Übergang zwischen Bahnen emittierten oder absorbierten Strahlung ist durch die Energiedifferenz der Bahnen festgelegt.

94 Im Bohrschen Atommodell wird das bewegte Elektron als materielles Teilchen beschrieben,
weil
für bewegte Elektronen ein Wellencharakter experimentell nicht nachgewiesen werden kann.

Orbitalmodell

95 Welche Aussage über Elektronen und Orbitale in einem Atom trifft **nicht** zu?

(A)   Das Orbital ermöglicht eine Aussage über die Aufenthaltswahrscheinlichkeit eines Elektrons.
(B)   Jedes Elektron kann durch vier Quantenzahlen eindeutig charakterisiert werden.
(C)   Es gibt keine Elektronen, die in allen Quantenzahlen übereinstimmen.
(D)   Ein Orbital kann höchstens mit zwei Elektronen besetzt werden.
(E)   Elektronen können jeden beliebigen Energiewert annehmen.

96 Welche der folgenden Aussagen treffen zu?

(1)   Alle voll besetzten inneren Schalen einer Atomart enthalten gleich viele Elektronen.
(2)   In einer inneren Schale können sich höchstens soviele Elektronen aufhalten wie die Hauptquantenzahl n angibt.

(3) In einer vollen Schale stehen die Spins aller Elektronen parallel.
(4) Beim Stoß mit einem energiereichen Teilchen kann ein Elektron aus einer inneren Schale auf die nächste vollbesetzte Schale angehoben werden.

(A) Keine der Aussagen (1) bis (4) trifft zu
(B) nur 2 ist richtig
(C) nur 1 und 3 sind richtig
(D) nur 2 und 4 sind richtig
(E) nur 2, 3 und 4 sind richtig

97 Welche Aussagen über Atomorbitale treffen zu?

(1) Wellenfunktionen für stationäre Zustände von Elektronen in einem Atom nennt man Atomorbitale.
(2) Ein Orbital kann qualitativ als Raum der Aufenthaltswahrscheinlichkeit von Elektronen beschrieben werden.
(3) Zur eindeutigen Charakterisierung von Orbitalen genügt die Angabe der Nebenquantenzahl l.
(4) Die Ladungswolke von s-Orbitalen kann als kugelförmig betrachtet werden.
(5) Die Ladungswolke von p-Orbitalen kann angenähert als hantelförmig beschrieben werden.

(A) nur 1, 3 und 4 sind richtig
(B) nur 2, 3 und 5 sind richtig
(C) nur 2, 4 und 5 sind richtig
(D) nur 1, 2, 4 und 5 sind richtig
(E) 1–5 = alle sind richtig

98+ Welches der folgenden Orbitale ist am energieärmsten?

(A) 3d
(B) 4s
(C) 4p
(D) 4d
(E) 5s

Quantenzahlen

Ordnen Sie bitte den in Liste 1 genannten Quantenzahlen die jeweils entsprechende Charakterisierung aus Liste 2 zu.

Liste 1	Liste 2
99 Haupt-quantenzahl	(A) Eigendrehimpuls des Elektrons
100 magnetische Quantenzahl	(B) Aufspaltung entarteter Energieniveaus im Magnetfeld
101+ Neben-quantenzahl	(C) Schalencharakteristikum, Hauptenergieniveau
102+ Spin-quantenzahl	(D) Bahndrehimpuls des sich um den Kern bewegenden Elektrons
	(E) Pauli-Prinzip

103 Welche Aussagen über Quantenzahlen treffen zu?

(1) Die Hauptquantenzahl n kann nur ganzzahlige positive Werte (n = 1, 2, 3, …) annehmen.
(2) Die Nebenquantenzahl l kann nur ganzzahlige Werte von 0 bis (n−1) annehmen (n: Hauptquantenzahl).
(3) Die Magnetquantenzahl m kann nur ganzzahlige Werte von +1 bis −1 annehmen (1: Nebenquantenzahl).
(4) Die Spinquantenzahl kann nur die Werte +1/2 und −1/2 annehmen.

(A) nur 3 ist richtig
(B) nur 1 und 4 sind richtig
(C) nur 2 und 3 sind richtig
(D) nur 1, 2 und 4 sind richtig
(E) 1–4 = alle sind richtig

104+ Wieviele Elektronen mit der Hauptquantenzahl 4 können maximal in einem Atom enthalten sein?

(A) 10
(B) 16
(C) 18
(D) 32
(E) 36

105 Wieviele Orbitale stehen bei einer Hauptquantenzahl von n = 5 zur Besetzung mit Elektronen insgesamt zur Verfügung?

(A) 25   (D) 46
(B) 32   (E) 50
(C) 39

1.1.5 Elektronen-besetzung der Orbitale

Siehe auch MC-Fragen Nr. 165–188

106 Welche Aussagen über die Elektronenbesetzung der Orbitale treffen für Elemente im Grundzustand zu?

(1) Energiegleiche Orbitale werden zunächst einzeln von Elektronen mit parallelem Spin besetzt.
(2) Die Zahl der in einem Orbital lokalisierten Elektronen beträgt maximal zwei.
(3) Die in einem Orbital lokalisierten Elektronen müssen in sämtlichen Quantenzahlen übereinstimmen.
(4) Das Spinmoment eines mit Elektronen vollbesetzten Orbitals beträgt null.

(A) nur 1 und 2 sind richtig
(B) nur 3 und 4 sind richtig
(C) nur 1, 2 und 3 sind richtig
(D) nur 1, 2 und 4 sind richtig
(E) 1–4 = alle sind richtig

107+ Welche Aussage über die Besetzungsregeln von Orbitalen trifft **nicht** zu?

(A) Ein Orbital kann maximal mit zwei Elektronen unterschiedlicher Spinquantenzahl besetzt werden.
(B) Das Pauli-Prinzip gilt auch für langlebige Radikale.
(C) Degenerierte (entartete) Orbitale werden nacheinander paarweise mit Elektronen von entgegengesetztem Spin besetzt.
(D) Degenerierte (entartete) Orbitale werden von Elektronen mit parallelem Spin zunächst nur einfach besetzt.
(E) Ist die Zahl der Elektronen größer als die Zahl der degenerierten Orbitale, dann werden diese auch doppelt, jedoch mit Elektronen von entgegengesetztem Spin besetzt.

108+ Welche Aussage trifft zu?
Nach dem Pauli-Prinzip

(A) können höchstens zwei Elektronen mit antiparallelem Spin ein Atomorbital besetzen
(B) erfolgt bei der Elektronenanregung keine Spinänderung
(C) können zwei Elektronen nur in zwei Quantenzahlen übereinstimmen
(D) werden Atomorbitale immer in der Reihenfolge s, p, d, f besetzt
(E) ist der Übergang von Singulett- in Triplett-Zustände verboten

Ordnen Sie bitte den Begriffen der Liste 1 die jeweils zutreffende Aussage aus Liste 2 zu.

Liste 1

109+ Pauli-Prinzip
110+ Hundsche Regel

Liste 2

(A) Energiegleiche Orbitale der Elemente im Grundzustand werden von Elektronen (mit parallelem Spin) einzeln besetzt.
(B) Energiegleiche Orbitale der Elemente im Grundzustand werden mit steigender Ordnungszahl von Elektronen zunächst paarweise besetzt.
(C) Atomorbitale der Elemente im Grundzustand können maximal zwei Elektronen mit parallelem Spin aufnehmen.
(D) Zwei Elektronen im Atomorbital eines Elements im Grundzustand können nicht in allen Quantenzahlen übereinstimmen.
(E) Die beim Übergang eines Elektrons von einem energiereicheren auf einen energieärmeren Zustand freiwerdene Energie wird quantenhaft abgegeben.

Ordnen Sie bitte den in Liste 1 aufgeführten Aussagen den für sie jeweils zutreffenden Begriff aus Liste 2 zu.

Liste 1

111+ Zwei Elektronen eines Atoms stimmen nie in allen vier Quantenzahlen überein.

112+ Die Orbitale einer Unterschale werden so besetzt, daß die Zahl der Elektronen mit gleichem Spin maximal ist.

Liste 2

(A) Hundsche Regel
(B) Ostwaldsches Gesetz
(C) Bohrsche Theorie
(D) Pauli-Prinzip
(E) Nernstsches Verteilungsgesetz

113 Sollen energiegleiche Orbitale nach und nach mit Elektronen besetzt werden, so erfolgt die Besetzung zunächst paarweise,
weil
in Orbitalen gepaarte Elektronen im Grundzustand der Elemente stets antiparallelen Spin aufweisen.

114+ In welcher Reihenfolge werden bei den auf Argon folgenden Elementen die Energieniveaus mit Elektronen besetzt?

(A) 3d   4s   4p   5s   4d
(B) 4s   3d   4p   5s   6s
(C) 3d   4s   4p   4d   5s
(D) 4d   4p   3d   4d   5s
(E) 4s   3d   4p   5s   4d

1.1.6 Angeregte Atome

Vor der Ermittlung von Elektronenkonfigurationen angeregter Zustände ist es sinnvoll, zunächst die Fragen des Kap. 1.2.3 zu bearbeiten und danach erst die Fragen Nr. 115 bis 130 zu beantworten.

115 Welche der folgenden Aussagen über die Anregung von Elektronen in Mehrelektronenatomen durch Lichtquanten trifft zu?

(A) Die Anregung ist an das Vorhandensein eines kernmagnetischen Moments gebunden.
(B) Die Energie des Lichtquants muß die Elektronenanregungsenergie deutlich übersteigen.
(C) Durch Lichtquanten können nur s-Elektronen angeregt werden.
(D) Eine Änderung der Hauptquantenzahl kann nur bei gleichzeitiger Änderung des Elektronenspins erfolgen.
(E) Keine der Aussagen (A) bis (D) trifft zu.

116 Welche Aussage trifft zu?
Ein Edelgasatom befindet sich in einem angeregten Elektronenzustand, wenn

(A) es radioaktiv zerfallen kann
(B) es sich in der Atmosphäre in großer Höhe über dem Erdboden befindet
(C) es unmittelbar zuvor eine elastische Reflexion an einer festen Wand erfahren hat (Gasbewegung)
(D) sich ein Elektron in einem Zustand befindet, der energiereicher ist als der Grundzustand
(E) es mehr Neutronen als Protonen besitzt

117 Edelgasatome können jeweils durch Absorption eines Lichtquants in den Grundzustand übergehen,
weil
der Grundzustand der energiereichste Zustand eines solchen Atoms ist.

118+ Welche Aussagen über Spektren treffen zu?
Das von angeregten Atomen erhältliche Spektrum ist ein

(1) Linienspektrum
(2) Bandenspektrum
(3) Emissionsspektrum
(4) Absorptionsspektrum

(A) nur 1 ist richtig
(B) nur 2 ist richtig
(C) nur 3 ist richtig
(D) nur 1 und 3 sind richtig
(E) nur 2 und 4 sind richtig

119+ Welche Aussage trifft zu?
Aus der Frequenz einer Atomemissionslinie kann in einfacher Weise abgeleitet werden:

(A) der Energieinhalt des jeweiligen Grundzustandes
(B) der Energieinhalt des jeweiligen angeregten Zustandes
(C) die Differenz der Energieinhalte zweier Kernspinzustände
(D) die Differenz der Energieinhalte zweier Elektronenzustände
(E) die Größen der Kerndrehimpulse

120⁺ Welche der folgenden Aussagen über Atome treffen zu?

(1) Röntgenstrahlung tritt auf beim Übergang eines Elektrons vom Kern auf eine innere Elektronenbahn.
(2) Ein Atom hat stets ebensoviele Elektronen wie Kernbausteine.
(3) Bei der optischen Spektralanalyse werden äußere Übergänge in den Elektronenhüllen von Atomen ausgenutzt.

(A) nur 3 ist richtig
(B) nur 1 und 2 sind richtig
(C) nur 1 und 3 sind richtig
(D) nur 2 und 3 sind richtig
(E) 1–3 = alle sind richtig

121⁺ Welche Aussage trifft zu?
Das Zustandekommen der Balmer-Serie des Wasserstoff-Emissionsspektrums wird erklärt durch eine(n)

(A) Übergang des Elektrons in ein Orbital mit der Hauptquantenzahl 1
(B) Übergang des Elektrons in ein Orbital mit der Hauptquantenzahl 2
(C) Übergang des Elektrons in ein Orbital mit der Hauptquantenzahl 3
(D) Elektronenspinänderung
(E) Änderung der Nebenquantenzahl des Elektrons bei gleicher Hauptquantenzahl

122 Welche Aussage trifft zu?
Wird Wasserstoffgas in einer elektrischen Gasentladungsröhre angeregt, so wird unter anderem eine rote Linie emittiert (erste Linie der Balmer Serie).
Der Anregungsschritt läßt sich wie folgt beschreiben (E = Energie; * = angeregter Zustand):

(A) $H_2 + E \longrightarrow 2\,H \cdot$
(B) $H \cdot + E \longrightarrow H^+ + e^-$
(C) $H \cdot + E \longrightarrow H \cdot *$
(D) $H_2 + E \longrightarrow H_2^*$
(E) $H_2 + E \longrightarrow H_2^+ + e^-$

123⁺ Welche Aussage trifft zu?
Der Übergang des Mg-Atoms vom Grundzustand zum ersten angeregten Zustand ist bezüglich der besetzten Orbitale wie folgt zu beschreiben:

(A) $2p_z^2 \longrightarrow 2p_z\,3p_x$
(B) $3s^2 \longrightarrow 3s\,3p_x$
(C) $2p_y^2\,2p_z^2 \longrightarrow 2p_y\,2p_z\,3p_x^2$
(D) $2p_y^2\,2p_z^2 \longrightarrow 2p_z\,3p_x\,3p_y$
(E) $2p_z^2\,3s^2 \longrightarrow 2p_z\,3s\,3p_x^2$

124⁺ Welches Element der 2. Periode des Periodensystems besitzt im angeregten Zustand die Elektronenkonfiguration $1\,s^2\,2\,s^1\,2\,p^2$?

(A) B
(B) C
(C) N
(D) O
(E) F

Ordnen Sie bitte jedem Ion aus Liste 1 die für seinen ersten angeregten Zustand jeweils zutreffende Elektronenkonfiguration aus Liste 2 zu.

Liste 1	Liste 2
125⁺ N^+	(A) $1s^2\,2s^2\,2p^1$
126⁺ B^-	(B) $1s^2\,2s^2\,2p^2$
	(C) $1s^2\,2s^1\,2p^3$
	(D) $1s^2\,2s^2\,2p^3$
	(E) $1s^2\,2s^2\,2p^4$

127⁺ Welche Aussagen über den Grundzustand und den elektronisch angeregten Zustand des Berylliums treffen zu?

(1) $1\,s^2\,2\,s^2 \longrightarrow \quad 1\,s^2\,2\,s^1\,2\,p^1$
(Grundzustand) (ein elektronisch angeregter Zustand)
(2) Sind die Spins $2\,s^1$ und $2\,p^1$ antiparallel, so spricht man von einem Singulett-Zustand.
(3) Sind die Spins $2\,s^1$ und $2\,p^1$ parallel, so handelt es sich um einen Triplett-Zustand.

(A) nur 1 ist richtig
(B) nur 2 ist richtig
(C) nur 3 ist richtig
(D) nur 1 und 2 sind richtig
(E) 1–3 = alle sind richtig

128⁺ Welche Aussage trifft zu?

Ein Triplett-Zustand ist dadurch gekennzeichnet, daß

(A) zwei Elektronen ungepaarten Spin aufweisen

(B) alle Elektronen ungepaarten Spin aufweisen

(C) sich drei Elektronen in einem Orbital befinden

(D) drei angeregte Elektronen vorliegen

(E) eine angeregte Dreizentrenbindung vorliegt

Ordnen Sie bitte den in Liste 1 aufgeführten Elementen eine der in Liste 2 genannten Flammenfärbungen zu.

Liste 1	**Liste 2**
129⁺ Lithium	(A) rot
130⁺ Thallium	(B) gelb
	(C) grün
	(D) blau
	(E) violett

1.2 Periodensystem der Elemente
(siehe Ehlers, Chemie I-Kurzlehrbuch)

1.2.1 Perioden, Gruppen

1.2.2 Hauptgruppen-elemente, Nebengruppenelemente

131 Das ursprüngliche Periodensystem von Mendelejew und Meyer mußte später an mehreren Stellen korrigiert werden,
weil
die Reihenfolge der Elemente im heutigen Periodensystem durch die Protonenzahl bestimmt wird.

132⁺ Welche Aussage trifft zu?
Unter dem „Periodensystem der Elemente" versteht man eine durchgehende Reihung aller Elemente nach steigender

(A) Atommasse
(B) Anzahl Protonen im Kern
(C) Anzahl Neutronen im Kern
(D) Größe der höchstmöglichen Oxidationszahl
(E) Zahl der Valenzelektronen

133⁺ Welche Aussagen über das Periodensystem der Elemente treffen zu?

(1) Chemisch verwandte Elemente stehen in der gleichen Periode.
(2) Die Elemente sind nach steigender Kernladungszahl angeordnet.
(3) Ausgehend vom Wasserstoff werden die Energieniveaus entsprechend ihrer energetischen Reihenfolge mit Elektronen besetzt.
(4) Elemente mit zunehmender Massenzahl folgen immer direkt aufeinander.

(A) nur 2 ist richtig
(B) nur 1 und 4 sind richtig
(C) nur 2 und 3 sind richtig
(D) nur 3 und 4 sind richtig
(E) 1–4 = alle sind richtig

134 Welche Aussagen über das Periodensystem der Elemente treffen zu?

(1) Innerhalb einer Gruppe stehende Elemente besitzen Ähnlichkeit in ihren Eigenschaften und Verbindungsformen.
(2) Übergangselemente (Nebengruppenelemente) sind ausnahmslos Metalle.
(3) Die Aufeinanderfolge der Elemente erfolgt ausnahmslos nach steigender (mittlerer) Atommassenzahl.

(A) Keine der Aussagen (1) bis (3) trifft zu
(B) nur 1 ist richtig
(C) nur 2 ist richtig
(D) nur 1 und 2 sind richtig
(E) 1–3 = alle sind richtig

135 Welche Aussagen über das Periodensystem der Elemente treffen zu?

(1) Die Zusammenfassung chemisch verwandter Elemente erfolgt in Perioden.
(2) Die Elemente sind nach steigender (mittlerer) Atommassenzahl angeordnet.
(3) Die Ordnungszahl der Elemente entspricht ihrer Kernladungszahl.
(4) Einer größeren Ordnungszahl entspricht immer eine größere (mittlere) Atommassenzahl.

(A) nur 1 ist richtig
(B) nur 2 ist richtig
(C) nur 3 ist richtig
(D) nur 1 und 4 sind richtig
(E) nur 2, 3 und 4 sind richtig

Gruppenzuordnungen

136 Welches Element gehört in die III. Hauptgruppe des Periodensystems?

(A) Li
(B) Mg
(C) Sc
(D) Zr
(E) Tl

137⁺ Welches der folgenden Elemente gehört **nicht** in die III. Hauptgruppe des Periodensystems?

(A) Bor
(B) Aluminium
(C) Gallium
(D) Arsen
(E) Thallium

138 Welches Element gehört **nicht** in die IV. Hauptgruppe des Periodensystems?

(A) Sb
(B) Sn
(C) Ge
(D) Si
(E) Pb

139 Welches der folgenden Elemente gehört **nicht** zur VI. Hauptgruppe des Periodensystems?

(A) Tellur
(B) Selen
(C) Schwefel
(D) Polonium
(E) Technetium

140 Welches Element steht **nicht** in der 3. Periode des Periodensystems?

(A) Aluminium
(B) Natrium
(C) Beryllium
(D) Silicium
(E) Phosphor

141 Welches der folgenden Elemente ist zutreffend gekennzeichnet?

(A) Radium – Erdalkalielement
(B) Yttrium – Lanthanidenelement
(C) Cer – Actinidenelement
(D) Radon – Halogen
(E) Holmium – Edelgas

142 Welches der folgenden Elemente ist zutreffend gekennzeichnet?

(A) Ra – Actinidenelement
(B) Ca – Chalkogen
(C) Be – Lanthanidenelement
(D) Xe – Übergangselement
(E) Cs – Alkalimetall

Ordnen Sie bitte die folgenden Elemente der Liste 1 der jeweils zutreffenden Gruppe des Periodensystems in Liste 2 zu.

Liste 1	Liste 2
143⁺ Ra	(A) II. Nebengruppe des PSE
144⁺ Hg	(B) VI. Hauptgruppe des PSE
145⁺ Tl	(C) III. Hauptgruppe des PSE
146⁺ Ba	(D) II. Hauptgruppe des PSE
	(E) Actiniden

Ordnen Sie bitte die Elemente in Liste 1 der jeweils entsprechenden Hauptgruppe des Periodensystems in Liste 2 zu.

Liste 1	Liste 2
147⁺ Se	(A) II. Hauptgruppe des PSE
148 Be	(B) III. Hauptgruppe des PSE
149 Sr	(C) IV. Hauptgruppe des PSE
	(D) V. Hauptgruppe des PSE
	(E) VI. Hauptgruppe des PSE

Ordnen Sie bitte die Elemente in Liste 1 der jeweils entsprechenden Hauptgruppe des Periodensystems in Liste 2 zu.

Liste 1	Liste 2
150 Rn	(A) I. Hauptgruppe des PSE
151 Ra	(B) II. Hauptgruppe des PSE
	(C) III. Hauptgruppe des PSE
	(D) V. Hauptgruppe des PSE
	(E) VIII. Hauptgruppe des PSE

Ordnen Sie bitte den in Liste 1 aufgeführten Begriffen das jeweils zutreffende Elementsymbol aus Liste 2 zu.

Liste 1	Liste 2
152⁺ Hauptgruppenelement	(A) U

153⁺ Lanthanidenelement   (B) Ho

                             (C) Th

                             (D) Pt

                             (E) Tl

Ordnen Sie bitte den in Liste 1 genannten Elementgruppen das jeweils entsprechende Element aus Liste 2 zu.

Liste 1		Liste 2
154 Hauptgruppenelement	(A)	Ce
155 Lanthanidenelement	(B)	Tl
	(C)	Ti
	(D)	Fe
	(E)	Co

Ordnen Sie bitte den in Liste 1 genannten Elementgruppen das jeweils entsprechende Element aus Liste 2 zu.

Liste 1		Liste 2
156 Hauptgruppenelement	(A)	Os
157 Actinidenelement	(B)	Te
	(C)	U
	(D)	Ce
	(E)	Ru

Ordnen Sie bitte den in Liste 1 genannten Elementgruppen das jeweils entsprechende Element aus Liste 2 zu.

Liste 1		Liste 2
158 Hauptgruppenelement	(A)	Ce
159⁺ Actinidenelement	(B)	Os
	(C)	Po
	(D)	Ru
	(E)	Th

160 Welches der folgenden Elemente gehört **nicht** zu einer Nebengruppe des Periodensystems?

(A) Titan
(B) Wolfram
(C) Platin
(D) Gold
(E) Thallium

161 Welche Aussage trifft zu?
Die VIII. Nebengruppe des Periodensystems besteht aus folgenden Elementen:

(A) Ru, Rh, Pd, Os, Ir, Pt
(B) Fe, Co, Ni
(C) Os, Ir, Pt
(D) Fe, Co, Ni, Ru, Rh, Pd, Os, Ir, Pt
(E) Ru, Rh, Pd

162 Welche der genannten Elemente gehören zur Gruppe der Lanthaniden?

(1) Cer
(2) Holmium
(3) Thallium
(4) Platin

(A) nur 1 ist richtig
(B) nur 2 ist richtig
(C) nur 1 und 2 sind richtig
(D) nur 3 und 4 sind richtig
(E) 1–4 = alle sind richtig

Schrägbeziehung

163⁺ Welche der nachfolgenden Zuordnungen sind Beispiele für die „Schrägbeziehung" im Periodensystem der Elemente?

(1) C – P
(2) Na – Be
(3) B – Si
(4) Be – Al
(5) S – F

(A) nur 1 und 3 sind richtig
(B) nur 2 und 5 sind richtig
(C) nur 3 und 4 sind richtig
(D) nur 1, 3 und 4 sind richtig
(E) nur 3, 4 und 5 sind richtig

164 Welche der nachfolgenden „Schrägbeziehungen" im Periodensystem der Elemente treffen zu?

(1) Li – Mg
(2) Na – Be
(3) B – Si
(4) Be – Al
(5) Al – Ga

(A) nur 2 ist richtig
(B) nur 1 und 3 sind richtig
(C) nur 3 und 5 sind richtig
(D) nur 1, 3 und 4 sind richtig
(E) nur 2, 4 und 5 sind richtig

1.2.3 Elektronenkon- figuration

Hauptgruppenelemente

165 Welche der folgenden Aussagen treffen zu?
Bei neutralen Atomen der folgenden Elemente ist die äußere Schale mit einem Elektron besetzt:

(1) Wasserstoff
(2) Beryllium
(3) Lithium

(A) nur 1 ist richtig
(B) nur 2 ist richtig
(C) nur 1 und 3 sind richtig
(D) nur 2 und 3 sind richtig
(E) 1–3 = alle sind richtig

166 Bei welchen einzelnen neutralen Atomen der folgenden Elemente liegt eine abgeschlossene äußere Elektronenschale vor?

(1) Lithium
(2) Kohlenstoff
(3) Fluor

(A) bei keinem
(B) nur bei 1
(C) nur bei 2
(D) nur bei 3
(E) nur bei 1 und 2

167 Bei welchen einzelnen neutralen Atomen der folgenden Elemente liegt eine abgeschlossene Elektronenschale vor?

(1) Wasserstoff
(2) Natrium
(3) Chlor

(A) bei keinem
(B) nur bei 1
(C) nur bei 2
(D) nur bei 3
(E) nur bei 2 und 3

168 Die Zahl der Valenzelektronen nimmt innerhalb einer Gruppe von Elementen zu,
weil
mit zunehmender Atommasse stets die Valenzelektronenzahl zunimmt.

169 Alle Edelgasatome besitzen auf ihrer äußeren Schale die Elektronenkonfiguration s^2p^6,
weil
in Edelgasatomen alle Elektronenspins gepaart sind.

170 Sämtliche Edelgasatome besitzen auf ihrer äußersten Schale die Elektronenkonfiguration s^2p^6,
weil
alle Edelgasatome im Grundzustand diamagnetisch sind.

171+ Welches der folgenden Ionen besitzt keine Edelgaskonfiguration?
(A) H^-
(B) Zn^{2+}
(C) Li^+
(D) Br^-
(E) Sr^{2+}

172 Welche der folgenden Ionen besitzen die Elektronenkonfiguration des Neons $(1s^2\,2s^2\,2p^6)$?

(1) Na^+
(2) Al^{3+}
(3) Ba^{2+}
(4) F^-
(5) Cl^-

(A) nur 1 und 4 sind richtig
(B) nur 2 und 5 sind richtig
(C) nur 1, 2 und 4 sind richtig
(D) nur 2, 3 und 5 sind richtig
(E) nur 1, 2, 4 und 5 sind richtig

173 Welches der folgenden Ionen besitzt keine Edelgaskonfiguration?

(A) Be^{2+}
(B) O^{2-}
(C) I^-
(D) H^-
(E) D^+

Ordnen Sie bitte den Ionen in Liste 1 das jeweils entsprechende Edelgas mit gleicher Elektronenkonfiguration aus Liste 2 zu.

	Liste 1		Liste 2
174+	K^+	(A)	He
175+	Cs^+	(B)	Ne
176	F^-	(C)	Ar
177+	Cl^-	(D)	Kr
178	I^-	(E)	Xe
179	Mg^{2+}		

180 Welches Element der zweiten Periode besitzt im Grundzustand die Elektronenkonfiguration $1s^2\ 2s^2\ 2p^4$?

(A)   Kohlenstoff
(B)   Stickstoff
(C)   Sauerstoff
(D)   Bor
(E)   Fluor

Ordnen Sie bitte den Elementen der Liste 1 die jeweils entsprechende Elektronenkonfiguration aus Liste 2 zu.

	Liste 1		Liste 2
181	F	(A)	$1s^2\ 2s^2\ 2p^6\ 3s^2$
182	Be	(B)	$1s^2\ 2s^2\ 2p^5$
		(C)	$1s^2\ 2s^2$
		(D)	$1s^2\ 2s^2\ 2p^4$
		(E)	$1s^2\ 2s^2\ 2p^2$

183 Welche der folgenden Ionen besitzen im Grundzustand die Elektronenkonfiguration $1s^2\ 2s^2\ 2p^6\ 3s^2\ 3p^6$?

(1) S^{2-}
(2) Na^+
(3) K^+
(4) Ca^{2+}
(5) Mg^{2+}

(A)   nur 1, 2 und 4 sind richtig
(B)   nur 1, 2 und 5 sind richtig
(C)   nur 1, 3 und 4 sind richtig
(D)   nur 1, 3 und 5 sind richtig
(E)   nur 2, 3, 4 und 5 sind richtig

184+ Welche Aussagen treffen zu?
Im Grundzustand des Natrium-Ions (Na^+) sind folgende Orbitale besetzt:

(1)   2s-Orbital
(2) $2p_z$-Orbital
(3)   3s-Orbital
(4) $3p_z$-Orbital
(5)   4s-Orbital

(A)   nur 1 und 2 sind richtig
(B)   nur 4 und 5 sind richtig
(C)   nur 1, 2 und 3 sind richtig
(D)   nur 1, 3 und 5 sind richtig
(E)   nur 1, 2, 3 und 4 sind richtig

Nebengruppenelemente

185+ Welche der aufgeführten äußeren Elektronenkonfigurationen trifft für das Mn^{2+}-Ion zu?

(A) $3s^2\ 3p^6\ 3d^4$
(B) $3s^2\ 3p^6\ 3d^5$
(C) $3s^2\ 3p^6\ 3d^6$
(D) $3s^2\ 3p^6\ 3d^5\ 4s^1$
(E) $3s^2\ 3p^6\ 3d^5\ 4s^2$

Ordnen Sie bitte den Elementen der Liste 1 die jeweils zutreffende Valenzelektronenkonfiguration aus Liste 2 zu.

	Liste 1		Liste 2
186+	Cr	(A)	$3d^5\ 4s^1$
187+	Cu	(B)	$3d^4\ 4s^2$
		(C)	$3d^{10}4s^1$
		(D)	$3d^9\ 4s^2$
		(E)	$3d^5\ 4s^2\ 4p^4$

188+ Im Grundzustand der Übergangsmetalle Chrom und Kupfer ist der 4s-Zustand doppelt mit Elektronen besetzt,
weil
schon für die den Übergangselementen voranstehenden Elemente Kalium und Calcium das 4s-Niveau energieärmer ist als das 3d-Niveau.

1.2.4 Periodische Eigenschaften der Elemente

189 Welche Aussage trifft **nicht** zu?
Die Atomradien nehmen in folgender Reihe zu:

(A)   Li   Na   K   Rb   Cs
(B)   Be   Mg   Ca   Sr   Ba

(C) F   Cl   Br   I   At
(D) O   S   Se   Te
(E) Cs   Ba   La

190 In welcher der folgenden Reihen sind die Ionen **nicht** nach zunehmender Größe der Ionenradien geordnet?

(A) Li^+ Na^+ K^+ Rb^+ Cs^+
(B) Be^{2+} Mg^{2+} Ca^{2+} Sr^{2+} Ba^{2+}
(C) F^- Cl^- Br^- I^-
(D) O^{2-} S^{2-} Sc^{2-} Te^{2-}
(E) Cu^+ Zn^{2+} Ga^{3+} Ge^{4+}

191 Der Radius eines Anions ist kleiner als der des entsprechenden Atoms,
weil
die Elektronen im Anion eine größere elektrostatische Anziehung durch den Kern erfahren als im Atom.

192 Welche Aussage trifft zu?
Ionisation eines Atoms bedeutet

(A) Emission eines γ-Quants aus dem Kern
(B) Abgabe eines Neutrons aus dem Kern
(C) Elastischer Stoß eines energiereichen Elektrons mit einem Atom
(D) Anregung eines Elektrons auf die nächsthöhere Bohrsche Kreisbahn
(E) Ablösung eines oder mehrerer Elektronen aus der Elektronenhülle eines Atoms

193 Welche Aussage trifft **nicht** zu?
Die Ionisierungsenergien eines Elements sind deutlich abhängig von

(A) der Kernladung
(B) der Abschirmung durch innere Elektronen
(C) der Ladungszahl
(D) der Neutronenzahl
(E) dem Atomradius

194+ Im Lithiummetall haben alle Elektronen die gleiche Energie,
weil
die Ionisierungsenergie für alle Elektronen des Lithiums gleich ist.

195+ Bei der Bildung des Cäsium-Ions (Cs^+) aus dem Cäsiumatom wird Energie frei,

weil
Cs^+ die gleiche Elektronenkonfiguration wie das Edelgas Xenon hat.

196+ Die Bildung des Ions O^{2-} aus atomarem Sauerstoff verläuft unter Energieabgabe,
weil
das Ion O^{2-} die gleiche Elektronenzahl wie das Edelgas Neon besitzt.

1.2.5 Elektronegativität

197 Welche Aussagen über die Elektronegativität treffen zu?
Die Elektronegativität

(1) ist ein Maß für die Tendenz eines Atoms in einer Kovalenzbindung Elektronen anzuziehen
(2) bezieht sich auf (voneinander) isolierte Atome im Gaszustand
(3) kann durch eindeutige Methoden absolut gemessen werden
(4) kann aus Bindungsenthalpien näherungsweise berechnet werden
(5) wächst mit zunehmender Kernladung und abnehmendem Atomradius eines Elements

(A) nur 1 ist richtig
(B) nur 1 und 2 sind richtig
(C) nur 2 und 3 sind richtig
(D) nur 1, 4 und 5 sind richtig
(E) 1–5 = alle sind richtig

198+ Welche Aussage zur Elektronegativität trifft zu?

(A) Sie entspricht der Differenz zwischen der Ionisierungsenergie und der Elektronenaffinität eines Atoms.
(B) Sie ist dem arithmetischen Mittel aus der Ionisierungsenergie und der Elektronenaffinität eines Atoms proportional.
(C) Sie ist ein Maß für die Leichtigkeit, mit der ein Kation reduziert werden kann.
(D) Sie nimmt im Periodensystem innerhalb einer Hauptgruppe mit der Ordnungszahl zu.
(E) Sie ist ein Maß für die Kraft, mit der sich Anionen und Kationen anziehen.

199⁺ Die Edelgase besitzen nach der relativen Pauling-Skala die höchste Elektronegativität innerhalb ihrer Periode,
weil
unter den Hauptgruppenelementen einer Periode das Edelgas die elektronenreichste Valenzschale aufweist.

200 Fluor besitzt auf der Pauling-Skala der Elektronegativitäten den größten Wert,
weil
Fluor die größte Ionisierungsenergie aller Elemente aufweist.

201⁺ Die Elektronegativität hybridisierter C-Atome nimmt in der Reihenfolge
sp > sp^2 > sp^3 ab,
weil
mit steigendem s-Anteil die Elektronen stärker vom Kern abgestoßen werden.

202⁺ Welche Reihung nach steigender Elektronegativität (nach Pauling) trifft zu?

(A) O, F, S, N, Br
(B) S, Br, N, O, F
(C) N, Br, S, O, F
(D) S, N, O, Br, F
(E) S, Br, N, F, O

Ordnen Sie bitte den Elektronegativitätsverhältnissen der Liste 1 den jeweils entsprechenden Bindungstyp aus Liste 2 zu.

Liste 1	**Liste 2**
203⁺ Elektronegativitätsdifferenz ≥ 2,5	(A) Metallische Bindung
204⁺ Elektronegativitätswert ≤ 1	(B) Ionenbindung
	(C) polare Atombindung
	(D) unpolare Atombindung
	(E) H-Brückenbindung

1.3 Ionenbindung
(siehe Ehlers, Chemie I-Kurzlehrbuch)

1.3.1 Bildung von Ionen und Ionengittern

205 Welche Aussage über die Kräfte, die zwei punktförmige elektrische Ladungen aufeinander ausüben, trifft **nicht** zu?

(A) Die Kräfte sind umgekehrt proportional dem Quadrat des Abstandes der beiden Ladungen.
(B) Bei Ladungen gleichen Vorzeichens ergeben sich anziehende Kräfte zwischen den Ladungen.
(C) Die Kräfte sind proportional zu jeder der beiden Ladungen.
(D) Die Kräfte haben die Richtung der Verbindungslinie der beiden Ladungen.
(E) Die Kräfte sind umgekehrt proportional der Dielektrizitätszahl (früher: Dielektrizitätskonstante) des Mediums, in dem sich die Ladungen befinden.

206+ Welche Aussage über die Kräfte, die zwei punktförmige elektrische Ladungen aufeinander ausüben, trifft **nicht** zu?
(A) Die Kräfte sind umgekehrt proportional dem Quadrat des Abstandes der beiden Ladungen.
(B) Bei Ladungen gleichen Vorzeichens ergeben sich abstoßende Kräfte zwischen den Ladungen.
(C) Die Kräfte sind proportional zu jeder der beiden Ladungen.
(D) Die Kräfte haben die Richtung der Verbindungslinie der beiden Ladungen.
(E) Die Kräfte sind proportional der Dielektrizitätszahl (früher: Dielektrizitätskonstante) des Mediums, in dem sich die Ladungen befinden.

207 Welche der folgenden Aussagen treffen zu?
Zwischen zwei näherungsweise punktförmigen Ladungen Q_1 und Q_2 tritt eine Kraft F auf. Sie sind eingebettet in einem Medium der Dielektrizitätszahl ε und ihr Abstand ist r. Für die Kraft F gilt:

(1) $F \sim r^2$
(2) $F \sim 1/r$
(3) $F \sim 1/\varepsilon$
(4) $F \sim \varepsilon$

(A) nur 1 ist richtig
(B) nur 2 ist richtig
(C) nur 3 ist richtig
(D) nur 4 ist richtig
(E) nur 1 und 3 sind richtig

208+ Welche Aussage über eine reine Ionenbindung trifft **nicht** zu?

(A) Es handelt sich um eine elektrostatische Bindung.
(B) Sie bildet sich hauptsächlich zwischen Atomen stark unterschiedlicher Elektronegativität aus.
(C) Sie ist ungerichtet.
(D) Sie kann zum Aufbau eines Raumgitters führen.
(E) Sie bildet sich hauptsächlich zwischen Atomen mit hoher Ionisierungsenergie aus.

209 Welche Aussage über eine zweiatomige Ionenbindung trifft **nicht** zu?

(A) Es handelt sich um eine ungerichtete elektrostatische Bindung.
(B) Sie kommt bei Ionen von Elementen stark unterschiedlicher Elektronegativität vor.

(C) Sie wirkt in alle drei Raumrichtungen.

(D) Sie kann zum Aufbau eines Gitters führen.

(E) Sie beruht auf einem gemeinsamen Elektronenpaar.

210 Sowohl Chlorwasserstoff als auch Natriumchlorid besitzen ausschließlich Ionenbindungen,
weil
ein Chloratom durch Aufnahme eines Elektrons die Elektronenkonfiguration von Krypton erreicht.

211 Welche der folgenden Substanzen sind überwiegend ionisch gebaut?

(1) $SiBr_4$
(2) P_4O_{10}
(3) $SnCl_2$
(4) SO_2Cl_2
(5) CI_4

(A) nur 2 ist richtig
(B) nur 3 ist richtig
(C) nur 1 und 4 sind richtig
(D) nur 3 und 5 sind richtig
(E) nur 1, 2 und 5 sind richtig

1.3.2 Gitterenergie, Kristallstrukturen, Mischkristalle

212⁺ Welche Aussage trifft zu?
Bei der Reaktion 2 Na (fest) + Cl_2 (gasförmig) → 2 NaCl (fest) wird der Energiebedarf gedeckt durch

(A) die Gitterenergie des Kochsalzes
(B) die Ionisierungsenergie des Natriums
(C) die Ionenbildung mit Edelgaskonfiguration
(D) die hohe Solvatationsenergie der gebildeten Ionen
(E) die Elektronenaffinität des Chlors

213⁺ Welche Aussage trifft auf die Gitterbausteine in einem kristallinen Festkörper am besten zu?

(A) Sie schwingen um Gleichgewichtslagen.

(B) Sie üben keinerlei Kräfte aufeinander aus.

(C) Sie können sich leicht gegeneinander verschieben.

(D) Sie sind bei Raumtemperatur starr an Ruhelagen gebunden.

(E) Sie rotieren mit Nachbarbausteinen um den gemeinsamen Massenschwerpunkt des Festkörpers.

214 Welche Aussagen über Ionengitter treffen zu?

(1) Der energetisch günstigste Typ besitzt die kleinstmögliche Gitterenergie.

(2) Im CsCl-Gitter ist jedes Anion (Kation) von jeweils 6 Kationen (Anionen) umgeben.

(3) Das NaCl-Gitter ist durch ein Radienverhältnis Kation : Anion > 0,8 charakterisiert.

(4) Ihre Struktur wird in erster Linie vom Verhältnis der Ionenradien bestimmt.

(A) nur 2 ist richtig
(B) nur 4 ist richtig
(C) nur 1 und 2 sind richtig
(D) nur 3 und 4 sind richtig
(E) nur 1, 2 und 3 sind richtig

215⁺ Welche der folgenden Aussagen über das NaCl-Gitter treffen zu?

(1) Die nächsten Nachbarn eines Na^+-Ions sind 6 Cl^--Ionen.

(2) Die Chlorid-Ionen bilden ein kubisches Gitter.

(3) Eine Elementarzelle wird aus einem Cl^--Ion und 6 Na^+-Ionen gebildet.

(4) Im Gitter führen die Ionen Schwingungen um eine bestimmte Schwerpunktslage aus.

(5) Der Zusammenhalt zwischen den Gitterbausteinen erfolgt hauptsächlich durch van der Waals-Kräfte (Dispersionskräfte).

(A) nur 1 und 3 sind richtig
(B) nur 4 und 5 sind richtig
(C) nur 1, 2 und 4 sind richtig
(D) nur 2, 3 und 5 sind richtig
(E) nur 1, 2, 3 und 4 sind richtig

216⁺ Welche Aussage über Natriumchlorid trifft **nicht** zu?

(A) Natriumchlorid hat eine geringere Gitterenergie als Natriumfluorid.
(B) Die elektrische Leitfähigkeit einer Natriumchlorid-Schmelze nimmt mit steigender Temperatur zu.
(C) Sehr reines Natriumchlorid kann durch Zusatz von HCl zu einer kalten, gesättigten Kochsalz-Lösung erhalten werden.
(D) Natriumchlorid kann durch Umkristallisieren aus Wasser (Erhitzen, Filtrieren und Abkühlen der wäßrigen Lösung) von anhaftendem Kaliumchlorid befreit werden.
(E) Im Steinsalzgitter ist jedes Ion von 6 andersartigen Ionen umgeben.

217 Welche Aussagen über Natriumchlorid treffen zu?

(1) NaCl besitzt eine größere Gitterenergie als NaBr.
(2) Die Zusammenlagerung monomerer NaCl-Moleküle zum Gitterverband verläuft exotherm.
(3) Im NaCl-Kristall liegt ein kubisch raumzentriertes Ionengitter vor.
(4) Im NaCl-Kristall ist jedes Na^+-Ion von 6 Chlorid-Ionen umgeben.

(A) nur 3 ist richtig
(B) nur 1 und 2 sind richtig
(C) nur 1, 2 und 4 sind richtig
(D) nur 2, 3 und 4 sind richtig
(E) 1–4 = alle sind richtig

218 Im CaF_2-Gitter besitzen Kation und Anion die gleiche Koordinationszahl,
weil
Ca^{2+}- und F^--Ionen gleiche Ionenradien besitzen.

219⁺ Die Gitterenergie der Erdalkalisulfate ist nahezu gleich.
Die Löslichkeit der Erdalkalisulfate in Wasser nimmt mit steigender Ordnungszahl der Erdalkalielemente ab,
weil
bei Erdalkali-Ionen die freie Hydratationsenthalpie durch den bei steigender Ordnungszahl zunehmenden Ionenradius abnimmt.

220⁺ Alle Alkalimetallchloride kristallisieren in Gittern gleichen Typs,
weil
die Ladung und das Radienverhältnis der Ionen den Gittertyp einer Ionenverbindung hauptsächlich bestimmen.

221⁺ Welche der folgenden Elemente können Schichtstrukturen bilden?

(1) Kohlenstoff
(2) Phosphor
(3) Arsen

(A) nur 1 ist richtig
(B) nur 2 ist richtig
(C) nur 1 und 2 sind richtig
(D) nur 2 und 3 sind richtig
(E) 1–3 = alle sind richtig

222 Welche der folgenden Voraussetzungen zur Mischkristallbildung zweier Salze müssen zutreffen?

(1) Gleichheit der Wertigkeiten von Anionen und Kationen
(2) Gleichheit der Ionenabstände im Gitter
(3) Gleichheit des Formeltyps
(4) Ähnliche chemische Eigenschaften

(A) nur 1 und 2 sind richtig
(B) nur 2 und 3 sind richtig
(C) nur 3 und 4 sind richtig
(D) nur 1, 2 und 4 sind richtig
(E) nur 2, 3 und 4 sind richtig

1.3.3 Physikalische und chemische Eigenschaften von Ionenverbindungen

223⁺ Welche Aussagen über die physikalischen Eigenschaften von Salzen treffen zu?

(1) Salze lösen sich im allgemeinen nur schlecht in Lösungsmitteln mit kleiner Dielektrizitätszahl.

(2) Alkaliacetate sind in verdünnter wäßriger Lösung praktisch vollständig dissoziiert.

(3) Die Schmelz- und Siedepunkte von Salzen gleichen Gittertyps und gleicher Ionenladung nehmen im allgemeinen mit wachsenden Ionenradien ab.

(A) nur 1 ist richtig
(B) nur 2 ist richtig
(C) nur 1 und 3 sind richtig
(D) nur 2 und 3 sind richtig
(E) 1–3 = alle sind richtig

224⁺ Welche Aussagen über Wasser treffen zu?
Für die Lösefähigkeit gegenüber Salzen, wie z. B. Kaliumnitrat, sind am bedeutsamsten:

(1) Autoprotolyse
(2) Dielektrizitätszahl
(3) Ionenleitfähigkeit
(4) Dipolcharakter

(A) nur 4 ist richtig
(B) nur 1 und 3 sind richtig
(C) nur 2 und 3 sind richtig
(D) nur 2 und 4 sind richtig
(E) 1–4 = alle sind richtig

225 Wasser besitzt im allgemeinen ein gutes Lösevermögen für Salze,
weil
Wasser aufgrund seiner hohen Dielektrizitätszahl die elektrostatischen Anziehungskräfte stark vermindert und als Dipol die Ionen gut solvatisieren kann.

226 Alle Ionenverbindungen sind in Wasser leichtlöslich,
weil
Wasser die Coulombschen Kräfte zwischen Kation und Anion im Vergleich zum Ionenkristall verringert.

227 Beim Auflösen von Ionenverbindungen in Wasser wird das Kristallgitter zerstört,
weil
beim Lösevorgang einer Ionenverbindung in Wasser nur die in den Ionenkristallen auftretenden van der Waals-Kräfte überwunden werden müssen.

228 Beim Auflösen von Ionenverbindungen in Wasser wird das Kristallgitter zerstört,
weil
beim Lösevorgang einer Ionenverbindung in Wasser immer eine vollständige Dissoziation in die entsprechenden Ionen erfolgt.

229⁺ Welche Aussage über den Lösevorgang eines festen Stoffes in einem Lösungsmittel trifft **nicht** zu?

(A) Die Enthalpie der Reaktion entspricht der Differenz von Gitter- und Solvatationsenthalpie.
(B) Durch Temperaturerhöhung nimmt die Löslichkeit eines festen Stoffes immer zu.
(C) Zum Zerfall eines Kristalls in einzelne Ionen oder Moleküle ist Energie erforderlich.
(D) Die Solvatation einzelner Ionen oder Moleküle ist ein exothermer Prozeß.
(E) Die Gitterenthalpie kann größer oder kleiner sein als die Solvatationsenthalpie.

230⁺ Welche Aussage über Ionenverbindungen trifft **nicht** zu?

(A) Sie besitzen im festen Zustand eine hohe elektrische Leitfähigkeit.
(B) Sie können, in polaren Lösungsmitteln gelöst, Ionenpaare bilden.
(C) Ihre Löslichkeit hängt u. a. ab von der Dielektrizitätszahl des Lösungsmittels.
(D) Im Ionengitter werden die Ionen durch Coulombsche Anziehungskräfte zusammengehalten.
(E) Die freie Enthalpie ihres Lösungsvorganges errechnet sich aus der Differenz von freier Gitter- und freier Solvatationsenthalpie.

231⁺ Welche der folgenden Aussagen über Ionenverbindungen trifft **nicht** zu?
Ionenverbindungen

(A) sind Festkörper mit hohem Schmelzpunkt
(B) leiten in Lösung und Schmelze den elektrischen Strom
(C) sind im allgemeinen in protischen Lösungsmitteln löslich

(D) werden auch Salze genannt

(E) bilden in Lösung niemals Ionenpaare

232 Welche der folgenden Aussagen über Ionenverbindungen trifft **nicht** zu?
Ionenverbindungen

(A) sind Festkörper mit hohem Schmelzpunkt

(B) leiten in Lösung oder Schmelze den elektrischen Strom

(C) sind in polaren wie unpolaren Lösungsmitteln gleich gut löslich

(D) sind meist spröde

(E) bilden Kristallgitter

233+ Die Hydratationsenthalpie ist beim Li^+-Ion im Vergleich zu den anderen Alkalimetall-Ionen am größten,
weil
der Radius des Li^+-Ions im Vergleich zu anderen Alkalimetall-Ionen am kleinsten ist.

234+ Welche Aussagen treffen zu?
Der Betrag der Hydratationsenthalpie

(1) nimmt bei den Alkalikationen von Li^+ zu Cs^+ hin ab

(2) zweiwertiger Ionen ist doppelt so groß wie der einwertiger Ionen mit gleichem Radius

(3) nimmt bei den Halogenid-Ionen von F^- zu I^- hin ab

(4) ist für H_3O^+- und HO^--Ionen gleich

(A) nur 2 ist richtig

(B) nur 4 ist richtig

(C) nur 1 und 3 sind richtig

(D) nur 2 und 4 sind richtig

(E) nur 2, 3 und 4 sind richtig

235 Bei den Alkalimetall-Ionen steigt der Absolutwert der freien Hydratationsenthalpie mit steigender Ordnungszahl an,
weil
mit steigender Kernladungszahl die Hydrathüllen fester an die freien Alkalimetall-Ionen gebunden werden.

236 Gealtertes $Al(OH)_3$ reagiert mit Säuren und mit Basen langsamer als frisch gefälltes $Al(OH)_3$,
weil
beim Alterungsprozeß von $Al(OH)_3$ sowohl die Oberfläche verkleinert als auch die Ordnung der Gitterbausteine erhöht wird.

1.4 Kovalente Bindung

(siehe Ehlers, Chemie I-Kurzlehrbuch und Ehlers, Chemie II-Kurzlehrbuch, Kap. 3.1)

1.4.1 Elektronenpaar-bindung, Oktett-regel

Ordnen Sie bitte den Bindungsarten der Liste 1 den jeweils in engstem Zusammenhang stehenden Begriff aus Liste 2 zu.

Liste 1

237+ Atombindung
238+ Ionenbindung
239 Metallbindung

Liste 2

(A) Ligandenfeld
(B) „Elektronengas"
(C) Coulomb Kräfte = Elektrisches Feld
(D) Koordinationszahl
(E) Molekülorbital

Ordnen Sie bitte den Begriffen der Liste 1 die jeweils zutreffende Verbindung aus Liste 2 zu.

Liste 1

240+ Organometallverbindung
241+ Ionenverbindung

Liste 2

(A) $Pt(NH_3)_2Cl_2$
(B) $HgCl_2$
(C) $Hg(C_6H_5)_2$
(D) $Al(CH_3COO)_3$
(E) H_3BO_3

242+ Welche Aussage über die Atombindung trifft **nicht** zu?

(A) Sie ist entlang der Kernverbindungsachse ausgerichtet.
(B) Sie tritt vorzugsweise bei Elementen ähnlicher Elektronegativität auf.
(C) Ihre Ladungsdichteverteilung zwischen den Kernen ist stets symmetrisch.
(D) Sie kommt durch Überlappen von Atomorbitalen zustande.
(E) Sie kann sowohl homolytisch als auch heterolytisch gespalten werden.

243+ Welche der folgenden Substanzen haben typischerweise kovalente Bindungen?

(1) H_2O
(2) B_2H_6
(3) NH_3
(4) CaH_2
(5) $HgCl_2$

(A) nur 1 und 3 sind richtig
(B) nur 2 und 4 sind richtig
(C) nur 1, 3 und 5 sind richtig
(D) nur 1, 2, 3 und 5 sind richtig
(E) 1–5 = alle sind richtig

244 Welche der folgenden Strukturen unterscheidet sich in der Gesamtzahl der Außenelektronen von den übrigen?

(A) NO_3^-
(B) SO_3
(C) BF_3
(D) PCl_3
(E) CO_3^{2-}

245+ Welche der folgenden Verbindungen hat am Zentralatom ein freies Elektronenpaar?

(A) BF_3
(B) $AlCl_3$

(C) PCl_5
(D) SO_3
(E) PCl_3

246⁺ Welches der folgenden Paare von Molekülen bzw. Ionen ist **nicht** isoelektronisch?

(A) N_2 und CO
(B) BH_4^- und NH_4^+
(C) CO_3^{2-} und NO_3^-
(D) N_2O und CO_2
(E) SO_2 und SiO_2

247 Welche der folgenden Stoffe bzw. Teilchen sind zueinander isoelektronisch?

(1) CO_2
(2) N_2O
(3) N_3^-
(4) NOCl
(5) O_3

(A) nur 1 ist richtig
(B) nur 1 und 2 sind richtig
(C) nur 3 und 4 sind richtig
(D) nur 1, 2 und 3 sind richtig
(E) nur 1, 4 und 5 sind richtig

1.4.2 VB-Methode

248⁺ Welche Aussagen treffen zu?
Nach dem VB-Modell entstehen σ-Bindungen durch Überlappen (Kernverbindungsachse = x-Achse)

(1) zweier s-Orbitale
(2) eines s-Orbitals mit einem p_x-Orbital
(3) eines s-Orbitals mit einem p_z-Orbital
(4) zweier p_x-Orbitale
(5) zweier d-Orbitale

(A) nur 1 ist richtig
(B) nur 2 und 3 sind richtig
(C) nur 1, 2 und 4 sind richtig
(D) nur 1, 4 und 5 sind richtig
(E) 1–5 = alle sind richtig

249 Welches der folgenden Orbitale wird von dem nichtbindenden (freien) Elektronenpaar am N-Atom des Pyridins besetzt?
($2p_y$ und $2p_z$ sollen parallel zur Ringebene, $2p_x$ senkrecht dazu ausgerichtet sein)

(A) $2p_x$
(B) $2p_z$
(C) 2sp
(D) $2sp^2$
(E) $2sp^3$

250⁺ In welchen der nachstehend aufgeführten Verbindungen bzw. Stoffen sind die C-Atome sp^2-hybridisiert?

(1) CO_2
(2) CO_3^{2-}
(3) Diamant
(4) Graphit
(5) HCN

(A) nur 3 ist richtig
(B) nur 1 und 2 sind richtig
(C) nur 2 und 4 sind richtig
(D) nur 4 und 5 sind richtig
(E) nur 1, 2 und 4 sind richtig

251⁺ Welche Aussagen treffen zu?
Die Strukturen der folgenden Verbindungen bzw. Ionen können am besten durch die Annahme einer sp^2-Hybridisierung des Stickstoffs beschrieben werden:

(1) NH_3
(2) NH_2OH
(3) NO_2^-
(4) NO_3^-

(A) nur 3 ist richtig
(B) nur 1 und 4 sind richtig
(C) nur 2 und 3 sind richtig
(D) nur 3 und 4 sind richtig
(E) 1–4 = alle sind richtig

Stereochemie anorganischer Moleküle

252 Welche der folgenden Stoffe bzw. Teilchen besitzen eine lineare Anordnung der Atome?

(1) N_2
(2) N_2O
(3) N_3^-
(4) Hg_2Cl_2
(5) HCN

(A) nur 1 ist richtig
(B) nur 1 und 2 sind richtig
(C) nur 3 und 4 sind richtig

(D)   nur 1, 2 und 3 sind richtig
(E)   1–5 = alle sind richtig

253⁺ Welche der folgenden Verbindungen besitzen einen linearen Bau?

(1)   Keten
(2)   Kohlendioxid
(3)   Blausäure
(4)   Sublimat
(5)   Ethin

(A)   nur 1 und 3 sind richtig
(B)   nur 1 und 4 sind richtig
(C)   nur 2, 3 und 5 sind richtig
(D)   nur 2, 4 und 5 sind richtig
(E)   1–5 = alle sind richtig

254 Welche der folgenden Verbindungen sind linear gebaut?

(1)   Kohlendioxid
(2)   Schwefeldioxid
(3)   Siliciumdioxid
(4)   Ozon
(5)   Distickstoffoxid

(A)   nur 1 ist richtig
(B)   nur 5 ist richtig
(C)   nur 1 und 5 sind richtig
(D)   nur 2 und 3 sind richtig
(E)   nur 2 und 4 sind richtig

255 Welches der folgenden Moleküle ist **nicht** linear gebaut?

(A) HN_3
(B) P_4
(C) CO_2
(D) C_2H_2
(E) NO_2^+

256⁺ Welche der folgenden Verbindungen ist **nicht** linear gebaut?

(A)   Kohlendioxid
(B)   Schwefeldioxid
(C)   Ethin
(D)   Blausäure
(E)   Dicyan

257 Welche Geometrie besitzt Dicyan?

(A) $N \equiv C - C \equiv N$

(B) $N \equiv C - C \equiv N$

(C) $N \equiv C - C \equiv N$

(D) $N \equiv C - N = \overset{-}{C}$

(E) $N \equiv C - N = \overset{-}{C}$

258⁺ Welche der folgenden Stoffe bzw. Teilchen besitzen eine lineare Anordnung der Atome?

(1) NO_2^+
(2) NO_2
(3) NO_2^-
(4) N_2O
(5) $NOCl$

(A)   nur 1 und 4 sind richtig
(B)   nur 3 und 4 sind richtig
(C)   nur 1, 2 und 3 sind richtig
(D)   nur 1, 2 und 5 sind richtig
(E)   nur 2, 4 und 5 sind richtig

259⁺ Welche der folgenden Moleküle weisen eine trigonal-planare Anordnung von Zentralatom und Sauerstoffatomen auf?

(1) H_3BO_3
(2) HNO_3
(3) H_2CO_3
(4) H_3PO_3

(A)   nur 1 ist richtig
(B)   nur 1 und 4 sind richtig
(C)   nur 2 und 4 sind richtig
(D)   nur 1, 2 und 3 sind richtig
(E)   nur 2, 3 und 4 sind richtig

260⁺ Welche(s) der folgenden Verbindungen/Ionen ist **nicht** planar gebaut?

(A) CO_3^{2-}
(B) ClO_3^-
(C) SO_3
(D) NO_3^-
(E) BF_3

261 Welches der folgenden Anionen ist **nicht** tetraedrisch gebaut?

(A) HSO$_4^-$
(B) HCO$_3^-$
(C) HPO$_3^{2-}$
(D) BH$_4^-$
(E) ClO$_4^-$

262 In welchem der folgenden Moleküle liegt **keine** tetraedrische Anordnung der Atome vor?

(A) SO$_4^{2-}$
(B) HCO$_3^-$
(C) BF$_4^-$
(D) NH$_4^+$
(E) CH$_4$

263⁺ In welchen der folgenden Wasserstoffverbindungen liegen die Valenzwinkel nahe am Tetraederwinkel (109°28')?

(1) NH$_3$
(2) PH$_3$
(3) AsH$_3$
(4) OH$_2$
(5) SH$_2$

(A) nur 1 und 3 sind richtig
(B) nur 1 und 4 sind richtig
(C) nur 2 und 5 sind richtig
(D) nur 4 und 5 sind richtig
(E) nur 1, 2 und 3 sind richtig

Ordnen Sie bitte den Ionen und Molekülen der Liste 1 die jeweils zutreffende räumliche Anordnung der Atome (keine Teilstrukturen) aus Liste 2 zu.

Liste 1   **Liste 2**

264⁺ BF$_4^-$ (A) trigonal-planar
265⁺ NO$_2^-$ (B) tetraedrisch
266⁺ H$_2$O   (C) gewinkelt
267⁺ BF$_3$ (D) linear
268 HgCl$_2$ (E) quadratisch
269 SO$_3$

Ordnen Sie bitte den in Liste 1 genannten Polyedern die jeweils entsprechende Abbildung aus Liste 2 zu.

Liste 1

270 Oktaeder

271 Tetraeder

Liste 2

(A) 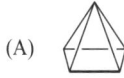   (D)

(B) 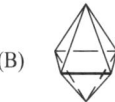   (E)

(C)

1.4.3 Bindungsparameter und Bindungsordnung

272 Welche Aussage trifft zu?
Unter der Bindigkeit eines Atoms in einem Molekül versteht man die

(A) Anzahl der nächsten Nachbarn im I, ngitter
(B) Enthalpie einer kovalenten Einfachbindung zwischen einem Atom und einem Bindungspartner
(C) Dissoziationsenergie der Bindung zwischen einem Atom und einem Bindungspartner
(D) Anzahl komplexierender Liganden
(E) Anzahl der Atombindungen, die ein bestimmtes Atom eingehen kann

273⁺ Welche Aussagen über Bindungslänge und Bindungsordnung einer Atombindung zwischen den Elementen A und X treffen zu?

(1) Bindungsordnung und Bindungslänge sind voneinander unabhängig.
(2) Je höher die Bindungsordnung ist, um so kürzer ist die Bindungslänge.
(3) Bei gleicher Bindungsordnung nimmt die Bindungslänge mit steigendem Atomradius von X zu.
(4) Bei gleicher Bindungsordnung nimmt die Bindungslänge mit steigender Elektronegativität von X ab.

(A)   nur 1 ist richtig
(B)   nur 2 ist richtig
(C)   nur 2 und 3 sind richtig
(D)   nur 3 und 4 sind richtig
(E)   nur 2, 3 und 4 sind richtig

274⁺ Welche Aussage über Bindungslängen trifft **nicht** zu?

(A)   Die Kohlenstoff-Kohlenstoff-Bindungslänge im Benzol ist größer als der Kohlenstoff-Kohlenstoff-Abstand im Ethen.
(B)   Die Kohlenstoff-Kohlenstoff-Dreifachbindung ist länger als die Kohlenstoff-Wasserstoff-Bindung.
(C)   In n-Alkanen beträgt der Kohlenstoff-Kohlenstoff-Abstand etwa 0,15 nm.
(D)   Die Bindungslänge nimmt bei den Halogenwasserstoffen von HF über HCl und HBr zu HI hin zu.
(E)   Die Länge der Kohlenstoff-Kohlenstoff-Bindung im Diamant ist kleiner als die Länge der kovalenten Kohlenstoff-Kohlenstoff-Bindung im Graphit.

275 Die Bindungslänge zweier einfach gebundener Elemente A und X nimmt mit steigender Elektronegativität von X zu,
weil
mit steigender Elektronegativität auch die Atomradien der Elemente anwachsen.

276 Die kovalente Bindung im F_2-Molekül ist stabiler als im Cl_2-Molekül,
weil
Fluoratome einen kleineren Radius als Chloratome besitzen.

277 Die C-F-Bindung ist thermodynamisch stabiler als die C-Cl-Bindung,
weil
die Elektronenaffinität von Fluor größer ist als die von Chlor.

278 Die C-Cl-Bindung ist thermodynamisch stabiler als die C-Br-Bindung,
weil
die Elektronenaffinität von Chlor größer ist als die von Brom.

279⁺ Welche Aussage zur chemischen Bindung trifft zu?

(A)   Doppelbindungen können nur von Elementen der IV. und V. Hauptgruppe des Periodensystems ausgebildet werden.
(B)   Der Bindungsstrich in der Valenzstrichformel symbolisiert ein Elektronenpaar.
(C)   Dreifachbindungen bilden sich nur zwischen C- und/oder N-Atomen aus.
(D)   Bei einer C-C-Einfachbindung sind die Bindungslängen erheblich kleiner als die Summe der C-Atomradien.
(E)   Heteropolare Bindungen werden nur zwischen Atomen ausgebildet, die gleiche Elektronegativitäten aufweisen.

280 Welche Aussage über Mehrfachbindungen trifft **nicht** zu?

(A)   Sie treten bevorzugt bei Elementen der 2. Periode auf.
(B)   Sie sind oft in σ- und π-Bindungen differenzierbar.
(C)   Den verschiedenen Bindungstypen liegen Unterschiede in der Symmetrie der überlappenden Orbitale zugrunde.
(D)   Die Elektronendichte von π-Bindungen ist rotationssymmetrisch in bezug auf die Bindungsachse.
(E)   Die Bindungsenergie nimmt mit der Bindungsordnung zu.

281 Welche der folgenden Parameter beeinflussen die Bindungsenthalpie einer Kovalenzbindung X-Y?

(1)   Bindungslänge
(2)   Bindungspolarität
(3)   Bindungsordnung

(A)   nur 1 ist richtig
(B)   nur 1 und 2 sind richtig
(C)   nur 1 und 3 sind richtig
(D)   nur 2 und 3 sind richtig
(E)   1–3 = alle sind richtig

1.4.4 MO-Methode

282⁺ Welche der folgenden Orbitalkombinationen kann in der gezeichneten Anordnung zu einem bindenden Molekülorbital überlappen?

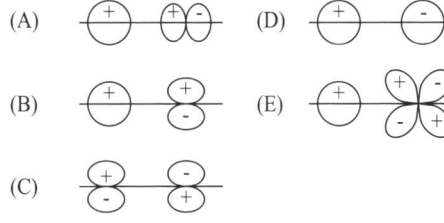

(A)   (D)

(B)   (E)

(C)

283+ Welche Aussage über MO-Modelle trifft **nicht** zu?

(A)   Das bindende MO des H_2-Moleküls ist gegenüber der Energie der H-Atomorbitale um den gleichen Betrag energieärmer, um den das antibindende MO energiereicher ist.

(B)   Im Grundzustand des O_2-Moleküls sind 2 antibindende MO mit je einem Elektron gleichen Spins besetzt.

(C)   Aus dem MO-Schema des N_2-Moleküls ergibt sich für den Grundzustand die Bindungsordnung 3.

(D)   Ein antibindendes MO kann mit 2 Elektronen mit antiparallelen Spins besetzt werden.

(E)   Je elektronegativer ein Atom ist, desto energiereicher sind seine besetzten Atomorbitale.

284+ Das dargestellte Energieniveauschema gibt die Besetzung der Molekülorbitale mit Elektronen der Hauptquantenzahl 2 für das O_2-Molekül qualitativ richtig wieder,

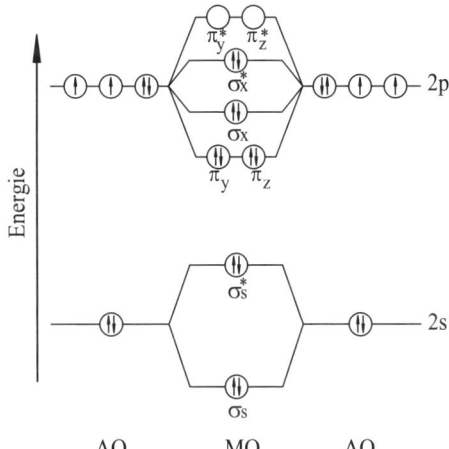

weil
die paarweise Besetzung der Molekülorbitale den Paramagnetismus des O_2-Moleküls erklären kann.

285+ Der Paramagnetismus des Sauerstoffmoleküls kann mit Hilfe der MO-Theorie unter Anwendung der Hundschen Regel erklärt werden,

weil
die beiden energiereichsten Elektronen des Sauerstoffmoleküls einzeln die beiden antibindenden MO's π^*2p_y und π^*2p_z besetzen.

Radikale

286 Welche der folgenden Verbindungen besitzt ein ungepaartes Elektron?

(A)   CO
(B)   NO
(C) BF_3
(D) PF_5
(E) H_2O_2

287+ Welche der folgenden Moleküle haben Radikalcharakter?

(1) NO_2
(2)   NO
(3) O_2
(4) N_2O_4
(5)   CO

(A)   nur 3 ist richtig
(B)   nur 2 und 3 sind richtig
(C)   nur 1, 2 und 3 sind richtig
(D)   nur 1, 2, 4 und 5 sind richtig
(E)   1–5 = alle sind richtig

288+ Welche der folgenden Stoffe sind Radikale?

(1)   CO
(2)   NO
(3) N_2O_3
(4) O_2
(5) ClO_2

(A)   nur 1 ist richtig
(B)   nur 2 und 3 sind richtig
(C)   nur 4 und 5 sind richtig
(D)   nur 1, 3 und 4 sind richtig
(E)   nur 2, 4 und 5 sind richtig

1.4.5 Polare Atombindungen

289 Ein elektrischer Dipol bestehe aus zwei entgegengesetzten, gleichgroßen Ladungen (+Q und –Q) im Abstand l.
Wie groß ist sein Dipolmoment?

(A) Q/l
(B) $2 \cdot Q \cdot l$
(C) $Q^2 \cdot l$
(D) $Q \cdot l^2$
(E) $Q \cdot l$

290 Welche Aussage trifft zu?
Zwei Ladungen +Q und –Q im Abstand l bilden einen elektrischen Dipol mit dem Dipolmoment p_1.
Werden die Ladungen und der Abstand verdoppelt, so ergibt sich ein Dipolmoment p_2, und es gilt:

(A) $p_2 = \frac{1}{4} p_1$

(B) $p_2 = \frac{1}{2} p_1$

(C) $p_2 = p_1$
(D) $p_2 = 2 p_1$
(E) $p_2 = 4 p_1$

291 Welche Aussage trifft zu?
Zwei Ladungen +Q und –Q im Abstand l bilden einen elektrischen Dipol mit dem Dipolmoment p_1.
Werden die Ladungen verdoppelt und der Abstand halbiert, so ergibt sich ein Dipolmoment p_2, und es gilt:

(A) $p_2 = 4 p_1$
(B) $p_2 = 2 p_1$
(C) $p_2 = p_1$

(D) $p_2 = \frac{1}{2} p_1$

(E) $p_2 = \frac{1}{4} p_1$

292* Welche Aussagen zum Begriff „Dipolmoment" treffen zu?

(1) Kovalente Bindungen mit ionischen Anteilen besitzen stets ein Dipolmoment.
(2) Das Dipolmoment der Halogenwasserstoffe nimmt in der Reihe HF, HCl, HBr, HI ab.
(3) Das Dipolmoment ist gleich dem Produkt aus der Ladung und dem Abstand der Ladungsschwerpunkte.
(4) Das Dipolmoment zweiatomiger Moleküle vom Typ AB hängt von der relativen Stellung der Bausteine im Periodensystem ab.

(A) nur 1 ist richtig
(B) nur 3 und 4 sind richtig
(C) nur 1, 2 und 3 sind richtig
(D) nur 2, 3 und 4 sind richtig
(E) 1–4 = alle sind richtig

293 Welche Aussage trifft zu?
Ein Molekül, welches ein permanentes Dipolmoment aufweist,

(A) besteht immer aus Atomen derselben Periode
(B) muß linear gebaut sein
(C) besitzt stets eine unsymmetrische Ladungsverteilung
(D) zerfällt in wäßriger Lösung in Ionen
(E) besitzt immer eine dem Wasser vergleichbar hohe Dielektrizitätszahl

294 Welche Aussage trifft zu?
Eine polarisierte Atombindung liegt vor bei

(A) Natriumfluorid
(B) Chlorwasserstoff
(C) Natriumhydrid
(D) Natriumchlorid
(E) Keine der Aussagen (A) bis (D) trifft zu.

Dipolmoleküle

295 Die Anordnung der H-Atome ergibt im Grundzustand des Methanmoleküls kein meßbares Dipolmoment,
weil
beim Methan durch die Anordnung der H-Atome die abstoßenden Wechselwirkungen der Bindungselektronen am geringsten sind.

296 Das Wassermolekül besitzt ein Dipolmoment,
weil
Wasserstoff elektronegativer als Sauerstoff ist.

297⁺ Welches der aufgeführten Moleküle besitzt ein permanentes Dipolmoment?

(A) $O = C = O$

(B)

$$\begin{array}{c} Cl \\ | \\ C \\ Cl \quad | \quad Cl \\ Cl \end{array}$$

(C)

$$\begin{array}{cc} Cl \qquad Cl \\ C = C \\ Cl \qquad Cl \end{array}$$

(D)

$$\begin{array}{cc} H \qquad Cl \\ C = C \\ Cl \qquad H \end{array}$$

(E)

$$\begin{array}{cc} Cl \qquad Cl \\ C = C \\ H \qquad H \end{array}$$

298 Welche Aussage trifft **nicht** zu?
Folgende Verbindungen besitzen ein Dipolmoment:

(A) SO_2
(B) CO_2
(C) H_2S
(D) NH_3
(E) CH_3I

299⁺ Welche Aussage trifft **nicht** zu?
Die folgenden Verbindungen besitzen ein Dipolmoment:

(A) H_2O
(B) HCl
(C) $CHCl_3$
(D) NH_3
(E) CO_2

300 Welche der folgenden Verbindungen besitzen ein Dipolmoment?

(1) H_2S
(2) CO_2
(3) NH_3
(4) BF_3
(5) CCl_4

(A) nur 1 und 2 sind richtig
(B) nur 1 und 3 sind richtig
(C) nur 2 und 5 sind richtig
(D) nur 3 und 5 sind richtig
(E) nur 1, 3 und 4 sind richtig

301 Welche der folgenden Verbindungen besitzt ein Dipolmoment?

(A) Br_2
(B) CO_2
(C) BF_3
(D) NH_3
(E) $HgCl_2$

1.5 Koordinative Bindung
(siehe Ehlers, Chemie I-Kurzlehrbuch)

1.5.1 Nomenklatur von Komplexen

302 Welche der folgenden Aussagen trifft zu? Die Bezeichnung von Komplexsalzen nach den IUPAC-Regeln erfolgt

(A) für das gesamte Komplexsalz in der Reihenfolge:
1. Kation, 2. Anion
(B) für das komplexe Ion in der Reihenfolge: 1. Art der Liganden, 2. Zahl der Liganden, 3. Zentralatom
(C) für das komplexe Ion in der Reihenfolge: 1. Zentralatom, 2. Zahl der Liganden, 3. Art der Liganden
(D) für den Fall eines komplexen Kations unter Anfügung der Endung „at" an das Zentralatom
(E) unter Angabe der Zahl der Liganden mittels römischer Zahlen

303 Welche Bezeichnungen der nachfolgend aufgeführten Verbindungen entsprechen der IUPAC-Nomenklatur?

(1) $K_4[Ni(CN)_4]$ – Kalium-Nickel(0)-cyanid
(2) $[Ag(NH_3)_2]Cl$ – Diamminsilberchlorid
(3) $K[Sb(OH)_6]$ – Kalium-hexahydroxo-antimonat (V)
(4) $(NH_4)_2[PtCl_6]$ – Ammonium-hexachloroplatinat (IV)
(5) $K_4[Fe(CN)_6]$ – Hexacyanoferrat(II)-Kalium

(A) nur 1 und 2 sind richtig
(B) nur 3 und 5 sind richtig
(C) nur 2, 3 und 4 sind richtig
(D) nur 3, 4 und 5 sind richtig
(E) 1–5 = alle sind richtig

1.5.2 Koordinationszahl und Struktur von Komplexen

Koordinationszahl

304+ Welche Aussage trifft zu?
Unter der Koordinationszahl eines Metallkomplexes versteht man die Zahl der

(A) freien Elektronenpaare, die alle Liganden zusammen besitzen
(B) positiven Ladungen des Zentralions
(C) Donoratome pro Zentralatom bzw. Zentralion
(D) unbesetzten Orbitale des isoliert betrachteten Zentralatoms bzw. Zentralions
(E) am Aufbau des Komplexes beteiligten Atome

305 Welche Aussagen über die Koordinationszahl von Komplexen treffen zu?

(1) Die Koordinationszahl gibt die Anzahl der komplexgebundenen Ligandenatome an.
(2) Bevorzugte Koordinationszahlen bei Komplexen sind 4 und 6.
(3) Metalle treten oftmals mit mehr als nur einer Koordinationszahl auf.
(4) Für jede Koordinationszahl gibt es nur eine geometrische Anordnung der Liganden.

(A) nur 1 und 2 sind richtig
(B) nur 3 und 4 sind richtig
(C) nur 1, 2 und 3 sind richtig
(D) nur 2, 3 und 4 sind richtig
(E) 1–4 = alle sind richtig

306 Welche Aussagen über die Koordinationszahl treffen zu?

(1) Die Koordinationszahl gibt stets die Zahl der komplexgebundenen Ligandenmoleküle wieder.

(2) Pt(II)-Komplexe mit der Koordinationszahl 4 können in cis- und trans-Formen auftreten.

(3) Komplexe eines Übergangsmetall-Ions mit gleichen Liganden aber verschiedener Koordinationszahl unterscheiden sich praktisch nicht in den magnetischen und spektroskopischen Eigenschaften.

(4) Jeder Koordinationszahl entspricht nur eine eindeutige Komplexgeometrie.

(A) nur 1 ist richtig
(B) nur 2 ist richtig
(C) nur 1 und 4 sind richtig
(D) nur 1, 2 und 3 sind richtig
(E) 1–4 = alle sind richtig

307 Komplexe der Koordinationszahl 2 besitzen eine gewinkelte Struktur,

weil

in Komplexen der Koordinationszahl 2 das Zentralatom – nach dem VB-Modell – sp-Orbitale zur koordinativen Bindung benutzt.

Stereochemie von Komplexen

Ordnen Sie bitte den Ionen der Liste 1 die jeweils zutreffende räumliche Anordnung aus Liste 2 zu.

Liste 1   Liste 2

308 $[CoCl_4]^{2-}$ (A) quadratisch-planar
309 $[PtCl_4]^{2-}$ (B) tetraedrisch
                            (C) oktaedrisch
                            (D) linear
                            (E) trigonal-planar

Ordnen Sie bitte den Komplexteilchen aus Liste 1 den jeweils entsprechenden Koordinationspolyeder aus Liste 2 zu

Liste 1

310 Hexacyanoferrat (II)
311⁺ Tetramminplatin (II)
312 Hexacyanoferrat (III)

Liste 2

(A) Quadrat
(B) Tetraeder
(C) Oktaeder
(D) trigonale Bipyramide
(E) Würfel

313 Welche Aussagen treffen zu?
Komplexe der Koordinationszahl 4 können folgende Geometrien besitzen:

(1) Quadrat
(2) Tetraeder
(3) dreiseitige Bipyramide
(4) Oktaeder

(A) nur 1 ist richtig
(B) nur 2 ist richtig
(C) nur 1 und 2 sind richtig
(D) nur 2 und 3 sind richtig
(E) nur 2, 3 und 4 sind richtig

314 Welche Aussagen treffen zu?
In Komplexen der Koordinationszahl 5 können die Liganden folgende räumliche Anordnung einnehmen:

(1) Würfel
(2) quadratische Pyramide
(3) dreiseitige Bipyramide
(4) Oktaeder

(A) nur 2 ist richtig
(B) nur 1 und 2 sind richtig
(C) nur 2 und 3 sind richtig
(D) nur 2 und 4 sind richtig
(E) nur 3 und 4 sind richtig

Ordnen Sie bitte den Ionen der Liste 1 jeweils eine typische Koordinationszahl aus Liste 2 zu.

Liste 1   Liste 2

315 Fe^{3+} (A) 2
316⁺ Cr^{3+} (B) 4
                       (C) 5
                       (D) 6
                       (E) 8

317⁺ Welche Aussage über den Komplex $[Pt(NH_3)_2Cl_2]$ trifft **nicht** zu?

(A) Er besitzt eine tetraedrische Struktur.

(B) Das Zentralion besitzt die Elektronenkonfiguration $5d^8$.

(C) Seine Kristalle sind farblos.

(D) Es existieren cis/trans-Isomere.

(E) Die beiden Chlorliganden sind durch NH_3 weiter substituierbar.

318⁺ Welche der folgenden Isomeriearten trifft für die beiden Komplexe

$$\begin{array}{ccc}
H_3N & \diagdown \diagup & Cl \\
 & Pt & \\
H_3N & \diagup \diagdown & Cl
\end{array}
\quad und \quad
\begin{array}{ccc}
H_3N & \diagdown \diagup & Cl \\
 & Pt & \\
Cl & \diagup \diagdown & NH_3
\end{array}$$

zu?

(A) geometrische Isomerie
(B) Ionisationsisomerie
(C) optische Isomerie
(D) Salzisomerie
(E) Ligandenisomerie

319 $[Pt(NH_3)_2Cl_2]$ läßt sich in zwei stereoisomeren Formen isolieren,
weil
Komplexe von Platin(II) mit der Koordinationszahl 4 eine tetraedrische Konfiguration besitzen.

320 Vom Komplex $[Pt(NH_3)_2Cl_2]$ existieren cis/trans-Isomere,
weil
$[Pt(NH_3)_2Cl_2]$ eine quadratisch-planare Struktur besitzt.

321⁺ Welches der folgenden Elemente erreicht in seinen Komplexen **nicht** die Oxidationsstufe +6?

(A) Chrom
(B) Nickel
(C) Eisen
(D) Mangan
(E) Platin

1.5.3 Bildung, Stabilität und Eigenschaften von Komplexen

322 Welche Aussage über die koordinative Bindung in Komplexen trifft zu?

(A) Die Elektronen stammen je zur Hälfte von den Bindungspartnern.
(B) Das bindende Elektronenpaar stammt vom Zentralteilchen.
(C) Das bindende Elektronenpaar stammt in der Regel vom Liganden.
(D) Die Komplexbildung ist nur unter Beteiligung von d-Orbitalen möglich.
(E) Keine der Aussagen (A) bis (D) trifft zu.

323 Welche Aussage zur Bindung in Metallkomplexen trifft **nicht** zu?

(A) Ein Elektronendonor liefert das bindende Elektronenpaar.
(B) Atome wie O, N oder S, die freie Elektronenpaare in Verbindungen tragen können, fungieren als Elektronenpaardonoren.
(C) Zentralteilchen mit Elektronenlücke treten in Wechselwirkung mit den Elektronendonoren.
(D) Die Stereochemie eines Komplexes wird durch die Koordinationszahl beeinflußt.
(E) Ein einmal gebildeter Komplex ist so stabil, daß die Komplexbildungs-Ausgangspartner nicht mehr im Gleichgewicht vorliegen.

324 Komplexe mit großer Stabilitätskonstante sind im allgemeinen stabiler als solche mit kleiner,
weil
in Komplexen mit großer thermodynamischer Stabilitätskonstante die Liganden stets langsamer ausgetauscht werden als in Komplexen mit kleiner Stabilitätskonstante.

325 Der Komplex $[Cu(NH_3)_4]^{2+}$ ist stabiler als $[Cu(CN)_4]^{3-}$,
weil
Kupfer im $[Cu(NH_3)_4]^{2+}$-Komplex die Elektronenkonfiguration von Krypton besitzt.

326 Der Komplex $[Cu(NH_3)_4]^{2+}$ ist stabiler als $[Cu(CN)_4]^{3-}$,
weil
Kupfer im $[Cu(CN)_4]^{3-}$-Komplex die Elektronenkonfiguration von Krypton besitzt.

1.5.4 Liganden, Chelatkomplexe

327 Welche der nachfolgend aufgeführten Ionen und Moleküle können als Donorliganden in Komplexen auftreten?

(1) NH_3
(2) H_2O
(3) Cl^-

(4)

(5) BF_3

(A) nur 3 ist richtig
(B) nur 1 und 3 sind richtig
(C) nur 2, 4 und 5 sind richtig
(D) nur 1, 2, 3 und 4 sind richtig
(E) 1–5 = alle sind richtig

328 Kohlenmonoxid und Stickstoff (N_2) haben sehr ähnliche Eigenschaften als Komplexliganden,
weil
Kohlenmonoxid und Stickstoff (N_2) isoelektronische Moleküle sind.

Chelatkomplexe

329+ Welche Aussagen über Komplexe treffen zu?

(1) Chelatkomplexe sind Komplexe, an deren Bau zwei- oder mehrzählige Liganden beteiligt sind.
(2) Chelatkomplexe sind thermodynamisch besonders begünstigt, wenn 5- oder 6-gliedrige Ringe gebildet werden können.
(3) Komplexone sind Komplexbildner, die mit vielen Kationen Chelatkomplexe bilden.
(4) Die thermodynamische Stabilität der Chelatkomplexe wird im wesentlichen

durch die bei ihrer Bildung auftretende Entropiezunahme begründet.

(A) nur 1 ist richtig
(B) nur 1 und 3 sind richtig
(C) nur 2 und 4 sind richtig
(D) nur 1, 2 und 3 sind richtig
(E) 1–4 = alle sind richtig

330 Welche Aussage über Chelatliganden trifft zu?
Ein Chelatligand

(A) ist meist ein Elektronenpaarakzeptor
(B) kann maximal vier Koordinationsstellen besetzen
(C) muß mindestens zwei freie Elektronenpaare besitzen
(D) muß mindestens ein freies Elektronenpaar besitzen
(E) bildet nur mit einem ungeladenen Teilchen Komplexe

331 Chelatkomplexe weisen gegenüber vergleichbaren Komplexen mit einzähnigen Liganden meist kleinere Zerfallskonstanten auf,
weil
durch die Koordinierung mehrzähniger Liganden eine deutliche Entropieabnahme aufgrund der Verdrängung vorhandener einzähniger Liganden erfolgt.

332 Ethylendiaminkomplexe z. B. von Nikkel (II) sind wesentlich stabiler als die entsprechenden Amminkomplexe,
weil
zur Chelatbildung befähigte Liganden aufgrund eines Entropieeffektes mit einem bestimmten Kation stabilere Komplexe als einzähnige Liganden mit gleichen Donatomen bilden können.

333 Wie die Chelatkomplexe der Übergangsmetall-Ionen besitzen auch die Chelatkomplexe der Erdalkali-Ionen gegenüber vergleichbaren Komplexen mit einzähnigen Liganden meist größere Bildungskonstanten,
weil
auch bei Erdalkali-Ionen durch die Koordinierung mehrzähniger Liganden eine deutliche Entropiezunahme aufgrund der Verdrängung vorhandener einzähniger Liganden erfolgt.

334 Welche der aufgeführten Teilchen sind Chelatliganden?

(1) NH_3
(2) CN^-
(3) CO
(4) $C_2O_4^{2-}$

(A) nur 1 ist richtig
(B) nur 4 ist richtig
(C) nur 1 und 2 sind richtig
(D) nur 2, 3 und 4 sind richtig
(E) 1–4 = alle sind richtig

335 $C_2O_4^{2-}$ kann nicht als Chelatligand in Komplexen verwendet werden,
weil
$C_2O_4^{2-}$ als Chelatligand in Komplexen nur zu einer 5-Ring-Struktur führt.

336 Welche Aussage trifft **nicht** zu?
In folgenden komplexen Verbindungen liegt das Metallion chelatgebunden vor:

(A) Mg^{2+} in Chlorophyll
(B) Fe^{2+} in Hämoglobin
(C) Co^{3+} in Cyanocobalamin
(D) Mg^{2+} in Magnesiumstearat
(E) Cu^{2+} in Kupfertartrat

1.5.5 Ligandenfeld- theorie

337 Welche Aussage über die d-Orbitale eines Zentralatoms im Ligandenfeld trifft **nicht** zu?

(A) Ihr Energiezustand wird von der Geometrie des Ligandenfeldes beeinflußt.
(B) Das Ausmaß ihrer energetischen Aufspaltung hängt von der Art der Liganden ab.
(C) Die Stärke ihrer energetischen Aufspaltung beeinflußt die magnetischen Eigenschaften.
(D) Durch schwache energetische Aufspaltung der d-Orbitale erhält man high spin-Komplexe.
(E) Die d-Orbitale sind entartet.

338 Welche Aussagen über die energetische Aufspaltung von d-Orbitalen eines Zentralatoms im Ligandenfeld treffen zu?

(1) Ihr Energiezustand wird von der Geometrie des Ligandenfeldes beeinflußt.
(2) Das Ausmaß der Aufspaltung wird von der Art der Liganden bestimmt.
(3) Die Stärke der Aufspaltung beeinflußt die magnetischen Eigenschaften.
(4) Durch starke Aufspaltung resultieren high spin-Komplexe.
(5) Schwache und starke Aufspaltung sind auch von der Oxidationsstufe des Zentralatoms abhängig.

(A) nur 4 ist richtig
(B) nur 5 ist richtig
(C) nur 1 und 2 sind richtig
(D) nur 3 und 4 sind richtig
(E) nur 1, 2, 3 und 5 sind richtig

339+ Welche der folgenden Ionen können – in Abhängigkeit von der Art der Liganden – sowohl oktaedrische high spin- als auch low spin-Komplexe bilden?

(1) Cr^{3+}
(2) Fe^{3+}
(3) Ni^{2+}
(4) Zn^{2+}

(A) nur 2 ist richtig
(B) nur 1 und 4 sind richtig
(C) nur 2 und 3 sind richtig
(D) nur 1, 2 und 3 sind richtig
(E) 1–4 = alle sind richtig

340 Bei oktaedrisch koordinierten Komplexen sind je nach Ligand sowohl high spin- als auch low spin-Komplexe möglich,
weil
die Ligandenfeldaufspaltungsenergie bei oktaedrischen Komplexen je nach Ligand sowohl größer als auch kleiner als die Spinpaarungsenergie sein kann.

341+ Bei tetraedrisch koordinierten Komplexen ist nur eine high spin-Anordnung der d-Elektronen möglich,
weil
bei tetraedrisch koordinierten Komplexen die

Ligandenfeldaufspaltung stets kleiner ist als die Spinpaarungsenergie.

342 Welche Aussagen treffen unter Berücksichtigung der Ligandenfeldtheorie zu?
Im Hexacyanoferrat(III) Anion

(1) besetzen die 5 energiereichsten Elektronen des Eisens die 5 entarteten 3d-Orbitale gemäß der Hundschen Regel
(2) werden unter dem Einfluß der Liganden die 3d-Orbitale in 2 energieärmere und 3 energiereichere Orbitale aufgespalten
(3) besetzen 4 der 5 energiereichsten Elektronen des Eisens die beiden energieärmeren 3d-Orbitale doppelt, das übrige Elektron besetzt eines der energiereicheren Orbitale
(4) werden unter dem Einfluß der Liganden die 3d-Orbitale in 3 energieärmere und 2 energiereichere Orbitale aufgespalten

(A) nur 1 ist richtig
(B) nur 4 ist richtig
(C) nur 1 und 2 sind richtig
(D) nur 1 und 4 sind richtig
(E) nur 2 und 3 sind richtig

343⁺ Welche Aussagen treffen unter Berücksichtigung der Ligandenfeldtheorie zu?
Im Hexacyanoferrat(II)-Anion

(1) besetzen die 3d-Elektronen des Eisens fünf energiegleiche (entartete) Orbitale gemäß der Hundschen Regel
(2) werden unter dem Einfluß der Liganden die 3d-Orbitale des Eisens in energieärmere und energiereichere Orbitale aufgespalten
(3) besetzen die 3d-Elektronen des Eisens alle 3d-Orbitale jeweils einfach
(4) besetzen die 3d-Elektronen des Eisens drei energieärmere Orbitale jeweils doppelt

(A) nur 1 ist richtig
(B) nur 2 und 3 sind richtig
(C) nur 2 und 4 sind richtig
(D) nur 1, 2 und 3 sind richtig
(E) nur 1, 2 und 4 sind richtig

1.6 Metallische Bindung
(siehe Ehlers, Chemie I-Kurzlehrbuch)

1.6.1 Bildung von Metallen und Halbmetallen

344+ Welche Aussage über die metallische Bindung trifft **nicht** zu?

(A) Sie führt zur Ausbildung einer Gitterstruktur.
(B) Sie ist durch keine gerichteten Bindungskräfte charakterisiert.
(C) Sie wird durch bewegliche Valenzelektronen der Metallatome ermöglicht.
(D) Sie läßt, bis auf wenige Ausnahmen, fein verteilte Metalle schwarz erscheinen.
(E) Sie resultiert aus der Beteiligung der gesamten Elektronenhülle der Metallatome.

345+ Im Lithiummetall haben alle Elektronen die gleiche Energie,
weil
im Lithiummetall Elektronen beim Anlegen einer Potentialdifferenz leicht verschiebbar sind.

Energiebändermodell
346+ Die Orbitale von Valenzelektronen der Metallatome bilden im Metallgitter ein Valenzband,
weil
durch die Kombination vieler Atomorbitale eine Vielzahl von Molekülorbitalen ähnlicher Energie entsteht.

347 Silicium hat kein Valenzband,
weil
alle Valenzelektronen des Siliciums sich im Leitungsband befinden.

348 Halbleiter, wie Silicium, haben kein Valenzband,
weil
in Halbleitern, wie Silicium, alle Valenzelektronen für die Bindungen im Kristall benutzt werden.

349+ Silicium besitzt bei Raumtemperatur nur eine geringe elektrische Leitfähigkeit,
weil
bei Halbleitern, wie Silicium, die Atomorbitale der Valenzelektronen in ein Valenzband übergehen.

1.6.2 Eigenschaften von Metallen und Halbmetallen

350+ Welche Aussage trifft **nicht** zu?

(A) Metalle sind charakterisiert durch eine niedrige Ionisierungsenergie.
(B) Halbleitende Elemente sind in den Hauptgruppen III, IV und VI des Periodensystems zu finden.
(C) Durch thermische Anregung können bei Isolatoren keine frei beweglichen Elektronen erhalten werden.
(D) Bei Metallen steigt typischerweise die elektrische Leitfähigkeit mit zunehmender Temperatur.
(E) Halbleiter-Eigenschaften können auch dadurch erhalten werden, daß in ein Gitter eines Nichtleiters einzelne Atome mit Elektronen-Überschuß (bzw. -Defizit) eingebaut werden.

351+ Welche Aussage trifft **nicht** zu?

(A) Metalle sind charakterisiert durch eine relativ niedrige Ionisierungsenergie.

(B) Halbleitende Elemente sind in den Hauptgruppen III, IV und VI des Periodensystems zu finden.

(C) Durch thermische Anregung können bei Isolatoren frei bewegliche Elektronen erhalten werden.

(D) Bei Metallen steigt typischerweise die elektrische Leitfähigkeit mit abnehmender Temperatur.

(E) Halbleiter-Eigenschaften können auch dadurch erhalten werden, daß in ein Gitter eines Nichtleiters einzelne Atome mit Elektronen-Überschuß (bzw. -Defizit) eingebaut werden.

352 Welche Eigenschaften treffen für ein festes Metall zu?

(1) Ausbildung einer Gitterstruktur
(2) niedrige Ionisationsenergie
(3) hohe Ionisationsenergie
(4) Delokalisierung aller Elektronen
(5) Delokalisierung aller Valenzelektronen

(A) nur 1 und 2 sind richtig
(B) nur 2 und 4 sind richtig
(C) nur 3 und 5 sind richtig
(D) nur 1, 2 und 5 sind richtig
(E) nur 1, 3 und 4 sind richtig

353 Welche Aussage trifft **nicht** zu?
In einem typischen Metall

(A) nimmt die elektrische Leitfähigkeit mit wachsender Temperatur ab

(B) können sich die Leitungselektronen weitgehend frei bewegen

(C) erfolgt ein Ladungstransport durch Elektronen

(D) nimmt der Widerstand bei konstanter Temperatur mit wachsender Stromstärke ab

(E) nimmt der spezifische Widerstand mit wachsender Temperatur zu

354⁺ Welche Aussage trifft **nicht** zu?
Die folgenden Eigenschaften gelten als typisch für Metalle:

(A) Wärmeleitfähigkeit

(B) elektrische Leitfähigkeit
(C) Lichtbrechung
(D) Glanz von Schliffflächen
(E) Duktilität

355⁺ Zahlreiche Metalle sind deformierbar,
weil
in Metallen keine gerichtete Bindung zwischen den einzelnen Metallatomen existiert.

356⁺ Glatte (polierte) Metalloberflächen besitzen ein hohes Reflexionsvermögen, für sichtbares Licht,
weil
die Elektronen in der metallischen Bindung nicht anregbar sind.

357 Welche Aussage über die elektrische Leitfähigkeit der Metalle trifft zu?

(A) Die elektrische Leitfähigkeit aller Metalle ist bei Raumtemperatur nahezu gleich groß.

(B) Metalle sind bei tiefer Temperatur schlechte Leiter.

(C) Bei Metallen nimmt die Konzentration beweglicher Ladungsträger mit wachsender Temperatur stark zu.

(D) Bei Metallen erfolgt der Ladungstransport vorwiegend durch Elektronen.

(E) Die Leitungselektronen schwingen im Gitter periodisch um ihre Ruhelage.

358 Welche Aussage trifft zu?
Im allgemeinen ändert sich mit steigender Temperatur der elektrische Leitwert (bei vorgegebener Form eines Leiters) bei Metallen und gebräuchlichem Halbleitermaterial wie folgt:

	Metalle	**Halbleitermaterial**
(A)	Zunahme	Zunahme
(B)	Zunahme	Abnahme
(C)	Abnahme	Zunahme
(D)	Abnahme	Abnahme
(E)	keine Änderung	keine Änderung

359 Welche Aussage trifft zu?
Im allgemeinen ändert sich mit steigender Temperatur der elektrische Leitwert (bei vorgegebener Form des Leiters) bei Metallen und

Elektrolyten (z. B. wäßrigen Salzlösungen) wie folgt:

	Metalle	Elektrolyte
(A)	Zunahme	Zunahme
(B)	Zunahme	Abnahme
(C)	keine Änderung	keine Änderung
(D)	Abnahme	keine Änderung
(E)	Abnahme	Zunahme

360+ Die elektrische Leitfähigkeit von Metallen nimmt typischerweise mit steigender Temperatur zu,
weil
bei Metallen die Zahl der Leitungselektronen durch Temperaturerhöhung vergrößert wird.

361 Die elektrische Leitfähigkeit der Metalle ist besonders groß,
weil
in Metallen pro Raumeinheit verhältnismäßig viele freie Elektronen für den Ladungstransport zur Verfügung stehen.

Halbleiter

362 Welche der folgenden Aussagen treffen zu?
Für den Ladungstransport in gebräuchlichem Halbleitermaterial gilt:

(1) Bewegliche Ladungsträger sind hauptsächlich negative Ionen.
(2) Bewegliche Ladungsträger sind hauptsächlich positive Ionen.
(3) Bei sehr tiefen Temperaturen wird es zum Isolator.

(A) nur 1 ist richtig
(B) nur 2 ist richtig
(C) nur 3 ist richtig
(D) nur 1 und 3 sind richtig
(E) nur 2 und 3 sind richtig

363 Die elektrische Leitfähigkeit σ eines reinen homogenen Festkörpers nimmt mit steigender Temperatur stark zu.
Auf welches Material kann diese Angabe zutreffen?

(A) Gold
(B) Kupfer
(C) Aluminium
(D) Silber
(E) Silicium

364+ Welche Aussage trifft **nicht** zu?
Folgende Elemente besitzen Halbleitereigenschaften:

(A) Aluminium
(B) Bor
(C) Germanium
(D) Selen
(E) Silicium

365+ Die elektrische Leitfähigkeit von Halbleitern ist bei Raumtemperatur im allgemeinen geringer als bei den typischen Metallen,
weil
bei Halbleitern der Ladungstransport durch bewegte Ionen erfolgt.

366 Bei gebräuchlichem Halbleitermaterial nimmt der spezifische Widerstand mit wachsender Temperatur ab,
weil
bei gebräuchlichem Halbleitermaterial bei steigender Temperatur die Zahl der beweglichen Ladungsträger zunimmt.

367 In gebräuchlichem Halbleitermaterial nimmt mit wachsender Temperatur der elektrische Widerstand stets zu,
weil
in gebräuchlichem Halbleitermaterial mit steigender Temperatur die Zahl beweglicher Ladungsträger stark zunimmt.

368 Welche der folgenden Aussagen zum thermischen Verhalten gebräuchlicher Halbleitermaterialien treffen üblicherweise zu?

(1) Die elektrische Leitfähigkeit nimmt mit sinkender Temperatur ab.
(2) Die Konzentration beweglicher Ladungsträger nimmt mit steigender Temperatur zu.
(3) Der Temperaturkoeffizient des elektrischen Widerstandes ist positiv.
(4) Die Energie zur Bildung beweglicher Ladungsträger kann aus der thermischen Energie des Systems aufgebracht werden.

(A) nur 1 und 2 sind richtig
(B) nur 1 und 3 sind richtig
(C) nur 2 und 3 sind richtig
(D) nur 3 und 4 sind richtig
(E) nur 1, 2 und 4 sind richtig

Legierungen

369 Welche Legierung ist **nicht** zutreffend bezeichnet?

(A) Cu/Zn   – Messing
(B) Cu/Sn   – Bronze
(C) Ag/Hg   – Silberamalgam
(D) Ag/Cu   – Neusilber
(E) Cu/Al/Mg   – Duralumin

370 Welche Legierung ist **nicht** zutreffend bezeichnet?

(A) Cu/Zn   – Messing
(B) Cu/Sn   – Bronze
(C) Ag/Hg   – Silberamalgam
(D) Ag/Cu   – Neusilber
(E) Pb/Bi/Sn/Cd – Woodsches Metall

1.7 Zwischenmolekulare Bindungskräfte

(siehe Ehlers, Chemie I-Kurzlehrbuch)

1.7.1 Dipol-Dipol-Wechselwirkungen, van der Waals-Kräfte

1.7.2 Ionen-Dipol-Kräfte, ioneninduzierte Dipolkräfte

371⁺ Welche Aussagen über Dispersionskräfte treffen zu?

(1) Dispersionskräfte beruhen auf induzierten Dipolen.
(2) Die Dispersionskraft zwischen zwei gleichen Molekülen nimmt mit steigender Polarisierbarkeit der beiden Moleküle zu.
(3) Die Dipersionskraft zwischen zwei gleichen Atomen wächst mit zunehmenden Atomradien.
(4) Der bei Raumtemperatur feste Aggregatzustand des Iods ist hauptsächlich auf hohe Dispersionskräfte zurückzuführen.

(A) nur 1 ist richtig
(B) nur 1 und 3 sind richtig
(C) nur 1, 2 und 3 sind richtig
(D) nur 1, 2 und 4 sind richtig
(E) 1–4 = alle sind richtig

372 Van der Waals-Kräfte können nur zwischen organischen Molekülen auftreten,
weil
die Ausbildung von van der Waals-Kräften die Anwesenheit von Kohlenstoffresten voraussetzt.

373⁺ Welche Bindungsart ermöglicht es, daß Chlor bei ca. −150 °C eine kristalline Substanz darstellt?

(A) Ionenbindung
(B) Atombindung
(C) Zweielektronen-Dreizentrenbindung
(D) Einelektronen-Bindung
(E) Bindung durch van der Waals-Kräfte

374⁺ Welche Bindungsart tritt zwischen He-Atomen in flüssigem Helium auf?

(A) Ionische Bindung
(B) Kovalente Bindung
(C) Polare Atombindung
(D) van der Waals-Bindung
(E) Keine der genannten Bindungsarten

375⁺ Xenon läßt sich nicht in den festen Aggregatzustand überführen,
weil
Xenonatome keine anziehenden Wechselwirkungen aufeinander ausüben.

376⁺ Die van der Waals-Kräfte zwischen Xenon-Atomen sind größer als zwischen Neon-Atomen,
weil
mit zunehmendem Radius bei Edelgasatomen leichter ein Dipolmoment induziert werden kann.

377⁺ Helium besitzt einen höheren Siedepunkt als Argon,
weil
bei Heliumatomen leichter als bei Argonatomen ein Dipolmoment induziert werden kann.

378 Die Löslichkeit von Benzol in Wasser ist größer als die von n-Hexan,

weil
Wasser als Dipol die delokalisierten π-Elektronen im Benzol leichter polarisieren kann als die σ-Bindungen des Hexans.

379 Die Schmelz- und Siedepunkte der Halogene steigen mit zunehmender Ordnungszahl an,
weil
mit steigender Ordnungszahl die Polarisierbarkeit der Halogenmoleküle und damit die van der Waals-Kräfte zunehmen.

380+ Welche der folgenden Aussagen über Ionen-Dipol-Wechselwirkungen und über induzierte Dipole treffen zu?

(1)   Die Radien der hydratisierten Ionen der Alkalimetalle nehmen vom Lithium zum Kalium hin ab.
(2)   Die Hydratationswärme von Fe^{3+} ist beträchtlich größer als die des Fe^{2+}-Ions.
(3)   Die Wechselwirkung zwischen Edelgasatomen beruht im flüssigen Zustand im wesentlichen auf van der Waals-Kräften.

(A)   nur 1 ist richtig
(B)   nur 3 ist richtig
(C)   nur 1 und 2 sind richtig
(D)   nur 2 und 3 sind richtig
(E)   1–3 = alle sind richtig

1.7.3 Wasserstoff-brückenbindung

381+ Welche der folgenden Verbindungen bildet im flüssigen Zustand starke intermolekulare H-Brücken aus?

(A) CH_4
(B) H_2SO_4
(C) AsH_3
(D) H_2S
(E)   HI

382 Welche Aussage trifft **nicht** zu?
Folgende Verbindungen bilden im flüssigen Zustand starke intermolekulare H-Brücken aus:

(A) H_2O
(B) H_2SO_4

(C)   HF
(D) AsH_3
(E) NH_3

383+ Der Siedepunkt von Fluorwasserstoff ist wesentlich höher als der von Chlorwasserstoff,
weil
in Fluorwasserstoff stärkere Wasserstoffbrücken als in Chlorwasserstoff ausgebildet werden.

384+ Welche Aussagen treffen zu?
Wasserstoffbrückenbindungen

(1)   sind am stärksten, wenn die beteiligten Schlüsselatome X¨H-Y einen Winkel von 90° bilden
(2)   sind verantwortlich für die relativ hohen Siedepunkte der Alkohole und für die Dichteanomalie des Wassers
(3)   verursachen die Kohäsionskräfte in höheren Paraffinen

(A)   nur 1 ist richtig
(B)   nur 2 ist richtig
(C)   nur 1 und 3 sind richtig
(D)   nur 2 und 3 sind richtig
(E)   1–3 = alle sind richtig

385+ Welche Aussagen über eine intermolekulare Wasserstoffbrückenbindung X-H¨Y-E treffen zu?

(1)   X, Y kann N, O oder F sein.
(2)   E kann H oder ein anderes Element geringer Elektronegativität sein.
(3)   Y muß über mindestens ein freies Elektronenpaar verfügen.
(4)   Die Abstände des Brücken-H-Atoms zu X und zu Y sind immer gleich.
(5)   Die X-H¨Y-Anordnung ist bevorzugt linear.

(A)   nur 3 ist richtig
(B)   nur 2 und 4 sind richtig
(C)   nur 1, 2 und 3 sind richtig
(D)   nur 1, 2, 3 und 5 sind richtig
(E)   1–5 = alle sind richtig

386+ Welche Aussagen über Wasser treffen zu?

(1) Die OH-Gruppe des Wassers ist in Wasserstoffbrückenbindungen ein „Protonendonor".

(2) Das Sauerstoffatom des Wassers ist in Wasserstoffbrückenbindungen ein „Protonenakzeptor".

(3) Der H-O-H-Bindungswinkel im Wassermolekül kann am besten durch Annahme der Überlappung von je einem 2p-Orbital des Sauerstoffs mit je einem 1s-Orbital der beiden Wasserstoffatome erklärt werden.

(4) In gasförmigcm Zustand besitzt Wasser kein Dipolmoment.

(A) nur 1 ist richtig
(B) nur 2 ist richtig
(C) nur 1 und 2 sind richtig
(D) nur 2, 3 und 4 sind richtig
(E) 1–4 = alle sind richtig

387⁺ Welche der folgenden Verbindungsklassen können als Wasserstoffdonoren für Wasserstoffbrückenbindungen fungieren?

(1) Ether
(2) Phenole
(3) Fettsäureester
(4) Alkaliseifen
(5) primäre Amine

(A) nur 2 ist richtig
(B) nur 4 ist richtig
(C) nur 2 und 4 sind richtig
(D) nur 2 und 5 sind richtig
(E) nur 1, 3, 4 und 5 sind richtig

388 Salicylsäure ist leichter wasserdampfflüchtig als 4-Hydroxybenzoesäure,
weil
Salicylsäure – im Gegensatz zu 4-Hydroxybenzoesäure – zur Ausbildung einer intramolekularen Wasserstoffbrücke befähigt ist.

389⁺ Welche Aussage trifft **nicht** zu?
Die Ausbildung einer **intra**molekularen Wasserstoffbrückenbindung ist möglich bei:

(A) Salicylsäure
(B) Resorcin
(C) Anthranilsäure
(D) o-Nitrophenol
(E) Acetessigester

1.8 Zustandsformen der Materie, Lösungen und heterogene Systeme

(siehe Ehlers, Chemie I-Kurzlehrbuch)

Nach den neuen Anforderungen des Gegenstandskatalogs werden Kenntnisse über „Zustandsformen der Materie" vorrangig im Prüfungsfach „Physik" verlangt. Zum besseren Verständnis der folgenden Abschnitte über „Lösungen und heterogene Systeme" sowie des nachfolgenden Kap. „Grundlagen der Thermodynamik" werden einige dieser Themen auch in Chemie I besprochen, zumal auch im Prüfungsfach „Chemie" zahlreiche MC-Fragen über „Aggregatzustände der Materie" vorliegen.

1.8.1 Grundbegriffe der Wärmelehre

Temperatur

390 Die Temperatur eines Körpers beträgt in der Kelvin-Skala 253 K. In der Celsius-Skala beträgt diese Temperatur etwa

(A) −20 °C
(B)   20 °C
(C) 253 °C
(D) 273 °C
(E) 526 °C

391 Welche Aussage trifft zu?
Die Temperaturdifferenz zweier Körper beträgt in der Celsius-Skala 253 Grad. In der Kelvin-Skala beträgt dieselbe Temperaturdifferenz

(A) −20 K
(B)   20 K
(C) 253 K
(D) 273 K
(E) 526 K

392 Welche der folgenden Aussagen zur Temperatur treffen zu?
Die Temperatur

(1) kann sowohl in °C als auch in K angegeben werden
(2) ist eine der Größen, von denen der Aggregatzustand eines Stoffes abhängt
(3) ist eine Energieform
(4) kann mit Hilfe einer Widerstandsmessung ermittelt werden

(A) nur 1, 2 und 3 sind richtig
(B) nur 1, 2 und 4 sind richtig
(C) nur 1, 3 und 4 sind richtig
(D) nur 2, 3 und 4 sind richtig
(E) 1–4 = alle sind richtig

393 Welche der folgenden Aussagen treffen zu?
Die Temperatur eines Körpers

(1) kann man durch Zufuhr weiterer Temperatur erhöhen
(2) kann man durch Zufuhr von Wärmeenergie erhöhen
(3) ist eine Zustandsgröße dieses Körpers
(4) ist gleich seiner Wärmeenergie

(A) nur 2 ist richtig
(B) nur 1 und 2 sind richtig
(C) nur 1 und 4 sind richtig
(D) nur 2 und 3 sind richtig
(E) nur 1, 3 und 4 sind richtig

394 Welche Aussage trifft zu?
Die Temperatur

(A) ist eine Form der Energie
(B) kann in Joule angegeben werden
(C) ist eine Zustandsgröße

(D) ist über das gesamte Volumen eines Körpers stets konstant

(E) ist für den Aggregatzustand eines Körpers ohne Bedeutung

395 Welche Aussage trifft zu?
0 °C und 100 °C entsprechen dem

(A) Tripelpunkt und Siedepunkt von Wasser
(B) Tripelpunkt und kritischen Punkt von Wasser
(C) Schmelzpunkt von Eis und Tripelpunkt von Wasser
(D) Schmelzpunkt von Eis und Siedepunkt von Wasser unter Vakuum
(E) Schmelzpunkt von Eis und Siedepunkt von Wasser bei 1013 mbar

396 Welche der folgenden Aussagen treffen zu?

(1) 0 °C entspricht dem Schmelzpunkt von Wasser bei Normalbedingungen.
(2) 50 °C entspricht etwa 323 K.
(3) 100 °C entspricht der Temperatur des siedenden Wassers bei Normalbedingungen.

(A) nur 1 ist richtig
(B) nur 2 ist richtig
(C) nur 1 und 2 sind richtig
(D) nur 2 und 3 sind richtig
(E) 1–3 = alle sind richtig

Wärmeenergie

397 Welche Aussage trifft **nicht** zu?
Folgende Ausdrücke stellen Energien dar:

(A) Stromstärke · Spannung
(B) Leistung · Zeit
(C) Kraft · Weg
(D) Ladung · Spannung
(E) Druck · Volumen

398 Welche Aussage trifft **nicht** zu?
Wärmeenergie

(A) kann in J angegeben werden
(B) kann einem Körper durch elektromagnetische Strahlung zugeführt werden
(C) kann durch Umwandlung von Rotationsenergie erhalten werden
(D) ist eine Zustandsgröße von Körpern
(E) muß zum Schmelzen eines Stückes Eis

diesem auch dann zugeführt werden, wenn der Schmelzvorgang bei konstanter Temperatur erfolgt

399 Welche der folgenden Aussagen treffen zu?
Eine Wärmemenge

(1) ist eine Form der Temperatur, wenn der Aggregatzustand sich nicht ändert
(2) ist eine Energie
(3) ist bei Festkörpern hoher Dichte umgekehrt proportional zur Temperatur

(A) nur 1 ist richtig
(B) nur 2 ist richtig
(C) nur 1 und 2 sind richtig
(D) nur 1 und 3 sind richtig
(E) nur 2 und 3 sind richtig

1.8.2 Aggregatzustände der Materie

Phasenumwandlungen, Umwandlungswärmen

Ordnen Sie bitte den Aggregatzuständen der Liste 1 die jeweils entsprechende Verbindung aus Liste 2 zu. (RT = Raumtemperatur)

Liste 1	Liste 2
400 gasförmig bei RT	(A) HCl
401 fest bei RT	(B) H_2CCl_2
	(C) $SiCl_4$
	(D) $HCBr_3$
	(E) HCl_3

402 Welche der folgenden Aussagen treffen zu?

(1) Zum Verdampfen einer Flüssigkeit ist stets Energie erforderlich.
(2) Während des Siedens einer Flüssigkeit bleibt die Temperatur trotz Wärmezufuhr konstant, wenn Druck und Zusammensetzung sich nicht ändern.
(3) Um einen festen Stoff in den gasförmigen Aggregatzustand zu überführen, muß er zunächst stets verflüssigt werden.
(4) Eine Flüssigkeit kann auch unterhalb der

Siedetemperatur in den gasförmigen (dampfförmigen) Zustand übergehen.

(A) nur 1, 2 und 3 sind richtig
(B) nur 1, 2 und 4 sind richtig
(C) nur 1, 3 und 4 sind richtig
(D) nur 2, 3 und 4 sind richtig
(E) 1–4 = alle sind richtig

403 Welche der folgenden Aussagen treffen zu?

(1) Zum Schmelzen von Eis muß Temperatur zugeführt werden.
(2) Beim Sieden von reinem Wasser bleibt die Temperatur konstant.
(3) Bei der Kondensation von Dampf zur flüssigen Phase muß Temperatur entzogen werden.

(A) nur 1 ist richtig
(B) nur 2 ist richtig
(C) nur 1 und 2 sind richtig
(D) nur 2 und 3 sind richtig
(E) 1–3 = alle sind richtig

404⁺ Bei der Kondensation eines Gases wird Wärme frei,
weil
Anziehungskräfte zwischen den Teilchen wirken und in der Flüssigkeit ihr mittlerer Abstand geringer ist als im gasförmigen Zustand.

405 Welche Aussagen über Vorgänge beim Schmelzen eines einheitlichen Stoffes treffen zu?

(1) Die mittleren Abstände benachbarter Atome oder Ionen ändern sich nur wenig.
(2) Die Anziehungskräfte zwischen nächsten Nachbarn verschwinden.
(3) Die molare Masse des Stoffes ändert sich.

(A) nur 1 ist richtig
(B) nur 2 ist richtig
(C) nur 1 und 2 sind richtig
(D) nur 1 und 3 sind richtig
(E) nur 2 und 3 sind richtig

406 Welche der folgenden Aussagen treffen zu?

Beim Schmelzen eines festen Stoffes

(1) muß Energie zugeführt werden
(2) ändert sich in der Regel die Dichte
(3) bleibt seine Temperatur konstant

(A) nur 1 ist richtig
(B) nur 1 und 2 sind richtig
(C) nur 1 und 3 sind richtig
(D) nur 2 und 3 sind richtig
(E) 1–3 = alle sind richtig

407⁺ Zur Sublimation von Schwefel wird keine Wärme benötigt,
weil
bei der Sublimation die feste Phase direkt in die Dampfphase (Gasphase) übergeht.

408⁺ Welche der folgenden Aussagen zum Phasenübergang Eis – Wasser trifft **nicht** zu?

(A) Während des Schmelzvorgangs bleibt die Temperatur des Eis-Wasser-Gemisches konstant.
(B) Feste und flüssige Phase haben bei der Schmelztemperatur die gleiche Dichte.
(C) Die zum Schmelzen von Eis benötigte Energie kann durch Wärmezufuhr geliefert werden.
(D) Eis kann ohne Zufuhr von Wärmeenergie unter Druck schmelzen.
(E) Reines Wasser kann, ohne zu erstarren, vorübergehend unter die Schmelztemperatur abgekühlt werden.

409 Welche der folgenden Aussagen zum Phasenübergang Eis – Wasser trifft zu?

(A) Während des Schmelzvorgangs nimmt die Temperatur des Eis-Wasser-Gemisches langsam ab.
(B) Feste und flüssige Phase haben bei der Schmelztemperatur die gleiche Dichte.
(C) Am Schmelzpunkt hat das Wasser seine größte Dichte.
(D) Wird das Eis-Wasser-Gemisch unter Druck gesetzt, erstarrt es.
(E) Reines Wasser kann, ohne zu erstarren, vorübergehend unter die Schmelztemperatur abgekühlt werden.

410⁺ Welche Aussage zu Phasenübergängen trifft **nicht** zu?

(A) Die Dichte der festen Phase eines Stoffes ist (bei gleicher Temperatur) stets größer als die der flüssigen Phase.
(B) Zum Verdampfen eines Stoffes ist stets Energie erforderlich.
(C) Die Dichte der festen Phase eines Stoffes ist meist wesentlich größer als die des gasförmigen Aggregatzustandes.
(D) Zum Schmelzen eines Stoffes ist stets Energie erforderlich.
(E) Die Dichte der flüssigen Phase eines Stoffes ist meist wesentlich größer als jene des gasförmigen Aggregatzustandes.

Thermische Bewegung der Bausteine

411 Brownsche Bewegung kann an Suspensionen, in Flüssigkeiten und in Gasen beobachtet werden,
weil
die mittlere Energie der Brownschen Bewegung mit wachsender Temperatur zunimmt.

412 Brownsche Bewegung kann an Suspensionen, in Flüssigkeiten und in Gasen beobachtet werden,
weil
die mittlere kinetische Energie der Brownschen Bewegung mit wachsender Temperatur abnimmt.

413⁺ Welche Aussagen über die thermische (Brownsche) Bewegung treffen zu?

(1) Sie ist zu beobachten an sehr kleinen Teilchen in flüssiger Umgebung.
(2) Sie ist zu beobachten an sehr kleinen Tröpfchen in einer gasförmigen Umgebung.
(3) Die mittlere kinetische Energie der bewegten Teilchen wächst mit zunehmender Temperatur.

(A) nur 1 ist richtig
(B) nur 1 und 2 sind richtig
(C) nur 1 und 3 sind richtig
(D) nur 2 und 3 sind richtig
(E) 1–3 = alle sind richtig

414 Welche der folgenden Aussagen treffen zu?
Die mittlere thermische Energie der Teilchen eines idealen Gases verdoppelt sich, wenn man das Gas

(1) von 300 K auf 600 K erwärmt
(2) von 50 °C auf 100 °C erwärmt
(3) isotherm auf die Hälfte des Volumens komprimiert

(A) nur 1 ist richtig
(B) nur 2 ist richtig
(C) nur 3 ist richtig
(D) nur 1 und 3 sind richtig
(E) 1–3 = alle sind richtig

415 Welche der folgenden Aussagen treffen zu?
Die mittlere thermische Energie der Teilchen eines idealen Gases verdoppelt sich, wenn man

(1) isotherm den Druck verdoppelt
(2) das Gas von 100 °C auf 200 °C erwärmt
(3) das Gas von 200 K auf 400 K erwärmt

(A) nur 1 ist richtig
(B) nur 2 ist richtig
(C) nur 3 ist richtig
(D) nur 1 und 2 ist richtig
(E) 1–3 = alle sind richtig

416⁺ Welche Aussage trifft zu?
Die mittlere kinetische Energie der Teilchen eines idealen Gases hängt wie folgt von der absoluten Temperatur T ab:

(A) $\sim T^{-1}$
(B) $\sim T^{-1/2}$
(C) gar nicht
(D) $\sim T^{1/2}$
(E) $\sim T$

417 Die mittlere kinetische Energie eines Gasteilchens nimmt bei höherer Temperatur zu,
weil
bei jedem Auftreffen eines Teilchens auf eine Wand sich sein Impuls ändert.

1.8.3 Der gasförmige Aggregatzustand, Gasgesetze

Ideale Gase

418⁺ In der folgenden Abbildung ist ein Druck-Volumen-Diagramm eines idealen Gases dargestellt.
Welche Kurve stellt die isotherme Zustandsänderung dar?

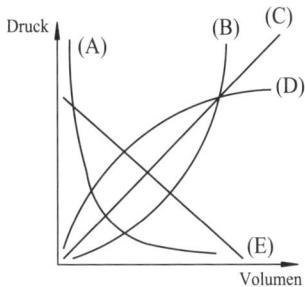

419 Welche der angegebenen Kurven in einem V-p-Diagramm für eine Probe eines idealen Gases sind richtig bezeichnet?

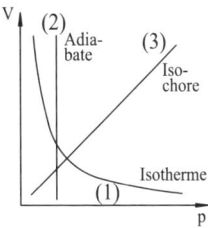

(A)   nur 1 ist richtig
(B)   nur 2 ist richtig
(C)   nur 3 ist richtig
(D)   nur 1 und 2 sind richtig
(E)   nur 2 und 3 sind richtig

420 Welches Diagramm veranschaulicht die Beziehung

$$p \cdot V = \text{konstant}$$

bei der isothermen Kompression eines idealen Gases?

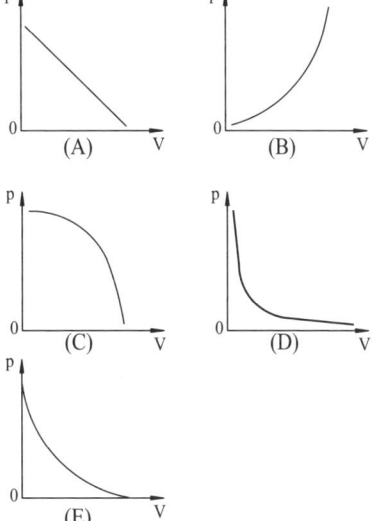

421⁺ Eine gegebene Probe eines idealen Gases befinde sich in einem Zylinder mit beweglichem Kolben.

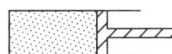

Welches Diagramm kann das (mögliche) Verhalten dieses Gases bei langsamer Kompression darstellen?

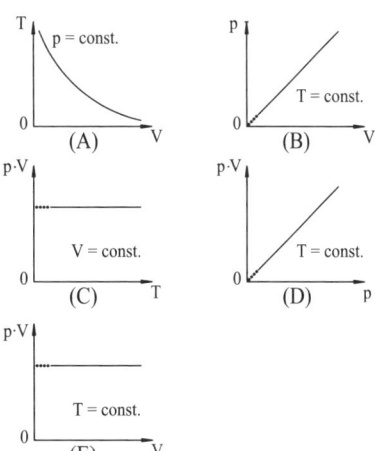

422 Welche der nachfolgenden Diagramme geben das Verhalten von idealen Gasen qualitativ richtig wieder?

(p=Druck; V=Volumen; T=absolute Temperatur)

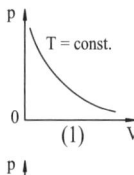 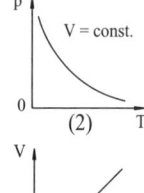

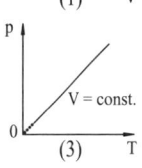

(A) nur 1 ist richtig
(B) nur 2 ist richtig
(C) nur 1 und 3 sind richtig
(D) nur 2 und 4 sind richtig
(E) nur 1, 3 und 4 sind richtig

423 Welche der folgenden Relationen treffen auf ein ideales Gas zu?
(p=Druck; V=Volumen; T=absolute Temperatur)

(1) Bei T = const. gilt p · V = const.
(2) Bei V = const. gilt p/T = const.
(3) Bei p = const. gilt V/T = const.

(A) nur 1 ist richtig
(B) nur 1 und 2 sind richtig
(C) nur 1 und 3 sind richtig
(D) nur 2 und 3 sind richtig
(E) 1–3 = alle sind richtig

424 Welche Aussage trifft zu?
In der Zustandsgleichung für ideale Gase tritt das Produkt Druck · Volumen auf. Es stellt folgende physikalische Größe dar:

(A) Teilchenzahl
(B) Kraft
(C) Leistung
(D) Energie
(E) reziproke Temperatur

425 Welche Aussage trifft zu?
Einem idealen Gas werde bei konstantem Volumen Wärme zugeführt.
Es handelt sich um einen

(A) adiabatischen Prozeß

(B) isothermen Prozeß
(C) isochoren Prozeß
(D) isobaren Prozeß
(E) Prozeß bei konstanter innerer Energie

426 Welche der folgenden Aussagen über eine konstante Menge eines idealen Gases trifft **nicht** zu?

(A) Bei fester Temperatur ist das Produkt aus dem Druck und dem Volumen konstant.
(B) Bei festem Volumen ist das Verhältnis aus dem Druck und der absoluten Temperatur konstant.
(C) Bei festem Druck ist das Verhältnis aus dem Volumen und der absoluten Temperatur konstant.
(D) Der Druck ist proportional dem Produkt aus der Dichte und der absoluten Temperatur.
(E) Die mittlere Geschwindigkeit der Gasatome ist unabhängig von der Temperatur.

427 Welche der folgenden Aussagen über ein gegebenes ideales Gas treffen zu?

(1) Der Druck ist proportional dem Produkt aus dem Volumen und der absoluten Temperatur.
(2) Bei fester Temperatur einer gegebenen Gasmenge ist das Produkt aus dem Druck und dem Volumen konstant.
(3) Bei konstantem Volumen und konstanter Temperatur ist der Druck proportional zur Anzahl der Gasmoleküle.

(A) nur 2 ist richtig
(B) nur 1 und 2 sind richtig
(C) nur 1 und 3 sind richtig
(D) nur 2 und 3 sind richtig
(E) 1–3 = alle sind richtig

428 Welche Aussage trifft zu?
Eine gegebene Stoffmenge eines idealen Gases werde isotherm auf die Hälfte des Ausgangsvolumens komprimiert. Dabei

(A) wird der Druck verdoppelt und die Temperatur bleibt konstant
(B) wird der Druck halbiert und die Temperatur bleibt konstant

(C)   bleiben Druck und Temperatur konstant

(D)   wird der Druck verdoppelt und die Temperatur (gemessen in K) sinkt auf die Hälfte

(E)   bleibt der Druck konstant und die Temperatur (gemessen in K) nimmt den doppelten Wert an

429 Welche Aussage trifft **nicht** zu?
Bei der isothermen Expansion eines idealen Gases gilt:

(A)   Das Volumen nimmt zu.

(B)   Der Druck nimmt ab.

(C)   Das Produkt p · V bleibt konstant.

(D)   Dem Gas muß Arbeit zugeführt werden.

(E)   Die Dichte nimmt ab.

430 Welche der folgenden Aussagen treffen zu?
Mit einem idealen Gas werde eine isotherme Expansion durchgeführt. Dabei gilt:

(1)   Die Temperatur bleibt konstant.

(2)   Der Druck nimmt zu.

(3)   Das Volumen nimmt ab.

(A)   nur 1 ist richtig

(B)   nur 3 ist richtig

(C)   nur 1 und 3 sind richtig

(D)   nur 2 und 3 sind richtig

(E)   1–3 = alle sind richtig

431 Welche der folgenden Aussagen treffen zu?
Mit einem idealen Gas werde eine isotherme Expansion durchgeführt. Dabei gilt:

(1)   Das Volumen nimmt zu.

(2)   Die Temperatur bleibt konstant.

(3)   Der Druck nimmt ab.

(A)   nur 1 ist richtig

(B)   nur 2 ist richtig

(C)   nur 1 und 2 sind richtig

(D)   nur 2 und 3 sind richtig

(E)   1–3 = alle sind richtig

432 Welche Aussage trifft **nicht** zu?
Um den Druck eines idealen Gases zu verdreifachen kann man

(A)   bei fester Stoffmenge und konstantem Volumen die Temperatur verdreifachen

(B)   bei fester Stoffmenge und konstanter Temperatur das Volumen auf ein Drittel verringern

(C)   bei konstantem Volumen und konstanter Temperatur die Stoffmenge verdreifachen

(D)   bei fester Stoffmenge das Volumen verdoppeln und die Temperatur versechsfachen

(E)   bei fester Stoffmenge die Temperatur verdoppeln und das Volumen versechsfachen

433⁺ Welche Aussage trifft zu?
Ein ideales Gas befinde sich in einem Gefäß konstanten Volumens. Erhöht man die Temperatur von 0 °C auf 273 °C, so

(A)   steigt der Druck um 1/273 seines Wertes bei 0 °C

(B)   steigt der Druck auf etwa das Doppelte seines Wertes bei 0 °C

(C)   stellt sich der Normaldruck ein

(D)   sinkt der Druck auf die Hälfte seines Wertes bei 0 °C

(E)   bleibt der Druck konstant und die innere Energie des Gases nimmt zu

434 Welche Aussage trifft zu?
Ein ideales Gas befinde sich in einem Gefäß konstanten Volumens. Verringert man die Temperatur von zunächst 273 °C auf 0 °C, so

(A)   wird der Druck 0

(B)   sinkt der Druck auf 1/273 seines Wertes bei 273 °C

(C)   sinkt der Druck auf die Hälfte seines Wertes bei 273 °C

(D)   steigt der Druck um 1/273 seines Wertes bei 273 °C

(E)   steigt der Druck auf das Doppelte seines Wertes bei 273 °C

435 Nachstehend ist für eine gegebene Probe eines idealen Gases mit dem Druck p und dem Volumen V eine Zustandsänderung von einem Zustand 1 nach einem Zustand 2 dargestellt.

p

● 2

↑

● 1

0 _____
V

Welche der folgenden Aussagen treffen auf diesen Prozeß zu?
Der Prozeß

(1) ist isobar
(2) ist isochor
(3) läuft mit einem Wärmeaustausch ab
(4) ist isotherm

(A) nur 1 ist richtig
(B) nur 2 ist richtig
(C) nur 1 und 3 sind richtig
(D) nur 2 und 3 sind richtig
(E) nur 2 und 4 sind richtig

436⁺ Nachstehend ist für eine gegebene Probe eines idealen Gases mit dem Druck p und dem Volumen V eine Zustandsänderung von einem Zustand 1 nach einem Zustand 2 dargestellt.

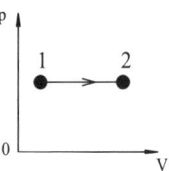

Welche der folgenden Aussagen treffen auf diesen Prozeß zu?
Der Prozeß

(1) ist isobar
(2) ist isochor
(3) läuft mit einem Wärmeaustausch ab
(4) ist isotherm

(A) nur 1 ist richtig
(B) nur 2 ist richtig
(C) nur 1 und 3 sind richtig
(D) nur 1 und 4 sind richtig
(E) nur 2 und 3 sind richtig

437 Welche der folgenden Aussagen für eine gegebene Probe eines idealen Gases treffen zu?

(1) $p \cdot V$ = const. gilt bei isobaren Prozessen

(2) p/T = const. gilt bei isochoren Prozessen
(3) V/T = const. gilt bei adiabatischen Prozessen

(A) nur 1 ist richtig
(B) nur 2 ist richtig
(C) nur 3 ist richtig
(D) nur 1 und 2 sind richtig
(E) nur 2 und 3 sind richtig

438 Welche der folgenden Aussagen zum Verhalten idealer Gase (bei konstanter Stoffmenge) treffen zu?

(1) $p \cdot V$ = const. gilt bei isothermen Prozessen
(2) V/T = const. gilt bei isobaren Prozessen
(3) p/T = const. gilt bei adiabatischen Prozessen

(A) nur 1 ist richtig
(B) nur 2 ist richtig
(C) nur 1 und 2 sind richtig
(D) nur 2 und 3 sind richtig
(E) 1–3 = alle sind richtig

439 Die Zustandsgleichung für ideale Gase gilt auch für Gemische solcher Gase,
weil
die Celsius-Skala und die absolute Temperaturskala um einen konstanten Wert gegeneinander verschoben sind.

440 Welche Aussage trifft zu?
In Luft verhalten sich die Partialdrücke von Sauerstoff und Stickstoff wie 1 : 4. Bei einem Gesamtdruck von 1020 mbar liegt demnach folgender Stickstoffpartialdruck vor:

(A) 204 mbar
(B) 255 mbar
(C) 408 mbar
(D) 765 mbar
(E) 816 mbar

Reale Gase

441 Welche der folgenden Aussagen treffen zu?
Für reale Gase gilt:

(1) Eine Stoffmengeneinheit enthält bei diesen mehr Partikel als bei einem idealen Gas.

(2) Das Eigenvolumen der Teilchen und anziehende Kräfte zwischen ihnen bewirken Abweichungen gegenüber der Zustandsgleichung idealer Gase.

(3) Bei isobarer Temperaturerhöhung nimmt stets das Volumen zu.

(A) nur 2 ist richtig
(B) nur 1 und 2 sind richtig
(C) nur 1 und 3 sind richtig
(D) nur 2 und 3 sind richtig
(E) 1–3 = alle sind richtig

442 Welche der folgenden Aussagen treffen zu?
Für reale Gase gilt:

(1) Das Eigenvolumen der Teilchen führt zu Abweichungen von der Zustandsgleichung idealer Gase.

(2) Bei isochorer Temperaturerhöhung steigt stets auch der Druck.

(3) Anziehende Kräfte zwischen den Teilchen führen zu Abweichungen von der Zustandsgleichung idealer Gase.

(A) nur 1 ist richtig
(B) nur 2 ist richtig
(C) nur 1 und 3 sind richtig
(D) nur 2 und 3 sind richtig
(E) 1–3 = alle sind richtig

443 Welche der folgenden Aussagen sind nur realen, nicht aber idealen Gasen zuzuordnen?

(1) Kräfte zwischen den Atomen bzw. Molekülen des Gases werden in der Gasgleichung berücksichtigt.

(2) Das Eigenvolumen der Atome bzw. der Moleküle wird in der Gasgleichung berücksichtigt.

(3) Es gilt das Gesetz von Boyle-Mariotte.

(4) Es gelten die Gesetze von Gay-Lussac.

(A) nur 1 ist richtig
(B) nur 3 ist richtig
(C) nur 1 und 2 sind richtig
(D) nur 3 und 4 sind richtig
(E) 1–4 = alle sind richtig

444⁺ Welche der folgenden Aussagen gelten nur bei realen, nicht aber idealen Gasen?

(1) Sie sind verflüssigbar.

(2) Anziehungskräfte zwischen den Atomen bzw. den Molekülen beeinflussen das Verhalten des Gases.

(3) Das Eigenvolumen der Atome bzw. Moleküle wird in der Gasgleichung berücksichtigt.

(A) nur 1 ist richtig
(B) nur 2 ist richtig
(C) nur 3 ist richtig
(D) nur 2 und 3 sind richtig
(E) 1–3 = alle sind richtig

445 Die van der Waalssche Zustandsgleichung für reale Gase berücksichtigt Anziehungskräfte zwischen den Teilchen,
weil
die Teilchen des realen Gases ein Eigenvolumen aufweisen.

446 Die Partikel realer Gase weisen ein Eigenvolumen auf,
weil
zwischen den Teilchen realer Gase Anziehungskräfte wirken.

1.8.4 Der flüssige Aggregatzustand, Dampfdruck

447⁺ Welche Aussage trifft auf die Moleküle einer Flüssigkeit am besten zu?

(A) Sie schwingen um ortsfeste Gleichgewichtslagen.

(B) Sie üben keinerlei Kräfte aufeinander aus.

(C) Sie können sich leicht gegeneinander verschieben.

(D) Sie sind starr an Ruhelagen gebunden.

(E) Sie rotieren mit Nachbarmolekülen um den gemeinsamen Massenschwerpunkt.

448⁺ Welche Aussage über Flüssigkeiten trifft **nicht** zu?

(A) Der Dampfdruck einer Flüssigkeit steigt mit der absoluten Temperatur.

(B) Der Dampfdruck einer Lösung sinkt (bei nicht zu großen Konzentrationen) mit zunehmender Konzentration des darin gelösten Salzes.

(C) Die kritische Temperatur ist stets größer als die Temperatur des Tripelpunktes.

(D) Unterhalb der Temperatur des Tripelpunktes ist bei Wasser eine Verflüssigung unmöglich.

(E) Der Sättigungsdampfdruck ist unabhängig vom ihm zur Verfügung stehenden Volumen.

449 Siedeverzug kann bei Flüssigkeiten auftreten,
weil
ein gelöster Stoff den Dampfdruck von Flüssigkeiten erniedrigt.

450 Unterkühlung kann bei Flüssigkeiten auftreten,
weil
ein gelöster Stoff den Dampfdruck von Flüssigkeiten erniedrigt.

451⁺ Eine reine Flüssigkeit kann im flüssigen Zustand keinesfalls unter den Erstarrungspunkt abgekühlt werden,
weil
am Schmelzpunkt flüssige und feste Phase koexistieren.

Dampfdruck, Sättigungsdampfdruck

452 Welche der folgenden Aussagen treffen zu?
In einem abgeschlossenen Behälter sind flüssiger und gasförmiger Aggregatzustand eines Stoffes im Gleichgewicht vorhanden.
Hierbei gilt:

(1) Der Sättigungsdampfdruck ist von der Temperatur abhängig.

(2) Der Sättigungsdampfdruck ist umgekehrt proportional zum Volumen des Behälters.

(3) Im Sättigungszustand gehen je Zeiteinheit im Mittel gleich viele Teilchen in das Gas über wie wieder in die flüssige Phase eintreten.

(A) nur 1 ist richtig
(B) nur 1 und 2 sind richtig
(C) nur 1 und 3 sind richtig

(D) nur 2 und 3 sind richtig
(E) 1–3 = alle sind richtig

453 Welche Aussage trifft zu?
Der Sättigungsdampfdruck einer Flüssigkeit

(A) sinkt mit zunehmendem Volumen
(B) ist gleich der universellen Gaskonstante
(C) erreicht am Tripelpunkt seinen Maximalwert
(D) steigt proportional zur molaren Konzentration einer gelösten Substanz.
(E) steigt mit zunehmender Temperatur stark an

454 Der Sättigungsdruck eines Dampfes im Gleichgewicht mit der Flüssigkeit beträgt in einem geschlossenen Gefäß 10 000 Pa.
Auf welchen Wert stellt sich der Sättigungsdampfdruck ein, wenn das dem Dampf zur Verfügung stehende Volumen bei konstanter Temperatur halbiert wird?

(A) 20 000 Pa
(B) 10 000 Pa
(C) 5 000 Pa
(D) 2 500 Pa
(E) aus den Angaben nicht zu berechnen

455 Wie ändert sich bei konstanter Temperatur der Druck eines Dampfes (im Gleichgewicht mit seiner Flüssigkeit) bei Verkleinerung des Volumens?
Der Druck

(A) nimmt stetig ab
(B) nimmt stetig zu
(C) bleibt konstant
(D) nimmt zunächst ab, bleibt dann konstant
(E) bleibt zunächst konstant, nimmt dann ab

456 Welche der untenstehenden Diagramme geben das Verhalten eines Dampfes im Gleichgewicht mit der Flüssigkeit qualitativ richtig wieder? (p = Druck; V = Volumen; T = absolute Temperatur)

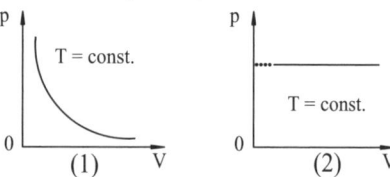

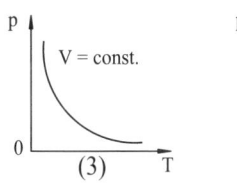 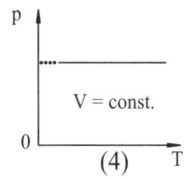

(A)   nur 1 ist richtig
(B)   nur 2 ist richtig
(C)   nur 1 und 3 sind richtig
(D)   nur 1 und 4 sind richtig
(E)   nur 2 und 4 sind richtig

457+ Welche der Kurven gibt die Abhängigkeit des Dampfdruckes einer flüssigen Substanz von der Temperatur richtig wieder?

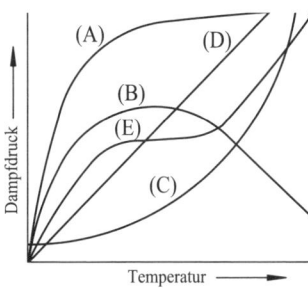

458 Ein geschlossenes Gefäß enthält als Teilfüllung eine Flüssigkeit. Darüber befindet sich Dampf desselben Stoffes im Gleichgewicht.
Bei konstanter Temperatur verändert sich die Stoffmenge im flüssigen Zustand nicht,
weil
unter diesen Bedingungen kein Übergang von Teilchen aus der flüssigen in die Dampfphase stattfindet.

459 Der Sättigungsdampfdruck einer Flüssigkeit kann nur bis zur kritischen Temperatur bestimmt werden,
weil
beim Sieden Dampfdruck und äußerer Druck gleich sind.

460 Ein Gefäß enthalte gesättigten Wasserdampf (im Gleichgewicht mit flüssigem Wasser); verkleinert man bei konstanter Temperatur das Volumen, so steigt der Druck nicht,
weil
der Sättigungsdampfdruck von der Temperatur, nicht aber vom Volumen abhängt.

Siedetemperatur

461 Welche Aussagen treffen zu?
Die Siedetemperatur einer gegebenen Flüssigkeit hängt ab

(1)   vom Außendruck
(2)   von der Art und Menge gelöster Substanz
(3)   von der Energiezufuhr
(4)   von der Verdampfungsgeschwindigkeit
(5)   von der Verdampfungswärme

(A)   nur 1 und 2 sind richtig
(B)   nur 1 und 3 sind richtig
(C)   nur 1 und 5 sind richtig
(D)   nur 1, 3 und 4 sind richtig
(E)   nur 2, 4 und 5 sind richtig

462 Welche der folgenden Aussagen treffen zu?
Für die Siedetemperatur T_s einer in offenem Gefäß siedenden Flüssigkeit gilt:

(1)   Beim Lösen eines festen Stoffes wird T_s erniedrigt.
(2) T_s nimmt mit wachsendem Außendruck zu.
(3) T_s ist umgekehrt proportional zur molaren Masse der Flüssigkeit.

(A)   nur 1 ist richtig
(B)   nur 2 ist richtig
(C)   nur 1 und 2 sind richtig
(D)   nur 2 und 3 sind richtig
(E)   1–3 = alle sind richtig

463 Die Temperatur einer reinen Flüssigkeit kann im flüssigen Zustand keinesfalls über den Siedepunkt erhöht werden,
weil
am Siedepunkt der Sättigungsdampfdruck gleich dem äußeren Druck ist.

1.8.5 Der feste Aggregatzustand

Modifikationen

464 Welches der genannten Elemente tritt **nicht** in mehreren Modifikationen auf?

(A) Phosphor
(B) Schwefel
(C) Zinn
(D) Arsen
(E) Bismut

465⁺ Welche der folgenden Elemente der ersten Achterperiode des Periodensystems treten in der Natur in Form von Elementmodifikationen auf?

(1) Fluor
(2) Sauerstoff
(3) Stickstoff
(4) Kohlenstoff

(A) nur 4 ist richtig
(B) nur 2 und 3 sind richtig
(C) nur 2 und 4 sind richtig
(D) nur 1, 3 und 4 sind richtig
(E) 1–4 = alle sind richtig

1.8.6 Mehrphasensysteme, Zustandsdiagramme

Phasendiagramme

466 Welches der folgenden Druck (p)-Temperatur (T)-Diagramme für ein Einstoffsystem ist richtig beschriftet (man beachte die Bezeichnung der Achsen)?

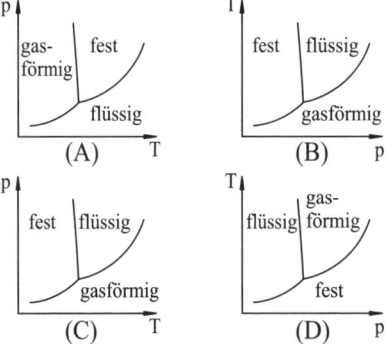

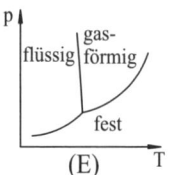

(E)

467 Welcher der bezeichneten Zweige des pT-Diagramms eines Einstoffsystems repräsentiert die

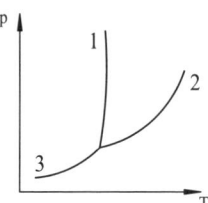

	Siededruckkurve	Schmelzdruckkurve
(A)	1	2
(B)	2	1
(C)	2	3
(D)	3	2
(E)	1	3

468 Welcher der gezeichneten Punkte im pT-Diagramm eines Einstoffsystems kann bedeuten:

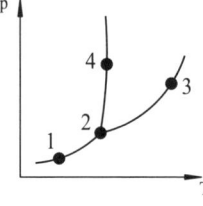

	Erstarren	Kondensieren	Sublimieren
(A)	4	1	2
(B)	3	2	4
(C)	1	4	2
(D)	4	3	1
(E)	1	3	2

469 Welche Aussagen über das Phasendiagramm des Wassers treffen zu?

(1) Das Phasendiagramm ist eine graphische Darstellung der Phasen und ihrer Übergänge.

(2) Innerhalb eines durch zwei Kurven begrenzten Gebietes ist jeweils nur eine Phase beständig.

(3) In jedem Kurvenpunkt stehen mindestens zwei Phasen miteinander im Gleichgewicht.

(4) Im Tripelpunkt des Wassers existieren drei Phasen nebeneinander.

(A) nur 1 ist richtig
(B) nur 2 und 3 sind richtig
(C) nur 3 und 4 sind richtig
(D) nur 1, 2 und 3 sind richtig
(E) 1–4 = alle sind richtig

470⁺ Welche Aussagen über das Phasendiagramm des Wassers treffen zu?

(1) Das Phasendiagramm ist eine graphische Darstellung der Phasen und ihrer Übergänge.

(2) Innerhalb eines durch zwei Kurven begrenzten Gebietes sind jeweils nur zwei Phasen beständig.

(3) In jedem Kurvenpunkt stehen mindestens drei Phasen miteinander im Gleichgewicht.

(4) Der Tripelpunkt des Wassers verschiebt sich bei Druckerhöhung zu höheren Temperaturen.

(A) nur 1 ist richtig
(B) nur 2 und 3 sind richtig
(C) nur 3 und 4 sind richtig
(D) nur 1, 2 und 3 sind richtig
(E) 1–4 = alle sind richtig

471 Welche Aussage über Aggregatzustände trifft zu?

(A) Bei allen Stoffen nimmt der Sättigungsdampfdruck mit steigendem Volumen und konstanter Temperatur ab.

(B) Bei verdünnten Salzlösungen ist der Gefrierpunkt höher als bei den entsprechenden reinen Lösungsmitteln.

(C) Zwischen fester und gasförmiger Phase tritt bei Wärmezufuhr stets der flüssige Aggregatzustand auf.

(D) Der Tripelpunkt ist stets verschieden vom kritischen Punkt.

(E) Wasser hat am Schmelzpunkt seine höchste Dichte.

472⁺ Welche Aussage zu Aggregatzuständen trifft **nicht** zu?

(A) Bei allen Stoffen (chemische Veränderungen seien ausgeschlossen) nimmt der Dampfdruck mit wachsender Temperatur zu.

(B) Bei verdünnten Salzlösungen ist der Gefrierpunkt niedriger als bei den entsprechenden reinen Lösungsmitteln.

(C) Der Tripelpunkt ist stets verschieden vom kritischen Punkt.

(D) Der Dampfdruck einer verdünnten Lösung hängt ab von der Konzentration der in Lösung befindlichen Teilchen.

(E) Zwischen fester und gasförmiger Phase tritt bei Wärmezufuhr stets der flüssige Aggregatzustand auf.

473 Welche Aussage zu Aggregatzuständen trifft zu?

(A) Der Dampfdruck einer Flüssigkeit ist von der Temperatur unabhängig.

(B) Zwischen fester und gasförmiger Phase tritt bei Wärmezufuhr stets der flüssige Aggregatzustand auf.

(C) Bei verdünnten Salzlösungen ist der Siedepunkt niedriger als bei den entsprechenden reinen Lösungsmitteln.

(D) Beim Kondensieren der gasförmigen Phase muß Wärme zugeführt werden.

(E) Der Tripelpunkt ist stets verschieden vom kritischen Punkt.

474 Welche der folgenden Aussagen treffen zu?

(1) Bei 4 °C nimmt die in Wasser gespeicherte Wärmeenergie ein Minimum an.

(2) 0 °C ist die Temperatur des schmelzenden Eises bei Normaldruck.

(3) Der Tripelpunkt von Wasser dient zur Definition von Wärmeeinheiten.

(A) nur 1 ist richtig
(B) nur 2 ist richtig
(C) nur 3 ist richtig
(D) nur 1 und 3 sind richtig
(E) nur 2 und 3 sind richtig

475⁺ Welche der folgenden Aussagen über den Tripelpunkt des Wassers treffen zu?

(1) Beim Tripelpunkt sind festes Eis, flüssiges Wasser und gasförmiger Wasserdampf (im Gleichgewicht) gleichzeitig anwesend.
(2) Mit wachsendem Druck verschiebt sich beim Wasser der Tripelpunkt zu tieferen Temperaturen.
(3) Am Tripelpunkt ist die Dichte der flüssigen Phase (Wasser) und der dampfförmigen Phase (Wasserdampf) gleich.

(A) nur 1 ist richtig
(B) nur 2 ist richtig
(C) nur 3 ist richtig
(D) nur 1 und 2 sind richtig
(E) 1–3 = alle sind richtig

476 Welche der folgenden Aussagen über den Tripelpunkt des Wassers treffen zu?

(1) Beim Tripelpunkt sind festes Eis, flüssiges Wasser und gasförmiger Wasserdampf (im Gleichgewicht) gleichzeitig anwesend.
(2) Am Tripelpunkt ist die Dichte der festen Phase (Eis) und der dampfförmigen Phase (Wasserdampf) gleich.
(3) Mit wachsendem Druck verschiebt sich beim Wasser der Tripelpunkt zu höheren Temperaturen.

(A) nur 1 ist richtig
(B) nur 3 ist richtig
(C) nur 1 und 3 sind richtig
(D) nur 2 und 3 sind richtig
(E) 1–3 = alle sind richtig

477⁺ Welche Aussagen über das Verhalten eines einheitlichen Stoffes treffen zu?

(1) Der Tripelpunkt verschiebt sich bei Änderung des äußeren Luftdrucks.
(2) Der Sättigungsdampfdruck über der flüssigen Phase wird mit abnehmender Temperatur geringer.
(3) Oberhalb der kritischen Temperatur bildet sich keine Phasengrenze mehr aus.

(A) nur 1 ist richtig
(B) nur 2 ist richtig
(C) nur 1 und 2 sind richtig
(D) nur 2 und 3 sind richtig
(E) 1–3 = alle sind richtig

478 Welche Aussagen über Einstoffsysteme treffen zu?

(1) Der Sättigungsdampfdruck steigt mit wachsender Temperatur.
(2) Der Tripelpunkt sinkt mit wachsendem Druck.
(3) Am kritischen Punkt ist die Dichte der festen und flüssigen Phase gleich.

(A) nur 1 ist richtig
(B) nur 2 ist richtig
(C) nur 1 und 2 sind richtig
(D) nur 1 und 3 sind richtig
(E) 1–3 = alle sind richtig

479 Kohlendioxid läßt sich bei Raumtemperatur (20 °C) unter Druck verflüssigen,
weil
die kritische Temperatur von Kohlendioxid über 20 °C liegt.

480 Welche Aussage über das Verhalten einer Substanz in der Nähe der kritischen Temperatur T_c trifft zu?

(A) Oberhalb T_c entzündet sich die flüssige Phase.
(B) Oberhalb T_c siedet die flüssige Phase.
(C) Nur oberhalb T_c bildet die flüssige Phase chemische Verbindungen.
(D) Nur unterhalb T_c läßt sich die gasförmige Phase verflüssigen.
(E) Unterhalb T_c existiert nur die feste Phase.

Zweiphasensysteme, azeotrope Gemische

481⁺ Welche der folgenden Systeme sind aus zwei oder mehr Phasen aufgebaut?

(1) Knallgas
(2) Milch
(3) Paraffinöl

(A) nur 2 ist richtig
(B) nur 3 ist richtig
(C) nur 1 und 2 sind richtig
(D) nur 2 und 3 sind richtig
(E) 1–3 = alle sind richtig

482⁺ Das System Benzol-Wasser ist über den gesamten Mischungsbereich homogen,
weil
im System Wasser-Benzol zwei flüssige Phasen miteinander im Gleichgewicht stehen.

483⁺ Ein heterogenes Gemisch kann höchtens **eine Gasphase** enthalten,
weil
die Kondensationsenthalpie aller Gase gleich ist.

484⁺ Azeotrope binäre Systeme sieden immer tiefer als eine der beiden reinen Komponenten,
weil
bei den Siedediagrammen idealer binärer Mischungen die Linie der Dampfzusammensetzung nie den Siedepunkt der höhersiedenden reinen Komponente übersteigt.

485⁺ Azeotrope Gemische lassen sich häufig durch wiederholte Destillation bei **verschiedenen** Drücken in ihre Komponenten trennen,
weil
die Zusammensetzung eines Azeotrops vom äußeren Druck abhängt.

1.8.7 Lösungen, Solvatation

Konzentrationsmaße

486⁺ Welche Aussage trifft zu?
Eine Lösung von 36,5 g Chlorwasserstoff (relative Molmasse 36,5) in 1000 g Wasser von 20 °C ist

(A) 1-normal
(B) 1-molar
(C) 1-molal
(D) 3,65 gewichtsprozentig
(E) 3,65 volumenprozentig

1.8.8 Konzentrationsabhängige Eigenschaften von Lösungen

Dampfdruck, Gefrierpunkt, Siedepunkt

487⁺ Welche Aussage über Lösungen trifft **nicht** zu?

(A) Salze können durch Ionenaustauscher aus wäßrigen Lösungen entfernt werden.
(B) Beim Auflösen von $HgCl_2$ in Wasser erfolgt eine vollständige Dissoziation.
(C) Die molare elektrische Leitfähigkeit einer 1 proz. NaCl-Lösung ist kleiner als die einer 0,1 proz. NaCl-Lösung.
(D) Für ideale Lösungen gilt das Raoultsche Gesetz.
(E) Der Gefrierpunkt einer 10^{-3}-molaren NaCl-Lösung liegt höher als der einer 10^{-3}-molaren $BaCl_2$-Lösung.

488⁺ Welche Aussage über wäßrige Lösungen trifft **nicht** zu?

(A) 10^{-3}-molare Lösungen von Natriumbromid und Kaliumbromid besitzen praktisch den gleichen osmotischen Druck.
(B) Der Siedepunkt einer Kochsalz-Lösung ist höher als der von reinem Wasser.
(C) Eine 0,1-molare Magnesiumchlorid-Lösung zeigt eine größere Dampfdruckerniedrigung als eine 0,1-molare Kochsalz-Lösung.
(D) Der Gefrierpunkt einer Kochsalz-Lösung ist höher als der von reinem Wasser.
(E) Bei stark vermindertem Druck kann Eis sublimieren.

489⁺ Welche Aussage über Lösungen trifft **nicht** zu?

(A) Die Dampfdruckerniedrigung, die sich in einem Lösungsmittel beim Auflösen eines nichtflüchtigen Stoffes ergibt, kann zur Bestimmung der relativen Molmasse dieses Stoffes dienen.
(B) Der Siedepunkt einer 10 proz. wäßrigen

Rohrzucker-Lösung liegt bei Normaldruck unter 100 °C.

(C) Durch Zusatz von Kochsalz wird die elektrische Leitfähigkeit von Wasser erhöht.

(D) Beim Abkühlen einer 5 proz. wäßrigen NaCl-Lösung scheidet sich zunächst reines Eis ab.

(E) Der Gefrierpunkt einer 1-molaren wäßrigen NaCl-Lösung liegt tiefer als der einer 1-molaren Rohrzucker-Lösung.

490⁺ Löst man in einem Lösungsmittel eine nichtflüchtige Substanz, so ist der Dampfdruck der Lösung niedriger als der Dampfdruck des reinen Lösungsmittels,
weil
durch die Anwesenheit der gelösten Substanz das Lösungsmittel verdünnt wird, so daß im zeitlichen Mittel weniger Lösungsmittelmoleküle aus der Flüssigkeitsoberfläche austreten als im unverdünnten Zustand.

491 Löst man in einem Lösungsmittel eine nichtflüchtige Substanz, so ist der Dampfdruck der Lösung höher als der Dampfdruck des reinen Lösungsmittels,
weil
durch die Anwesenheit der gelösten Substanz im zeitlichen Mittel mehr Lösungsmittelmoleküle aus der Flüssigkeitsoberfläche austreten als im reinen Lösungsmittel.

492 Die Reinheit eines Lösungsmittels läßt sich in der Regel mit Hilfe der Bestimmung von Schmelz- oder Siedepunkt überprüfen,
weil
alle gelösten Stoffe den Gefrierpunkt erhöhen und den Siedepunkt erniedrigen.

493 In zwei nebeneinander stehenden Gefäßen sieden reines Wasser bzw. eine wäßrige Kochsalz-Lösung.
Welche Aussagen treffen für die beiden Flüssigkeiten zu?

(1) Die Siedetemperatur der Kochsalz-Lösung liegt höher.

(2) Die Dampfdrücke sind beim Sieden gleich.

(3) Der Dampfdruck der siedenden Lösung liegt umso tiefer, je höher die Salzkonzentration ist.

(A) nur 1 ist richtig
(B) nur 2 ist richtig
(C) nur 3 ist richtig
(D) nur 1 und 2 sind richtig
(E) nur 1 und 3 sind richtig

494 Welche Aussage trifft zu?
In zwei nebeneinander stehenden Gefäßen werden reines Wasser und eine Kochsalz-Lösung zum Sieden gebracht.
Der Dampfdruck der siedenden Kochsalz-Lösung ist

(A) größer als der Dampfdruck des siedenden Wassers

(B) gleich dem Dampfdruck des siedenden Wassers

(C) kleiner als der Dampfdruck des siedenden Wassers

(D) größer oder kleiner als der Dampfdruck des siedenden Wassers, je nach Art des Heizvorgangs

(E) größer oder kleiner als der Dampfdruck des siedenden Wassers, je nach momentan herrschendem Luftdruck

495 In Salzlösungen beobachtet man eine gegenüber dem reinen Lösungsmittel erhöhte Siedetemperatur,
weil
der Dampfdruck einer Salzlösung gegenüber dem des reinen Lösungsmittels herabgesetzt ist.

496 Welche Aussage trifft zu?
In einem Gefäß wird reines Wasser zum Sieden gebracht. Anschließend wird eine bestimmte Menge Kochsalz zugefügt und die Lösung erneut zum Sieden gebracht (bei gleichem Luftdruck).
Die Siedetemperatur der siedenden Kochsalz-Lösung ist

(A) größer als die Siedetemperatur des reinen Wassers

(B) gleich der Siedetemperatur des reinen Wassers

(C) kleiner als die Siedetemperatur des reinen Wassers

(D) größer oder kleiner als die Siedetemperatur des reinen Wassers, je nach herrschendem Luftdruck

(E) größer oder kleiner als die Siedetemperatur des reinen Wassers, je nach Konzentration der Kochsalz-Lösung

497 Welche Aussage trifft zu?
Aus den gleichen Mengen Wasser und je 10 g der nicht dissoziierenden Substanzen A und B werden verdünnte Lösungen hergestellt.
Die Lösung von A habe einen um 0,3 K höheren, die Lösung von B einen um 0,5 K höheren **Siedepunkt** als das Wasser.
Demnach gilt für das Verhältnis der **Molmassen** etwa

(A) $m_A/m_B = e^{5/3}$
(B) $m_A/m_B = 5/3$
(C) $m_A/m_B = \sqrt{5/3}$
(D) $m_A/m_B = \sqrt{3/5}$
(E) $m_A/m_B = 3/5$

498⁺ In Lösungen beobachtet man eine gegenüber dem reinen Lösungsmittel erniedrigte Erstarrungstemperatur,
weil
der Dampfdruck einer Lösung größer ist als der des reinen Lösungsmittels.

499 Die Messung der Siedepunktserhöhung (Ebullioskopie) eignet sich zur Molmassebestimmung,
weil
die Siedepunktserhöhung ausschließlich von der Art der gelösten Teilchen abhängt.

500⁺ Die Messung der Gefrierpunktserniedrigung (Kryoskopie) einer Lösung eignet sich zur Molmassebestimmung des gelösten Stoffes,
weil
die Gefrierpunktserniedrigung einer Lösung ausschließlich von der Art der gelösten Teilchen abhängt.

501 Welche Aussage trifft zu?
Durch Zusatz von 10 g KCl zu 100 ml einer wäßrigen einprozentigen NaCl-Lösung wird

(A) die Dichte der Lösung erniedrigt
(B) der osmotische Druck gegenüber reinem Wasser erniedrigt

(C) die elektrolytische Leitfähigkeit erniedrigt
(D) der Gefrierpunkt der Lösung erniedrigt
(E) der Siedepunkt der Lösung erniedrigt

502 Welche Aussage trifft **nicht** zu?
Durch Zusatz von 10 g KCl zu 100 ml einer wäßrigen einprozentigen NaCl-Lösung wird

(A) der Siedepunkt der Lösung erhöht
(B) der Gefrierpunkt der Lösung erhöht
(C) die elektrolytische Leitfähigkeit erhöht
(D) der osmotische Druck gegenüber reinem Wasser erhöht
(E) die Dichte der Lösung erhöht

503 Löst man in 1 l Wasser 10 g Glucose bzw. 10 g Fructose, so ist bei jeweils übereinstimmender Temperatur der Dampfdruck beider Lösungen gleich,
weil
die relative Dampfdruckerniedrigung allein von der Zahl der gelösten Teilchen abhängt, die für Glucose und Fructose bei Massengleichheit übereinstimmt.

504 Löst man in je 1 l Wasser 10 g Glucose bzw. 10 g Rohrzucker, so ist bei jeweils übereinstimmender Temperatur der Dampfdruck beider Lösungen gleich,
weil
nach dem Raoultschen Gesetz die relative Dampfdruckerniedrigung allein von der Zahl der gelösten Teilchen pro Liter Wasser abhängt.

Diffusion, Osmose, Dialyse

505⁺ Welche der folgenden Aussagen treffen zu?
In einer wäßrigen, nicht konvektiven Lösung bestehe ein Konzentrationsgefälle des gelösten Stoffes. Die Geschwindigkeit des Ausgleichs der Konzentrationsunterschiede befolgt folgende Gesetzmäßigkeiten:
Sie ist

(1) um so größer, je geringer die Konzentrationsunterschiede sind
(2) um so größer, je größer die Konzentrationsunterschiede sind
(3) um so größer, je höher die Temperatur ist

(4) um so größer, je niedriger die Temperatur ist

(5) unabhängig von der Temperatur

(A) nur 1 und 3 sind richtig
(B) nur 1 und 4 sind richtig
(C) nur 2 und 3 sind richtig
(D) nur 2 und 4 sind richtig
(E) nur 2 und 5 sind richtig

506 Diffusionsprozesse laufen bei erhöhter Temperatur langsamer ab,
weil
bei erhöhter Temperatur die thermische, ungeordnete Bewegung in der Materie stärker ist.

507 Diffusionsprozesse laufen bei erhöhter Temperatur schneller ab,
weil
bei erhöhter Temperatur die thermische, ungeordnete Bewegung in der Materie abnimmt.

508⁺ Welche Aussage über Diffusion, Dialyse bzw. Osmose trifft zu?

(A) Die Diffusionsgeschwindigkeit eines Stoffes ist direkt proportional zu seinem Diffusionskoeffizienten und umgekehrt proportional zu seinem Konzentrationsgefälle.
(B) Diffusion, Dialyse und Osmose sind vorwiegend entropiegetriebene Prozesse.
(C) Isotonische Lösungen haben gleiche Molalität.
(D) Der osmotische Druck ist abhängig von der Viskosität des Lösungsmittels.
(E) Keine der Aussagen (A) bis (D) trifft zu.

509⁺ Bei gleicher Temperatur ist der osmotische Druck einer kolloiden Lösung ebenso groß wie der einer echten Lösung mit der gleichen Gewichtsmenge desselben Stoffes,
weil
die Quadrate der Geschwindigkeiten gelöster Teilchen bei gegebener Temperatur den Massen dieser Teilchen umgekehrt proportional sind.

510⁺ Welche der folgenden Aussagen treffen zu?
Zwei Gefäße, das eine gefüllt mit Wasser, das andere mit verdünnter wäßriger Zuckerlösung,

seien durch eine semipermeable, nur für Wasser durchlässige Wand getrennt. Der osmotische Druck ist etwa proportional

(1) zur Konzentration der Zuckerlösung
(2) zur Temperatur, gemessen in °C
(3) zur Temperatur, gemessen in K
(4) zum Luftdruck

(A) nur 1 ist richtig
(B) nur 3 ist richtig
(C) nur 1 und 2 sind richtig
(D) nur 1 und 3 sind richtig
(E) nur 1, 2 und 4 sind richtig

511⁺ Welche der folgenden Aussagen treffen zu?
Wenn eine semipermeable, nur für Wasser durchlässige Membran reines Wasser und eine wäßrige Salzlösung trennt, so gilt:

(1) Der osmotische Druck wird mit zunehmender Salzkonzentration größer.
(2) Der osmotische Druck wird mit zunehmender Salzkonzentration geringer.
(3) Der osmotische Druck ist unabhängig von der Temperatur.
(4) Der osmotische Druck steigt mit wachsender Temperatur.

(A) nur 2 ist richtig
(B) nur 1 und 3 sind richtig
(C) nur 1 und 4 sind richtig
(D) nur 2 und 3 sind richtig
(E) nur 2 und 4 sind richtig

512 Welche Aussage trifft zu?
Der untere Teil eines Gasgefäßes enthält Bromdampf; der obere Teil Argon. Entfernt man vorsichtig die Trennwand, so durchmischen sich die beiden Gase im Laufe der Zeit von allein.
Diesen Vorgang nennt man

(A) Osmose
(B) Suspension
(C) Sublimation
(D) Diffusion
(E) Dispersion

Trenn-
wand

513⁺ Sind eine wäßrige Zuckerlösung und Leitungswasser durch eine semipermeable

Membran getrennt, so stellt sich im Gleichgewicht das Niveau der Zuckerlösung höher ein als das Niveau des Leitungswassers,
weil
das Leitungswasser im Vergleich zur Zuckerlösung den höheren osmotischen Druck aufweist.

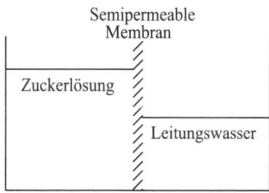

514 Trennt eine semipermeable Wand W zwei Lösungen unterschiedlicher Konzentration, dann stellen sich im allgemeinen im Gleichgewicht die beiden Flüssigkeitsspiegel auf unterschiedliche Höhe ein (obwohl sie zu Beginn auf gleicher Höhe standen),
weil
der osmotische Druck von der Stoffmengenkonzentration der gelösten Substanz abhängt.

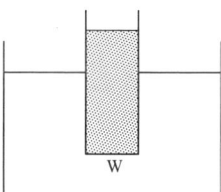

1.8.9 Elektrolytlösungen

Elektrolytische Dissoziation

515 Der Dissoziationsgrad eines schwachen Elektrolyten steigt mit wachsender Konzentration an,
weil
der osmotische Druck bei Erhöhung der Konzentration eines Elektrolyten zunimmt.

516 Der Dissoziationsgrad schwacher Elektrolyte nimmt mit abnehmender Konzentration zu,
weil
schwache Elektrolyte bei hinreichender Verdünnung praktisch vollständig dissoziiert sind.

517 Welche der folgenden Verfahren ermöglichen die Bestimmung des elektrolytischen Dissoziationsgrades?

(1)   Messung des osmotischen Druckes
(2)   Bestimmung der Siedepunktserhöhung/ Gefrierpunktserniedrigung
(3)   Bestimmung der elektrischen Leitfähigkeit
(4)   Bestimmung des elektrochemischen Potentials

(A)   nur 2 ist richtig
(B)   nur 3 ist richtig
(C)   nur 1 und 2 sind richtig
(D)   nur 3 und 4 sind richtig
(E)   1–4 = alle sind richtig

Ionenstärke, Aktivität

518 Welche Aussagen treffen zu?
Die Abhängigkeit des Aktivitätskoeffizienten f eines Ions der Ladung $\pm Z$ ergibt sich in einer stark verdünnten Lösung der Ionenstärke I zu:
(lg = dekadischer Logarithmus)

(1) $- \lg f \sim Z$
(2) $- \lg f \sim I$
(3) $- \lg f \sim Z^2$
(4) $- \lg f \sim \sqrt{I}$

(A)   nur 1 und 2 sind richtig
(B)   nur 1 und 4 sind richtig
(C)   nur 2 und 3 sind richtig
(D)   nur 3 und 4 sind richtig
(E)   Keine der Aussagen (A) bis (D) trifft zu.

519 Welche Aussagen über die Ionenstärke treffen zu?

(1)   Sie ist abhängig von der Ladung der vorliegenden Anionen.
(2)   Eine 2-molare NaCl-Lösung hat die gleiche Ionenstärke wie eine 1-molare $MgCl_2$-Lösung.
(3)   In verdünnten Lösungen starker Elektrolyte bestimmt sie weitgehend die Aktivitätskoeffizienten derselben.

(A)   nur 1 ist richtig
(B)   nur 3 ist richtig
(C)   nur 1 und 2 sind richtig
(D)   nur 1 und 3 sind richtig
(E)   nur 2 und 3 sind richtig

1.9 Grundlagen der Thermodynamik
(siehe Ehlers, Chemie I-Kurzlehrbuch)

1.9.1 Offene und geschlossene Systeme

520 Führt man eine chemische Umsetzung im geschlossenen, nicht thermisch isolierten Gefäß durch, so liegt ein offenes System vor,
weil
bei Durchführung einer chemischen Umsetzung im geschlossenen, nicht thermisch isolierten Gefäß zwar Edukte und Produkte vereinigt bleiben, das System aber Energie mit der Umgebung austauschen kann.

1.9.2 Zustandsgrößen geschlossener Systeme

521⁺ Welche der folgenden Größen sind Zustandsgrößen?

(1) Temperatur
(2) Wärmeenergie (ausgetauschte)
(3) Druck
(4) Volumen

(A) nur 1 ist richtig
(B) nur 3 ist richtig
(C) nur 1 und 2 sind richtig
(D) nur 1, 3 und 4 sind richtig
(E) 1–4 = alle sind richtig

522⁺ Welche der folgenden Größen sind Zustandsgrößen?

(1) Temperatur
(2) Kompressionsarbeit
(3) Entropie

(A) nur 1 ist richtig
(B) nur 1 und 2 sind richtig
(C) nur 1 und 3 sind richtig
(D) nur 2 und 3 sind richtig
(E) 1–3 = alle sind richtig

523 Welcher der folgenden thermodynamischen Begriffe ist mit der zutreffenden Kurzbezeichnung benannt?

(A) Änderung der Enthalpie: ΔG
(B) Änderung der inneren Energie: ΔH
(C) Änderung der Entropie: ΔS
(D) Änderung der Druckvolumenarbeit: ΔV
(E) Änderung der freien Enthalpie: ΔU

1.9.3 1. Hauptsatz der Thermodynamik

Innere Energie, Wärme, Arbeit

524⁺ Welche Aussage trifft aufgrund des 1. Hauptsatzes der Thermodynamik für die isotherm durchgeführte Expansion eines idealen Gases zu? (Q: Wärme; W: Arbeit; U: innere Energie)

(A) $\Delta U = \Delta Q$
(B) $\Delta U = \Delta W$
(C) $\Delta U = 0$
(D) $U = 0$
(E) $\Delta W = 0$

525⁺ Welche der folgenden Aussagen treffen zu?
Der 1. Hauptsatz der Wärmelehre
$$\Delta U = \Delta Q + \Delta W$$
(ΔU: Änderung der inneren Energie,
ΔQ: zugeführte Wärmeenergie,
ΔW: zugeführte Arbeit)

(1)   ist auf ideale Gase nicht anwendbar
(2)   gilt auch bei festen Stoffen
(3)   ist eine Form des Energiesatzes
(4)   gilt auch bei adiabatischen Prozessen

(A)   nur 3 ist richtig
(B)   nur 2 und 3 sind richtig
(C)   nur 2 und 4 sind richtig
(D)   nur 2, 3 und 4 sind richtig
(E)   1–4 = alle sind richtig

526 Die innere Energie eines Körpers kann nur durch Zufuhr von Wärmeenergie erhöht werden,
weil
Arbeit von einem Körper nur abgegeben werden kann.

527 Welche der folgenden Aussagen treffen zu?
Die innere Energie einer festen Stoffmenge eines idealen Gases nimmt zu bei

(1)   adiabatischer Kompression
(2)   Expansion unter gleichzeitiger Abkühlung
(3)   Zufuhr von Wärmeenergie bei konstantem Volumen
(4)   Zufuhr von Arbeit und Wärmeenergie

(A)   nur 1 ist richtig
(B)   nur 3 ist richtig
(C)   nur 1 und 2 sind richtig
(D)   nur 1, 3 und 4 sind richtig
(E)   1–4 = alle sind richtig

528 Das Produkt p · V entspricht dimensionsmäßig (hinsichtlich der Größenart):

(A)   einer absoluten Temperatur
(B)   einem Wirkungsgrad
(C)   einer Arbeit
(D)   einer Entropieänderung
(E)   einer Wärmeleistung

529 Einem idealen Gas werde bei konstantem Volumen Wärme zugeführt. Welche der folgenden Aussagen treffen auf diesen Prozeß zu?

(1)   Es wird keine Arbeit zu- oder abgeführt.
(2)   Der Prozeß ist isochor.
(3)   Die innere Energie wird erhöht.

(A)   nur 1 ist richtig
(B)   nur 2 ist richtig
(C)   nur 1 und 3 sind richtig
(D)   nur 2 und 3 sind richtig
(E)   1–3 = alle sind richtig

530 Bei idealen Gasen ist die molare Wärmekapazität C_{mv} bei konstantem Volumen größer als die molare Wärmekapazität C_{mp} bei konstantem Druck,
weil
bei Erwärmung eines idealen Gases unter konstantem Druck eine zusätzliche Arbeit gegen den äußeren Druck geleistet werden muß.

531 Die bei konstantem Druck gemessene molare Wärmekapazität eines idealen Gases C_{mp} ist größer als die bei konstantem Volumen gemessene molare Wärmekapazität C_{mv},
weil
bei konstantem Druck die aufgenommene Wärmemenge auf die Erhöhung der inneren Energie des idealen Gases und die vom Gas zu leistende Ausdehnungsarbeit aufgeteilt wird.

532 Bei idealen Gasen ist die molare Wärmekapazität C_{mv} bei konstantem Volumen größer als die molare Wärmekapazität C_{mp} bei konstantem Druck,
weil
bei Erwärmung eines idealen Gases unter konstantem Volumen eine zusätzliche Arbeit gegen den äußeren Druck geleistet werden muß.

533 Bei idealen Gasen ist die bei konstantem Druck gemessene molare Wärmekapazität C_{mp} größer als die bei konstantem Volumen gemessene molare Wärmekapazität C_{mv},
weil
bei adiabatischer Kompression eines idealen Gases keine Wärmeenergie ausgetauscht wird.

534 Welche der folgenden Aussagen treffen zu?
Einem idealen Gas wird Wärmeenergie bei konstantem Volumen zugeführt.

(1)   Es wird keine äußere Arbeit geleistet.
(2)   Die innere Energie nimmt zu.
(3)   Die Temperatur steigt.
(4)   Der Druck steigt.

(A)   nur 1 und 2 sind richtig
(B)   nur 3 und 4 sind richtig
(C)   nur 1, 2 und 3 sind richtig
(D)   nur 2, 3 und 4 sind richtig
(E)   1–4 = alle sind richtig

Enthalpie

535+ Welche Aussage über einen isobaren Prozeß trifft zu?
(ΔH: Enthalpieänderung; ΔU: Änderung der inneren Energie; ΔV: Volumenänderung; p: Druck)

(A) ΔH ist stets größer Null
(B) ΔU ist stets kleiner Null
(C) $\Delta H = \Delta U$
(D) $\Delta H = \Delta U + p \cdot \Delta V$
(E) ΔH ist stets kleiner als ΔU

536 Welche Aussagen über Enthalpien treffen zu?

(1)   Die Enthalpie, die zum Schmelzen eines Feststoffes benötigt wird, heißt Schmelzenthalpie.
(2)   Die Enthalpie, die während der Erstarrung einer Flüssigkeit frei wird, heißt Erstarrungsenthalpie.
(3)   Schmelz- und Erstarrungsenthalpie sind dem Betrag nach gleich.
(4)   Die Höhe der Schmelz- und Erstarrungsenthalpie hängt von den Bindungskräften zwischen den einzelnen Gitterbausteinen ab.

(A)   nur 1 ist richtig
(B)   nur 2 und 4 sind richtig
(C)   nur 1, 2 und 3 sind richtig
(D)   nur 2, 3 und 4 sind richtig
(E)   1–4 = alle sind richtig

Adiabatische Prozesse

537 Welche Aussage trifft zu?
Bei der adiabatischen Kompression eines idealen Gases gilt:

(A)   Änderung der inneren Energie $\Delta U = 0$
(B)   Ausgetauschte Wärmeenergie $\Delta Q = 0$
(C)   Änderung des Drucks $\Delta p = 0$
(D)   Änderung des Volumens $\Delta V = 0$
(E)   Änderung der Temperatur $\Delta T = 0$

538 Welche der folgenden Aussagen treffen zu?
Die adiabatische Kompression eines idealen Gases ist verbunden mit einer:

(1)   Temperaturerhöhung
(2)   Volumenverringerung
(3)   Stoffmengenverringerung

(A)   nur 1 ist richtig
(B)   nur 1 und 2 sind richtig
(C)   nur 1 und 3 sind richtig
(D)   nur 2 und 3 sind richtig
(E)   1–3 = alle sind richtig

539 Welche der folgenden Aussagen treffen zu?
Bei adiabatischer Kompression eines idealen Gases gelten stets folgende Beziehungen bzw. Bedingungen:

(1)   Volumen $V \sim T$ (abs. Temperatur)
(2)   Druck $p \sim 1/V$
(3)   kein Wärmeaustausch

(A)   nur 2 ist richtig
(B)   nur 3 ist richtig
(C)   nur 1 und 2 sind richtig
(D)   nur 1 und 3 sind richtig
(E)   nur 2 und 3 sind richtig

540 Welche der folgenden Aussagen treffen zu?
Bei adiabatischer Kompression wird

(1)   keine Arbeit zugeführt
(2)   keine Wärmeenergie ausgetauscht
(3)   das Produkt $p \cdot V$ konstant gehalten

(A)   nur 1 ist richtig
(B)   nur 2 ist richtig
(C)   nur 1 und 2 sind richtig
(D)   nur 2 und 3 sind richtig
(E)   1–3 = alle sind richtig

541 Welche der folgenden Aussagen treffen zu?
Bei adiabatischer Kompression eines idealen Gases

(1)   ist das Gas in Wärmekontakt mit seiner Umgebung
(2)   steigt der Druck des Gases

(3) steigt die Temperatur des Gases
(4) bleibt die mittlere kinetische Energie der Gasteilchen konstant

(A) nur 3 ist richtig
(B) nur 1 und 2 sind richtig
(C) nur 2 und 3 sind richtig
(D) nur 1, 2 und 4 sind richtig
(E) nur 2, 3 und 4 sind richtig

542 Ein ideales Gas werde adiabatisch komprimiert.
Welche der folgenden Aussagen treffen auf den Prozeß zu?

(1) Es wird keine Arbeit zu- oder abgeführt.
(2) Es wird keine Wärme zu- oder abgeführt.
(3) Die innere Energie bleibt konstant.
(4) Die Temperatur wird erhöht.

(A) nur 1 und 4 sind richtig
(B) nur 2 und 3 sind richtig
(C) nur 2 und 4 sind richtig
(D) nur 1, 3 und 4 sind richtig
(E) nur 2, 3 und 4 sind richtig

543 Bei adiabatischer Kompression eines idealen Gases steigt die Temperatur,
weil
bei adiabatischer Kompression Wärmeenergie zugeführt werden muß.

544 Bei einem adiabatischen Prozeß kann die innere Energie eines Körpers nur durch Austausch von Wärmeenergie geändert werden,
weil
bei einem adiabatischen Prozeß keine Arbeit ausgetauscht wird.

545 Bei adiabatischer Kompression eines idealen Gases bleibt die Temperatur konstant,
weil
bei einem adiabatischen Prozeß keine Wärmeenergie ausgetauscht wird.

546[+] Welche Aussage trifft zu?
Ein ideales Gas werde so komprimiert, daß die Kompressionsarbeit vollständig in einer Erhöhung der inneren Energie umgesetzt wird.
Es handelt sich um einen

(A) adiabatischen Prozeß
(B) isothermen Prozeß
(C) isochoren Prozeß
(D) isobaren Prozeß
(E) anderen Prozeß, der vorstehend nicht aufgeführt ist

547 Welche Aussage trifft **nicht** zu?
Bei der adiabatischen Expansion eines idealen Gases gilt:

(A) Das Volumen nimmt zu.
(B) Die innere Energie bleibt konstant.
(C) Der Druck nimmt ab.
(D) Die Temperatur sinkt.
(E) Die Dichte nimmt ab.

548 Welche der folgenden Aussagen treffen zu?
Die adiabatische Expansion eines idealen Gases ist stets verbunden mit einer (einem):

(1) Temperaturkonstanz
(2) Stoffmengenzuwachs
(3) Druckabnahme

(A) nur 1 ist richtig
(B) nur 2 ist richtig
(C) nur 3 ist richtig
(D) nur 1 und 3 sind richtig
(E) nur 2 und 3 sind richtig

549 Welche der folgenden Aussagen treffen zu?
Bei adiabatischer Expansion eines idealen Gases gilt:

(1) Der Druck sinkt.
(2) Der Druck bleibt konstant.
(3) Die Temperatur sinkt.
(4) Die Temperatur bleibt konstant.
(5) Die Temperatur steigt.

(A) nur 1 und 3 sind richtig
(B) nur 1 und 4 sind richtig
(C) nur 1 und 5 sind richtig
(D) nur 2 und 3 sind richtig
(E) nur 2 und 4 sind richtig

550 Läßt man eine exotherme Reaktion in einem verschlossenen Dewar-Gefäß ablaufen, so handelt es sich dabei um einen isothermen Prozeß,

weil
bei Durchführung einer exothermen Reaktion in einem Dewar-Gefäß die Wärmeabstrahlung nach außen verhindert wird.

551 Läßt man eine exotherme Reaktion in einem verschlossenen Dewar-Gefäß ablaufen, so liegt ein adiabatischer Prozeß vor,
weil
sich bei Durchführung einer exothermen Reaktion unter isolierten Bedingungen eine andere Gleichgewichtslage einstellt als bei Abführung der Reaktionswärme nach außen.

1.9.4 2. Hauptsatz der Thermodynamik

1.9.5 3. Hauptsatz der Thermodynamik

Entropie

552 Welche der folgenden Aussagen treffen zu?
Die Entropie

(1) ist eine Zustandsgröße
(2) eines abgeschlossenen Systems bleibt gleich oder nimmt zu
(3) hängt vom Ordnungszustand des erfaßten Systems ab

(A) nur 1 ist richtig
(B) nur 2 ist richtig
(C) nur 1 und 2 sind richtig
(D) nur 2 und 3 sind richtig
(E) 1–3 = alle sind richtig

553 Welche der folgenden Einheitenkombinationen kann zur Angabe der Entropie eines Systems verwendet werden?

(A) J/s
(B) J · s
(C) W/kg
(D) W/K
(E) J/K

554⁺ Die Entropie ist eine dimensionslose Größe,

weil
die Entropie ein Maß für die Unordnung eines Systems darstellt.

555 Der zweite Hauptsatz der Wärmelehre macht (u. a.) Aussagen über Prozesse, die in der Natur selbständig ablaufen,
weil
der erste Hauptsatz der Wärmelehre die Ablaufrichtung möglicher Prozesse beschreibt.

556 Welche der folgenden Aussagen treffen zu?
Der 2. Hauptsatz der Thermodynamik beschreibt Beobachtungen, daß

(1) in einem abgeschlossenen System die Entropie konstant bleibt oder zunimmt
(2) Wärmeenergie nicht immer vollständig in Arbeit umgewandelt werden kann
(3) Wärmeenergie durch Wärmeleitung stets von einem Bereich höherer Temperatur zu einem Bereich tieferer Temperatur transportiert wird

(A) nur 1 ist richtig
(B) nur 3 ist richtig
(C) nur 1 und 3 sind richtig
(D) nur 2 und 3 sind richtig
(E) 1–3 = alle sind richtig

557 Welche Aussagen zum Verhalten der Entropie eines abgeschlossenen Systems sind mit dem 2. Hauptsatz der Thermodynamik in Übereinstimmung?
Bei Prozessen in einem abgeschlossenen System kann die Entropie

(1) zunehmen
(2) konstant bleiben
(3) nicht abnehmen
(4) abnehmen

(A) nur 2 ist richtig
(B) nur 1 und 4 sind richtig
(C) nur 2 und 4 sind richtig
(D) nur 1, 2 und 3 sind richtig
(E) 1–4 = alle sind richtig

558 Welche der folgenden Aussagen treffen zu?
Der 2. Hauptsatz der Wärmelehre besagt u. a.:

(1) Arbeit kann mit einer periodisch wirken-den Maschine nicht vollständig in Wär-meenergie umgewandelt werden.

(2) Wärmeenergie aus einem Wärmereser-voir kann mit einer periodisch wirkenden Maschine nicht vollständig in Arbeit um-gewandelt werden.

(3) Die Entropie eines abgeschlossenen Sy-stems bleibt konstant oder nimmt zu.

(A) nur 1 ist richtig
(B) nur 2 ist richtig
(C) nur 3 ist richtig
(D) nur 1 und 3 sind richtig
(E) nur 2 und 3 sind richtig

559 Welche Aussagen treffen zu?
Nach dem 2. Hauptsatz der Thermodynamik gilt für ein abgeschlossenes System:

(1) Ein irreversibler Prozeß verläuft stets mit einer positiven Entropieänderung ($\Delta S > 0$).

(2) Ein Prozeß mit $\Delta S > 0$ kann nur spontan eintreten.

(3) Ein reversibler Prozeß verläuft mit einer negativen Entropieänderung ($\Delta S < 0$).

(4) Bei einem reversiblen Prozeß stehen Sy-stem und Umgebung stets miteinander im Gleichgewicht.

(A) nur 1 und 2 sind richtig
(B) nur 1 und 4 sind richtig
(C) nur 2 und 3 sind richtig
(D) nur 3 und 4 sind richtig
(E) 1–4 = alle sind richtig

560 Welche der Formulierungen zum 2. Hauptsatz der Wärmelehre treffen zu?

(1) In abgeschlossenen Systemen ist die Zu-nahme der Entropie gleich der Abnahme der inneren Energie.

(2) Die Entropie eines abgeschlossenen Sy-stems kann nur gleich bleiben oder zu-nehmen, niemals jedoch abnehmen; es ergibt sich also stets $\Delta S \geq 0$.

(3) Bei spontanen Prozessen in isolierten Sy-stemen muß die Entropie des Systems zu-nehmen.

(A) nur 2 ist richtig
(B) nur 1 und 2 sind richtig

(C) nur 1 und 3 sind richtig
(D) nur 2 und 3 sind richtig
(E) 1–3 = alle sind richtig

561 Führt man einem Gefäß mit Eis Wärme-energie zu (bis ein Teil des Eises geschmolzen ist), so nimmt dabei die Entropie zu,
weil
die Entropie eines Systems bei Zufuhr einer Wärmeenergie ΔQ mindestens um $\Delta S = \Delta Q/T$ abnimmt.

562 Führt man einem Gefäß mit Eis Wärme-energie zu (bis ein Teil des Eises geschmolzen ist), so nimmt dabei die Entropie zu,
weil
die Entropie eines Systems bei Zufuhr einer Wärmeenergie ΔQ mindestens um $\Delta S = T \cdot \Delta Q$ zunimmt.

563 Welche der folgenden Aussagen treffen zu?

(1) Bei irreversiblen Prozessen in einem ab-geschlossenen System nimmt die Entro-pie zu.

(2) Wärmeleitung ist ein irreversibler Pro-zeß.

(3) In einem abgeschlossenen System nimmt die Entropie niemals zu.

(A) nur 1 ist richtig
(B) nur 2 ist richtig
(C) nur 3 ist richtig
(D) nur 1 und 2 sind richtig
(E) nur 2 und 3 sind richtig

564⁺ Hat im Verlauf einer Reaktion inner-halb eines abgeschlossenen Systems die Entro-pie zugenommen, so handelt es sich um einen irreversiblen Prozeß,
weil
nur bei reversiblen Reaktionen die Änderung der Entropie gleich Null ist.

565 Welche der folgenden Aussagen treffen zu?
Folgende Prozesse sind irreversible Prozesse:

(1) Einströmen von Luft beim Öffnen eines evakuierten Gefäßes

(2) Auflösen von NaCl in H_2O
(3) Wärmeaustausch zwischen zwei Körpern unterschiedlicher Temperatur

(A) nur 1 ist richtig
(B) nur 1 und 2 sind richtig
(C) nur 1 und 3 sind richtig
(D) nur 2 und 3 sind richtig
(E) 1–3 = alle sind richtig

1.9.6 Gibbs-Helmholtz-Gleichung

1.9.7 Kriterien für den Reaktionsablauf in geschlossenen Systemen

566⁺ Welche Aussage über die freie Enthalpie (ΔG) trifft **nicht** zu?

(A) Bei gekoppelten Reaktionen multiplizieren sich die ΔG-Werte.
(B) Bei sehr tiefen Temperaturen verlaufen exotherme Reaktionen auch exergonisch.
(C) ΔG ist bei endergonischen Prozessen positiv.
(D) Endotherme Reaktionen können auch exergonisch verlaufen.
(E) In geschlossenen Systemen wird ΔG durch einen Katalysator nicht verändert.

567 Welche Aussagen über die freie Enthalpie G eines Systems treffen zu?

(1) Sie ist eine temperaturabhängige Zustandsgröße.
(2) Sie ist bei isotherm geführten Prozessen eine entropieunabhängige Zustandsgröße.
(3) ΔG entspricht dem als Arbeit nutzbaren Enthalpieanteil bei freiwilliger Zustandsänderung.
(4) Sie nimmt bei freiwillig ablaufenden Prozessen stets ab.

(A) nur 1 und 2 sind richtig
(B) nur 1 und 3 sind richtig

(C) nur 2 und 4 sind richtig
(D) nur 1, 3 und 4 sind richtig
(E) 1–4 = alle sind richtig

568 Im isothermen System bleibt die freie Enthalpie bei Zustandsänderungen konstant, **weil** bei Zustandsänderungen eines isothermen Systems kein Wärmeaustausch mit der Umgebung erfolgt.

569⁺ Welche Aussage trifft **nicht** zu?
Für reversibel und isotherm geführte Reaktionen in einem geschlossenen System gilt:

(A) Die Entropie S ist eine Zustandsfunktion.
(B) ΔS ist gleich dem Quotienten aus der mit der Umgebung ausgetauschten Wärmemenge und der Reaktionstemperatur (in K).
(C) ΔS ist gleich dem Produkt aus der mit der Umgebung ausgetauschten Arbeit und der Reaktionstemperatur (in K).
(D) ΔG ist gleich der Differenz zwischen ΔH und $T \cdot \Delta S$.
(E) ΔS (von System und Umgebung als Ganzes) ist gleich Null.

570⁺ Welche der folgenden Aussagen für ein geschlossenes System trifft **nicht** zu?
(ΔG = Änderung der freien Enthalpie; ΔS = Änderung der Entropie)

(A) Bei endergonischen Reaktionen ist ΔG positiv.
(B) Bei reversiblen Prozessen ist ΔS positiv.
(C) Die Gleichgewichtskonstante K und ΔG einer Reaktion sind durch die Gleichung $\Delta G = -RT \cdot \ln K$ verknüpft.
(D) Bei gekoppelten Reaktionen addieren sich deren ΔG-Werte.
(E) Für ein im Gleichgewicht befindliches System ist $\Delta G = 0$.

571⁺ Für eine chemische Reaktion wurden folgende Werte berechnet:
$\Delta G = -90$ kJ/Mol und $\Delta H = -89$ kJ/Mol
Welche Aussage über diese Reaktion trifft zu?

(A) Sie ist exergonisch und exotherm.

(B) Sie ist endotherm.
(C) Sie läuft nicht freiwillig ab, da ΔS positiv ist.
(D) Die Aktivierungsenthalpie beträgt 1 kJ/Mol.
(E) Keine der Aussagen (A) bis (D) trifft zu.

572 Für eine chemische Reaktion wurden folgende Werte berechnet:
$\Delta G = -90$ kJ/Mol und $\Delta H = -89$ kJ/Mol
Welche Aussage über diese Reaktion trifft zu?

(A) Sie verläuft unter negativer Wärmetönung.
(B) Die Entropieänderung ist positiv.
(C) Sie läuft nicht freiwillig ab.
(D) Die Aktivierungsenthalpie beträgt 1 kJ/Mol.
(E) Keine der Aussagen (A) bis (D) trifft zu.

573 Für eine chemische Reaktion wurden die Werte $\Delta H = +60$ kJ und $\Delta G = +65$ kJ berechnet.
Welche Aussage über diese Reaktion trifft zu?

(A) Sie ist exotherm.
(B) Sie ist exergonisch.
(C) Sie ist endergonisch und endotherm.
(D) Die Aktivierungsenthalpie beträgt 5 kJ.
(E) Keine der Aussagen (A) bis (D) trifft zu.

574 Welche Aussagen treffen zu?
Bei konstantem Druck und konstanter Temperatur läuft eine definierte Reaktion in einem geschlossenen System unter keinen Umständen mehr freiwillig ab, wenn für diese Reaktion gilt:

(1) $\Delta H < 0$, $\Delta S < 0$
(2) $\Delta H < 0$, $\Delta S > 0$
(3) $\Delta H > 0$, $\Delta S < 0$
(4) $\Delta H = 0$ und $\Delta S > 0$

(A) nur 3 ist richtig
(B) nur 4 ist richtig
(C) nur 1 und 4 sind richtig
(D) nur 2 und 3 sind richtig
(E) nur 2, 3 und 4 sind richtig

575 Welche Aussage trifft zu?
Für eine Reaktion, die spontan ablaufen kann, **muß immer** folgende Bedingung erfüllt sein:

(A) $\Delta H < 0$
(B) $\Delta S < 0$
(C) $T \cdot \Delta S > 0$
(D) $\Delta G < 0$
(E) $(\Delta H + \Delta S) > 0$

576⁺ Für eine Reaktion, die bei konstantem Druck ausgeführt wird, kann die Reaktionswärme aus der Differenz der Standardenthalpien der End- und Ausgangsprodukte der Reaktion errechnet werden,
weil
die Reaktionsenthalpie eines bestimmten Vorgangs nicht vom durchlaufenen Weg abhängt.

577⁺ Die Bildungsenthalpie einer Verbindung aus ihren Elementen ist vom durchlaufenen Reaktionsweg abhängig,
weil
der Aufbau einer Verbindung aus ihren Elementen auf unterschiedlichen Reaktionswegen verschiedene Reaktionsenthalpien der Teilschritte erfordert.

578⁺ Welche Aussage trifft für eine exergonische Reaktion **nicht** zu?

(A) $\Delta G = 0$
(B) $|\Delta H| < |T \cdot \Delta S|$
(C) Sie kann freiwillig ablaufen.
(D) Sie kann isotherm durchgeführt werden.
(E) Für $|\Delta H| = 0$ muß $|T \cdot \Delta S| > 0$ sein.

579⁺ Exergonische Reaktionen sind zugleich immer exotherm,
weil
nur exotherme Reaktionen spontan ablaufen können.

580 Oberhalb 0 °C ist bei Normaldruck die Umwandlung von Eis in flüssiges Wasser ein exergonischer Prozeß,
weil
oberhalb 0 °C für die Umwandlung von Eis in Wasser gilt: $|T \cdot \Delta S| > |\Delta H|$

581 Oberhalb 0 °C ist die Umwandlung von Eis in flüssiges Wasser ein exergonischer Prozeß,
weil

oberhalb 0 °C für die Umwandlung von Eis in Wasser gilt: $|\, T \cdot \Delta S\,| < |\, \Delta H\,|$

582⁺ Welche thermodynamische Aussage über den Lösungsvorgang von Tetrachlorkohlenstoff in Wasser trifft zwischen 0 °C und 100 °C **nicht** zu?

(A) $\Delta G > 0$
(B) $\Delta H < T \cdot \Delta S$
(C) $\Delta H > 0$
(D) Zwischen den Wassermolekülen und den Cl-Atomen werden nur äußerst schwache Wasserstoffbrückenbindungen aufgebaut.
(E) Eine Temperaturänderung wird die Löslichkeit von Tetrachlorkohlenstoff in Wasser beeinflussen.

Reaktionsenthalpie, Gleichgewichtskonstante, Redoxpotenial

583 Welche Aussage trifft zu?
Für eine chemische Reaktion A+B $\longrightarrow$ C+D mit der Gleichgewichtskonstanten

$$K = \frac{a_C \cdot a_D}{a_A \cdot a_B}$$

beträgt die freie Standard-Reaktionsenthalpie ΔG^O: (T = absolute Temperatur; R = Gaskonstante)

(A) $\Delta G^O = \lg K$
(B) $\Delta G^O = R \cdot T \cdot \lg K$
(C) $\Delta G^O = R \cdot T \cdot \ln K$
(D) $\Delta G^O = -R \cdot T \cdot \ln \cdot K$
(E) $\Delta G^O = -R \cdot T \cdot \lg \cdot K$

584⁺ Welche Aussage trifft zu?
Die freie Standard-Reaktionsenthalpie $\Delta G^O(\text{kJ} \cdot \text{mol}^{-1})$ für die Dissoziation von Essigsäure in Wasser beträgt etwa:
(Angaben: T = 298 K; pK_a = 4,75;
R = $8{,}3 \cdot 10^{-3}$ kJ $\cdot$ K$^{-1} \cdot$ mol^{-1}; ln 10 = 2,3)

(A) 0
(B) 4,75
(C) 27
(D) 47,5
(E) 110,3

585⁺ Welche Aussage trifft zu?
Aus dem Redoxpotential E eines Redoxpaares errechnet sich die freie Reaktionsenthalpie ΔG nach: (n: Zahl der in der Reaktion übergehenden Elektronen; F: Faraday-Konstante)

(A) $\Delta G = n^2 \cdot F \cdot E$
(B) $\Delta G = -n \cdot F \cdot E$
(C) $\Delta G = \dfrac{E}{n \cdot F}$
(D) $\Delta G = -\dfrac{E}{n \cdot F}$
(E) $\Delta G = -n \cdot F \cdot \lg E$

586 Welche Aussagen treffen zu?
Die Gleichgewichtskonstante einer Redoxreaktion kann berechnet werden aus der (dem) entsprechenden

(1) freien Standardenthalpie (ΔG^O)
(2) freien Aktivierungsenthalpie
(3) Normalpotential
(4) Reaktionsgeschwindigkeit

(A) nur 1 ist richtig
(B) nur 3 ist richtig
(C) nur 1 und 2 sind richtig
(D) nur 1 und 3 sind richtig
(E) nur 2 und 4 sind richtig

1.10 Chemisches Gleichgewicht
(siehe Ehlers, Chemie I-Kurzlehrbuch)

1.10.1 Kriterien des Gleichgewichtszustandes

1.10.2 Beschreibung der Gleichgewichtslage

587+ Welche Aussagen über das chemische Gleichgewicht treffen zu?

(1) Die Dissoziationskonstante von D_2O ist kleiner als die von H_2O.
(2) Für ein abgeschlossenes Reaktionssystem im Gleichgewicht wird $\Delta G = 0$ (ΔG = Änderung der freien Enthalpie).
(3) Da starke Elektrolyte praktisch vollständig dissoziieren, können bei hohen Konzentrationen ihre Aktivitätskoeffizienten vernachlässigt werden.
(4) Aus der Gleichgewichtskonstanten läßt sich die freie Enthalpie der Reaktion bestimmen.

(A) nur 1 und 3 sind richtig
(B) nur 1 und 4 sind richtig
(C) nur 2 und 3 sind richtig
(D) nur 1, 2 und 3 sind richtig
(E) nur 1, 2 und 4 sind richtig

588+ Welche Aussage über das chemische Gleichgewicht und das Massenwirkungsgesetz trifft **nicht** zu?

(A) Die Gleichgewichtskonstante einer Reaktion ist temperatur- und druckunabhängig.
(B) Bei der Berechnung der Gleichgewichtskonstanten werden die Konzentrationen (Aktivitäten) der Produkte in den Zähler und die Konzentrationen (Aktivitäten) der Edukte in den Nenner gesetzt.
(C) Die Gleichgewichtskonstante ist eine Funktion der Änderung der freien Enthalpie dieser Reaktion.
(D) Bei höheren Konzentrationen sind beim Massenwirkungsgesetz die Aktivitätskoeffizienten zu berücksichtigen.
(E) Die Anwendung des Massenwirkungsgesetzes ist auch bei heterogenen Gleichgewichtssystemen möglich.

589 Welche Aussage trifft **nicht** zu?

(A) Im dynamischen Gleichgewicht sind in einem geschlossenen System die Geschwindigkeiten der Hin- und Rückreaktion gleich groß.
(B) Die Gleichgewichtslage läßt sich durch einen Katalysator verändern.
(C) Die Gleichgewichtslage läßt sich durch Änderung der Konzentration eines der Reaktionspartner verändern.
(D) Die Gleichgewichtslage läßt sich durch Energiezufuhr verändern.
(E) Die Gleichgewichtslage läßt sich mit Hilfe des Massenwirkungsgesetzes beschreiben.

590 Welche Aussage trifft **nicht** zu?

(A) Im dynamischen Gleichgewicht sind in einem geschlossenen System die Geschwindigkeiten der Hin- und Rückreaktion gleich groß.
(B) Die Gleichgewichtslage bleibt durch einen Katalysator unbeeinflußt.
(C) Das Gleichgewicht läßt sich durch Änderung der Konzentration eines der Reaktionspartner verschieben.

(D) Die Gleichgewichtslage läßt sich durch Energiezufuhr verändern.

(E) Im Gleichgewicht ist die Änderung der freien Enthalpie am größten.

591+ Welche Aussage über das chemische Gleichgewicht trifft im geschlossenen System **nicht** zu?

(A) Es findet scheinbar keine Reaktion statt.

(B) Die Geschwindigkeiten für Hin- und Rückreaktion sind gleich groß.

(C) Bei konstantem Druck und konstanter Temperatur nimmt die freie Enthalpie ein Minimum an.

(D) Das System vermag keine Arbeit zu leisten.

(E) Der Quotient der Geschwindigkeitskonstanten von Hin- und Rückreaktion ist stets 1.

592+ Welche Aussagen treffen zu?
Die Gleichgewichtskonstante K ist

(1) von der reziproken absoluten Temperatur (1/T) linear abhängig

(2) unabhängig von den Konzentrationen (Aktivitäten) der Reaktionspartner

(3) gleich 1, wenn die freie Standardenthalpie $\Delta G^O = 0$ ist

(A) nur 2 ist richtig

(B) nur 3 ist richtig

(C) nur 1 und 2 sind richtig

(D) nur 2 und 3 sind richtig

(E) 1–3 = alle sind richtig

593 Welche Aussage trifft zu?
Die Anwendung des Massenwirkungsgesetzes auf die Knallgasreaktion $2 H_2 + O_2 \rightleftharpoons 2 H_2O$ ergibt für die Gleichgewichtskonstante den Ausdruck

(A) $$\frac{p_{H_2}^2 \cdot p_{O_2}}{p_{H_2O}^2} = K_p$$

(B) $$\frac{p_{H_2O}^2 \cdot p_{O_2}}{p_{H_2}^2} = K_p$$

(C) $$\frac{p_{H_2} \cdot p_{O_2}}{p_{H_2O}} = K_p$$

(D) $$\frac{p_{H_2O}^2}{p_{H_2}^2 \cdot p_{O_2}} = K_p$$

(E) $$\frac{2p_{H_2} \cdot p_{O_2}}{2p_{H_2O}} = K_p$$

594+ Die Gleichgewichtskonstante der Reaktion eines Alkohols R-OH mit einer Carbonsäure R-COOH zu Ester R-COOR und Wasser sei K = 4. Es wird angenommen, daß im Gleichgewichtszustand die Konzentration an Carbonsäure $C_{RCOOH} = 8$ und an Alkohol $C_{ROH} = 2$ betrage sowie der Aktivitätskoeffizient = 1 sei; außerdem liege Wasser nur als Reaktionswasser vor.
Wie groß ist im Gleichgewichtszustand die Konzentration C_{RCOOR} an Ester? (alle Konzentrationen in mol/l)

(A) 1/8

(B) 1/4

(C) 4

(D) 8

(E) 32

595 Welche Aussage trifft zu?
Bei der Reaktion $AB \rightleftharpoons A + B$ bewirkt eine Verdoppelung der Konzentration [AB] bei Konstanz der übrigen Reaktionsbedingungen eine Erhöhung der Gleichgewichtskonzentration [B] um den Faktor

(A) 1/2

(B) 1

(C) 2

(D) $\sqrt{2}$

(E) 4

1.10.3 Abhängigkeit der Gleichgewichtslage

596+ Die Gleichgewichtskonstante einer chemischen Umsetzung ist temperaturabhängig,
weil
bei einer chemischen Umsetzung Hin- und Rückreaktion verschiedene Temperaturabhän-

gigkeiten ihrer Geschwindigkeitskonstanten aufweisen.

597 Eine freiwillig ablaufende Reaktion verläuft vom Anfangszustand aus nur bis zum Gleichgewichtszustand,

weil

bei einer zum Gleichgewicht gelangten, freiwillig verlaufenden Reaktion, diese nur durch äußeren Zwang verändert werden kann.

598+ Welche Aussage trifft zu?

Das „Ammoniak-Gleichgewicht" wird für die gasförmigen Komponenten durch folgende Gleichung beschrieben:

$$N_2 + 3\,H_2 \xrightleftharpoons{\text{Kat.}} 2\,NH_3$$

$\Delta H = -92{,}4$ kJ/mol

Das Gleichgewicht wird zugunsten des Produkts (Ammoniak) verändert, wenn

(A) die Temperatur bei gleichbleibendem Druck erhöht wird

(B) die Temperatur erniedrigt, der Druck erhöht wird

(C) bei konstantem Druck und konstanter Temperatur der Partialdruck des Wasserstoffs erhöht wird

(D) die Aktivität des Katalysators erhöht wird

(E) die Reaktionszeit verdoppelt wird

599+ Beim Haber-Bosch-Verfahren bewirkt eine Druckerhöhung eine Verschiebung des Reaktionsgleichgewichts zur Seite des Ammoniaks,

weil

bei der Bildung von Ammoniak aus Stickstoff und Wasserstoff eine Volumenkontraktion erfolgt.

1.10.4 Heterogene Gleichgewichte

600+ Welche Aussage trifft zu?

Das Löslichkeitsprodukt eines schwerlöslichen Salzes vom Typ A_3B mit der Sättigungskonzentration des Salzes $c = 10^{-6}$ mol/l ergibt sich in $mol^4 \cdot l^{-4}$ zu

(A) $4\ \cdot 10^{-6}$

(B) $1\ \cdot 10^{-12}$

(C) $3\ \cdot 10^{-12}$

(D) $3\ \cdot 10^{-18}$

(E) $2{,}7 \cdot 10^{-23}$

601 Welche der folgenden Aussagen über das Löslichkeitsprodukt und die Löslichkeit treffen zu?

(Löslichkeitsprodukt: K_L; Löslichkeit: L; alle Konzentrationsangaben in mol/l)

(1) Löslichkeitsprodukte können nicht kleiner sein als ca. 10^{-48} mol^2/l^2, weil im Mol nur ca. $6 \cdot 10^{23}$ Teilchen enthalten sind.

(2) Die Löslichkeit einer Verbindung AB_2 errechnet sich aus K_L zu:

$$L = \sqrt[3]{\frac{K_L}{4}}$$

(3) Die Löslichkeit einer Verbindung AB_3 errechnet sich zu:

$$L = \sqrt[4]{\frac{K_L}{27}}$$

(A) nur 1 ist richtig

(B) nur 2 ist richtig

(C) nur 1 und 3 sind richtig

(D) nur 2 und 3 sind richtig

(E) 1–3 = alle sind richtig

602+ Überschüssiges, schwerlösliches $BaSO_4$ werde mit einer Carbonat-Lösung, deren Gleichgewichtskonzentration 1 mol/l betrage, versetzt. Welche Gleichgewichtskonzentration an SO_4^{2-}-Ionen ergibt sich ungefähr?

$K_L\,(BaSO_4) = 10^{-10}$ mol^2/l^2;
$K_L\,(BaCO_3) = 10^{-8}$ mol^2/l^2

(A) 10^{-10} mol/l

(B) 10^{-8} mol/l

(C) 10^{-4} mol/l

(D) 10^{-2} mol/l

(E) 1 mol/l

603+ Wie groß ist das Löslichkeitsprodukt von Silberiodid, wenn die Löslichkeit von AgI $= 2{,}35 \cdot 10^{-6}$ g/l bei 20 °C beträgt (rel. Atommassen: Ag 108, I 127)?

(A) 10^{-4}
(B) 10^{-6}
(C) 10^{-8}
(D) 10^{-12}
(E) 10^{-16}

1.10.5 Andere Gleich-gewichte

604 Welche der folgenden Aussagen zum Nernstschen Verteilungsgesetz trifft zu?

(A) Es beschreibt ein homogenes Säure-Base-Gleichgewicht.
(B) Es beschreibt ein heterogenes Säure-Base-Gleichgewicht.
(C) Es beschreibt das Potential einer reversiblen Redoxreaktion.
(D) Seine Konstante heißt „Verteilungskoeffizient".
(E) Seine Konstante ist eine temperaturunabhängige Stoffkonstante.

605⁺ Welche Aussage trifft zu?
Wenn nach einmaligem Ausschütteln einer Lösung von 1 g Benzylalkohol in 50 ml Wasser mit 100 ml Dichlormethan 0,05 g Benzylalkohol in der wäßrigen Phase zurückbleiben, beträgt der Verteilungskoeffizient ($K_{CH_2Cl_2/H_2O}$) von Ben-

zylalkohol zwischen diesen beiden Lösungs-mitteln

(A) 0,95
(B) 1,9
(C) 9,5
(D) 19
(E) 38

Fließgleichgewichte

606⁺ Welche Aussagen treffen zu?
Für das offene System A→B→C→D→E gilt im stationären Zustand:
(1) $C_A = 0$; $C_E = 0$
(2) $C_A > 0$; $C_E > 0$
(3) $C_B = C_C = C_D = 0$
(4) $C_B > 0$; $C_C > 0$; $C_D > 0$

(A) nur 3 ist richtig
(B) nur 1 und 3 sind richtig
(C) nur 1 und 4 sind richtig
(D) nur 2 und 3 sind richtig
(E) nur 2 und 4 sind richtig

607⁺ Welche Aussage über offene Systeme trifft zu?
Im Fließgleichgewicht sind die Konzentrationen

(A) der Edukte gleich null
(B) der Endprodukte gleich null
(C) der Zwischenprodukte gleich null
(D) nur der Zwischenprodukte konstant
(E) aller Produkte konstant

1.11 Säure-Base-Systeme
(siehe Ehlers, Chemie I-Kurzlehrbuch)

1.11.1 Säure-Base-Begriffe

Lewis- und Brönsted-Definitionen

608 Welche Aussagen über Säuren und Basen treffen zu?

(1) Jede Brönsted-Base ist eine Lewis-Base.
(2) Jede Brönsted-Säure ist eine Lewis-Säure.
(3) $[Al(H_2O)_6]^{3+}$ ist eine Lewis-Säure.
(4) $[Al(H_2O)_6]^{3+}$ ist eine Brönsted-Säure.
(5) Die Addition eines Amins an ein Keton entspricht einer Säure-Base-Reaktion nach Lewis.

(A) nur 1 und 3 sind richtig
(B) nur 1 und 4 sind richtig
(C) nur 2 und 3 sind richtig
(D) nur 1, 4 und 5 sind richtig
(E) nur 2, 4 und 5 sind richtig

Ordnen Sie bitte den Begriffen der Liste 1 die jeweils entsprechende Verbindung aus Liste 2 zu.

Liste 1		Liste 2
609 Lewis-Säure	(A)	PCl_3
610 Lewis-Base	(B)	C_2H_6
	(C)	CBr_4
	(D)	$N(CH_3)_4^+$
	(E)	$CHCl_3$

Ordnen Sie bitte den Begriffen der Liste 1 die jeweils entsprechende Verbindung aus Liste 2 zu.

Liste 1		Liste 2
611 Lewis-Säure	(A)	$Si(CH_3)_4$
612 Lewis-Base	(B)	CCl_4

(C) $N(CH_3)_3$
(D) $AlCl_3$
(E) CH_4

Ordnen Sie bitte den Begriffen der Liste 1 die jeweils entsprechende Verbindung aus Liste 2 zu.

Liste 1		Liste 2
613 Lewis-Säure	(A)	CH_3-O-CH_3
614 Lewis-Base	(B)	BF_3
	(C)	CH_4
	(D)	CCl_4
	(E)	$Si(CH_3)_4$

Ordnen Sie bitte den Begriffen der Liste 1 die jeweils entsprechende Verbindung aus Liste 2 zu.

Liste 1		Liste 2
615 Lewis-Säure	(A)	CH_3COOH
616+ Lewis-Base	(B)	C_2H_6
	(C)	CBr_4
	(D)	$N(CH_3)_4^+$
	(E)	$CHCl_3$

Ordnen Sie bitte den Begriffen der Liste 1 die jeweils entsprechende Verbindung aus Liste 2 zu.

Liste 1		Liste 2
617+ Lewis-Säure	(A)	$Si(CH_3)_4$
618+ Lewis-Base	(B)	CCl_4
	(C)	$N(CH_3)_4^+$
	(D)	SO_3
	(E)	PPh_3
		(Ph = Phenyl)

Ordnen Sie bitte den Begriffen der Liste 1 die jeweils entsprechende Verbindung aus Liste 2 zu.

Liste 1	Liste 2
619 Lewis-Säure	(A) SiF_4
620 Lewis-Base	(B) BF_4^-
	(C) CCl_4
	(D) C_2H_6
	(E) CH_3-O-CH_3

621 Welche Aussage trifft **nicht** zu?
Folgende Spezies können als Lewis-Säure reagieren:

(A) H^+
(B) SO_2
(C) HCl
(D) $AlCl_3$
(E) $SnCl_4$

622 Welche der angegebenen Verbindungen können sich als Lewis-Säure verhalten?

(1) NH_4^+
(2) H_2SO_4
(3) $ZnCl_2$
(4) BF_3
(5) SO_3

(A) nur 1 ist richtig
(B) nur 5 ist richtig
(C) nur 3 und 4 sind richtig
(D) nur 2, 3 und 4 sind richtig
(E) nur 3, 4 und 5 sind richtig

623 Welche Aussage trifft **nicht** zu?
Als Säure nach der Theorie von Lewis können aufgefaßt werden:

(A) H^+
(B) H_3O^+
(C) Be^{2+}
(D) $AlCl_3$
(E) SbF_5

624 Welche Verbindung kann nach der Theorie von Lewis **nicht** als Säure angesehen werden?

(A) SiF_4
(B) PCl_5
(C) NCl_3
(D) H_3BO_3
(E) SO_2

Ordnen Sie bitte den Teilchen aus Liste 1 den jeweils zutreffenden Säure/Base-Begriff aus Liste 2 zu.

Liste 1	Liste 2
625+ H^+	(A) Lewis-Säure
626+ H_3O^+	(B) Lewis-Base
	(C) Brönsted-Säure
	(D) Brönsted-Base
	(E) Arrhenius-Base

627+ Welche Aussage trifft zu?
Das Teilchen $[Al(H_2O)_6]^{3+}$ ist eine

(A) Brönsted-Base
(B) Brönsted-Säure
(C) Lewis-Base
(D) Lewis-Säure
(E) Keine der Aussagen (A) bis (D) trifft zu.

628 Welches der folgenden Moleküle bzw. Teilchen ist Brönsted-Säure, Brönsted-Base und Lewis-Base zugleich?

(A) $HClO_4$
(B) $AlCl_3$
(C) F^-
(D) H_3O^+
(E) H_2O

629 Welche Aussagen treffen zu?
Bortrifluorid zeigt die Eigenschaften einer

(1) Brönsted-Base
(2) Lewis-Base
(3) Antibase

(A) nur 1 ist richtig
(B) nur 2 ist richtig
(C) nur 3 ist richtig
(D) nur 1 und 2 sind richtig
(E) nur 2 und 3 sind richtig

630+ Säure-Base-Reaktionen im Sinne der Brönsted-Theorie sind nur in wäßriger Lösung möglich,
weil
Wasser Protonen sowohl aufzunehmen als auch abzugeben vermag.

631 Das Hydrogensulfid-Ion HS^- ist eine Brönsted-Säure,

weil

das Hydrogensulfid-Ion in seine konjugierte Base, das S^{2-}-Ion, übergeführt werden kann.

632+ Das Hydroxid-Ion HO^- ist eine Brönsted-Säure,

weil

das Hydroxid-Ion HO^- in seine konjugierte Base, das Oxid-Ion O^{2-}, übergeführt werden kann.

633+ Das NH_2^--Ion ist in flüssigem Ammoniak die stärkste Base,

weil

NH_2^--Ionen in flüssigem Ammoniak mit Wasser zu Ammoniak und Hydroxid-Ionen reagieren.

634 Salpetersäure kann als Base reagieren,

weil

Salpetersäure z. B. durch Schwefelsäure in die konjugierte Säure übergeführt werden kann.

Ordnen Sie bitte den Begriffen der Liste 1 die jeweils zutreffende Verbindung aus Liste 2 zu.

Liste 1		Liste 2
635 Base	(A)	$N(CH_3)_3$
636 Antibase	(B)	SO_3
	(C)	NH_4^+
	(D)	H_3PO_4
	(E)	$HClO_4$

637 Welche Aussagen treffen zu?
Zur Autoprotolyse sind folgende Substanzen befähigt:

(1) Wasser
(2) Salpetersäure
(3) Schwefelsäure
(4) Phosphorsäure

(A) nur 1 ist richtig
(B) nur 1 und 2 sind richtig
(C) nur 1, 2 und 3 sind richtig
(D) nur 1, 2 und 4 sind richtig
(E) 1–4 = alle sind richtig

638 Welche Aussagen treffen zu?
Zur Autoprotolyse sind folgende Substanzen befähigt:

(1) Salpetersäure
(2) Wasser
(3) flüssiges Ammoniak

(A) nur 1 ist richtig
(B) nur 1 und 2 sind richtig
(C) nur 1 und 3 sind richtig
(D) nur 2 und 3 sind richtig
(E) 1–3 = alle sind richtig

639+ Welche der folgenden Verbindungen zeigt in Wasser durch Protolyse eine deutlich saure Reaktion?

(A) $Mg(OH)_2$
(B) $Al(OH)_3$
(C) $Zn(OH)_2$
(D) $As(OH)_3$
(E) $Sn(OH)_2$

640 Welche der folgenden Hydroxide zeigen amphoteres Verhalten?

(1) $Zn(OH)_2$
(2) $Ni(OH)_2$
(3) $Al(OH)_3$
(4) $Pb(OH)_2$
(5) $Mn(OH)_2$

(A) nur 1, 3 und 4 sind richtig
(B) nur 2, 3 und 4 sind richtig
(C) nur 1, 2, 3 und 4 sind richtig
(D) nur 1, 2, 3 und 5 sind richtig
(E) nur 1, 3, 4 und 5 sind richtig

1.11.2 Protolyse-gleichgewicht des Wassers

641 Freie Protonen sind in wäßriger Lösung praktisch nicht existent,

weil

der extrem kleine Radius der Protonen zu einem hohen Ionenpotential und damit zu einer starken Bindung an andere Teilchen führt.

642 Protonen führen in wäßriger Lösung zu einer besonders hohen Leitfähigkeit,

weil

Protonen die einzigen Ionen sind, die nur aus einem Atomkern bestehen.

643 Protonen führen in wäßriger Lösung zu einer besonders hohen elektrischen Leitfähigkeit,
weil
Protonen in wäßriger Lösung den Transport von Elektronen übernehmen.

644 Protonen besitzen in wäßriger Lösung eine besonders hohe Leitfähigkeit,
weil
aufgrund der Struktur des flüssigen Wassers Protonen leicht zwischen den einzelnen Wassermolekülen transferiert werden können.

645 Welche Aussagen treffen zu?
Das H_3O^+-Ion ist

(1)   eine Lewis-Säure
(2)   planar gebaut
(3)   in Wasser die stärkste Säure
(4)   in Wasser extrem unbeständig
(5)   Bestandteil des kristallinen Perchlorsäurehydrats

(A)   nur 1 ist richtig
(B)   nur 1, 3 und 4 sind richtig
(C)   nur 2, 3 und 4 sind richtig
(D)   nur 3, 4 und 5 sind richtig
(E)   1–5 = alle sind richtig

646⁺ Welche Aussage trifft zu?
Reines Wasser hat bei 373 K einen pH-Wert von etwa

(A)   5
(B)   6
(C)   7
(D)   8
(E)   9

647 Das pH von reinem Wasser liegt bei 373 K nahe bei 6,
weil
das Ionenprodukt des Wassers mit steigender Temperatur abnimmt

648 Eine Säure kann in Wasser protolysieren,
weil
Wasser als Ampholyt auch saure Eigenschaften hat.

649 0,1 N-Lösungen von Salzsäure, Schwefelsäure und Perchlorsäure in Wasser unterscheiden sich praktisch nicht in ihrer Acidität,
weil
Wasser einen nivellierenden Effekt auf die Acidität von Lösungen starker Säuren ausübt.

1.11.3 Stärke von Säuren und Basen

650 Die Acidität der Wasserstoffverbindungen der Elemente der VII. Hauptgruppe nimmt mit steigender Ordnungszahl zu,
weil
die Polarität der Wasserstoff-Halogen-Bindung mit steigender Ordnungszahl des Halogens zunimmt.

651 Die Acidität der Halogenwasserstoffsäuren steigt in der Reihe HCl, HBr, HI an,
weil
von HCl zu HI hin die Polarität der kovalenten Bindung abnimmt.

652⁺ Fluorwasserstoff ist in wäßriger Lösung von allen Halogenwasserstoffsäuren am stärksten protolysiert,
weil
Fluorwasserstoff das größte Dipolmoment von allen Halogenwasserstoffen besitzt.

653⁺ Welche Aussage trifft zu?
Die folgenden Säuren sind nach steigender Acidität geordnet:

(A)   HOI, HOCl, HCl, HI
(B)   HOCl, HOI, HCl, HI
(C)   HOCl, HOI, HI, HCl
(D)   HCl, HOI, HOCl, HI
(E)   HCl, HI, HOCl, HOI

654 Die folgenden Verbindungen sollen nach steigender Säurestärke geordnet werden. Welche Reihenfolge trifft zu?

(1)   HClO
(2) $HClO_2$
(3) $HClO_3$
(4) $HClO_4$

(A) 1, 2, 3, 4
(B) 1, 2, 4, 3
(C) 2, 1, 4, 3
(D) 2, 3, 1, 4
(E) 4, 3, 2, 1

655 Die Acidität der Sauerstoffsäuren des Chlors steigt mit wachsender Oxidationszahl des Chlors,

weil

die mesomeriebedingte Stabilisierung der Anionen von Chlorsauerstoffsäuren mit wachsender Oxidationszahl des Chlors zunimmt.

656⁺ Welches der folgenden Gleichgewichte liegt **nicht** überwiegend auf der rechten Seite?

(A) NH_3 $+ HCl$ $\rightleftharpoons NH_4Cl$
(B) $CH_3OH + NH_3$ $\rightleftharpoons NH_4OCH_3$
(C) NH_4Cl $+ NaNH_2 \rightleftharpoons 2\,NH_3 + NaCl$
(D) NH_4Cl $+ NaOH$ $\rightleftharpoons NaCl + H_2O + NH_3$
(E) $NaNH_2 + H_2O$ $\rightleftharpoons NaOH + NH_3$

Säure- und Basenexponenten

657⁺ Die folgenden Säure-Base-Paare sind nach steigenden pK_s-Werten zu ordnen. Welche Reihenfolge trifft zu?

(1) H_2S/HS^-
(2) HS^-/S^{2-}
(3) HCO_3^-/CO_3^{2-}
(4) NH_4^+/NH_3

(A) 1, 3, 2, 4
(B) 1, 4, 2, 3
(C) 1, 4, 3, 2
(D) 4, 1, 3, 2
(E) 4, 3, 1, 2

658 Welche der folgenden Anionbasen besitzt den kleinsten pK_b-Wert?

(A) CH_3COO^-
(B) HSO_3^-
(C) HSO_4^-
(D) CN^-
(E) NH_2^-

659 Welche der folgenden Verbindungen besitzt den kleinsten pK_s-Wert?

(A) H_2O_2

(B) NH_3
(C) H_3PO_4
(D) HNO_3
(E) H_3BO_3

660⁺ Welche Säure der folgenden korrespondierenden Säure-Base-Paare besitzt den kleinsten pK_s-Wert?

(A) H_2O/HO^-
(B) H_3O^+/H_2O
(C) HSO_4^-/SO_4^{2-}
(D) $H_3PO_4/H_2PO_4^-$
(E) CH_3COOH/CH_3COO^-

661⁺ Die wäßrige Lösung von NH_3 reagiert deutlich alkalisch,

weil

das in wäßrigen Lösungen von NH_3 sich bildende Ammonium-Ion eine schwächere Säure als Wasser ist.

662⁺ Welche Reihenfolge trifft zu?
Die angegebenen Säuren sind nach steigendem pK_a-Wert geordnet (nur 1. Dissoziationsstufe berücksichtigen):

(A) $HClO_4/H_2SO_4/H_3PO_4/H_2S/HCN$
(B) $HClO_4/H_3PO_4/H_2SO_4/H_2S/HCN$
(C) $HClO_4/H_3PO_4/H_2SO_4/HCN/H_2S$
(D) $H_2SO_4/HClO_4/H_3PO_4/HCN/H_2S$
(E) $H_3PO_4/HClO_4/H_2SO_4/H_2S/HCN$

663 Welche der folgenden Ionen bzw. Verbindungen ist gegenüber Wasser die stärkste Base?

(A) CO_3^{2-}
(B) HPO_4^{2-}
(C) CH_3COO^-
(D) S^{2-}
(E) NH_3

664⁺ Welche Aussagen treffen zu?
Für Kohlensäure werden in Tabellen die folgenden Dissoziationskonstanten genannt:
$pK_{a1} = 3,80$ **oder** $6,38$; $pK_{a2} = 10,33$
Die zwei verschiedenen Werte für pK_{a1} sind wie folgt zu erklären:

(1) der erste bezieht sich auf die Reaktion
$CO_2 + 2\,H_2O \rightleftharpoons H_3O^+ + HCO_3^-$

(2) der erste bezieht sich auf die Reaktion
$H_2CO_3 + H_2O \rightleftharpoons H_3O^+ + HCO_3^-$

(3) der zweite bezieht sich auf die Reaktion
$CO_2 + 2\,H_2O \rightleftharpoons H_3O^+ + HCO_3^-$

(4) der zweite bezieht sich auf die Reaktion
$H_2CO_3 + H_2O \rightleftharpoons H_3O^+ + HCO_3^-$

(A) Keine Aussage trifft zu
(B) nur 1 ist richtig
(C) nur 2 ist richtig
(D) nur 1 und 4 sind richtig
(E) nur 2 und 3 sind richtig

665 Das pH einer Kohlensäure-Lösung ist vom Druck der angrenzenden Gasphase unabhängig,
weil
in den Massenwirkungsquotienten der Dissoziation von Kohlensäure in Wasser nur das gelöste CO_2 eingeht.

666 Welche der folgenden Verbindungen können als mehrstufig dissoziierender Elektrolyt auftreten?

(1) H_3PO_4
(2) H_2S
(3) K_2SO_4
(4) H_2CO_3
(5) $BaCl_2$

(A) nur 4 ist richtig
(B) nur 2 und 4 sind richtig
(C) nur 1, 2 und 3 sind richtig
(D) nur 1, 2 und 4 sind richtig
(E) 1–5 = alle sind richtig

667 Welche der folgenden Aussagen bezüglich des pK_s-Wertes treffen zu?

(1) Der pK_s-Wert ist der mit -1 multiplizierte dekadische Logarithmus der H_3O^+-Ionenaktivität.
(2) Der pK_s-Wert ist ein Maß für die Stärke einer Säure.
(3) Je größer der pK_s-Wert einer Säure ist, desto schwächer ist die Säure.
(4) Bei Zugabe von OH^--Ionen zur wäßrigen Lösung einer Säure ändert sich der pK_s-Wert.
(5) Der pK_s-Wert läßt sich nach der Gleichung $pK_s = pK_w - pK_b$ berechnen.

(A) nur 2 ist richtig
(B) nur 1 und 4 sind richtig
(C) nur 2 und 3 sind richtig
(D) nur 3 und 5 sind richtig
(E) nur 2, 3 und 5 sind richtig

668 Welche Aussage über die Dissoziationskonstante einer Säure trifft **nicht** zu?

(A) Sie ergibt sich aus dem Massenwirkungsgesetz.
(B) Sie ist temperatur- und druckunabhängig.
(C) Die Dissoziation nimmt mit steigender Verdünnung zu.
(D) Die Dissoziationskonstante von H_2F_2 ist kleiner als die von HCl.
(E) Der Zahlenwert der Dissoziationskonstanten ist ein Maß für die Stärke der Säure.

669 Säuren, die eine größere Säurestärke aufweisen als H_3O^+, haben negative pK_a-Werte,
weil
Säuren, die eine größere Säurestärke aufweisen als H_3O^+, mit Wasser nahezu quantitativ zu H_3O^+ reagieren.

670⁺ Welche Aussagen treffen zu?
In wäßriger Lösung stehen die Säurekonstante K_s einer Brönsted-Säure HB und die Basenkonstante K_b ihrer konjugierten Base B in folgender Beziehung zum Ionenprodukt des Wassers (K_w):

(1) $K_s \cdot K_b = K_w$
(2) $K_s : K_b = K_w$
(3) $pK_s + pK_b = pK_w$
(4) $pK_s - pK_b = pK_w$

(A) nur 1 ist richtig
(B) nur 3 ist richtig
(C) nur 4 ist richtig
(D) nur 1 und 3 sind richtig
(E) nur 2 und 4 sind richtig

Ostwaldsches Verdünnungsgesetz

671 Schwache Elektrolyte sind bei hinreichender Verdünnung praktisch vollständig dissoziiert,
weil
der Dissoziationsgrad schwacher Elektrolyte mit abnehmender Konzentration zunimmt.

672+ In wäßrigen Lösungen schwacher Säuren steigt beim Verdünnen die Konzentration der H_3O^+-Ionen an,
weil
bei schwachen Säuren nach dem Ostwaldschen Verdünnungsgesetz der Protolysegrad mit steigender Verdünnung zunimmt.

673 Beim Verdünnen einer 1 N-Essigsäure auf das 10-fache Volumen ändert sich der pH-Wert um genau 1,
weil
nach dem Ostwaldschen Verdünnungsgesetz der Dissoziationsgrad schwacher Elektrolyte bei Verdünnung ihrer wäßrigen Lösungen zunimmt.

pH-Wert

674 Welche Aussage trifft zu?
Eine Salzlösung enthalte 0,1 Mol HCl-Gas pro Liter. Der Aktivitätskoeffizient dieser Lösung betrage 0,1. Der pH-Wert der Lösung errechnet sich zu:

(A) 2
(B) 1
(C) 0
(D) −1
(E) −2

675 Wie groß ist der pH-Wert einer 0,01 N wäßrigen Ammoniak-Lösung ($pK_a = 9,25$)?

(A) 7,9
(B) 8,6
(C) 9,2
(D) 10,6
(E) 11,3

Ordnen Sie bitte den in Liste 1 genannten Lösungen den jeweils entsprechenden pH-Wert aus Liste 2 zu (pK_a von Essigsäure = 4,8).

Liste 1	Liste 2
676+ 10^{-6} M-NaOH	(A) pH = 1,0
677+ 10^{-1} M-CH$_3$COOH	(B) pH = 2,9
	(C) pH = 4,8
	(D) pH = 8,0
	(E) pH = 9,2

Ordnen Sie bitte den in Liste 1 genannten Lösungen den jeweils entsprechenden pH-Wert aus Liste 2 zu (pK_b von NH$_3$ = 4,75).

Liste 1	Liste 2
678 10 M-NH$_3$	(A) pH = 2,9
679 10^{-1} M-NH$_3$/10^{-1} M-NH$_4^+$	(B) pH = 7
	(C) pH = 8
	(D) pH = 9,25
	(E) pH = 12,1

680+ Welche Aussage trifft zu?
Eine 10^{-9}-molare wäßrige NaOH-Lösung hat bei 25 °C theoretisch folgenden pH-Wert (auf 2 Dezimalen gerundet):

(A) 5,00
(B) 6,09
(C) 7,00
(D) 9,00
(E) 9,01

681 Welche Aussage trifft zu?
Der pH-Wert einer 10^{-2}-molaren NH$_4$Cl-Lösung in Wasser kann näherungsweise nach folgender Formel berechnet werden:

(A) $pH = pK_s(NH_4^+) + lg \dfrac{[NH_3]}{[NH_4^+]}$

(B) $pH = \dfrac{1}{2} pK_s(NH_4^+) - \dfrac{1}{2} lg [NH_4^+]$

(C) $pH = 7 + \dfrac{1}{2} pK_s(NH_4^+) + \dfrac{1}{2} lg [NH_4^+]$

(D) $pH = \dfrac{1}{2} (pK_{s(HCl)} + pK_{s(NH_4^+)})$

(E) $pH = \sqrt{K_{s(NH_4^+)} \cdot [NH_4^+]}$

682 Welche Aussagen treffen zu?
Für die Dissoziation der Milchsäure HA + H_2O $\rightleftharpoons$ $A^- + H_3O^+$ wird in wäßriger Lösung bei 298 K eine Säurekonstante $K_s = 1,4 \cdot 10^{-4}$ angegeben. Daraus folgt für den pH-Wert:
(alle Aktivitätskoeffizienten = 1,00)

(1) $pH = 1,4 \cdot 10^{-4} \cdot \dfrac{C_{HA}}{C_{A^-}}$

(2) $pH = lg(1,4 \cdot 10^{-4}) + lg \dfrac{C_{HA}}{C_{A^-}}$

(3) $pH = -lg(1,4 \cdot 10^{-4}) - lg \dfrac{C_{HA}}{C_{A^-}}$

(4) $pH = -lg(1,4 \cdot 10^{-4}) + lg \dfrac{C_{A^-}}{C_{HA}}$

(5) $pH = pK_s + lg \dfrac{C_{HA}}{C_{A^-}}$

(A) nur 1 ist richtig
(B) nur 2 und 5 sind richtig
(C) nur 3 und 4 sind richtig
(D) nur 2, 4 und 5 sind richtig
(E) nur 3, 4 und 5 sind richtig

Protolyse von Salzen

683 Welche Aussage trifft zu?
Eine deutlich alkalische Reaktion infolge Protolyse zeigt die wäßrige Lösung von:

(A) $AgNO_3$
(B) $(NH_4)_2SO_4$
(C) Na_3PO_4
(D) $MgCl_2$
(E) $KClO_3$

684+ Welche Aussagen treffen zu?
Die wäßrigen Lösungen folgender Verbindungen reagieren deutlich alkalisch:

(1) NH_4CH_3COO
(2) NaH_2PO_4
(3) $KHSO_4$
(4) $LiOH$
(5) $BaSO_4$

(A) nur 1 ist richtig
(B) nur 4 ist richtig
(C) nur 1, 2 und 4 sind richtig
(D) nur 1, 3 und 5 sind richtig
(E) nur 2, 4 und 5 sind richtig

685 Welche Aussagen treffen zu?
Die wäßrigen Lösungen folgender Verbindungen reagieren deutlich alkalisch:

(1) NH_4CH_3COO
(2) Na_2HPO_4
(3) $KHSO_4$
(4) KCN
(5) $Na_2B_4O_7 \cdot 10\ H_2O$

(A) nur 1 ist richtig
(B) nur 4 ist richtig
(C) nur 1, 2 und 4 sind richtig
(D) nur 1, 3 und 5 sind richtig
(E) nur 2, 4 und 5 sind richtig

686+ Welche der folgenden Verbindungen reagieren in wäßriger Lösung sauer?

(1) Natriumcarbonat

(2) Aluminiumsulfat
(3) Kaliumcyanid
(4) Natriumperchlorat
(5) Ammoniumsulfat

(A) nur 4 ist richtig
(B) nur 2 und 5 sind richtig
(C) nur 3 und 4 sind richtig
(D) nur 1, 2 und 4 sind richtig
(E) nur 3, 4 und 5 sind richtig

687 Welche Aussage trifft zu?
Sauer reagiert eine 0,1-molare wäßrige Lösung von:

(A) K_2SO_4
(B) $KHCO_3$
(C) $Na_2B_4O_7$
(D) $ZnCl_2$
(E) $BaCl_2$

688+ Eine wäßrige Ammoniumchlorid-Lösung reagiert sauer,
weil
Chlorid-Ionen in Wasser hydrolytisch in Chlorwasserstoff übergeführt werden, der durch anschließende Dissoziation Protonen freisetzt.

689 Eine wäßrige Lösung von KCN reagiert sauer,
weil
durch Reaktion von Cyanid-Ionen mit Wasser Cyanwasserstoff entsteht.

1.11.4 Nichtwäßrige Systeme

690 Das Hydroxid-Ion ist in Formamid eine wesentlich stärkere Base als in Wasser,
weil
Formamid eine sehr hohe Dielektrizitätszahl besitzt.

691+ Das Hydroxid-Ion ist in N,N-Dimethylformamid eine wesentlich stärkere Base als in Wasser,
weil
N,N-Dimethylformamid eine höhere Dielektrizitätszahl als Wasser besitzt.

692+ Stoffe, die sich gegenüber wasserfreier Essigsäure als Säuren verhalten („saure Reaktion" hervorrufen), müssen Protonen an Essigsäure abgeben,

weil

„saure Reaktion" in einem Lösungsmittel durch das protonierte Lösungsmittel hervorgerufen wird.

1.11.5 Puffersysteme

693 Welche der folgenden Aussagen über Pufferlösungen treffen zu?

(1) Als Puffergemisch bezeichnet man ein Gemisch aus starker Säure und korrespondierender Base.

(2) Ein Puffergemisch ist in der Lage, bei Zugabe kleinerer Mengen an Säure oder Base den pH-Wert konstant zu halten.

(3) Der pH-Wert einer äquimolaren Pufferlösung entspricht zahlenmäßig dem pK_s-Wert der Säure.

(4) Bei Zugabe von Säure zu einem Gemisch von Essigsäure und Natriumacetat erhöht sich die Konzentration an Natriumacetat.

(5) Zum konstanten pH-Wert des menschlichen Blutes trägt ein H_2CO_3/HCO_3^--Puffer bei.

(A) nur 1 und 2 sind richtig
(B) nur 3 und 4 sind richtig
(C) nur 2, 3 und 5 sind richtig
(D) nur 3, 4 und 5 sind richtig
(E) 1–5 = alle sind richtig

694+ Welches der folgenden Systeme ist in wäßrigem Milieu **nicht** als Puffersystem geeignet?

(A) $H_3\overset{+}{N}\text{-}CH_2COO^-/H_2N\text{-}CH_2\text{-}COONa$
(B) Na_2HPO_4/NaH_2PO_4
(C) $H_2SO_4/NaHSO_4$
(D) NH_4Cl/NH_3
(E) $H_3BO_3/Na_2B_4O_7$

695 Welches der folgenden Systeme ist in wäßrigem Milieu **nicht** als Puffersystem geeignet?

(A) CH_3COOH/CH_3COONa
(B) Na_2HPO_4/NaH_2PO_4
(C) $HClO_4/KClO_4$
(D) NH_4Cl/NH_3
(E) $H_3BO_3/Na_2B_4O_7$

696 Welches der folgenden Puffersysteme bietet eine hinreichende Pufferwirkung in einem pH-Bereich von pH 3 bis pH 11?

(1) HCl/NH_4Cl
(2) CH_3COOH/Na_2SO_4
(3) CH_3COOH/CH_3COONa
(4) $NaOH/CH_3COONa$
(5) NH_3/NH_4Cl

(A) nur 3 und 5 sind richtig
(B) nur 1, 2 und 4 sind richtig
(C) nur 1, 2 und 5 sind richtig
(D) nur 3, 4 und 5 sind richtig
(E) nur 1, 2, 3 und 5 sind richtig

697+ Welche Aussagen über das abgebildete Dissoziationsdiagramm der Phosphorsäure treffen zu?

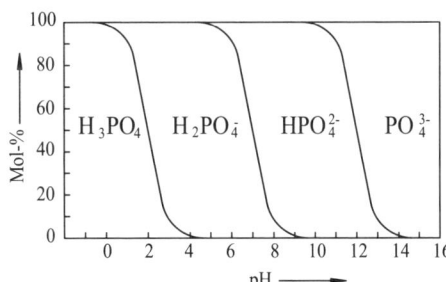

(1) Die Schnittpunkte der Kurven mit der pH-Skala entsprechen den pK-Werten der Phosphorsäure.

(2) Die pK-Werte der Phosphorsäure lassen sich aus dem Diagramm **nicht** entnehmen.

(3) Zwischen pH 6–8 ist die Pufferkapazität gering.

(4) Optimale Puffersysteme liegen an den Schnittpunkten der Kurven mit der Abszisse vor.

(A) Keine der obigen Aussagen trifft zu
(B) nur 1 ist richtig
(C) nur 4 ist richtig

(D)   nur 2 und 3 sind richtig
(E)   1–4 = alle sind richtig

Ordnen Sie bitte den in Liste 1 genannten 1:1-Puffergemischen den in Liste 2 aufgeführten jeweils zutreffenden pH-Bereich zu.

Liste 1   **Liste 2**

698 NH_3/NH_4^+ (A) pH = 1 bis 3
699 $H_2PO_4^-/HPO_4^{2-}$ (B) pH = 4 bis 6
                               (C) pH = 6 bis 8
                               (D) pH = 8 bis 10
                               (E) pH = 10 bis 12

Ordnen Sie bitte den in Liste 1 aufgeführten pH-Bereichen die jeweils zutreffende 1:1-Pufferlösung aus Liste 2 zu.

Liste 1   **Liste 2**

700 pH = 4 bis 6   (A) HCl/KCl
701 pH = 6 bis 8   (B) NH_3/NH_4Cl
                       (C) $H_3CCOONa/$
                           H_3CCOOH
                       (D) $Na_2HPO_4/$
                           NaH_2PO_4
                       (E) $Na_2HPO_4/$
                           Na_3PO_4

702⁺ Eine Lösung von 1 Mol HCN in 1 Liter Wasser wird mit 0,5 Mol KOH versetzt. Welchen pH-Wert hat die entstandene Lösung näherungsweise (pK_a von HCN = 9,4)?

(A)   3,1
(B)   4,7
(C)   7,0
(D)   9,4
(E)   13,6

703 Eine stark verdünnte Lösung (ca. 10^{-3} molar) mit äquimolaren Anteilen Essigsäure und Natriumacetat besitzt einen pH-Wert von 9,25,
weil
der pK_a-Wert der Essigsäure 4,75 ist.

704⁺ Welche Aussage trifft zu?
Die Pufferkapazitäten der beiden Puffer

A $\begin{bmatrix} C_{(NaH_2PO_4)} = 0,15 \text{ mol} \cdot l^{-1}, \\ C_{(Na_2HPO_4)} = 0,25 \text{ mol} \cdot l^{-1} \end{bmatrix}$

und

B $\begin{bmatrix} C_{(NaH_2PO_4)} = 0,015 \text{ mol} \cdot l^{-1}, \\ C_{(Na_2HPO_4)} = 0,025 \text{ mol} \cdot l^{-1} \end{bmatrix}$

verhalten sich wie

(A)   A/B = 0,1
(B)   A/B = 1
(C)   A/B = 5/3
(D)   A/B = $\sqrt{10}$
(E)   A/B = 10

1.12 Redox-Systeme
(siehe Ehlers, Chemie I-Kurzlehrbuch)

1.12.1 Oxidation und Reduktion

Oxidationszahl

705+ Welche Aussagen über den Begriff „Oxidationszahl" treffen zu?

(1) Die Oxidationszahl eines Atoms im elementaren Zustand ist gleich Null.
(2) Die Oxidationszahl eines Zentralatoms in einer Komplexverbindung ist gleich der Zahl seiner Liganden.
(3) Die Oxidationszahl eines einatomigen Ions ist gleich dessen Ladung.
(4) Wasserstoff kann die Oxidationszahl −1 aufweisen.

(A) nur 1 und 4 sind richtig
(B) nur 2 und 3 sind richtig
(C) nur 2 und 4 sind richtig
(D) nur 1, 3 und 4 sind richtig
(E) 1–4 = alle sind richtig

706 Welche Aussagen über Elektronenkonfigurationen und Oxidationszahlen treffen zu?

(1) Die Edelgase Ne, Ar, Kr, Xe haben im Grundzustand die Valenzelektronenkonfiguration ns^2p^6 (n = 2, 3, 4 bzw. 5).
(2) Die maximale Zahl der Elektronen mit der Hauptquantenzahl n ist $2n^2$.
(3) Die höchste, in chemischen Verbindungen auftretende Oxidationszahl der Elemente B, C, N und O wird durch Abgabe aller vorhandenen Elektronen mit der Hauptquantenzahl 2 erreicht.
(4) Die höchste Oxidationszahl der Übergangselemente Cr und Mn wird durch Abgabe aller vorhandenen 3d- und 4s-Elektronen erreicht.

(A) nur 1 ist richtig
(B) nur 2 und 3 sind richtig
(C) nur 2 und 4 sind richtig
(D) nur 1, 2 und 4 sind richtig
(E) 1–4 = alle sind richtig

707 Die Stabilität der höchsten Oxidationsstufe der Elemente innerhalb der V. Hauptgruppe des Periodensystems nimmt mit steigender Ordnungszahl ab,
weil
das Ionisierungspotential der Elemente in der V. Hauptgruppe des Periodensystems mit steigender Ordnungszahl zunimmt.

708 Die Beständigkeit der höchsten Oxidationsstufe der Elemente der IV. Hauptgruppe nimmt mit steigender Ordnungszahl zu,
weil
die Ionisierungsenergie innerhalb einer Gruppe mit steigender Ordnungszahl zunimmt.

Ordnen Sie bitte jeder Metallverbindung aus Liste 1 die jeweils zutreffende Oxidationsstufe des Metallions aus Liste 2 zu.

Liste 1	Liste 2	
709+ Na_2O_2	(A)	+4
710+ KO_2	(B)	+3
	(C)	+2
	(D)	+1
	(E)	+1/2

Ordnen Sie bitte den Zentralatomen der in Liste 1 aufgeführten Verbindungen die jeweils entsprechende formale Oxidationszahl aus Liste 2 zu.

Liste 1	Liste 2	
711 HClO	(A)	−1

712 H_2SO_4

(B) +1
(C) +6
(D) +7
(E) +8

713 Welche der folgenden Oxidationszahlen kann Sauerstoff in bisher bekannten chemischen Verbindungen einnehmen?

(1) −2
(2) −1
(3) 0
(4) +1
(5) +2

(A) nur 1 und 4 sind richtig
(B) nur 2 und 3 sind richtig
(C) nur 1, 2, 3 und 4 sind richtig
(D) nur 2, 3, 4 und 5 sind richtig
(E) 1–5 = alle sind richtig

714⁺ Welche Aussage trifft **nicht** zu?
Die Oxidationszahl des Schwefels beträgt in:

(A) Sulfurylchlorid = +6
(B) Peroxodischwefelsäure = +6
(C) Pyroschwefelsäure = +6
(D) Dithioniger Säure = +4
(E) Schwefeltetrafluorid = +4

Ordnen Sie bitte jeder der in Liste 1 genannten Stickstoffverbindungen die jeweils zutreffende Oxidationszahl des Stickstoffs aus Liste 2 zu.

Liste 1		Liste 2	
715⁺	Hydroxylamin	(A)	−3
716⁺	Hydrazin	(B)	−2
717⁺	Stickstoffmonoxid	(C)	−1
718⁺	Distickstoffoxid	(D)	+1
719⁺	Bornitrid	(E)	+2

Ordnen Sie bitte jeder der in Liste 1 genannten Stickstoffverbindungen die jeweils zutreffende Oxidationszahl des Stickstoffs aus Liste 2 zu.

Liste 1		Liste 2	
720	NH_4^+	(A)	−3
721	N_2O	(B)	−2
722	NO_2^-	(C)	+1
723	NO^+	(D)	+3
724	NO_2^+	(E)	+5
725	NOCl		

Ordnen Sie bitte jeder der in Liste 1 genannten Stickstoffverbindungen die jeweils zutreffende Oxidationszahl des Stickstoffatoms aus Liste 2 zu.

Liste 1	Liste 2
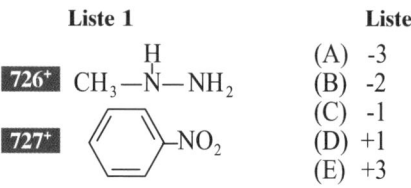	(A) −3
	(B) −2
	(C) −1
	(D) +1
	(E) +3

728⁺ Welche der folgenden Nebengruppenelemente können die Oxidationsstufe +6 in Verbindungen besitzen, die in reiner Form darstellbar sind?

(1) Mn
(2) Co
(3) Mo
(4) Ni

(A) nur 1 ist richtig
(B) nur 1 und 3 sind richtig
(C) nur 2 und 4 sind richtig
(D) nur 1, 3 und 4 sind richtig
(E) 1–4 = alle sind richtig

Ordnen Sie bitte den Zentralatomen der in Liste 1 aufgeführten Verbindungen die jeweils entsprechende formale Oxidationszahl aus Liste 2 zu.

Liste 1		Liste 2	
729	MnO_4^{2-}	(A)	+4
730	CrO_5	(B)	+6
731⁺	H_2SO_5	(C)	+7
		(D)	+8
		(E)	+10

Redoxreaktionen

732 Welche Aussage trifft zu?
Bei der Reduktion des Permanganat-Ions wird in Abhängigkeit vom pH-Wert der Lösung (sauer oder alkalisch) eine unterschiedliche Zahl von Elektronen aufgenommen.
Es sind:

	in saurer Lösung (pH = 1)	in alkalischer Lösung (pH = 13)
(A)	3e	5e
(B)	4e	6e

(C) 5e   2e
(D) 5e   3e
(E) 6e   1e

733⁺ Welche der folgenden Reaktionen kann **nicht** als Redoxreaktion aufgefaßt werden?

(A) $I_2 + Cl_2 \longrightarrow 2\ ICl$
(B) $MnCl_4 \longrightarrow MnCl_2 + Cl_2$
(C) $CH_4 + Cl_2 \xrightarrow{h \cdot \nu} CH_3Cl + HCl$
(D) $2\ Na + 2\ CH_3OH \longrightarrow 2\ CH_3ONa + H_2$
(E) $Ni(CO)_4 \longrightarrow Ni + 4\ CO$

734⁺ Welche der folgenden chemischen Umsetzungen stellt einen Redoxvorgang dar?

(A) $H_2PO_4^- + OH^- \longrightarrow HPO_4^{2-} + H_2O$
(B) $Ni + 4\ CO \longrightarrow Ni(CO)_4$
(C) $S_8 + 8\ CN^- \longrightarrow 8\ SCN^-$
(D) $SO_3 + H_2O \longrightarrow H_2SO_4$
(E) $Ca(HCO_3)_2 \longrightarrow CaCO_3 + CO_2 + H_2O$

735⁺ Welche der folgenden Gleichungen beschreiben in zutreffender Weise korrespondierende Redoxpaare?

(1) $Fe^{2+} \rightleftharpoons Fe^{3+} + e^-$
(2) $2\ Br^- \rightleftharpoons Br_2 + 2e^-$
(3) $H_2 + 2\ H_2O \rightleftharpoons 2\ H_3O^+ + 2e^-$

(A) nur 1 ist richtig
(B) nur 3 ist richtig
(C) nur 1 und 2 sind richtig
(D) nur 2 und 3 sind richtig
(E) 1–3 = alle sind richtig

736⁺ Welche der folgenden schematisiert dargestellten Dissoziationsreaktionen können als Redoxvorgänge aufgefaßt werden?

(1) $MnCl_4 \longrightarrow MnCl_2 + Cl_2$
(2) $CaCO_3 \longrightarrow CaO + CO_2$
(3) $CH_3\text{-}\underset{O}{C}\text{-}CH_2\text{-}\overset{O}{C}\underset{OH}{} \longrightarrow CH_3\text{-}\underset{O}{C}\text{-}CH_3 + CO_2$
(4) $H_2SO_3 \longrightarrow H_2O + SO_2$

(A) nur 1 ist richtig
(B) nur 1 und 3 sind richtig
(C) nur 2 und 4 sind richtig
(D) nur 1, 2 und 3 sind richtig
(E) nur 2, 3 und 4 sind richtig

737⁺ Welche der folgenden chemischen Reaktionen ist ein Redoxvorgang?

(A) $H_2S_2O_7 + H_2O \longrightarrow 2\ H_2SO_4$
(B) $H_2SO_5 + H_2O \longrightarrow H_2SO_4 + H_2O_2$
(C) $PCl_3 + 3\ H_2O \longrightarrow H_3PO_3 + 3\ HCl$
(D) $2\ Na + 2\ H_2O \longrightarrow 2\ NaOH + H_2$
(E) $SOCl_2 + H_2O \longrightarrow SO_2 + 2\ HCl$

738 Welche der folgenden schematisiert dargestellten Dissoziationsreaktionen kann **nicht** als Redoxvorgang aufgefaßt werden?

(A) $CH_3\text{-}\underset{O}{C}\text{-}CH_2\text{-}\overset{O}{\underset{OH}{C}} \longrightarrow CH_3\text{-}\underset{O}{C}\text{-}CH_3 + CO_2$
(B) $CH_3\text{-}\underset{O}{C}\text{-}\overset{O}{\underset{OH}{C}} \longrightarrow CH_3\text{-}\overset{O}{\underset{H}{C}} + CO_2$
(C) $2\ NaHCO_3 \longrightarrow Na_2CO_3 + CO_2 + H_2O$
(D) $NH_4NO_2 \longrightarrow 2\ H_2O + N_2$
(E) $NH_4NO_3 \longrightarrow 2\ H_2O + N_2O$

739 Welche der folgenden schematisiert dargestellten Reaktionen kann **nicht** als Redoxvorgang aufgefaßt werden?

(A) $CH_3\text{-}\underset{O}{C}\text{-}CH_2\text{-}\overset{O}{\underset{OH}{C}} \longrightarrow CH_3\text{-}\underset{O}{C}\text{-}CH_3 + CO_2$
(B) $CH_3\text{-}\underset{\overset{\oplus}{NH_3}}{CH}\text{-}COO^{\ominus} \longrightarrow CH_3\text{-}CH_2\text{-}NH_2 + CO_2$
(C) $2\ H_2O_2 \longrightarrow 2\ H_2O + O_2$
(D) $2\ HNO_2 \longrightarrow H_2O + N_2O_3$
(E) $NH_4NO_3 \longrightarrow 2\ H_2O + N_2O$

Disproportionierung, Komproportionierung

Ordnen Sie bitte den in Liste 1 aufgeführten Reaktionstypen die jeweils entsprechende Reaktion aus Liste 2 zu.

Liste 1

740 Syn- bzw. Komproportionierung
741 Disproportionierung

Liste 2

(A) $Hg_2Cl_2 + Cl_2 \longrightarrow 2\ HgCl_2$
(B) $CuCl_2 + Cu \longrightarrow 2\ CuCl$
(C) $Cl_2 + 2\ NaOH \longrightarrow NaCl + NaOCl + H_2O$
(D) $Ni + 4\ CO \longrightarrow Ni(CO)_4$
(E) $KClO_4 \longrightarrow KCl + 2\ O_2$

Ordnen Sie bitte den in Liste 1 aufgeführten Reaktionstypen die jeweils entsprechende Reaktion aus Liste 2 zu.

Liste 1

742 Syn- bzw. Komproportionierung
743 Disproportionierung

Liste 2

(A) $2\ Cu(CN)_2 \longrightarrow 2\ CuCN + (CN)_2$
(B) $3\ HNO_2 \longrightarrow HNO_3 + 2\ NO + H_2O$
(C) $I_2 + Cl_2 \longrightarrow 2\ ICl$
(D) $IBr + KI \longrightarrow KBr + I_2$
(E) $3\ O_2 \xrightarrow{h\cdot v} 2\ O_3$

Ordnen Sie bitte den in Liste 1 aufgeführten Reaktionstypen die jeweils entsprechende Reaktion aus Liste 2 zu.

Liste 1

744 Syn- bzw. Komproportionierung
745 Disproportionierung

Liste 2

(A) $Hg_2Cl_2 + Cl_2 \longrightarrow 2\ HgCl_2$
(B) $H_2O_2 + H_2 \longrightarrow 2\ H_2O$
(C) $NH_4NO_3 \longrightarrow 2\ H_2O + N_2O$
(D) $CO + H_2O \longrightarrow CO_2 + H_2$
(E) $2\ N_2H_2 \longrightarrow N_2 + N_2H_4$

Ordnen Sie bitte den Begriffen der Liste 1 die jeweils unter den angegebenen Bedingungen ablaufende Reaktion aus Liste 2 zu.

Liste 1

746 Disproportionierung
747 Komproportionierung

(A) $KBr + KBrO_3 \xrightarrow{H_2O/OH^-}$
(B) $IBr + KI \xrightarrow{H_2O/H^+}$
(C) $Na_2MnO_4 \xrightarrow{H_2O/H^+}$
(D) $O_3 \xrightarrow{H_2O/I^-}$
(E) $Na_2CrO_4 \xrightarrow{H_2O/H^+}$

Ordnen Sie bitte den in Liste 1 aufgeführten Reaktionstypen die jeweils entsprechende Reaktion aus Liste 2 zu.

Liste 1

748 Syn- bzw. Komproportionierung
749 Disproportionierung

Liste 2

(A) $3\ MnO_4^{2-} + 4\ H^+ \longrightarrow 2\ MnO_4^- + MnO_2 + 2\ H_2O$
(B) $2\ Cu(CN)_2 \longrightarrow 2\ CuCN + (CN)_2$
(C) $HClO_3 + 5\ HCl \longrightarrow 3\ Cl_2 + 3\ H_2O$
(D) $I_2 + Cl_2 \longrightarrow 2\ ICl$
(E) $3\ O_2 \xrightarrow{h\cdot v} 2\ O_3$

Ordnen Sie bitte den Reaktionstypen der Liste 1 die jeweils richtige Reaktionsgleichung aus Liste 2 zu.

Liste 1

750 Disproportionierungsreaktion
751 Radikalkettenreaktion

Liste 2

(A) $H_2 + Cl_2 \xrightarrow{h\cdot v} 2\ HCl$
(B) $2\ AgCN \longrightarrow 2\ Ag + (CN)_2$
(C) $KI + I_2 \longrightarrow KI_3$
(D) $HCl + NaOH \longrightarrow Na^+ + Cl^- + H_2O$
(E) $H_2O + Cl_2 \longrightarrow HOCl + HCl$

752⁺ Welche der folgenden Redoxgleichungen stellen Disproportionierungsreaktionen dar? (Alle Gleichungen sind stöchiometrisch richtig formuliert)

(1) $2\ NO_2 + H_2O \longrightarrow HNO_3 + HNO_2$
(2) $2\ Cu(CN)_2 \longrightarrow 2\ CuCN + (CN)_2$
(3) $Pb_3O_4 + 4\ HNO_3 \longrightarrow 2\ Pb(NO_3)_2 + PbO_2 + 2\ H_2O$
(4) $KI_3 \longrightarrow KI + I_2$

(A) nur 1 ist richtig
(B) nur 4 ist richtig
(C) nur 2 und 3 sind richtig
(D) nur 1, 2 und 4 sind richtig
(E) nur 1, 3 und 4 sind richtig

753 Welche der folgenden Gleichungen stellen Disproportionierungsreaktionen dar?

(1) $2 H_2O_2 \rightleftharpoons 2 H_2O + O_2$
(2) $2 Cu(CN)_2 \rightleftharpoons 2 CuCN + (CN)_2$
(3) $MnCl_4 \rightleftharpoons MnCl_2 + Cl_2$
(4) $2 F_2 + 2 H_2O \rightleftharpoons 4 HF + O_2$
(5) $(CN)_2 + 2 NaOH \rightleftharpoons NaCN + NaOCN + H_2O$

(A) nur 3 ist richtig
(B) nur 1 und 5 sind richtig
(C) nur 2, 4 und 5 sind richtig
(D) nur 1, 2, 3 und 5 sind richtig
(E) 1–5 = alle sind richtig

754 Bei welchen der aufgeführten Reaktionspartnern findet in wäßriger Lösung eine Disproportionierung statt?

(1) $HgCl_2 + NH_3$
(2) $MnO_4^{2-} + CH_3COOH$
(3) $Hg_2Cl_2 + NH_3$
(4) $P_4 + OH^-$
(5) $H_2O_2 + Pt$

(A) nur 1, 2 und 3 sind richtig
(B) nur 1, 2 und 5 sind richtig
(C) nur 2, 3 und 5 sind richtig
(D) nur 1, 2, 4 und 5 sind richtig
(E) nur 2, 3, 4 und 5 sind richtig

755⁺ Welche der folgenden Reaktionen ist eine Komproportionierung?

(A) $HOCl + HCl \longrightarrow H_2O + Cl_2$
(B) $4 KClO_3 \longrightarrow KCl + 3 KClO_4$
(C) $Cl_2O + H_2 \longrightarrow Cl_2 + H_2O$
(D) $ClO_2 + AgF_2 \longrightarrow ClO_2F + AgF$
(E) Keine der obengenannten Reaktionen trifft zu

756 Welche der folgenden Reaktionen ist eine Komproportionierung?

(A) $CaCl(OCl) + 2 HCl \longrightarrow CaCl_2 + H_2O + Cl_2$
(B) $4 KClO_3 \longrightarrow KCl + 3 KClO_4$
(C) $Cl_2O + H_2 \longrightarrow Cl_2 + H_2O$
(D) $ClO_2 + AgF_2 \longrightarrow ClO_2F + AgF$
(E) $PH_4^+ + OH^- \longrightarrow PH_3 + H_2O$

1.12.2 Redoxpotential

757 Normalpotentiale lassen sich nur für Redoxprozesse, bei denen Metalle beteiligt sind, festlegen,
weil
Elektroden nur aus Metallen bestehen können.

758⁺ Welche Reihenfolge trifft zu?
Die Elemente Al, Cu, Fe, Hg und Ni sollen nach zunehmend edlerem Charakter geordnet werden.

(A) Al, Fe, Cu, Ni, Hg
(B) Ni, Fe, Al, Cu, Hg
(C) Al, Cu, Fe, Hg, Ni
(D) Al, Fe, Ni, Cu, Hg
(E) Hg, Ni, Fe, Al, Cu

759⁺ Welche Reihenfolge trifft zu?
Die folgenden korrespondierenden Redoxpaare sollen nach steigenden Normalpotentialen in saurer Lösung geordnet werden:

(1) Fe^{2+}/Fe^{3+}
(2) $I_2/2 I^-$
(3) $Br_2/2 Br^-$
(4) Ce^{3+}/Ce^{4+}
(5) NH_4^+/N_2

(A) 5 – 2 – 1 – 4 – 3
(B) 2 – 5 – 4 – 1 – 3
(C) 5 – 2 – 1 – 3 – 4
(D) 2 – 1 – 4 – 5 – 3
(E) 5 – 1 – 3 – 2 – 4

760⁺ Metallisches Zink reagiert bei Raumtemperatur mit Wasser nicht zu Zinkhydroxid und Wasserstoff,
weil
das Normalpotential des Systems Zn/Zn^{2+} deutlich negativer ist als das des Systems $H_2/2 H^+$.

761 Welche Reihenfolge trifft zu?
Die Redoxsysteme Al/Al^{3+}, Fe/Fe^{2+}, Mn/Mn^{2+}, Pb/Pb^{2+} und Zn/Zn^{2+} sollen nach steigendem Standardpotential geordnet werden.

(A) Zn/Zn^{2+}, Pb/Pb^{2+}, Fe/Fe^{2+}, Al/Al^{3+}, Mn/Mn^{2+}

(B) Mn/Mn^{2+}, Al/Al^{3+}, Fe/Fe^{2+}, Pb/Pb^{2+}, Zn/Zn^{2+}

(C) Fe/Fe^{2+}, Al/Al^{3+}, Mn/Mn^{2+}, Zn/Zn^{2+}, Pb/Pb^{2+}

(D) Al/Al^{3+}, Mn/Mn^{2+}, Zn/Zn^{2+}, Fe/Fe^{2+}, Pb/Pb^{2+}

(E) Pb/Pb^{2+}, Zn/Zn^{2+}, Al/Al^{3+}, Fe/Fe^{2+}, Mn/Mn^{2+}

762 Welche Aussage trifft zu?
Das Redoxpotential des Systems
$H_3AsO_3 + H_2O \rightleftharpoons H_3AsO_4 + 2 H^+ + 2e^-$
in verdünnter Lösung bei T = 298 K ergibt sich aus folgender Gleichung:

(A) $E = E^O + \dfrac{0,059}{2} \lg \dfrac{[H_3AsO_4]}{[H_3AsO_3]}$

(B) $E = E^O - \dfrac{0,059}{2} pH + \dfrac{0,059}{2} \lg \dfrac{[H_3AsO_4]}{[H_3AsO_3]}$

(C) $E = E^O - 0,059 \, pH + \dfrac{0,059}{2} \lg \dfrac{[H_3AsO_4]}{[H_3AsO_3]}$

(D) $E = E^O + \dfrac{0,059}{2} pH + \dfrac{0,059}{2} \lg \dfrac{[H_3AsO_4]}{[H_3AsO_3]}$

(E) $E = E^O + 0,059 \, pH + \dfrac{0,059}{2} \lg \dfrac{[H_3AsO_4]}{[H_3AsO_3]}$

763+ Welche Aussage trifft zu?
Das Redoxpotential eines Systems
$Red + H_2O \rightleftharpoons Ox + 2 H^+ + 2 e^-$
in verdünnter Lösung bei T = 298 K ergibt sich aus folgender Gleichung:

(A) $E = E^O + \dfrac{0,059}{2} \lg \dfrac{[Ox]}{[Red]}$

(B) $E = E^O - \dfrac{0,059}{2} pH + \dfrac{0,059}{2} \lg \dfrac{[Ox]}{[Red]}$

(C) $E = E^O - 0,059 \, pH + \dfrac{0,059}{2} \lg \dfrac{[Ox]}{[Red]}$

(D) $E = E^O + \dfrac{0,059}{2} pH + \dfrac{0,059}{2} \lg \dfrac{[Ox]}{[Red]}$

(E) $E = E^O + 0,059 \, pH + \dfrac{0,059}{2} \lg \dfrac{[Ox]}{[Red]}$

764+ Welchen Zahlenwert erhält man für das Potential E des Redoxpaares
$Cr^{3+} + 4 H_2O \rightleftharpoons CrO_4^{2-} + 8 H^+ + 3 e^-$
$[E^O(Cr^{3+}/CrO_4^{2-}) = + 1,30 V]$ bei pH = 0 und 0,1-molarer Konzentration der Cr^{3+}- und CrO_4^{2-}-Ionen mit Hilfe der Nernstschen Gleichung?

(A) + 0,50 V
(B) + 0,90 V

(C) + 1,30 V
(D) + 1,55 V
(E) + 1,65 V

765 Welche Aussage trifft zu?
Für das Redoxpaar der Reaktion $H_2O + red \rightleftharpoons ox + 2 H^+ + 2 e^-$ betrage das Standardpotential $E^o = 0,16$ V. Das Redoxpotential E beträgt (25 °C) bei pH = 5 und $c_{ox}/c_{red} = 0,1/99,9$

(A) − 0,23 V
(B) − 0,15 V
(C) − 0,05 V
(D) + 0,07 V
(E) + 0,37 V

766 Das Redoxpotential des Redoxpaares MnO_4^-/Mn^{2+} ($C_{ox}/C_{Red} = 10^{-2}$) betrage + 1,50 V bei pH = 0 und T = 298 K.
Die freie Reaktionsenthalpie ΔG (kJ · mol^{-1}) beträgt dann etwa:
(Gaskonstante R: abgerundet 8 J/grd mol; Faraday-Konstante: abgerundet 10^5 A · s/mol; 1 Ws = 1 J)

(A) + 150
(B) − 150
(C) + 750
(D) − 750
(E) + 4800

767 Das Normalpotential von MnO_4^- ist in saurem Milieu mit ∼ 1,5 V vergleichsweise hoch,
weil
bei der Umsetzung von MnO_4^- zu Mn^{2+} fünf Elektronen erforderlich sind.

768+ Die Gleichgewichtseinstellung bei einer Redoxreaktion erfolgt grundsätzlich um so schneller, je größer die Differenz der Normalpotentiale der beteiligten Redoxpaare ist,
weil
die Gleichgewichtslage einer Redoxreaktion von der Differenz der Normalpotentiale der beteiligten Redoxsysteme abhängig ist.

Elektrochemische pH-Messung

769+ Welche Aussagen treffen zu?
Zur elektrochemischen pH-Messung sind bei

geeigneter Versuchsanordnung folgende Reaktionen (Summengleichungen) zu verwenden:

(1) $H_2 + 2 H_2O \rightleftharpoons 2 H_3O^+ + 2 e^-$

(2) $HO-\langle\bigcirc\rangle-OH + 2 H_2O$

$O=\langle\bigcirc\rangle=O + 2 H_3O^+ + 2 e^-$

(3) $H_2O_2 + H_2O_2 \rightleftharpoons 2 H_2O + O_2$

(A) nur 1 ist richtig
(B) nur 2 ist richtig
(C) nur 1 und 2 sind richtig
(D) nur 1 und 3 sind richtig
(E) nur 2 und 3 sind richtig

770$^+$ Welche Aussage über die Redoxbeziehung p-Benzochinon (=Ch)/Hydrochinon (= ChH$_2$) sowie das auftretende Chinhydron trifft **nicht** zu?

$+ 2 H^+ + 2 e^-$

(A) Chinhydron ist in Wasser schwerlöslich.
(B) Das Potential des Systems ist definiert als

$$E_{Ch} = E_{Ch}^\circ + \frac{RT}{2F} \ln \frac{a_{Ch} \cdot (a_{H^+})^2}{a_{ChH_2}}$$

(C) Für $a_{Ch} = a_{ChH_2}$ ist das Redoxpotential E_{Ch} bei konstanter Temperatur nur vom pH-Wert abhängig.
(D) In stark saurer Lösung ist E_{Ch} kleiner als in neutraler Lösung.
(E) Chinhydron ist ein charge transfer-Komplex aus p-Benzochinon und Hydrochinon im molaren Verhältnis 1 : 1.

771 Welcher ungefähre Wert errechnet sich für das Potential des Redoxpaares Chinon (0,01-molar) / Hydrochinon (1-molar) bei pH = 6?
($E^O = 0,7$ Volt)

(A) – 1,0 V
(B) – 0,5 V

(C) 0,0 V
(D) 0,3 V
(E) 1,0 V

1.12.3 Voraussage von Redoxvorgängen

Siehe hierzu auch Fragen des Kap. 2.2.1

772 Welche Aussagen treffen zu?
Chlor kann **nicht** zu Chlorid reduziert werden mit

(1) F^-
(2) Br^-
(3) I^-
(4) SO_3
(5) S^{2-}

(A) nur 1 und 4 sind richtig
(B) nur 1 und 5 sind richtig
(C) nur 2 und 4 sind richtig
(D) nur 3 und 4 sind richtig
(E) nur 3 und 5 sind richtig

773$^+$ Womit kann Chlor **nicht** zu Chlorid reduziert werden?

(A) NH_3
(B) Mn^{2+}
(C) Pb^{2+}
(D) S^{2-}
(E) $S_2O_3^{2-}$

774$^+$ Ein blanker Eisendraht wird in wäßrige Lösungen folgender Salze gehalten.
In welchen Fällen scheidet sich das jeweilige Metall in nennenswerter Menge ab?

(1) $Al(NO_3)_3$
(2) $CuSO_4$
(3) $ZnCl_2$
(4) $AgNO_3$

(A) nur 2 ist richtig
(B) nur 4 ist richtig
(C) nur 2 und 4 sind richtig
(D) nur 1, 2 und 4 sind richtig
(E) 1–4 = alle sind richtig

775 Ein blanker Eisendraht wird in schwach saure wäßrige Lösungen folgender Metallionen eingetaucht.

In welchen Fällen scheidet sich das jeweilige Metall in nennenswerter Menge ab?

(1) Al^{3+}
(2) Mn^{2+}
(3) Hg^{2+}
(4) Ag^+
(5) Cu^{2+}

(A) nur 4 ist richtig
(B) nur 1 und 2 sind richtig
(C) nur 4 und 5 sind richtig
(D) nur 3, 4 und 5 sind richtig
(E) 1–5 = alle sind richtig

776 An einem blanken Stück metallischen Eisens, das in eine Kupfer(II)-sulfat-Lösung eingebracht wird, scheidet sich elementares Kupfer ab,

weil

elementares Eisen gegenüber Kupfer(II)-Ionen ein Oxidationsmittel ist.

1.13 Reaktionskinetik
(siehe Ehlers, Chemie I-Kurzlehrbuch)

1.13.1 Thermodynamische und kinetische Stabilität; Metastabilität

1.13.2 Reaktionsgeschwindigkeit und Reaktionsordnung

777 Welche Aussagen über die Reaktionskinetik treffen zu?

(1) Trägt man bei einer Reaktion 1. Ordnung den Logarithmus der Konzentration des Reaktanden gegen die Zeit auf, so resultiert eine Gerade.

(2) Eine bimolekulare Reaktion kann auch einem Zeitgesetz 1. Ordnung gehorchen.

(3) Ein Katalysator erhöht die Geschwindigkeiten von Hin- und Rückreaktion.

(4) Der radioaktive Zerfall ist ein monomolekularer Prozeß.

(5) Ein Produkt gilt als „kinetisch kontrolliert" entstanden, wenn es nicht das thermodynamisch stabilste der möglichen Produkte darstellt.

(A) nur 3 ist richtig
(B) nur 1 und 3 sind richtig
(C) nur 2 und 4 sind richtig
(D) nur 1, 3 und 5 sind richtig
(E) 1–5 = alle sind richtig

Reaktionsordnung, Geschwindigkeitsgesetze

778+ Welche der folgenden Aussagen ist für eine Reaktion nullter Ordnung charakteristisch?

(A) Eine Umsetzung findet nicht statt.
(B) Die Reaktion läuft ohne Beteiligung des Lösungsmittels ab.
(C) Die Reaktion läuft unter Beteiligung des Lösungsmittels ab.
(D) Die Reaktion verläuft monomolekular.
(E) Die Reaktionsgeschwindigkeit ist unabhängig von der Konzentration.

779+ Zwei Edukte A und B reagieren gemäß $A + B \longrightarrow C + D$ zu den Produkten C und D nach einem Geschwindigkeitsgesetz, das 1. Ordnung bezüglich A sowie B ist.
Nach welchem Geschwindigkeitsgesetz läßt sich die Reaktionsgeschwindigkeit dieser Reaktion beschreiben?

(A) $+ \dfrac{d\,[A]}{dt} = k \cdot [A] \cdot [B]$

(B) $+ \dfrac{d\,[D]}{dt} = k \cdot [A] + [B]$

(C) $- \dfrac{d\,[B]}{dt} = k \cdot [A] \cdot [B]$

(D) $+ \dfrac{d\,[B]}{dt} = k^2 \cdot [A] \cdot [B]$

(E) $- \dfrac{d\,[C]}{dt} = k \cdot [A] \cdot [B]$

780 Welche der folgenden Gleichungen stellt – bei gleicher Konzentration der beiden Reaktionspartner – die Geschwindigkeitsgleichung für eine Reaktion 2. Ordnung dar?

(A) $- \dfrac{dc}{dt} = k \cdot c$

(B) $\quad -\dfrac{dc}{dt} = k \cdot c^2$

(C) $\quad t_{1/2} = \dfrac{\ln\ 2}{k}$

(D) $\quad \lg c = -\dfrac{k}{2,3}\ t + \lg c_o$

(E) $\quad t_{1/2} = \dfrac{1}{k \cdot c_o}$

781+ Welches Geschwindigkeitsgesetz beschreibt die folgende, über zwei Schritte verlaufende (gekoppelte) Reaktion?

(1) $\quad A + H^+ \rightleftharpoons AH^+ \quad$ (rasche Gleichgewichtseinstellung)

(2) $\quad AH^+ + B \xrightarrow{\text{langsam}} P \quad (P = \text{Produkt})$

(A) $\quad \dfrac{d\,[P]}{dt} = k \cdot [A] \cdot [H^+] \cdot [B]$

(B) $\quad \dfrac{d\,[P]}{dt} = -k \cdot [AH^+]^2 \cdot [B]$

(C) $\quad \dfrac{d\,[P]}{dt} = -k \cdot [A] \cdot [H^+]$

(D) $\quad \dfrac{d\,[P]}{dt} = k \cdot [A] \cdot [B]$

(E) $\quad \dfrac{d\,[P]}{dt} = k \cdot [AH^+]$

Konzentrations-Zeit-Diagramme

Ordnen Sie bitte den Reaktionsordnungen der Liste 1 das jeweils entsprechende Diagramm aus Liste 2 zu (C_0 = Anfangskonzentration von A).

Liste 1

782 Reaktion 1. Ordnung
$\quad$ (A $\longrightarrow$ Produkte)
783 Reaktion 2. Ordnung
$\quad$ (2 A $\longrightarrow$ Produkte)

Liste 2

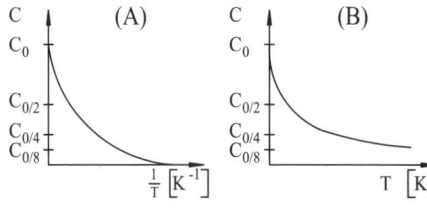

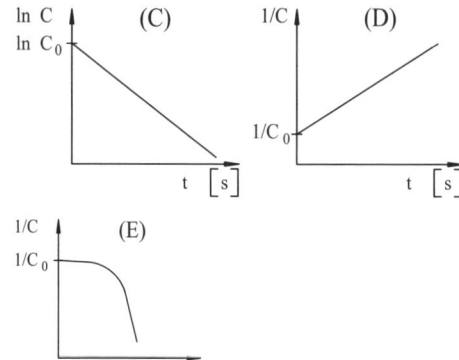

784 Welches der nachfolgenden Diagramme zeigt den Konzentrations/Zeit-Verlauf einer Reaktion 1. Ordnung (C_0 = Anfangskonzentration)?

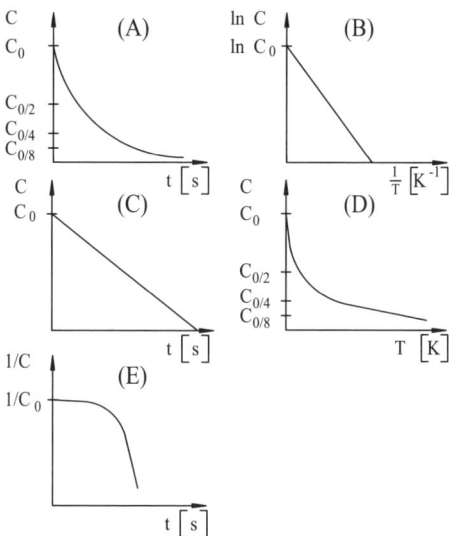

Halbwertszeit

785 Welche Aussage trifft zu?
Unter dem Begriff Halbwertszeit versteht man

(A) die Hälfte der Zeit, die eine Reaktion bis zur Verschiebung eines Gleichgewichts benötigt
(B) die Zeit, in der die Hälfte der zu Beginn vorhandenen Menge des Ausgangsstoffes umgesetzt wurde

(C) die Zeit, in der die Hälfte der Produktmenge gebildet wird

(D) die Zeit, die für die Gleichgewichtseinstellung benötigt wird

(E) die zeitliche Differenz zwischen den Geschwindigkeiten von Hin- und Rückreaktion.

786 Welche Aussage trifft zu?
Bei einer Reaktion 1. Ordnung ist die Halbwertszeit

(A) direkt proportional der Konzentration

(B) umgekehrt proportional zur Konzentration

(C) abhängig vom Quadrat der Konzentration

(D) abhängig vom Logarithmus der Anfangskonzentration

(E) unabhängig von der Anfangskonzentration

787 Bei einer Reaktion 1. Ordnung werden in gleichen Zeiten jeweils gleiche Bruchteile der noch vorhandenen Stoffmenge umgesetzt,
weil
bei Reaktionen 1. Ordnung die Halbwertszeit von der Konzentration abhängt.

788 Das untenstehende Konzentrations/Zeit-Diagramm gilt für eine Reaktion 1. Ordnung.
Welche der nachfolgend angegebenen Strecken entsprechen der Halbwertszeit der betreffenden Reaktion?

(1) $\overline{AC}$
(2) $\overline{BD}$
(3) $\overline{CD}$
(4) $\overline{OC}$

(A) nur 1 ist richtig

(B) nur 3 ist richtig

(C) nur 2 und 3 sind richtig

(D) nur 3 und 4 sind richtig

(E) nur 2, 3 und 4 sind richtig

789 Azobisisobutyronitril zerfällt nach einer Reaktion erster Ordnung. Bei 80 °C hat es eine Geschwindigkeitskonstante des Zerfalls von $1,5 \cdot 10^{-4}$ s^{-1} und eine Halbwertszeit von 1 Stunde 17 Minuten. Welche der angegebenen Reaktionszeiten ist notwendig, damit etwa 75% der Ausgangskomponente zerfallen sind?

(A) 2,5 Std.

(B) 5 Std.

(C) 12,5 Std.

(D) 25 Std.

(E) 10 Tage

Temperaturabhängigkeit der Reaktionsgeschwindigkeit

790⁺ Welche der folgenden Aussagen ergibt sich aus der Arrhenius-Gleichung

$$k = A \cdot e^{-\frac{E_a}{R \cdot T}} \ ?$$

(A) Die Reaktionsgeschwindigkeit ist abhängig von der Konzentration (Aktivität) der Edukte.

(B) Die Geschwindigkeitskonstante nimmt bei Erhöhung der Temperatur ab.

(C) Die Geschwindigkeitskonstante nimmt bei Erhöhung der Temperatur zu.

(D) Die Geschwindigkeitskonstante nimmt proportional 1/T zu.

(E) Die Geschwindigkeitskonstante nimmt nur bei negativem Vorzeichen von E_a bei Erhöhung der Temperatur zu.

791 Welche Aussage trifft zu?

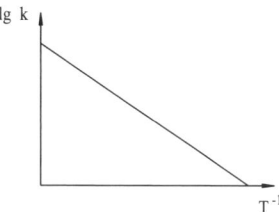

Die oben aufgeführte Graphik beschreibt

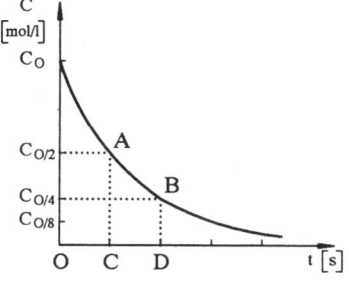

(A) die Kinetik einer Reaktion 1. Ordnung
(B) ein Energiediagramm für eine Reaktion nullter Ordnung
(C) die Temperaturabhängigkeit einer katalysierten Reaktion von der Katalysator-Konzentration
(D) die Temperaturabhängigkeit der Reaktionsgeschwindigkeitskonstanten
(E) Keine der Aussagen (A) bis (D) trifft zu.

792 Welche Aussagen treffen zu?
Die Geschwindigkeitskonstante k in der Arrhenius Gleichung ist bei einer gegebenen Reaktion abhängig von der

(1) Aktivierungsenthalpie
(2) Temperatur
(3) Größe der freien Enthalpie des Produktes

(A) nur 1 ist richtig
(B) nur 2 ist richtig
(C) nur 3 ist richtig
(D) nur 1 und 2 sind richtig
(E) 1–3 = alle sind richtig

1.13.3 Reaktions-molekularität

793 Eine bimolekulare Reaktion ist definitionsgemäß eine Reaktion 2. Ordnung,
weil
die Geschwindigkeit einer Reaktion 2. Ordnung dem Produkt der Konzentrationen zweier Reaktionspartner proportional ist.

1.13.4 Reaktionsdia-gramme, Reak-tionskontrolle

Freie Enthalpie-Reaktionskoordina-ten-Diagramme

Ordnen Sie bitte den Begriffen der Liste 1 den jeweils entsprechenden Punkt bzw. Abschnitt des Reaktionskoordinatendiagramms aus Liste 2 zu.

Liste 1

794 Zwischenstufe

795 freie Reaktionsenthalpie
796 Übergangszustand
797 freie Aktivierungsenthalpie

Liste 2

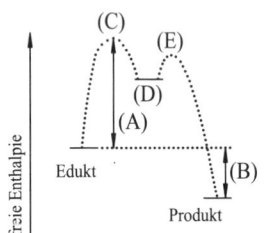

798 Welches Diagramm in vereinfachter Darstellung ist für eine zweistufige, exergonische Reaktion zutreffend, wobei der zweite Reaktionsschritt geschwindigkeitsbestimmend ist?

(A)
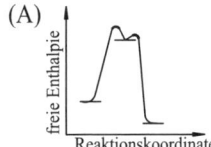

(B)
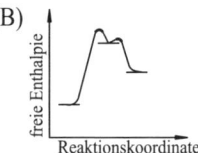

(C)
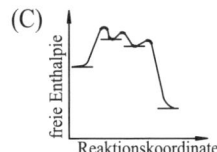

(D)
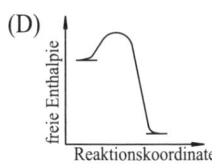

(E)
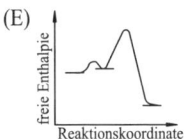

799+ Welches Diagramm in vereinfachter Darstellung ist für eine zweistufige, exergonische Reaktion zutreffend, wobei der erste Reaktionsschritt geschwindigkeitsbestimmend ist?

(A)
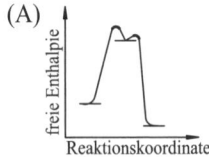

(D)
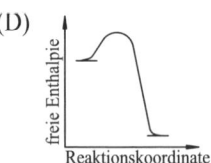

(B)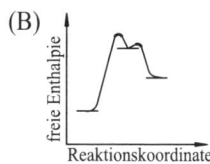

(E)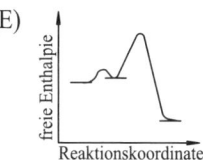

(C)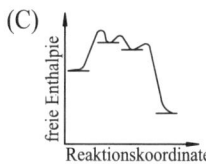

800⁺ Welches der folgenden Energie-Reaktionskoordinaten-Diagramme ist für die angegebene Reaktion charakteristisch?

$$H_3C-C\overset{O}{\underset{OH}{\big<}} + H_2O \longrightarrow H_3C-C\overset{O}{\underset{O}{\big<}} \ominus + H_3O^+$$

(pK_a der Essigsäure = 4,75)

(A)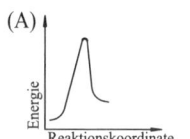

(B)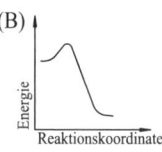

(C)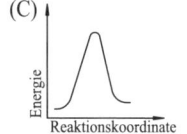

(D)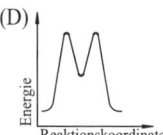

(E)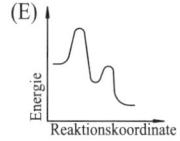

Ordnen Sie bitte jedem der in Liste 1 angegebenen reaktionskinetischen Symbole die jeweils zutreffende Charakterisierung aus Liste 2 zu.

Liste 1

801 $\Delta H^{\neq}$
802 $\Delta S^{\neq}$

Liste 2

(A) Maß für die Triebkraft einer Reaktion
(B) Änderung der Reaktionsenthalpie eines Systems
(C) Freie Aktivierungsenthalpie einer Reaktion
(D) Aktivierungsenthalpie einer Reaktion
(E) Aktivierungsentropie einer Reaktion

Reaktionskontrolle, Folgereaktionen, Konkurrenzreaktionen

803 Welche Aussagen treffen zu?
Für eine Folgereaktion $A + B \xrightarrow{k_1} C \xrightarrow{k_2} D$ mit $k_2 >> k_1$ als Geschwindigkeitskonstanten, die bei Raumtemperatur spontan abläuft, gilt:

(1) D ist das thermodynamisch kontrollierte Produkt.
(2) D ist das kinetisch kontrollierte Produkt.
(3) C wird zu keiner Zeit in größeren Konzentrationen erhalten.
(4) Der erste Reaktionsschritt ist der geschwindigkeitsbestimmende Schritt.
(5) Der zweite Reaktionsschritt ist der geschwindigkeitsbestimmende Schritt.

(A) nur 1 ist richtig
(B) nur 2 ist richtig
(C) nur 3 und 5 sind richtig
(D) nur 1, 2 und 4 sind richtig
(E) nur 1, 2, 3 und 4 sind richtig

804 Welche Reihenfolge trifft zu?
Aus dem nachstehend abgebildeten freie Enthalpie-Reaktionskoordinaten-Diagramm für die Umsetzung

$$A + B \underset{k_{-1}}{\overset{k_1}{\rightleftharpoons}} AB + C \underset{k_{-2}}{\overset{k_2}{\rightleftharpoons}} ABC$$

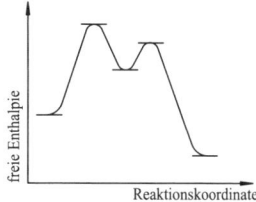

ergibt sich bezüglich der Geschwindigkeitskonstanten die folgende Reihung:

(A) $k_{-2} < k_1 < k_{-1} < k_2$
(B) $k_2 < k_{-1} < k_1 < k_{-2}$
(C) $k_{-1} < k_1 < k_2 < k_{-2}$
(D) $k_1 < k_{-1} < k_2 < k_{-2}$
(E) $k_{-2} < k_2 < k_1 < k_{-1}$

805 Aus dem nachstehend aufgeführten Energiediagramm für die Umsetzung

$$A + X \underset{k_{-1}}{\overset{k_1}{\rightleftharpoons}} AX \text{ (1. Schritt)} \quad \text{und}$$

$$AX + B \underset{k_{-2}}{\overset{k_2}{\rightleftharpoons}} AXB \text{ (2. Schritt)}$$

ergibt sich:

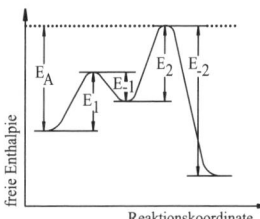

Die Gesamtreaktionsgeschwindigkeit wird wesentlich durch den Wert von k_2 bedingt,
weil
$k_2 < k_1$ ist.

806⁺ Welche Aussagen treffen zu?
Aus der nachstehend formulierten Umsetzung

$$A + X \underset{k_{-1}}{\overset{k_1}{\rightleftharpoons}} AX \text{ (Teilschritt 1) und}$$

$$AX + B \underset{k_{-2}}{\overset{k_2}{\rightleftharpoons}} AXB \text{ (Teilschritt 2)}$$

mit den Aktivierungsenthalpien
$E_{-2} > E_2 > E_1 > E_{-1}$ folgt:

(1) Die Reaktionsgeschwindigkeit für die Bildung von AXB wird wesentlich durch k_2 bedingt.
(2) Im Teilschritt 2 ist $k_{-2} > k_2$.
(3) AX wird zu keiner Zeit in nennenswerter Konzentration erhalten.

(A) nur 1 ist richtig
(B) nur 2 ist richtig
(C) nur 3 ist richtig
(D) nur 1 und 2 sind richtig
(E) 1–3 = alle sind richtig

807 Edukte, welche zunächst kinetisch kontrolliert reagieren, liefern nach langer Zeit thermodynamisch kontrollierte Produkte,
weil
thermodynamisch kontrollierte Reaktionen grundsätzlich eine niedrigere freie Aktivierungsenthalpie benötigen als die entsprechenden kinetisch kontrollierten Reaktionen.

808⁺ Im Verlauf einer zunächst kinetisch gesteuerten Reaktion entsteht nach längerer Zeit schließlich das thermodynamisch kontrollierte Reaktionsprodukt,
weil
– im Vergleich zur kinetisch gesteuerten Reaktion – bei der Bildung des thermodynamisch kontrollierten Produktes die kleinere Aktivierungsenthalpie benötigt wird.

1.13.5 Katalyse

809⁺ Welche Änderung des freien Enthalpie-Reaktionskoordinaten-Diagramms (in vereinfachter Darstellung) der Reaktion A + B ⟶ C + D durch Katalyse trifft zu?
(Der Energieverlauf der nichtkatalysierten Reaktion ist jeweils unterbrochen gekennzeichnet.)

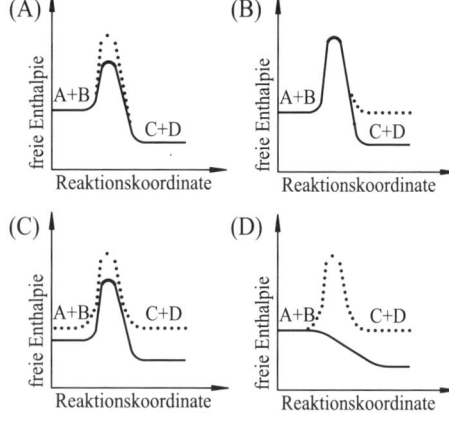

(E) Keines der Diagramme (A) bis (D) trifft zu.

810 Welche der folgenden Aussagen zum Thema Katalyse/Katalysator trifft **nicht** zu?

(A) Katalysatoren beeinflussen die Gleichgewichtslage einer Reaktion.

(B) Katalysatoren beschleunigen die Einstellung des Gleichgewichts einer Reaktion.

(C) Katalysatoren setzen die freie Aktivierungsenthalpie einer Reaktion herab.

(D) Bei einer homogenen Katalyse bilden Katalysator und reagierende Substanz (Substrat) eine einzige Phase.

(E) Von Enzymen katalysierte Stoffwechselreaktionen der lebenden Zelle sind in der Regel heterogene Katalysen.

811 Welche der folgenden Charakteristika treffen für einen Katalysator zu?
Ein Katalysator

(1) beschleunigt die Hinreaktion
(2) beschleunigt die Rückreaktion
(3) verschiebt das Reaktionsgleichgewicht auf die Seite der Produkte
(4) bildet mit den Ausgangsstoffen reaktive Zwischenprodukte

(A) nur 1 ist richtig
(B) nur 3 ist richtig
(C) nur 1 und 2 sind richtig
(D) nur 1, 2 und 4 sind richtig
(E) 1–4 = alle sind richtig

812 Welche der folgenden Aussagen zu Katalysatoren trifft **nicht** zu?

(A) Bei vielen unter Katalyse ablaufenden Reaktionen bildet der Katalysator mit einem Edukt ein reaktives Zwischenprodukt.

(B) Sie beschleunigen die Einstellung des Gleichgewichts einer Reaktion.

(C) Sie setzen die freie Aktivierungsenthalpie einer Reaktion herab.

(D) Sie sind bei homogener Katalyse mit dem Substrat in derselben Phase.

(E) Eine Entstehung im Verlauf der katalysierten Reaktion ist unmöglich.

813 Ein Katalysator verändert die Gleichgewichtslage einer chemischen Reaktion,
weil
ein Katalysator die freie Enthalpie einer Reaktion senkt.

814 In einem abgeschlossenen System wird die Lage eines chemischen Gleichgewichts durch einen Katalysator nicht beeinflußt,
weil
bei Durchführung einer Reaktion in Anwesenheit eines Katalysators eine geringere Aktivierungsenthalpie aufgebracht werden muß als bei dessen Abwesenheit.

815 Ein Katalysator verändert die Gleichgewichtslage einer chemischen Reaktion,
weil
in Anwesenheit eines Katalysators ein geringerer Betrag der freien Aktivierungsenthalpie beobachtet wird als bei seiner Abwesenheit.

Ordnen Sie bitte jedem Katalyse-Begriff der Liste 1 die jeweils entsprechend katalysierte Reaktion aus Liste 2 zu. (Bei den angegebenen Reaktionen werden die Umsetzungsbedingungen über dem Reaktionspfeil genannt.)

Liste 1

816 Homogene Katalyse
817 Heterogene Katalyse

Liste 2

(A) $C_6H_5\text{-}O^- \xrightarrow{\ H^+\ } C_6H_5\text{-}OH$

(B) $2\ H_2 + O_2 \xrightarrow{\ Pt\ } 2\ H_2O$

(C) $R\text{-}CO_2C_2H_5 \xrightarrow{\ NaOH\ } R\text{-}CO_2^-\,Na^+$
$+\ C_2H_5OH$

(D) $HCOOH \xrightarrow{\ H^+/H_2O\ } H_2O + CO$

(E) $3\ O_2 \xrightarrow{\ h\cdot\nu\ } 2\ O_3$

818 Welche Aussage trifft zu?
Als Autokatalyse bezeichnet man den Vorgang, bei welchem

(A) ein Katalysator sowohl in homogener als auch in heterogener Phase wirkt

(B) ein Katalysator schon bei Raumtemperatur wirkt

(C) imVerlauf eines katalytischen Prozesses sehr reaktionsfähige Zwischenprodukte auftreten

(D) ein Katalysator im Verlauf einer Reaktion entsteht

(E) ein Katalysator eine endergonische Reaktion zu einer exergonischen macht

2. Anorganische Chemie

2.1 Edelgase
(siehe Ehlers, Chemie I-Kurzlehrbuch)

VIII. HG.: vgl. auch MC-Fragen Nr. 18, 46, 117, 169, 170, 374–377.

2.1.1 Vorkommen, Gewinnung, Reaktivität und Anwendung

819⁺ Welche Aussagen über Edelgase treffen zu?

(1) Edelgase gehen keine Verbindungen mit anderen Elementen ein.
(2) Edelgase besitzen das höchste Ionisierungspotential aller Elemente der jeweiligen Periode.
(3) Im flüssigen Zustand liegen Edelgase als zweiatomige Moleküle vor.
(4) Radon ist ein natürlich vorkommendes radioaktives Edelgas.

(A) nur 1 ist richtig
(B) nur 1 und 2 sind richtig
(C) nur 2 und 4 sind richtig
(D) nur 1, 3 und 4 sind richtig
(E) 1–4 = alle sind richtig

820⁺ Welche der folgenden Aussagen treffen zu?
Alle Edelgase

(1) sind chemisch inert
(2) besitzen die höchsten Ionisierungsenergien ihrer Periode
(3) werden im technischen Maßstab durch fraktionierte Destillation aus verflüssigter Luft gewonnen
(4) liegen atomar vor

(A) nur 1 ist richtig
(B) nur 2 und 3 sind richtig
(C) nur 2 und 4 sind richtig
(D) nur 1, 3 und 4 sind richtig
(E) 1–4 = alle sind richtig

821⁺ Edelgase sind weitgehend reaktionsträge,
weil
Edelgase im Elementarzustand einatomig auftreten.

822⁺ Welche Aussage über Helium trifft **nicht** zu?

(A) Helium hat den tiefsten Siedepunkt aller bekannten Stoffe.
(B) Nach dem MO-Modell resultiert für He_2^+ im Gegensatz zu He_2 ein bindender Anteil.
(C) Der Aufenthaltswahrscheinlichkeitsraum der Elektronen des He-Atoms besitzt Kugelsymmetrie.
(D) Helium ist zur Bildung von Fluoriden befähigt.
(E) Helium kommt in gewissen Erdgasen als Folgeprodukt radioaktiver Zerfallsvorgänge vor.

823⁺ Helium ist im Grundzustand diamagnetisch,
weil
das Heliumatom im Grundzustand keine ungepaarten Elektronen besitzt.

824⁺ Helium hat von allen Edelgasen die größte Wärmeleitfähigkeit,
weil
bei gegebener Temperatur die Geschwindig-

keit von Heliumatomen größer ist als die von anderen Edelgasatomen.

825⁺ Helium kann keine Verbindungen mit anderen Elementen bilden,
weil
Helium das höchste 1. Ionisierungspotential aller Elemente besitzt.

826⁺ Xenon bildet keine Verbindungen mit anderen Elementen,
weil
Xenon das höchste Ionisierungspotential der Elemente seiner Periode im Periodensystem besitzt.

827⁺ Xenon kann keine Verbindungen mit anderen Elementen bilden,
weil
Xenon eine abgeschlossene Elektronenkonfiguration hat.

2.2 Wasserstoff
(siehe Ehlers, Chemie I-Kurzlehrbuch)

vgl. auch MC-Fragen Nr. 121,122

2.2.1 Gewinnung und Bildung von Wasserstoff

828⁺ Welche Aussage trifft **nicht** zu?
Die folgende Gleichung beschreibt eine Reaktion, mit der Wasserstoff gewonnen werden kann.

(A) $H_2O + C \xrightarrow{1000°C} CO + H_2$
(B) $H_3O^+ + e^- \longrightarrow 1/2\ H_2 + H_2O$
(C) $2\ CH_3COOH + Zn \longrightarrow H_2 + Zn(CH_3COO)_2$
(D) $2\ H_3O^+ + Cu \longrightarrow H_2 + Cu^{2+} + 2\ H_2O$
(E) $CaH_2 + 2\ H_2O \longrightarrow Ca(OH)_2 + 2\ H_2$

829⁺ Welche Reaktion ist zur Gewinnung von Wasserstoff **nicht** geeignet?

(A) $Fe + 2\ HCl \longrightarrow FeCl_2 + H_2$
(B) $2\ Na + 2\ NH_3 \longrightarrow 2\ NaNH_2 + H_2$
(C) $CaH_2 + H_2O \longrightarrow CaO + 2\ H_2$
(D) $Cu + 2\ HNO_3 \longrightarrow Cu(NO_3)_2 + H_2$
(E) $C + H_2O \xrightarrow{\Delta} CO + H_2$

830⁺ Welche Reaktion beschreibt die Auflösung eines Metalls in überschüssiger Säure richtig?

(A) $Fe + 3\ HCl \longrightarrow FeCl_3 + 3/2\ H_2$
(B) $Cr + 2\ HNO_3 \longrightarrow Cr(NO_3)_2 + H_2$
(C) $Ag + HNO_3 \longrightarrow AgNO_3 + 1/2\ H_2$
(D) $Sb + 3\ HCl \longrightarrow SbCl_3 + 3/2\ H_2$
(E) Keine der obengenannten Reaktionen.

831⁺ Welche Reaktion ist für die Gewinnung von H_2 aus H_2O **nicht** brauchbar?

(A) $H_2O + Fe \xrightarrow{\Delta} FeO + H_2$
(B) $H_2O + NaH \longrightarrow NaOH + H_2$
(C) $H_2O + C \xrightarrow{\Delta} CO + H_2$
(D) $H_2O + SO_2 \xrightarrow{\Delta} SO_3 + H_2$
(E) $2\ H_2O + 2\ Na \longrightarrow 2\ NaOH + H_2$

832⁺ Im folgenden ist (in einer schematisierten Schreibweise) die Oxidation verschiedener Metalle in Salzsäure (6N) dargestellt.
Welche dieser Redoxreaktionen läuft bei Abwesenheit von Luftsauerstoff **nicht** ab?

(A) $Pb + 4\ H^+ \longrightarrow Pb^{4+} + 2\ H_2$
(B) $2\ Al + 6\ H^+ \longrightarrow 2\ Al^{3+} + 3\ H_2$
(C) $Fe + 2\ H^+ \longrightarrow Fe^{2+} + H_2$
(D) $Mg + 2\ H^+ \longrightarrow Mg^{2+} + H_2$
(E) $Zn + 2\ H^+ \longrightarrow Zn^{2+} + H_2$

833⁺ Im folgenden ist (in einer schematisierten Schreibweise) die Oxidation verschiedener Metalle in Salzsäure (6N) dargestellt.
Welche dieser Redoxreaktionen laufen bei Abwesenheit von Luftsauerstoff ab?

(1) $Sn + 2\ H^+ \longrightarrow Sn + H_2$
(2) $2\ Al + 6\ H^+ \longrightarrow 2\ Al^{3+} + 3\ H_2$
(3) $Mg + 2\ H^+ \longrightarrow Mg^{2+} + H_2$
(4) $Zn + 2\ H^+ \longrightarrow Zn^{2+} + H_2$

(A) nur 4 ist richtig
(B) nur 2 und 3 sind richtig
(C) nur 3 und 4 sind richtig
(D) nur 1, 2 und 4 sind richtig
(E) 1–4 = alle sind richtig

834⁺ Die Auflösung von reinem Zink in verdünnter Schwefelsäure wird durch Kontakt mit Platin beschleunigt,

weil
die Wasserstoffüberspannung an Platin kleiner ist als an Zink.

835+ Welches der folgenden Metalle wird als Blech von konzentrierter Salpetersäure aufgelöst?

(A) Gold
(B) Kupfer
(C) Eiscn
(D) Chrom
(E) Aluminium

836+ Welche Aussage über die Bildung des Wasserstoffs trifft zu?

(A) Wasserstoff entsteht bei der Zersetzung von Silberamalgam mit Wasser.
(B) Wasserstoff kann durch Reaktion von feingepulvertem Kupfer mit Salzsäure dargestellt werden.
(C) Wasserstoff kann im Labormaßstab durch Reaktion von Eisenspänen mit konzentrierter Salpetersäure bei Raumtemperatur erzeugt werden.
(D) Beim Behandeln einer Ni-Al-Legierung (Raney-Legierung) mit wäßriger Natriumhydroxid-Lösung entsteht Wasserstoff.
(E) Bei der Elektrolyse von angesäuertem Wasser entsteht an der Anode Wasserstoff.

Atomarer Wasserstoff

837 Die Rekombination von H-Atomen zu H_2-Molekülen tritt nicht sofort ein,
weil
bei der Rekombination von H-Atomen zu H_2 Molekülen die große – als Schwingungsenergie – freiwerdende Bindungsenergie zu erneutem Zerfall führt.

838+ Welche Aussage über die Bildung von molekularem Wasserstoff (H_2) aus atomarem Wasserstoff (H ·) trifft **nicht** zu?

(A) Die H_2-Bildung ist ein exothermer Prozeß.
(B) Die Stabilität der H_2-Bindung wird durch die Paarung der Elektronenspins hervorgerufen.

(C) Aus paramagnetischem H · wird diamagnetischer H_2.
(D) Das Energieniveau des bindenden Molekülorbitals in H_2 ist niedriger als das Energieniveau des 1s-Atomorbitals in H ·.
(E) Die Bindungselektronen besitzen antiparallelen Spin (Pauli-Prinzip).

839 Welche Aussagen über atomaren Wasserstoff treffen zu?
Atomarer Wasserstoff

(1) ist ein schwaches Reduktionsmittel
(2) reagiert mit Arsen und Antimon zu AsH_3 bzw. SbH_3
(3) ist bei Raumtemperatur nicht existent
(4) kann bei hohen Temperaturen aus H_2 erzeugt werden
(5) entsteht aus H_2 an der Oberfläche fein verteilter Platinmetalle

(A) nur 1 und 4 sind richtig
(B) nur 2 und 5 sind richtig
(C) nur 1, 2 und 4 sind richtig
(D) nur 2, 4 und 5 sind richtig
(E) 1–5 = alle sind richtig

2.2.2 Wasserstoffisotope

840 Welche Aussage trifft zu?
Die Teilchen H⁻ und D sind

(A) isotop
(B) isomer
(C) isomorph
(D) isoster
(E) Keine der Aussagen (A) bis (D) trifft zu

841+ Welche Aussagen über Wasserstoff bzw. dessen Isotope treffen zu?

(1) In natürlichem Wasserstoff liegen die drei Wasserstoffisotope im Atomverhältnis $H:D:T = 1:10^{-18}:10^{-4}$ vor.
(2) Tritium wird wegen seiner Radioaktivität zur Markierung von Wasserstoffverbindungen verwendet.
(3) Deuterium ist **nicht** radioaktiv.
(4) Das Ionenprodukt von „Schwerem Wasser" (D_2O) ist bei 25 °C größer als das von H_2O.

(5) Atomarer Wasserstoff kann bei hohen Temperaturen aus H_2 erhalten werden.

(A) nur 1 und 2 sind richtig
(B) nur 3 und 4 sind richtig
(C) nur 4 und 5 sind richtig
(D) nur 2, 3 und 5 sind richtig
(E) 1–5 = alle sind richtig

842 Welche Aussagen treffen zu?
Deuterium

(1) läßt sich durch stufenweise Elektrolyse von Wasser gewinnen
(2) ist reaktionsfähiger als Wasserstoff
(3) kann zur Herstellung von deuterierten Verbindungen (z. B. Metalldeuteriden) dienen.

(A) nur 1 ist richtig
(B) nur 2 ist richtig
(C) nur 3 ist richtig
(D) nur 1 und 3 sind richtig
(E) nur 2 und 3 sind richtig

843⁺ Welche Aussagen über Deuterium treffen zu?
Deuterium

(1) besitzt gleich viele Valenzelektronen wie Wasserstoff
(2) besitzt ein Valenzelektron mehr als Wasserstoff
(3) läßt sich an einer Platinelektrode (kathodisch) zu Wasserstoff reduzieren

(A) nur 1 ist richtig
(B) nur 2 ist richtig
(C) nur 3 ist richtig
(D) nur 1 und 3 sind richtig
(E) nur 2 und 3 sind richtig

844⁺ Welche Aussage über das Wasserstoffisotop Tritium ($^3_1 H$) trifft zu?
Tritium

(A) ist ein α-Strahler
(B) ist ein β-Strahler
(C) ist ein γ-Strahler
(D) zerfällt unter Neutronenemission
(E) ist ein stabiles Isotop

845⁺ Die Dissoziationskonstanten von H_2O und D_2O sind gleich,

weil
H und D Isotope sind.

846 D_2O zersetzt sich spontan bei Raumtemperatur,
weil
Deuterium ein radioaktives Wasserstoffisotop ist.

847⁺ Schweres Wasser (D_2O) kann durch Elektrolyse von destilliertem Wasser gewonnen werden,
weil
bei der Elektrolyse von destilliertem Wasser H_2O schneller elektrolysiert wird als D_2O, so daß sich im Rückstand D_2O anreichert.

848⁺ Welche der folgenden Isotopenaustauschreaktionen mit D_2O findet normalerweise **nicht** statt?

(A) $NH_4^+ + D_2O \longrightarrow NH_3D^+ + HDO$
(B) $CH_3\text{-}OH + D_2O \longrightarrow CH_3\text{-}OD + HDO$
(C) $CH_3\text{-}CH_2\text{-}CH_3 + D_2O \longrightarrow$
     $CH_3\text{-}CH_2\text{-}CH_2D + HDO$
(D) $CH_3\text{-}CO\text{-}CH_2\text{-}CO\text{-}CH_3 + D_2O \longrightarrow$
     $CH_3\text{-}CO\text{-}CHD\text{-}CO\text{-}CH_3 + HDO$
(E) $CH_3\text{-}CO_2H + D_2O \longrightarrow$
     $CH_3\text{-}CO_2D + HDO$

2.2.3 Eigenschaften und Reaktionen

849⁺ Welche der folgenden Aussagen über Wasserstoff trifft **nicht** zu?

(A) Vom Wasserstoff lassen sich zwei Ionenarten ableiten.
(B) Wasserstoff kann die Oxidationszahl –1, 0, +1 besitzen.
(C) Wasserstoff kann aus Wasser durch anodische Oxidation gewonnen werden.
(D) In H_2S, H_2O, HI, HNO_3 und H_2SO_4 ist der Wasserstoff jeweils durch eine Atombindung an ein anderes Element gebunden.
(E) Vom Wasserstoff sind drei Isotope bekannt.

850 Welche Aussage trifft zu?

(A) Im Orthowasserstoff besitzen die Elektronen parallelen Spin.
(B) Im Parawasserstoff besitzen die Elektronen parallelen Spin.
(C) Im Orthowasserstoff besitzen die Nucleonen parallelen Spin.
(D) Im Parawasserstoff besitzen die Nucleonen parallelen Spin.
(E) Keine der Aussagen (A) bis (D) trifft zu

851 Vom Wasserstoffmolekül existieren zwei Formen mit unterschiedlichem Kernspin,
weil
Wasserstoff das leichteste aller Gase ist.

852 Bei Raumtemperatur besteht Wasserstoff überwiegend aus Orthowasserstoff,
weil
im Orthowasserstoff die Elektronen antiparallelen Spin besitzen.

853 Wasserstoff besteht bei Raumtemperatur überwiegend aus Orthowasserstoff,
weil
Orthowasserstoff energieärmer als Parawasserstoff ist.

854⁺ Vom Wasserstoffmolekül existieren zwei Formen mit unterschiedlichen Kernspinkombinationen,
weil
im Wasserstoffmolekül die Elektronen unterschiedliche Spins haben können.

855⁺ Wasserstoffgas ist bei Raumtemperatur relativ reaktionsträge,
weil
Wasserstoffgas aus zweiatomigen Molekülen mit relativ großer Bindungsenergie besteht.

Reaktionen
856⁺ Welche Aussagen über Reaktionen des Wasserstoffs treffen zu?

(1) Die Knallgasreaktion verläuft über Radikale.
(2) Knallgas kann bei Raumtemperatur ohne merkliche Umsetzung aufbewahrt werden.

(3) Durch Zufuhr von Energie kann molekularer Wasserstoff in atomaren Wasserstoff gespalten werden.
(4) Lithium reagiert beim Erhitzen mit Wasserstoff.

(A) nur 1 ist richtig
(B) nur 1 und 3 sind richtig
(C) nur 3 und 4 sind richtig
(D) nur 1, 2 und 4 sind richtig
(E) 1–4 = alle sind richtig

857 Bei der Verbrennung von atomarem und molekularem Wasserstoff mit Sauerstoff wird dieselbe Energie freigesetzt,
weil
bei der Knallgasreaktion stets Wasserstoffatome als Zwischenprodukte entstehen.

858⁺ Ein Gemisch gleicher Volumina Wasserstoff und Sauerstoff reagiert in Anwesenheit eines geeigneten Katalysators quantitativ zu Wasser,
weil
gleiche Volumina idealer Gase unter gleichen äußeren Bedingungen dieselbe Anzahl von Teilchen enthalten.

859 Das System H_2/O_2 ist bei Raumtemperatur metastabil,
weil
die Reaktion von Wasserstoff mit Sauerstoff zu Wasser eine sehr hohe Aktivierungsenergie besitzt.

860 Das System H_2/O_2 ist bei Raumtemperatur kinetisch instabil,
weil
die Reaktion von Wasserstoff mit Sauerstoff zu Wasser eine sehr kleine Aktivierungsenergie besitzt.

2.2.4 Wasserstoffverbindungen

861 In welcher der aufgeführten Wasserstoffverbindungen ist der Wasserstoff elektronegativer als sein Bindungspartner?

(A) H_3BO_3
(B) CH_4
(C) H_2S
(D) N_2H_4
(E) CaH_2

862+ In welcher der aufgeführten Wasserstoffverbindungen ist der Wasserstoff elektronegativer als sein Bindungspartner?

(A) H_3BO_3
(B) $CHCl_3$
(C) SiH_4
(D) NH_3
(E) H_2S

863+ In welcher der aufgeführten Wasserstoffverbindungen ist der Wasserstoff elektronegativer als sein Bindungspartner?

(A) B_2H_6
(B) H_3BO_3
(C) C_2H_2
(D) N_2H_4
(E) H_2S

864+ Bei welcher der folgenden Verbindungen ist der ionische Charakter der Hydridbindung am stärksten ausgeprägt?

(A) NaH
(B) SiH_4
(C) AsH_3
(D) CH_4
(E) $PdH_{0,8}$

865+ Welche Aussage über Natriumborhydrid bzw. Lithiumaluminiumhydrid trifft **nicht** zu?

(A) Sie werden als komplexe Metallhydride bezeichnet.
(B) Sie werden vor allem in der organischen Chemie als Reduktionsmittel eingesetzt.
(C) Natriumborhydrid ist für die Verwendung in wäßrigem Medium ungeeignet.

(D) Lithiumaluminiumhydrid wird durch Wasser explosionsartig zersetzt.
(E) Lithiumaluminiumhydrid wird technisch aus Aluminiumchlorid und Lithiumhydrid hergestellt.

866+ Welche Aussage über Hydride trifft **nicht** zu?

(A) $NaBH_4$ ist im Vergleich zu $LiAlH_4$ in wäßriger Lösung relativ stabil.
(B) Bei der Reaktion von Natriumhydrid mit Wasser entsteht eine saure Lösung.
(C) $LiAlH_4$ ist in Diethylether löslich.
(D) Bei der Schmelzelektrolyse salzartiger Hydride entsteht an der Anode Wasserstoff.
(E) Das Hydrid-Ion ist isoster zum Li^+-Ion.

Ordnen Sie bitte den Begriffen der Liste 1 die jeweils dazugehörige Verbindung aus Liste 2 zu.

Liste 1		Liste 2
867 Alkalialanat	(A)	$NaBH_4$
868 Alkaliboranat	(B)	$B(OH)_3$
	(C)	$LiAlH_4$
	(D)	B_2H_6
	(E)	$NaAlO_2$

869+ Bei welchen der nachstehend aufgeführten Umsetzungen sind die richtigen Produkte angegeben?

(1) $LiH + CH_3OH \longrightarrow LiOCH_3 + H_2$
(2) $LiC_4H_9 + CH_3OH \longrightarrow LiOCH_3 + C_4H_{10}$
(3) $LiAlH_4 + 4\ CH_3OH \longrightarrow LiOCH_3 + Al(CH_3)_3 + 3\ H_2O$
(4) $2\ LiH + Cl_2 \longrightarrow 2\ LiCl + H_2$

(A) nur 1 und 3 sind richtig
(B) nur 1 und 4 sind richtig
(C) nur 1, 2 und 4 sind richtig
(D) nur 2, 3 und 4 sind richtig
(E) 1–4 = alle sind richtig

2.3 Halogene
(siehe Ehlers, Chemie I-Kurzlehrbuch)

VII. HG.: vgl. auch MC Fragen Nr. 200, 215–218, 220, 234, 267–278, 292, 294, 373, 379, 383, 486, 650–655

2.3.1 Vorkommen und Gewinnung der Elemente

870 Welche Aussage trifft zu?
Fluor kann gewonnen werden

(A) aus wäßrigen Fluorid-Lösungen durch Elektrolyse
(B) durch anodische Oxidation von Fluoriden
(C) durch Einwirken von H_2SO_4 auf CaF_2
(D) durch Einleiten von Chlor in wäßrige Fluorid-Lösungen
(E) durch Luftoxidation von H_2F_2

871+ Die Darstellung von elementarem Fluor kann **nicht** durch Elektrolyse einer wäßrigen Fluorid-Lösung erfolgen,
weil
Fluor ein höheres Redoxpotential als Sauerstoff besitzt.

872 Fluor kann mit chemischen Oxidationsmitteln aus Fluoriden nicht gewonnen werden,
weil
Fluor das positivste Standard-Redoxpotential aller Oxidationsmittel besitzt.

873+ Welche Reaktion ist **nicht** zur Gewinnung von Chlor geeignet?

(A) Elektrolyse von wäßriger NaCl-Lösung $\longrightarrow$
(B) $HCl + Ce^{3+} \longrightarrow$
(C) $HCl + MnO_2 \longrightarrow$
(D) $CaCl(OCl) + HCl \longrightarrow$
(E) $HCl + O_2 \xrightarrow{(CuCl_2\text{-Katalysator})}$

874+ Welche der folgenden Reaktionen sind zur Gewinnung von Chlor geeignet?

(1) $4\ HCl + O_2 \xrightarrow{\text{Katalysator}} 2\ Cl_2 + 2\ H_2O$
(2) $2\ Cl^- \xrightarrow[\text{(Wasser)}]{\text{Anode}} Cl_2$
(3) $2\ Cl^- + I_2 \longrightarrow Cl_2 + 2\ I^-$
(4) $CaCl(OCl) + 2\ HCl \longrightarrow Cl_2 + CaCl_2 + H_2O$
(5) $4\ HCl + MnO_2 \longrightarrow Cl_2 + MnCl_2 + H_2O$

(A) nur 3 ist richtig
(B) nur 2 und 3 sind richtig
(C) nur 1, 2 und 5 sind richtig
(D) nur 1, 2, 4 und 5 sind richtig
(E) 1–5 = alle sind richtig

875 Brom kann durch Einleiten von Chlorgas in Bromid-Lösungen erhalten werden,
weil
Chlor ein stärkeres Oxidationsmittel als Brom ist.

876+ Welche der folgenden Reaktionen sind zur Gewinnung von Iod geeignet?

(1) $4\ HI + MnO_2 \longrightarrow I_2 + MnI_2 + 2\ H_2O$
(2) $2\ HIO_3 + 5\ H_2SO_3 \longrightarrow I_2 + 5\ H_2SO_4 + H_2O$
(3) $2\ I^- \xrightarrow[\text{(Wasser)}]{\text{Anode}} I_2$
(4) $2\ I^- + Cl_2 \longrightarrow I_2 + 2\ Cl^-$

(A)   nur 3 ist richtig
(B)   nur 1 und 4 sind richtig
(C)   nur 2 und 3 sind richtig
(D)   nur 1, 3 und 4 sind richtig
(E)   1–4 = alle sind richtig

2.3.2 Eigenschaften der Elemente

877+ Welche Aussagen über die Elemente der VII. Hauptgruppe des PSE treffen zu?
Mit steigender Kernladungszahl erfolgt eine

(1)   Zunahme des Normalpotentials $2\,X^-/X_2$
(2)   Zunahme der Affinität zu Sauerstoff
(3)   Abnahme des Nichtmetallcharakters
(4)   Abnahme der Affinität zu Wasserstoff

(A)   nur 1 ist richtig
(B)   nur 1 und 3 sind richtig
(C)   nur 2 und 4 sind richtig
(D)   nur 2, 3 und 4 sind richtig
(E)   1–4 = alle sind richtig

878 Welche Eigenschaft nimmt in der Gruppe der Halogene mit steigender relativer Atommasse ab?

(A)   Metallcharakter
(B)   Elektronegativität
(C)   Atomradius
(D)   Ionenradius
(E)   Siedepunkt

879 Welche der folgenden Aussagen über Halogene bzw. Halogenide treffen zu?

(1)   Von allen Halogenen existieren Sauerstoffverbindungen.
(2)   Alle Halogene bilden kovalente Wasserstoffverbindungen, die in wäßriger Lösung sauer reagieren.
(3)   Alle Halogene können als Oxidationsmittel wirken.
(4)   Alle Silberhalogenide sind in schwach salpetersaurer Lösung schwerlöslich.

(A)   nur 1 ist richtig
(B)   nur 3 ist richtig
(C)   nur 2 und 4 sind richtig
(D)   nur 1, 2 und 3 sind richtig
(E)   1–4 = alle sind richtig

880 Welche Aussagen über Halogene treffen zu?

(1)   Ihr Ionenradius nimmt von Fluor zu Iod hin zu.
(2)   Sie können alle die Oxidationszahlen von −1 bis +7 annehmen.
(3)   Sie besitzen elementar 7 Außenelektronen.
(4)   Ihr Normalpotential $2X^\ominus/X_2$ nimmt von Fluor zu Iod hin ab.
(5)   Ihr Nichtmetallcharakter nimmt innerhalb der Gruppe von oben nach unten ab.

(A)   nur 1, 2 und 3 sind richtig
(B)   nur 1, 3 und 4 sind richtig
(C)   nur 2, 4 und 5 sind richtig
(D)   nur 1, 3, 4 und 5 sind richtig
(E)   1–5 = alle sind richtig

881 Fluor ist das reaktionsfähigste Halogen,
weil
Fluor die höchste Dissoziationsenergie aller Halogenmoleküle besitzt.

882 Chlor ist reaktionsfähiger als Brom,
weil
Chlor eine kleinere Dissoziationsenergie besitzt als Brom.

883+ Welche Aussage über elementares Fluor trifft zu?

(A)   Glas wird durch Fluor rasch angegriffen.
(B)   Fluor kann durch anodische Oxidation von Fluorid-Ionen hergestellt werden
(C)   Elementares Fluor ist Bestandteil vieler Zahnpasten.
(D)   Fluor kommt in geringen Konzentrationen in einigen Heilquellen vor.
(E)   Fluor kann durch Elektrolyse einer wäßrigen Lösung von KF gewonnen werden.

884+ Welche Aussage trifft **nicht** zu?
Chlor

(A)   wird technisch durch Elektrolyse aus Natriumchlorid hergestellt
(B)   besteht aus einem Gemisch mehrerer Isotope
(C)   hat eine gelbgrüne Farbe

(D) oxidiert Natriumthiosulfat zu Natriumtetrathionat
(E) disproportioniert in Natronlauge

885 Welche der folgenden Aussagen über Iod trifft zu?

(A) In Wasser ist Iod leichtlöslich.
(B) Eine konzentrierte alkoholische Lösung von Iod ist violett.
(C) In Chloroform ist Iod mit brauner Farbe löslich.
(D) Die blaue Farbe der Iod-Stärke-Reaktion ist hitzebeständig.
(E) Elementares Iod bildet zusammen mit Kaliumiodid gut wasserlösliche charge transfer-Komplexe.

886 Welche der folgenden Umsetzungen laufen im beschriebenen Sinne ab?

(1) $I_2 + 2\,OH^- \rightleftharpoons I^- + IO^- + H_2O$
(2) $Br_2 + 2\,OH^- \rightleftharpoons Br^- + BrO^- + H_2O$
(3) $Cl_2 + 2\,OH^- \rightleftharpoons Cl^- + ClO^- + H_2O$
(4) $F_2 + 2\,OH^- \rightleftharpoons F^- + FO^- + H_2O$

(A) nur 2 ist richtig
(B) nur 3 und 4 sind richtig
(C) nur 1, 2 und 3 sind richtig
(D) nur 2, 3 und 4 sind richtig
(E) 1–4 = alle sind richtig

887+ Bei der Bestrahlung mit infrarotem Licht tritt bei einem Wasserstoff/Chlor-Gemisch keine Chlorknallgas-Reaktion ein,
weil
infrarotes Licht nicht genügend Energie zur Spaltung der Cl-Cl-Bindung besitzt.

888 In unpolaren Lösungsmitteln wie CS_2 oder CCl_4 löst sich Iod mit violetter Farbe,
weil
Iod mit unpolaren Lösungsmitteln wie CS_2 und CCl_4 violett gefärbte I_2-Additionsverbindungen bildet.

889 Beim Lösen von Iod in wäßriger Kaliumiodid-Lösung werden I_3^--Ionen gebildet,
weil
I_3^--Ionen wesentlich hydrophiler als I_2 sind.

890+ Welche der folgenden Aussagen über die Löslichkeit von Iod und die Eigenschaften seiner Lösungen trifft **nicht** zu?

(A) Iod ist in Wasser leichtlöslich.
(B) Eine konzentrierte alkoholische Lösung von Iod ist braun gefärbt.
(C) In Chloroform ist Iod mit violetter Farbe löslich.
(D) Elementares Iod bildet zusammen mit Kaliumiodid gut wasserlösliche charge transfer-Komplexe von brauner Farbe.
(E) Die blaue Farbe der Iod-Stärke-Reaktion wird durch die Entstehung einer Einschlußverbindung hervorgerufen.

Ordnen Sie bitte den Lösungsmitteln der Liste 1 die jeweils entsprechende Farbe einer Iod-Lösung aus Liste 2 zu.

Liste 1		Liste 2
891+ Schwefelkohlenstoff	(A)	grün
892+ Dioxan	(B)	rotbraun
	(C)	gelb
	(D)	violett
	(E)	blaugrün

Ordnen Sie bitte den Farben der Liste 1 den jeweils entsprechend gefärbten Stoff aus Liste 2 zu.

Liste 1		Liste 2
893 rotbraun	(A)	I_2
894 gelb	(B)	HCl_3
	(C)	$HCBr_3$
	(D)	Br_2
	(E)	ICl

Welche der Aussagen in Liste 2 ist für das jeweilige Halogen in Liste 1 zutreffend?

Liste 1

895+ Chlor
896+ Brom

Liste 2

(A) kann nur auf elektrochemischem Wege dargestellt werden
(B) wird u. a. schon bei der Einwirkung von konzentrierter Schwefelsäure auf das entsprechende Halogenid erhalten

(C) ist ein stärkeres Oxidationsmittel als Ozon

(D) ist in gasförmigem Zustand farblos

(E) hat als Wasserstoffverbindung (HX) den tiefsten Siedepunkt aller Halogenwasserstoffverbindungen

Welche der Aussagen in Liste 2 ist für das jeweilige Halogen in Liste 1 zutreffend?

Liste 1

897⁺ Chlor
898⁺ Iod

Liste 2

(A) kann nur auf elektrochemischem Wege dargestellt werden

(B) wird u. a. schon bei Einwirken von konzentrierter Schwefelsäure auf das entsprechende Halogenid erhalten

(C) ist ein stärkeres Oxidationsmittel als Ozon

(D) bildet mit Calcium schwerlöslichen Flußspat

(E) oxidiert Thiosulfat (in neutralem bis schwach saurem Medium) bis zur Stufe des Sulfats

Welche der Aussagen in Liste 2 ist für das jeweilige Halogen in Liste 1 zutreffend?

Liste 1

899⁺ Chlor
900⁺ Brom

Liste 2

(A) kann nur auf elektrochemischem Wege dargestellt werden

(B) wird u. a. schon bei der Einwirkung von konzentrierter Schwefelsäure auf das entsprechende Halogenid erhalten

(C) ist ein stärkeres Oxidationsmittel als Ozon

(D) ist in gasförmigem Zustand farblos

(E) hat als Molekül (X_2) die höchste Bindungsenergie aller Halogene

2.3.3 Halogenwasserstoffe

901⁺ Nach welchen der nachstehend aufgeführten Umsetzungen wird Fluorwasserstoff dargestellt?

(1) $CF_4 + 2\ H_2O \longrightarrow 2\ H_2F_2 + CO_2$
(2) $CaF_2 + H_2SO_4 \longrightarrow H_2F_2 + CaSO_4$
(3) $NaBF_4 + 2\ H_2O \longrightarrow 2\ H_2F_2 + NaBO_2$

(A) nur 2 ist richtig
(B) nur 3 ist richtig
(C) nur 1 und 2 sind richtig
(D) nur 2 und 3 sind richtig
(E) 1–3 = alle sind richtig

902⁺ Bromwasserstoff kann in sehr guter Ausbeute aus Natriumbromid und konzentrierter Schwefelsäure gewonnen werden,
weil
Bromwasserstoff im Gegensatz zu Schwefelsäure leicht flüchtig ist.

903 Die Synthese von Iodwasserstoff aus den Elementen folgt einem Zeitgesetz zweiter Ordnung,
weil
Iod und Wasserstoff im Molverhältnis 1:1 miteinander reagieren.

904⁺ Welche Reihenfolge trifft zu?
Die reinen flüssigen Halogenwasserstoffsäuren sind nach steigenden Siedepunkten geordnet.

(A) HF – HCl – HBr – HI
(B) HCl – HBr – HI – HF
(C) HCl – HF – HBr – HI
(D) HBr – HCl – HF – HI
(E) HI – HBr – HCl – HF

905 Die Polarität der Halogenwasserstoffe nimmt mit steigender relativer Molmasse ab,
weil
die Atomabstände der Halogenwasserstoffe mit steigender relativer Atommasse abnehmen.

2.3.4 Halogenide und kovalente Halo-genverbindungen

906 Welche Aussage über Fluor und seine Verbindungen trifft **nicht** zu?

(A) Fluor hat von allen Halogenen den tiefsten Siedepunkt.
(B) In Verbindungen hat Fluor stets die Oxidationszahl –1.
(C) In flüssigem Fluorwasserstoff liegen starke Wasserstoffbrücken vor.
(D) Calciumfluorid löst sich in Wasser ähnlich leicht wie Calciumchlorid.
(E) Antimonpentafluorid ist eine starke Lewis-Säure.

907 Welche Aussage über Fluor und seine Verbindungen trifft **nicht** zu?

(A) Fluor hat von allen Halogenen das höchste 1. Ionisierungspotential.
(B) Fluor hat im KrF_2 die Oxidationszahl +1.
(C) In flüssigem Fluorwasserstoff liegen starke Wasserstoffbrücken vor.
(D) Calciumfluorid löst sich in Wasser schwerer als Calciumchlorid.
(E) Antimonpentafluorid ist eine starke Lewis-Säure.

908⁺ Welche der folgenden Chloride sind hygroskopisch?

(1) $CaCl_2$
(2) $NaCl$
(3) $MgCl_2$
(4) $AlCl_3$

(A) nur 2 ist richtig
(B) nur 1 und 2 sind richtig
(C) nur 3 und 4 sind richtig
(D) nur 1, 2 und 3 sind richtig
(E) nur 1, 3 und 4 sind richtig

909 Welche Aussage trifft **nicht** zu?
Folgende Metallhalogenide sind in Wasser schwerlöslich:

(A) $AgBr$
(B) HgI_2

(C) CuI
(D) AgF
(E) Hg_2Cl_2

910 Welches der folgenden Halogenide liegt bei Raumtemperatur/Normaldruck in festem Aggregatzustand vor?

(A) PCl_3
(B) BCl_3
(C) $SnCl_4$
(D) $TiCl_4$
(E) PCl_5

911⁺ Bei den Natriumhalogeniden nimmt der ionische Anteil der Metall-Halogen-Bindung in der Reihenfolge Chlorid-Bromid-Iodid zu,
weil
in der Reihenfolge Chlorid-Bromid-Iodid die Polarisierbarkeit des Anions zunimmt.

912 Welche der folgenden Metallhalogenide sind in kristallinem Zustand kovalent gebaut?

(1) Hg_2Cl_2
(2) $HgCl_2$
(3) $PbCl_2$
(4) $AlCl_3$

(A) nur 1 ist richtig
(B) nur 1 und 2 sind richtig
(C) nur 3 und 4 sind richtig
(D) nur 1, 2 und 3 sind richtig
(E) 1–4 = alle sind richtig

913⁺ Welche der folgenden Verbindungen ist zutreffend bezeichnet?

(A) Br-Cl   -Pseudohalogen
(B) I_3^- -Pseudohalogenid
(C) $K^+(HF_2)^-$ -Interhalogenverbindung
(D) $SbCl_5$ -Polyhalogenid
(E) HCl   -kovalente Halogenverbindung

2.3.5 Interhalogen-verbindungen

914 Die Interhalogenverbindung IBr wird richtigerweise als Iodbromid und nicht als Bromiodid bezeichnet,

weil

bei der Heterolyse von IBr das Brom als Anion abgespalten wird.

915+ Welche Aussage über Interhalogenverbindungen der Formel XY_n trifft **nicht** zu? (X, Y = Halogen, X ≠ Y)

(A) n ist stets eine ungerade Zahl.
(B) Y ist stets das leichtere Halogen.
(C) Interhalogenmoleküle sind polar.
(D) Interhalogenverbindungen sind Oxidationsmittel.
(E) Alle Interhalogene sind hydrolysestabil.

2.3.6 Halogensauerstoffsäuren

916 Welche der folgenden Halogensauerstoffsäuren ist in wäßriger Lösung am beständigsten?

(A) $HClO$
(B) $HClO_4$
(C) $HClO_2$
(D) $HBrO$
(E) HIO

917 Verbindungen zwischen Sauerstoff und Fluor bezeichnet man als Sauerstoff-Fluoride,
weil
Fluor elektronegativer als Sauerstoff ist.

2.3.7 Halogenverbindungen von Hauptgruppenelementen

MC-Fragen zu diesem Kap. sind bei den jeweiligen Hauptgruppenelementen aufgelistet bzw. im Kap. 2.3.4 enthalten.

2.3.8 Pseudohalogene, Pseudohalogenide und Pseudohalogenwasserstoffe

918 Welche der folgenden Ionen werden zu den Pseudohalogeniden gerechnet?

(1) CN^-
(2) $S_2O_3^{2-}$
(3) SCN^-
(4) NO_2^-
(5) N_3^-

(A) nur 1 ist richtig
(B) nur 1, 2 und 3 sind richtig
(C) nur 1, 3 und 4 sind richtig
(D) nur 1, 3 und 5 sind richtig
(E) nur 3, 4 und 5 sind richtig

919 Das Cyanid-Ion wird als Pseudohalogenid bezeichnet,
weil
sowohl Cyanid-Ionen als auch Halogenid-Ionen zur Komplexbildung mit Übergangsmetall-Ionen geeignet sind.

920 Das Cyanid-Ion wird als Pseudohalogenid bezeichnet,
weil
wäßrige Lösungen der Alkalicyanide ebenso wie die der entsprechenden Alkalihalogenide neutral reagieren.

921 Das Cyanid-Ion wird als Pseudohalogenid bezeichnet,
weil
das Cyanid-Ion viele der für Halogenide typischen Reaktionen liefert.

922 Das Rhodanid-Ion wird als Pseudohalogenid bezeichnet,
weil
das Rhodanid-Ion viele der für Halogenide typischen Reaktionen zeigt.

923+ Welche Aussage über Pseudohalogenide trifft **nicht** zu?

(A) Dicyan kann durch Oxidation von Cyanid hergestellt werden.

(B) Bei der „Cyanidlaugerei" wird Silber aus dem Erz als AgCN gelöst.

(C) Dicyan disproportioniert in alkalischer Lösung in Cyanid- und Cyanat-Ionen.

(D) Eine wäßrige Lösung von NaCN reagiert alkalisch.

(E) Thiocyanate können durch Schmelzen von Cyaniden mit Schwefel hergestellt werden.

924 Welche Aussagen über das Pseudohalogenid „Cyanid" treffen zu?

(1) Es bildet wie die Halogenide ein schwerlösliches Silbersalz.

(2) Seine Wasserstoffverbindung ist eine ähnlich starke Säure wie die Halogenwasserstoffe.

(3) Sein entsprechendes Pseudohalogen steht im Periodensystem in der gleichen Gruppe wie die Halogene.

(4) Sein entsprechendes Pseudohalogen disproportioniert in alkalischer Lösung nicht.

(5) Es kann durch geeignete Oxidationsmittel zum entsprechenden Pseudohalogen oxidiert werden.

(A) nur 1 ist richtig

(B) nur 1 und 3 sind richtig

(C) nur 1 und 5 sind richtig

(D) nur 2, 3 und 4 sind richtig

(E) nur 3, 4 und 5 sind richtig

925 Welche Aussage über Blausäure (HCN) trifft **nicht** zu?

(A) HCN ist wie die Halogenwasserstoffe eine kovalente Molekülverbindung.

(B) Flüssige HCN hat eine größere Dielektrizitätszahl als Wasser.

(C) HCN ist eine ähnlich starke Säure wie die Halogenwasserstoffsäuren.

(D) Flüssige HCN kann bei fehlenden Stabilisatoren polymerisieren.

(E) HCN kann zwei tautomere Formen bilden.

926 Welche Aussage über Blausäure und ihre Salze trifft **nicht** zu?

(A) Das Cyanid-Ion ist mit N_2 isoelektronisch.

(B) Durch Oxidation von Cyanid-Ionen mit Cu^{2+} bildet sich Dicyan.

(C) KCN-Lösungen können durch Oxidationsmittel in Kaliumcyanat-Lösungen übergeführt werden.

(D) AgCN ist in Wasser leicht löslich.

(E) HCN reagiert gegenüber Wasser als schwache Säure.

2.4 Chalkogene
(siehe Ehlers, Chemie I-Kurzlehrbuch)

VI. HG.: vgl. auch MC-Fragen Nr. 139,196, 224–228, 284, 285, 296, 384–386, 395, 396, 407, 474–476, 580, 581, 631, 632, 646–448, 714

2.4.1 Sauerstoff

927+ Welche der folgenden Aussagen über Sauerstoff treffen zu?
Sauerstoff

(1) bildet Verbindungen ionischen und kovalenten Charakters
(2) kommt in der Natur in zwei Modifikationen vor
(3) bildet Oxide, die mit Wasser alkalisch reagierende Lösungen bilden können
(4) bildet Oxide, die mit Wasser sauer reagierende Lösungen bilden können

(A) nur 1 ist richtig
(B) nur 3 ist richtig
(C) nur 1, 2 und 3 sind richtig
(D) nur 1, 2 und 4 sind richtig
(E) 1–4 = alle sind richtig

928 Luftsauerstoff ist paramagnetisch,
weil
Luftsauerstoff bereits bei Raumtemperatur merklich in Sauerstoffatome dissoziiert ist.

929+ Welche Aussage trifft **nicht** zu?
Sauerstoff

(A) ist – als O_2-Molekül – paramagnetisch
(B) hat einen tieferen Siedepunkt als Stickstoff
(C) läßt sich durch Einwirkung von UV-Licht in Ozon überführen
(D) kann durch fraktionierte Destillation aus verflüssigter Luft gewonnen werden
(E) reagiert unter Druck und erhöhter Temperatur mit Bariumoxid zu Bariumperoxid

930+ Welche Aussage trifft **nicht** zu?
Singulett-Sauerstoff

(A) besitzt bei seinen beiden energiereichsten π^*-Elektronen entgegengesetzte Spinorientierung
(B) läßt sich nur photochemisch erzeugen
(C) ist diamagnetisch
(D) ist ein wirksames Oxidationsmittel
(E) kann sich an Doppelbindungssysteme unter Cycloaddition addieren

931 Sauerstoff kann bei photochemischen Reaktionen als Radikalfänger wirken,
weil
Sauerstoff im Grundzustand als Triplett-Sauerstoff vorliegt.

Ordnen Sie bitte den Sauerstoff-Ionen der Liste 1 den jeweils zutreffenden Begriff aus Liste 2 zu.

Liste 1	Liste 2
932+ O_2^+	(A) Oxid-Ion
933+ O_2^-	(B) Dioxygenyl-Ion
	(C) Hyperoxid-Ion
	(D) Peroxid-Ion
	(E) Ozonid-Ion

Ozon

934 Welche Aussage trifft **nicht** zu?
Ozon

(A) ist unsymmetrisch gebaut

(B)   ist gewinkelt gebaut
(C)   absorbiert sehr stark UV-Licht
(D)   ist eine Sauerstoff-Modifikation
(E)   reagiert mit Alkalihydroxiden, z. B. NaOH, zum entsprechenden Ozonid (NaO$_3$).

935 Welche Aussagen über Ozon treffen zu?

(1)   Ozon ist ein geruchloses Gas.
(2)   Das Ozonmolekül ist gewinkelt gebaut.
(3)   Ozon ist ungiftig.
(4)   Ozon entsteht aus Sauerstoff bei UV-Bestrahlung.
(5)   Ozon kann zur Trinkwasserdesinfizierung dienen.

(A)   nur 1 und 2 sind richtig
(B)   nur 2 und 5 sind richtig
(C)   nur 3 und 4 sind richtig
(D)   nur 2, 4 und 5 sind richtig
(E)   1–5 = alle sind richtig

936⁺ Ozon ist ein wichtiger Bestandteil höherer Schichten der Erdatmosphäre,
weil
durch Zerfall von Ozon Sauerstoff entsteht.

2.4.2 Wasserstoffperoxid, Peroxoverbindungen

937 Nach welcher Reaktion kann Wasserstoffperoxid hergestellt werden?

(A) [Anthrachinon-Struktur mit CH$_2$CH$_3$] + 2 H$_2$O

(B) [Anthrahydrochinon-Struktur mit CH$_2$CH$_3$] + O$_2$

(C) [Struktur mit CH$_2$CH$_3$] + H$_2$ / Katalysator

(D) [Anthrachinon-Struktur mit CH$_2$CH$_2$OOH] + H$_2$

(E) [Struktur] + 2 H$_2$O

938⁺ Welche Aussage trifft **nicht** zu?
Wasserstoffperoxid

(A)   ist in flüssigem Zustand über Wasserstoffbrückenbindungen assoziiert
(B)   besitzt ebenso wie Wasser eine hohe Dielektrizitätszahl
(C)   besitzt einen kleineren pK$_s$-Wert als Wasser
(D)   zerfällt in exothermer Reaktion zu Wasser und Sauerstoff
(E)   kann durch Alkalizusatz stabilisiert werden

939⁺ Wasserstoffperoxid ist ein starkes Oxidationsmittel,
weil
Wasserstoffperoxid von Kaliumpermanganat in saurer Lösung oxidiert werden kann.

940⁺ Welche Aussagen treffen zu?
Wasserstoffperoxid

(1)   läßt sich durch Hydrolyse von Peroxodischwefelsäure darstellen
(2)   besitzt im Gegensatz zu Wasser ein völlig gestrecktes Molekül
(3)   ist schwächer sauer als Wasser
(4)   kann als Oxidationsmittel und Reduktionsmittel wirken

(A)   nur 1 und 3 sind richtig
(B)   nur 1 und 4 sind richtig
(C)   nur 2 und 3 sind richtig
(D)   nur 1, 3 und 4 sind richtig
(E)   nur 2, 3 und 4 sind richtig

941 Das H$_2$O$_2$-Molekül ist metastabil,
weil
H$_2$O$_2$ zwei ungleichsinnig polarisierte H-O-Bindungen besitzt.

942 Welche Aussagen treffen zu?
Wasserstoffperoxid in 30 proz. wäßriger Lösung

(1) ist bei Raumtemperatur metastabil
(2) zerfällt explosionsartig bei Zusatz von wenig Harnsäure
(3) zerfällt bei Anwesenheit von Fe^{2+} primär unter Bildung von Radikalen
(4) wird technisch hergestellt durch Elektrolyse von 1 M-Schwefelsäure

(A) nur 1 ist richtig
(B) nur 1 und 3 sind richtig
(C) nur 2 und 4 sind richtig
(D) nur 2, 3 und 4 sind richtig
(E) 1–4 = alle sind richtig

943⁺ H_2O_2 zerfällt in wäßriger Lösung bei Anwesenheit von Schwermetallspuren,
weil
H_2O_2 oxidierende Eigenschaften besitzt.

944 H_2O_2 zerfällt in wäßriger Lösung bei Anwesenheit von Schwermetallspuren,
weil
H_2O_2 nur oxidierende Eigenschaften besitzt.

945 H_2O_2 zerfällt in wäßriger Lösung bei Anwesenheit von Schwermetallspuren,
weil
H_2O_2 nur in Gegenwart oxidierbarer Stoffe zerfällt.

946 Welche Aussagen über die folgende Reaktion treffen zu?

$$2\,H_2O_2 \longrightarrow O_2 + 2\,H_2O$$

(1) Es handelt sich um eine Disproportionierungsreaktion.
(2) Die Reaktion verläuft bei Raumtemperatur und Abwesenheit von Katalysatoren spontan.
(3) Der Sauerstoff tritt in den beteiligten Verbindungen in drei verschiedenen Oxidationsstufen auf.
(4) Die Reaktion verläuft exergonisch.

(A) nur 1 ist richtig
(B) nur 1 und 2 sind richtig
(C) nur 2 und 3 sind richtig

(D) nur 1, 3 und 4 sind richtig
(E) 1–4 = alle sind richtig

947 Welche Aussage über Wasserstoffperoxid trifft **nicht** zu?

(A) Die als Perhydrol® bezeichnete konzentrierte Lösung ist 30-prozentig.
(B) Verdünnte wäßrige Wasserstoffperoxid-Lösungen disproportionieren bei Raumtemperatur außerordentlich schnell.
(C) H_2O_2 ist stärker sauer als H_2O.
(D) H_2O_2 dient zur Darstellung von Peroxycarbonsäuren.
(E) Reines H_2O_2 und seine hochkonzentrierten Lösungen neigen zu explosionsartigem Zerfall.

Peroxoverbindungen

948⁺ Welche der folgenden Verbindungen besitzen mindestens eine Peroxogruppe?

(1) H_2SO_5
(2) PbO_2
(3) BaO_2
(4) SeO_2
(5) CrO_5

(A) nur 1 ist richtig
(B) nur 1 und 3 sind richtig
(C) nur 2 und 5 sind richtig
(D) nur 3 und 4 sind richtig
(E) nur 1, 3 und 5 sind richtig

949⁺ Welche der folgenden Verbindungen enthalten eine Peroxogruppe?

(1) BaO_2
(2) MnO_2
(3) H_2SO_5
(4) $Na_2S_2O_6$

(A) nur 1 und 3 sind richtig
(B) nur 2 und 4 sind richtig
(C) nur 1, 2 und 3 sind richtig
(D) nur 1, 3 und 4 sind richtig
(E) 1–4 = alle sind richtig

950 Welche Aussagen über Peroxoverbindungen treffen zu?

(1) Die Carosche Säure kann als Monosulfonsäure des Wasserstoffperoxids angesehen werden.

(2)   Peroxodisulfate können in saurer Lösung Mn^{2+}-Ionen zu Permanganat oxidieren (Ag^+-Katalyse).
(3)   Benzoylperoxid zerfällt beim Erhitzen leicht in Radikale.

(A)   nur 1 ist richtig
(B)   nur 3 ist richtig
(C)   nur 1 und 3 sind richtig
(D)   nur 2 und 3 sind richtig
(E)   1–3 = alle sind richtig

2.4.3 Wasser

951+ Welche Aussage über die physikalischen und chemischen Eigenschaften des Wassers trifft **nicht** zu?

(A)   Sehr reines Wasser hat nur eine geringe elektrische Leitfähigkeit.
(B)   Das Dichtemaximum des Wassers bei +4 °C erschwert ein vollständiges Gefrieren tieferer Gewässer.
(C)   Wasser hat eine im Verhältnis zu seiner Molmasse hohe Verdampfungsenthalpie.
(D)   Die relativ geringe Dichte des Eises wird durch eine offene Netzstruktur bedingt.
(E)   Wasser besitzt die höchste bekannte Dielektrizitätszahl.

952+ Welche der folgenden Aussagen über Wasser trifft **nicht** zu?

(A)   Der H-O-H-Bindungswinkel beträgt 104,5°.
(B)   Wasser kann Infrarot-Strahlung absorbieren.
(C)   Bei 0 °C sind in Eis die Moleküle dichter gepackt als in Wasser.
(D)   Im flüssigen Wasser liegen Assoziate vor.
(E)   Die Dichte von Wasser nimmt beim Erwärmen von 0 °C auf 100 °C zunächst zu und dann ab.

953 Wasser hat trotz seiner kleinen Molekülgröße im Vergleich zu bekannten organischen Lösungsmitteln einen relativ hohen Siedepunkt,
weil
Wasser in flüssiger Phase stark assoziiert ist.

954 Welche Eigenschaft hat für die Lösefähigkeit des Wassers gegenüber Salzen die größte Bedeutung?

(A)   protischer Charakter
(B)   schwach saurer Charakter
(C)   schwach basischer Charakter
(D)   Dipolcharakter
(E)   Fähigkeit zur Bildung von H-Brücken

Wasserhärte

955+ Welche der folgenden Aussagen über die Wasserhärte und ihre Beseitigung treffen zu?

(1)   Die temporäre Härte kann durch Erhitzen des Wassers beseitigt werden.
(2)   Die temporäre Härte wird im wesentlichen durch Erdalkalihydrogencarbonate bewirkt.
(3)   Temporäre und bleibende Härte können gemeinsam mit Hilfe von Anionenaustauschern beseitigt werden.
(4)   Temporäre und bleibende Härte können gemeinsam mit Hilfe von Natriumcarbonat beseitigt werden.

(A)   nur 1 ist richtig
(B)   nur 1 und 2 sind richtig
(C)   nur 2 und 3 sind richtig
(D)   nur 1, 2 und 4 sind richtig
(E)   1–4 = alle sind richtig

956 Welche der folgenden Verbindungen ist für die temporäre Härte von hartem Wasser verantwortlich?

(A) $CaSO_4$
(B) $MgSO_4$
(C) $Ca(HCO_3)_2$
(D) Na_2CO_3
(E) $Ca(HSO_4)_2$

957+ Welche der folgenden Aussagen über die Wasserhärte trifft zu?

(A)   Temporäre und bleibende Härte werden gemeinsam mit Hilfe von Anionenaustauschern entfernt.
(B)   Die temporäre Härte wird nur durch Mg-Salze, die bleibende nur durch Ca-Salze hervorgerufen.
(C)   Die temporäre Härte wird im wesentli-

chen durch Erdalkalihydrogencarbonate bewirkt.

(D) Die temporäre Härte wird im wesentlichen durch Erdalkalicarbonate bewirkt.

(E) Die temporäre Härte wird durch die Sulfate der Erdalkalielemente verursacht.

958 Welche Aussagen zur Demineralisierung von Wasser treffen zu?

(1) Sie erfolgt durch abwechselnde Behandlung mit stark sauren und schwach sauren Kationenaustauschern.

(2) Durch stark saure Austauscher wird die permanente Härte beseitigt.

(3) Durch schwach saure Austauscher wird die temporäre Härte beseitigt.

(4) Sie erfolgt durch Mischbettbehandlung mit stark sauren Kationen- und stark basischen Anionenaustauschern.

(A) nur 1 ist richtig
(B) nur 4 ist richtig
(C) nur 2 und 3 sind richtig
(D) nur 1, 2 und 3 sind richtig
(E) nur 2, 3 und 4 sind richtig

959 Welche Aussagen über die temporäre Härte eines Brunnenwassers treffen zu?

(1) Sie ist auf den Gehalt an $CaCO_3$ und $MgCO_3$ zurückzuführen.

(2) Sie wird auch als Carbonathärte bezeichnet.

(3) Sie kann durch Sodazusatz verringert werden.

(A) nur 1 ist richtig
(B) nur 2 ist richtig
(C) nur 1 und 2 sind richtig
(D) nur 1 und 3 sind richtig
(E) nur 2 und 3 sind richtig

2.4.4 Metalloxide, Nichtmetalloxide, Oxokomplexe

960 Welches der folgenden Oxide löst sich in wäßriger NaOH-Lösung am besten?

(A) MgO

(B) Fe_2O_3
(C) NiO
(D) CdO
(E) As_2O_3

961 Welche der folgenden Metalloxide sind im Überschuß von konzentrierter Natriumhydroxid-Lösung glatt löslich?

(1) ZnO
(2) Fe_2O_3
(3) As_2O_3
(4) Ni_2O_3

(A) nur 2 ist richtig
(B) nur 1 und 3 sind richtig
(C) nur 2 und 4 sind richtig
(D) nur 1, 2 und 3 sind richtig
(E) nur 1, 3 und 4 sind richtig

962 Welche Aussagen über Oxide treffen zu?

(1) Alkali- und Erdalkalimetalle bilden salzartige Oxide.

(2) Salzartige Oxide enthalten O^{2-}-Ionen.

(3) Alle salzartigen Oxide sind sehr gut wasserlöslich.

(4) Das Oxid-Ion ist nur in wäßriger Lösung existent.

(5) Salzartige Oxide kristallisieren in Ionengittern (z. B. Steinsalzgitter).

(A) nur 2 und 3 sind richtig
(B) nur 1, 2 und 5 sind richtig
(C) nur 1, 4 und 5 sind richtig
(D) nur 3, 4 und 5 sind richtig
(E) 1–5 = alle sind richtig

963⁺ Welches der folgenden Salze enthält keine Oxokomplex-Ionen?

(A) $CaSO_4$
(B) $CaCO_3$
(C) $Ca(NO_3)_2$
(D) $CaTiO_3$
(E) $Ca_3(PO_4)_2$

2.4.5 Schwefel

964⁺ Welche der folgenden Aussagen über Sauerstoff und Schwefel trifft **nicht** zu?

(A) Sie kommen in der Natur als Moleküle vor.
(B) Beide kommen in verschiedenen Modifikationen vor.
(C) Beide können in der Oxidationszahl +2 vorkommen.
(D) Sie disproportionieren in wäßriger Natronlauge.
(E) Beide bilden Wasserstoffverbindungen des Typs H_2X_2.

965⁺ Welche der folgenden Aussagen über Schwefel treffen zu?

(1) Schwefel besitzt etwa die gleiche elektrische Leitfähigkeit wie Graphit.
(2) Beim Überleiten von Schwefeldampf über glühende Kohle entsteht Schwefelkohlenstoff.
(3) Schwefel kann mit Sulfit-Ionen zu Thiosulfat-Ionen umgesetzt werden.

(A) nur 1 ist richtig
(B) nur 2 ist richtig
(C) nur 3 ist richtig
(D) nur 1 und 2 sind richtig
(E) nur 2 und 3 sind richtig

966 Welche Aussage über Schwefel trifft **nicht** zu?
Schwefel

(A) kommt elementar in der Natur vor
(B) liegt bei Raumtemperatur als monokliner β-Schwefel vor
(C) reagiert mit Sulfiden zu Polysulfiden
(D) reagiert mit Kohlenstoff zu Schwefelkohlenstoff
(E) reagiert mit Wasserstoff zu Schwefelwasserstoff

967 Schwefel kann 2-, 4- und 6-bindig auftreten,
weil
Schwefel im Grundzustand über nur teilweise besetzte d-Orbitale verfügt.

968⁺ Schwefel kann maximal 8-bindig auftreten,
weil
Schwefel im Grundzustand über unbesetzte d-Orbitale verfügt.

2.4.6 Schwefelwasserstoff und Sulfide

969 Welche Aussage trifft **nicht** zu?
Schwefelwasserstoff

(A) wird auch als Monosulfan bezeichnet
(B) entsteht bei der Oxidation von Paraffin mit Schwefel
(C) entsteht bei der Hydrolyse von Thioacetamid
(D) ist keine starke Säure
(E) verbrennt an der Luft u. a. zu Polysulfanen

970⁺ Welche Aussagen über Schwefelwasserstoff treffen zu?
Schwefelwasserstoff

(1) läßt sich mit SO_2 zu elementarem Schwefel oxidieren
(2) besitzt einen höheren Siedepunkt als Wasser
(3) entsteht bei der sauren Hydrolyse von Thioacetamid
(4) disproportioniert in alkalischer Lösung

(A) nur 1 und 2 sind richtig
(B) nur 1 und 3 sind richtig
(C) nur 2 und 4 sind richtig
(D) nur 3 und 4 sind richtig
(E) nur 1, 2 und 3 sind richtig

971⁺ Welche Aussage trifft zu?
Schwefelwasserstoff

(A) ist linear gebaut
(B) ist in reinster Form geruchlos
(C) ist in reinster Form ein gelbes Gas
(D) kann aus den Elementen dargestellt werden
(E) kann als Oxidationsmittel wirken

972 Eine wäßrige Lösung von Schwefelwasserstoff reagiert schwach sauer,
weil
Schwefelwasserstoff sich unter Normalbedingungen nur mäßig in Wasser löst (ca. 0,1 mol/l).

2.4.7 Schwefeloxide und Schwefelhalogenverbindungen

973 Schwefelhexafluorid ist eine außerordentlich reaktionsfähige Verbindung,
weil
der Schwefel in Schwefelhexafluorid seine maximale Oxidationszahl besitzt.

974⁺ Salze sind in flüssigem Schwefeldioxid praktisch nicht löslich,
weil
Schwefeldioxid kein Dipolmoment besitzt.

975 Bei der direkten Verbrennung von Schwefel wird überwiegend SO_2 gebildet,
weil
bei der direkten Verbrennung von Schwefel die Weiteroxidation von SO_2 zu SO_3 exotherm und umkehrbar verläuft.

976 Die Oxidation von Schwefeldioxid zu Schwefeltrioxid mittels Sauerstoff wird in Gegenwart eines Katalysators durchgeführt,
weil
das Gleichgewicht
$$2\,SO_2 + O_2 \rightleftharpoons 2\,SO_3$$
erst bei Temperaturen über 800 °C überwiegend auf der rechten Seite liegt.

977 Welche Aussagen über Schwefeltrioxid (SO_3) treffen zu?

(1) Es wird technisch direkt durch einen Röstprozeß sulfidischer Erze gewonnen.
(2) Es wird technisch direkt durch Verbrennen von Schwefel gewonnen.
(3) Es wird im Labor durch Erhitzen von H_2SO_4 mit Kupfer gewonnen.
(4) Durch Einleiten von SO_3 in Wasser wird in der Technik konz. H_2SO_4 gewonnen.

(A) Keine der Aussagen (1) bis (4) trifft zu
(B) nur 1 ist richtig
(C) nur 2 ist richtig
(D) nur 1, 2 und 4 sind richtig
(E) 1–4 = alle sind richtig

978 Bei welchen der folgenden Reaktionen entsteht SO_3 als Hauptprodukt?

(1) Oxidation von SO_2 mit NO_2
(2) direkte Verbrennung von Schwefel
(3) Umsetzung von SO_2 mit molekularem Sauerstoff am Pt-Kontakt
(4) Erhitzen von Pyrosulfaten
(5) Auflösen von Kupfer in heißer, konzentrierter Schwefelsäure

(A) nur 1 und 2 sind richtig
(B) nur 1 und 5 sind richtig
(C) nur 1, 3 und 4 sind richtig
(D) nur 2, 4 und 5 sind richtig
(E) 1–5 = alle sind richtig

2.4.8 Sauerstoffsäuren des Schwefels

979⁺ Welche Aussagen über wasserfreie Schwefelsäure treffen zu?
Wasserfreie Schwefelsäure

(1) leitet meßbar den elektrischen Strom
(2) besitzt oxidierende Eigenschaften
(3) kann zum Trocknen von Gasen wie HCl und CO_2 verwendet werden.

(A) nur 1 ist richtig
(B) nur 2 ist richtig
(C) nur 1 und 3 sind richtig
(D) nur 2 und 3 sind richtig
(E) 1–3 = alle sind richtig

980⁺ Bei der Oxidation organischer Substanzen durch konz. Schwefelsäure bildet sich u. a. Dischwefelsäure,
weil
Schwefelsäure als Oxidationsmittel selbst zu Dischwefelsäure reduziert wird.

981⁺ Welche der nachstehend aufgeführten Stoffe zeigen eine besonders gute elektrische Leitfähigkeit?

(1) Graphit
(2) Natrium (flüssig)
(3) Natriumchlorid (Schmelze)
(4) konzentrierte Schwefelsäure (98%ig)

(A) nur 1 ist richtig

(B) nur 3 und 4 sind richtig
(C) nur 1, 2 und 3 sind richtig
(D) nur 1, 2 und 4 sind richtig
(E) nur 2, 3 und 4 sind richtig

982 Welche der folgenden Sauerstoffsäuren des Schwefels besitzt in wäßriger Lösung reduzierende Eigenschaften?

(A) H_2SO_3
(B) H_2SO_4
(C) H_2SO_5
(D) $H_2S_2O_8$
(E) keine der angegebenen Säuren

Ordnen Sie bitte den Anionen der Liste 1 die jeweils zutreffende Formel aus Liste 2 zu.

Liste 1

983⁺ Dithionit
984⁺ Peroxodisulfat
985 Tetrathionat

Liste 2

(A) $\overset{\ominus}{S}-\overset{\underset{\displaystyle\|}{\overset{\displaystyle O}{\|}}}{S}-O^{\ominus}$ ($S_2O_3^{2-}$)

(B) $\overset{\ominus}{O}-\overset{\overset{\displaystyle O}{\|}}{S}-S-O^{\ominus}$ ($S_2O_4^{2-}$)

(C) $\overset{\ominus}{O}-\overset{\overset{\displaystyle O}{\|}}{\underset{\underset{\displaystyle O}{\|}}{S}}-S-S-\overset{\overset{\displaystyle O}{\|}}{\underset{\underset{\displaystyle O}{\|}}{S}}-O^{\ominus}$ ($S_4O_6^{2-}$)

(D) $\overset{\ominus}{O}-\overset{\overset{\displaystyle O}{\|}}{\underset{\underset{\displaystyle O}{\|}}{S}}-O-O^{\ominus}$ (SO_5^{2-})

(E) $\overset{\ominus}{O}-\overset{\overset{\displaystyle O}{\|}}{\underset{\underset{\displaystyle O}{\|}}{S}}-O-O-\overset{\overset{\displaystyle O}{\|}}{\underset{\underset{\displaystyle O}{\|}}{S}}-O^{\ominus}$ ($S_2O_8^{2-}$)

Ordnen Sie bitte den Säuren der Liste 1 die jeweils zutreffende Bezeichnung aus Liste 2 zu.

Liste 1   **Liste 2**

986⁺ $H_2S_2O_4$ (A) Dithionsäure
987⁺ $H_2S_4O_6$ (B) Dithionige Säure
                (C) Thioschwefelsäure
                (D) Tetrathionsäure
                (E) Sulfoxylsäure

988 Welche Aussage trifft zu?
Iod überführt in schwach saurem Medium Thiosulfat-Ionen in

(A) $S_2O_4^{2-}$
(B) $S_2O_6^{2-}$
(C) $S_4O_6^{2-}$
(D) SO_3^{2-}
(E) SO_4^{2-}

989⁺ Welche Aussage trifft zu?
Aus Thiosulfat-Ionen entsteht bei der Umsetzung mit überschüssigem Brom in neutralem Medium als Hauptprodukt:

(A) $S_4O_6^{2-}$
(B) $S_2O_4^{2-}$
(C) $S_2O_6^{2-}$
(D) SO_3^{2-}
(E) SO_4^{2-}

990 Natriumthiosulfat wird auch als „Antichlor" bezeichnet,
weil
Natriumthiosulfat mit Chlor zu Natriumtetrathionat reagiert.

991 Welche Aussage über Natriumthiosulfat trifft **nicht** zu?
Natriumthiosulfat

(A) ist das Dinatriumsalz der Monosulfanmonosulfonsäure
(B) wird in wäßriger Lösung aus Natriumsulfid und Schwefeltrioxid hergestellt
(C) wird aus Natriumsulfit und Schwefel hergestellt
(D) wird durch Chlor zu Natriumsulfat oxidiert
(E) wird durch Iod zum Dinatriumsalz der Disulfandisulfonsäure oxidiert

992 Welche Bezeichnungen treffen auf die Verbindung $Na_2S_2O_3$ zu?

(1) Antichlor
(2) Natriumdithiosulfit
(3) Natriumthiosulfat
(4) Fixiersalz

(A) nur 3 ist richtig
(B) nur 1 und 4 sind richtig

(C) nur 2 und 3 sind richtig
(D) nur 1, 3 und 4 sind richtig
(E) 1–4 = alle sind richtig

993 Welche der folgenden Aussagen über Dithionite treffen zu?

(1) Sie sind durch Umsetzung von Sulfiten mit Sulfiden darstellbar.
(2) Sie sind durch Reduktion von Hydrogensulfiten mit Zink darstellbar.
(3) Sie reduzieren (zahlreiche) Farbsalze zu Leukobasen.

(A) nur 1 ist richtig
(B) nur 2 ist richtig
(C) nur 1 und 3 sind richtig
(D) nur 2 und 3 sind richtig
(E) 1–3 = alle sind richtig

2.5 Stickstoffgruppe
(siehe Ehlers, Chemie I-Kurzlehrbuch)

V. HG.: vgl. auch MC-Fragen Nr. 39, 598, 599, 633, 634, 697, 699, 707

2.5.1 Stickstoff

994 Welche Aussage über Stickstoff trifft zu?

(A) Er ist dritthäufigster Bestandteil der Luft.
(B) Er wird technisch durch fraktionierte Destillation von verflüssigter Luft gewonnen.
(C) Er ist bei Raumtemperatur eine geruch- und geschmacklose Flüssigkeit.
(D) Er besitzt nach der VB-Methode eine Doppelbindung.
(E) Er wird großtechnisch nach dem Frasch-Verfahren zu Ammoniak hydriert.

995⁺ Technisch reiner Stickstoff kann durch fraktionierte Destillation aus verflüssigter Luft gewonnen werden,
weil
Sauerstoff einen niedrigeren Siedepunkt als Stickstoff hat.

996⁺ Welche Aussagen treffen zu?
Zur Gewinnung von Stickstoff eignet sich:

(1) fraktionierte Destillation von verflüssigter Luft, wobei N_2 vor O_2 übergeht
(2) Erhitzen einer wäßrigen konzentrierten Ammoniumnitrit-Lösung
(3) Hydrolyse von Nitriden wie Mg_3N_2

(A) nur 1 ist richtig
(B) nur 3 ist richtig
(C) nur 1 und 2 sind richtig
(D) nur 2 und 3 sind richtig
(E) 1–3 = alle sind richtig

997 Stickstoff wird technisch aus Ammoniak hergestellt,
weil
beim Haber-Bosch-Verfahren gewonnener Ammoniak ein preiswertes Edukt für die Stickstoffproduktion darstellt.

Nitride

998⁺ Welche Aussagen über Nitride treffen zu?

(1) Erdalkali- und Alkalimetalle bilden salzartige Nitride.
(2) Li_3N wird leicht zu Lithiumhydroxid und Ammoniak hydrolysiert.
(3) Salzartige Nitride können durch direkte Vereinigung der Elemente dargestellt werden.

(A) nur 1 ist richtig
(B) nur 2 ist richtig
(C) nur 1 und 3 sind richtig
(D) nur 2 und 3 sind richtig
(E) 1–3 = alle sind richtig

2.5.2 Ammoniak

999⁺ Welche der folgenden Aussagen über Ammoniak treffen zu?

(1) Das Ammoniakmolekül ist planar gebaut.
(2) Durch Umsetzung von Ammoniak mit Grignard-Verbindungen entstehen Amine.

(3) Durch Umsetzung von Ammoniak mit Natrium entsteht ein Na-amid.

(4) Hydrazin kann durch Umsetzung von Ammoniak mit Natriumhypochlorit dargestellt werden.

(A) nur 3 ist richtig
(B) nur 4 ist richtig
(C) nur 3 und 4 sind richtig
(D) nur 2, 3 und 4 sind richtig
(E) 1–4 – alle sind richtig

1000⁺ Welche der folgenden Aussagen über Ammoniak und seine Salze trifft **nicht** zu? Ammoniak

(A) kann durch stärkere Basen aus seinen Salzen freigesetzt werden
(B) wird großtechnisch nach dem Haber-Bosch-Verfahren gewonnen
(C) ist bei Raumtemperatur flüssig
(D) ist eine Lewis-Base
(E) ist eine Brönsted-Base

1001⁺ Welche Aussage trifft **nicht** zu? Ammoniak

(A) löst – in verflüssigter Form – viele Salze
(B) geht durch Reduktion in Stickstoffwasserstoffsäure über
(C) unterliegt – in verflüssigter Form – teilweise der Autoprotolyse
(D) wird unter der katalytischen Wirkung von Platin mit Sauerstoff in technischem Maßstab in NO übergeführt
(E) kann zu Hydrazin oxidiert werden

1002 Welches der folgenden Gleichgewichte liegt **nicht** überwiegend auf der rechten Seite?

(A) $NH_3 + HCl \rightleftharpoons NH_4Cl$
(B) $NH_3 + H_2O \rightleftharpoons NH_4OH$
(C) $NH_4Cl + NaNH_2 \rightleftharpoons 2\,NH_3 + NaCl$
(D) $NH_4Cl + NaOH \rightleftharpoons NaCl + H_2O + NH_3$
(E) $NaNH_2 + H_2O \rightleftharpoons NaOH + NH_3$

2.5.3 Hydrazin

1003 Hydrazin ist in Wasser stärker basisch als Ammoniak,
weil
Hydrazin zwei Reihen von Salzen bilden kann.

1004 Welche Aussagen treffen zu? Hydrazin

(1) ist unter Normaldruck bei Raumtemperatur flüssig
(2) kann als Carbonylreagenz verwendet werden
(3) reagiert in wäßriger Lösung sauer
(4) ist ein starkes Reduktionsmittel

(A) nur 1 und 3 sind richtig
(B) nur 2 und 4 sind richtig
(C) nur 1, 2 und 4 sind richtig
(D) nur 1, 3 und 4 sind richtig
(E) nur 2, 3 und 4 sind richtig

1005⁺ Welche Aussagen über Hydrazin treffen zu?

(1) Hydrazin ist unter Normaldruck bei Raumtemperatur gasförmig.
(2) Hydrazin ist unter Normaldruck bei Raumtemperatur flüssig.
(3) Hydrazin ist ein starkes Reduktionsmittel.
(4) Wäßrige Lösungen von Hydrazin reagieren alkalisch.

(A) nur 1 und 3 sind richtig
(B) nur 1 und 4 sind richtig
(C) nur 2 und 4 sind richtig
(D) nur 1, 3 und 4 sind richtig
(E) nur 2, 3 und 4 sind richtig

1006 Hydrazin ist als Ausgangsmaterial zur Darstellung von Hydroxylamin geeignet,
weil
Hydrazin in siedendem Wasser zu Hydroxylamin und Ammoniak hydrolysiert wird.

2.5.4 Stickstoffwasserstoffsäure

1007 Welche Aussagen über Stickstoffverbindungen treffen zu?

(1) Hydrazin ist basischer als NH_3.
(2) Flüssiges NH_3 löst viele hydrophobe Verbindungen.
(3) Hydrazin verbrennt mit Sauerstoff nach der Gleichung
$N_2H_4 + O_2 \longrightarrow N_2 + 2 H_2O$.
(4) Hydrazin entsteht durch Oxidation von NH_3.
(5) Stickstoffwasserstoffsäure und ihre Schwermetallsalze sind extrem explosiv.

(A) nur 1 und 2 sind richtig
(B) nur 2, 3 und 4 sind richtig
(C) nur 3, 4 und 5 sind richtig
(D) nur 1, 2, 4 und 5 sind richtig
(E) 1–5 = alle sind richtig

2.5.5 Hydroxylamin

1008 Welche Aussage über Hydroxylamin trifft **nicht** zu?
Hydroxylamin

(A) entsteht durch Reduktion von Nitriten mit SO_2
(B) kann durch katalytische Reduktion von NO_2 erhalten werden
(C) ist bei Raumtemperatur eine farblose, feste Substanz
(D) ist eine stärkere Base als Ammoniak
(E) kann sowohl als Oxidations- als auch als Reduktionsmittel dienen

1009 Welche Aussage über Hydroxylamin trifft **nicht** zu?
Hydroxylamin

(A) kann durch Reduktion von Salpetriger Säure mit Schwefliger Säure dargestellt werden
(B) kondensiert mit Aldehyden und Ketonen zu Oximen
(C) ist stärker basisch als NH_3

(D) kann durch katalytische Hydrierung von NO gewonnen werden
(E) setzt sich mit Carbonsäuremethylestern zu Hydroxamsäuren um

1010 Welche Aussagen über Hydroxylamin treffen zu?

(1) Hydroxylammoniumsalze werden durch kathodische Reduktion von Salpetersäure in schwefelsaurer Lösung erhalten.
(2) Hydroxylamin ist über die Reduktion von Natriumnitrit mit Natriumhydrogensulfit und anschließende Hydrolyse zugänglich.
(3) Hydroxylamin kann als Reduktions- und Oxidationsmittel wirken.

(A) nur 1 ist richtig
(B) nur 3 ist richtig
(C) nur 1 und 3 sind richtig
(D) nur 2 und 3 sind richtig
(E) 1–3 = alle sind richtig

2.5.6 Halogenverbindungen des Stickstoffs

1011 Welche Aussage über Stickstofftrifluorid (NF_3) trifft **nicht** zu?
Stickstofftrifluorid

(A) ist pyramidal gebaut
(B) ist bei Raumtemperatur gegenüber Wasser praktisch inert
(C) hat ein höheres Dipolmoment als Ammoniak
(D) bildet sich durch Einwirkung von Fluor auf Ammoniak
(E) ist bei Raumtemperatur ein farbloses Gas

2.5.7 Stickstoffoxide

Distickstoffmonoxid

1012 Welche Aussagen über Distickstoffoxid treffen zu?

(1) Distickstoffoxid entsteht beim Erhitzen einer konzentrierten wäßrigen Ammoniumnitrat-Lösung.

(2) Distickstoffoxid ist ein bei Raumtemperatur hellbraunes Gas.

(3) Distickstoffoxid unterhält bei höherer Temperatur die Verbrennung.

(4) Das Distickstoffoxid-Molekül besitzt eine gewinkelte Struktur.

(5) Distickstoffoxid wird im Gemisch mit Sauerstoff als Narkosemittel verwendet.

(A) nur 1 und 5 sind richtig
(B) nur 1, 2 und 4 sind richtig
(C) nur 1, 3 und 5 sind richtig
(D) nur 2, 3 und 4 sind richtig
(E) 1–5 = alle sind richtig

1013⁺ In einer Distickstoffoxid-Atmosphäre kann bei höherer Temperatur ein Verbrennungsvorgang ablaufen,
weil
Distickstoffoxid bei höherer Temperatur in Stickstoff und Sauerstoff zerfällt.

Stickstoffmonoxid

1014 Bei welchen der folgenden Reaktionen entsteht Stickstoffmonoxid (NO)?

(1) $HNO_3 + H_2SO_4$ (konz.) $\longrightarrow$
(2) $NH_4^+ + NO_2^-$ $\longrightarrow$
(3) $Cu + HNO_3$ (konz.) $\longrightarrow$
(4) NH_4NO_3 $\xrightarrow{\Delta}$
(5) $NaNO_2 + NaI + H_2SO_4$ $\longrightarrow$

(A) nur bei 1
(B) nur bei 2
(C) nur bei 4
(D) nur bei 3 und 5
(E) bei 1–5 = bei allen

1015⁺ Welche Aussagen treffen zu?
Stickstoffmonoxid

(1) wird technisch durch Verbrennung von Ammoniak gewonnen

(2) dient als Ausgangsmaterial zur technischen Gewinnung von Ammoniak

(3) disproportioniert bei hohen Temperaturen zu Stickstoffdioxid und Distickstofftrioxid

(4) wird als Narkosemittel („Lachgas") verwendet

(A) nur 1 ist richtig
(B) nur 1 und 3 sind richtig
(C) nur 1 und 4 sind richtig
(D) nur 2 und 3 sind richtig
(E) nur 2, 3 und 4 sind richtig

1016 Welche der folgenden Aussagen über Stickstoffmonoxid treffen zu?
Stickstoffmonoxid

(1) dient als Ausgangsmaterial zur technischen Darstellung von Ammoniak

(2) ist ein braunes Gas

(3) kann als Ligand in Übergangsmetallkomplexen auftreten

(4) kann durch starke Oxidationsmittel, wie z. B. Permanganat, zu Salpetersäure oxidiert werden

(A) nur 1 und 2 sind richtig
(B) nur 1 und 3 sind richtig
(C) nur 2 und 3 sind richtig
(D) nur 2 und 4 sind richtig
(E) nur 3 und 4 sind richtig

1017 Welche der folgenden Reaktionen von Stickstoffoxiden läuft **nicht** ab?

(A) $NO + NO_2 \rightleftharpoons N_2O_3$
(B) $2\,NO + O_2 \rightleftharpoons 2\,NO_2$
(C) $2\,NO_2 \rightleftharpoons N_2O_4$
(D) $N_2 + 2\,N_2O_5 \rightleftharpoons 2\,N_3O_5$
(E) $N_2 + O_2 \rightleftharpoons 2\,NO$

Stickstoffdioxid

Ordnen Sie bitte den Säuren der Liste 1 das jeweilige Anhydrid aus Liste 2 zu.

Liste 1		Liste 2
1018⁺ Salpetrige Säure	(A)	N_2O
1019⁺ Salpetersäure	(B)	NO
	(C)	N_2O_3
	(D)	N_2O_5
	(E)	NO_3

1020⁺ Distickstofftetroxid kann sich als gemischtes Anhydrid der Salpetrigen Säure und der Salpetersäure verhalten,
weil
Distickstofftetroxid in wäßrigem Alkali zu Nitrit und Nitrat disproportioniert.

Ordnen Sie bitte den Begriffen der Liste 1 das jeweils entsprechende Ion aus Liste 2 zu.

Liste 1		Liste 2
1021+ Nitronium-Ion	(A)	NO_2^+
1022+ Nitratacidium-Ion	(B)	$H_2NO_2^+$
1023+ Nitryl-Ion	(C)	NO_2^-
1024+ Nitrosyl-Ion	(D)	$H_2NO_3^+$
	(E)	NO^+

2.5.8 Salpetrige Säure

1025+ Welche der nachfolgend formulierten Umsetzungen laufen in einer wäßrigen Lösung von Salpetriger Säure ab?

(1) $HNO_2 + H_2O \rightleftharpoons H_3O^+ + NO_2^-$
(2) $2\,HNO_2 + H_2O \rightleftharpoons H_2O + N_2O_3$
(3) $N_2O_3 + \rightleftharpoons NO + NO_2$
(4) $2\,NO_2 + H_2O \rightleftharpoons HNO_3 + HNO_2$

(A) nur 4 ist richtig
(B) nur 1 und 4 sind richtig
(C) nur 2 und 3 sind richtig
(D) nur 1, 3 und 4 sind richtig
(E) 1–4 = alle sind richtig

1026+ Welche Aussage über die Salpetrige Säure trifft **nicht** zu?

(A) In flüssigem Zustand ist reine HNO_2 beständig.
(B) In saurer Lösung disproportioniert das NO_2^--Ion zu NO und NO_3^-.
(C) Salpetrige Säure reagiert mit Harnstoff zu N_2, CO_2 und H_2O.
(D) Beim Erhitzen von Ammoniumnitrit entstehen Stickstoff und Wasser.
(E) Wäßrige Lösungen von Alkalisalzen der Salpetrigen Säure reagieren schwach alkalisch.

1027+ Welche Aussage über die Salpetrige Säure trifft **nicht** zu?

(A) Salpetrige Säure entsteht durch Oxidation von NO_2.
(B) In saurer Lösung disproportioniert das NO_2^--Ion zu NO und NO_3^-.
(C) HNO_2 wird durch Luftsauerstoff zu HNO_3 oxidiert.
(D) HNO_2 oxidiert NH_3 zu freiem Stickstoff.
(E) Wäßrige Lösungen von Alkalisalzen der Salpetrigen Säure reagieren alkalisch.

2.5.9 Salpetersäure

1028 Welche der folgenden Reaktionen ist **nicht** Teilschritt einer Darstellung von Salpetersäure?

(A) $2\,NO + O_2 \longrightarrow 2\,NO_2$
(B) $4\,NH_3 + 5\,O_2 \longrightarrow 4\,NO + 6\,H_2O$
(C) $N_2 + O_2 \rightleftharpoons 2\,NO$
(D) $4\,NO_2 + O_2 + H_2O \longrightarrow 4\,HNO_3$
(E) $N_2O_3 + SO_2 \longrightarrow 2\,NO + SO_3$

1029 Welche Aussage über Salpetersäure trifft **nicht** zu?

(A) Sie ist stärker sauer als Phosphorsäure (1. Stufe).
(B) Infolge Autoprotolyse enthält die konzentrierte Säure Nitrat-Ionen und Nitratacidium-Ionen.
(C) Edelmetalle wie Ag, Au oder Pt werden von ihr unter Wasserstoffentwicklung angegriffen.
(D) Mit Salzsäure reagiert sie zu Chlor und Nitrosylchlorid.
(E) Sie zersetzt sich unter Lichteinfluß zu NO_2, H_2O und O_2.

1030 Welche Aussagen über Salpetersäure treffen zu?

(1) Das HNO_3-Molekül ist planar gebaut.
(2) Sie wird technisch über NO_2 bzw. N_2O_4 hergestellt.
(3) Ihre Salze sind in wäßriger Lösung starke Oxidationsmittel.
(4) Ihr Kaliumsalz heißt „Chilesalpeter".

(A) nur 1 ist richtig
(B) nur 4 ist richtig
(C) nur 1 und 2 sind richtig
(D) nur 2 und 3 sind richtig
(E) nur 3 und 4 sind richtig

1031+ Bei der Darstellung von Salpetersäure nach Ostwald kommt das Ammoniak-Luft-Ge-

misch nur kurzfristig mit dem Katalysator in Kontakt,
weil
Platin – bei längerem Kontakt – Stickstoffmonoxid in Stickstoff und Sauerstoff spaltet.

1032⁺ Welche Aussage trifft zu?
Bei der thermischen Zersetzung von festem Ammoniumnitrat (ca. 170 °C) entsteht neben Wasser überwiegend folgende Verbindung:

(A) NH_4NO_2
(B) NO_2
(C) N_2O
(D) N_2O_2
(E) N_2O_4

1033⁺ Welche Aussage über Königswasser trifft **nicht** zu?

(A) Bei seiner Herstellung entstehen Chlor und Nitrosylchlorid.
(B) In Königswasser werden Gold und Silber oxidiert.
(C) Es wird aus einem Teil konzentrierter Salpetersäure und drei Teilen konzentrierter Salzsäure hergestellt.
(D) Königswasser löst HgS.
(E) Platin ist in Königswasser unlöslich.

2.5.10 Phosphor

1034⁺ Elementarer Stickstoff (N_2) ist wesentlich reaktionsfähiger als elementarer weißer Phosphor (P_4),
weil
die Elektronegativität des Stickstoffs größer ist als die des Phosphors.

1035 Weißer Phosphor ist chemisch reaktionsfähiger als roter Phosphor,
weil
roter Phosphor thermodynamisch stabiler ist als weißer Phosphor.

1036 Die weiße Modifikation des Phosphors ist energiereicher als die schwarze,
weil
der Bindungswinkel der P-P-P-Bindung im weißen Phosphor größer ist als im schwarzen Phosphor.

1037⁺ Welche Aussage über die Modifikationen des Phosphors trifft **nicht** zu?

(A) Weißer Phosphor wandelt sich beim Erwärmen unter Luftausschluß in die rote Modifikation um.
(B) Roter Phosphor entzündet sich an der Luft bei etwa 60 °C.
(C) Weißer wie roter Phosphor lassen sich zu P_4O_{10} oxidieren.
(D) Roter Phosphor ist Bestandteil der Reibfläche von Streichholzschachteln.
(E) Weißer Phosphor disproportioniert in warmer, wäßriger Natriumhydroxid-Lösung.

1038 Phosphor kann in Verbindungen maximal fünfbindig auftreten,
weil
Phosphor auch unbesetzte d-Orbitale zur Bildung von Bindungen benutzen kann.

2.5.11 Phosphane (Phosphorwasserstoffe)

1039⁺ Welche der folgenden Reaktionen ist zur präparativen Gewinnung von Phosphan (PH_3) **nicht** geeignet?

(A) Hydrolyse von Metallphosphiden, z. B. Ca_3P_2
(B) Reduktion von höheren Oxidationsstufen des Phosphors mit „nascierendem" Wasserstoff
(C) Behandeln von Phosphoniumiodid mit Natronlauge
(D) Disproportionierung von rotem Phosphor in Alkalihydroxid-Lösungen
(E) Umsetzung von PCl_3 mit $LiAlH_4$ in Ether

1040⁺ Welche Aussage über Phosphan (PH_3) trifft zu?
Phosphan

(A) besitzt einen höheren Siedepunkt als NH_3

(B) entsteht u. a. durch Erhitzen von weißem Phosphor in wäßriger Natriumhydroxid-Lösung

(C) reagiert in wäßriger Lösung stärker basisch als Ammoniak

(D) disproportioniert in wäßriger Lösung

(E) reagiert in verdünnter Salzsäure quantitativ zu PH_4^+-Ionen

2.5.12 Halogen- und Schwefelverbindungen des Phosphors

1041 Welche Aussagen über Phosphorsulfide treffen zu?

(1) Im P_4S_3 gibt es u. a. drei P-S-P-Brücken.

(2) In Wasser hydrolysieren die Phosphorsulfide zu PH_3 und Schwefelsauerstoffsäuren.

(3) Phosphorsulfide entstehen beim Zusammenschmelzen von rotem Phosphor und Schwefel.

(A) nur 1 ist richtig

(B) nur 2 ist richtig

(C) nur 1 und 3 sind richtig

(D) nur 2 und 3 sind richtig

(E) 1–3 = alle sind richtig

1042 Welche der folgenden Aussagen treffen zu?

(1) PF_3 ist eine sehr starke Lewis-Säure.

(2) Das PCl_5-Molekül ist trigonal-bipyramidal gebaut.

(3) PCl_3 raucht an feuchter Luft.

(4) PCl_5 liegt im festen, kristallisierten Zustand in ionischer Form als $[PCl_4]^+$ $[PCl_6]^-$ vor.

(A) nur 1 und 2 sind richtig

(B) nur 3 und 4 sind richtig

(C) nur 1, 2 und 3 sind richtig

(D) nur 2, 3 und 4 sind richtig

(E) 1–4 = alle sind richtig

1043+ Welche Aussagen über Phosphorchloride treffen zu?

(1) Phosphortrichlorid hydrolysiert zu Phosphoriger Säure (Phosphonsäure).

(2) Kristallines Phosphorpentachlorid liegt bei Raumtemperatur als $[PCl_4]^+$ $[PCl_6]^-$ vor.

(3) Phosphorpentachlorid kann als Lewis-Base reagieren.

(4) Phosphoroxychlorid entsteht beim Auflösen von weißem Phosphor in verdünnter Salzsäure.

(A) nur 1 und 2 sind richtig

(B) nur 1 und 3 sind richtig

(C) nur 1, 2 und 4 sind richtig

(D) nur 2, 3 und 4 sind richtig

(E) 1–4 = alle sind richtig

1044+ Welche der folgenden Aussagen über die Halogenverbindungen des Phosphors treffen zu?

(1) PCl_3 und PCl_5 können aus den Elementen hergestellt werden.

(2) PCl_5 zerfällt beim Erhitzen teilweise in PCl_3 und Cl_2.

(3) Durch Umsetzung primärer Alkohole mit PCl_3 entstehen Alkylchloride.

(4) Carbonsäuren können mit PCl_5 in Säurechloride übergeführt werden.

(A) nur 1 und 2 sind richtig

(B) nur 3 und 4 sind richtig

(C) nur 1, 2 und 4 sind richtig

(D) nur 2, 3 und 4 sind richtig

(E) 1–4 = alle sind richtig

2.5.13 Phosphoroxide

1045+ Welche Aussagen treffen zu?
Diphosphorpentoxid

(1) wird technisch durch Erhitzen von Phosphorsäure mit konzentrierter Schwefelsäure hergestellt

(2) ist als Trocknungsmittel für Gase wie HCl und CO_2 geeignet

(3) überführt konzentrierte Schwefelsäure in Schwefeltrioxid

(4) ist ein starkes Oxidationsmittel

(A) nur 1 und 2 sind richtig

(B) nur 2 und 3 sind richtig

(C) nur 2 und 4 sind richtig
(D) nur 1, 3 und 4 sind richtig
(E) nur 2, 3 und 4 sind richtig

1046 Welche Aussagen über Phosphor(V)-oxid treffen zu?
Phosphor(V)-oxid

(1) wird durch Erhitzen von Phosphorsäure mit konzentrierter Schwefelsäure dargestellt
(2) ist ein starkes Oxidationsmittel
(3) reagiert mit PCl_5 zu $POCl_3$
(4) ist das Anhydrid der Phosphonsäure (Phosphorige Säure)

(A) nur 1 ist richtig
(B) nur 3 ist richtig
(C) nur 1 und 2 sind richtig
(D) nur 2 und 3 sind richtig
(E) nur 3 und 4 sind richtig

2.5.14 Phosphinsäure (Hypophosphorige Säure)

1047 Welche Aussage trifft **nicht** zu?
Phosphinsäure (Hypophosphorige Säure)

(A) ist eine zweibasige Säure
(B) besitzt reduzierende Eigenschaften
(C) wird leicht zu Phosphoriger Säure oder Phosphorsäure oxidiert
(D) hat die Struktur

$$H-\overset{\overset{\textstyle H}{|}}{\underset{\underset{\textstyle O}{\|}}{P}}-OH$$

(E) disproportioniert beim Erwärmen zu Phosphorwasserstoff und Phosphoriger Säure

1048* Phosphinsäure – H_3PO_2 – ist ein starkes Reduktionsmittel,
weil
Phosphinsäure am P-Atom ein freies Elektronenpaar besitzt.

1049 Hypophosphorige Säure ist ein starkes Oxidationsmittel,

weil
Hypophosphorige Säure eine einbasige Säure ist.

2.5.15 Phosphonsäure (Phosphorige Säure)

1050 Phosphorige Säure H_3PO_3 – stellt in wäßriger Lösung eine zweiprotonige Säure dar,
weil
in der vorherrschenden tautomeren Form der Phosphorigen Säure ein Wasserstoffatom direkt an den Phosphor gebunden ist.

1051 Welche Aussage über Phosphonsäure (Phosphorige Säure) trifft **nicht** zu?
Phosphonsäure

(A) ist durch Hydrolyse von Phosphortrichlorid herstellbar
(B) disproportioniert beim trockenen Erhitzen zu Phosphat und Phosphorwasserstoff
(C) besitzt keine tautomere Form
(D) ist eine ähnlich starke Säure wie Phosphorsäure (pK_a-Wert der 1. Stufe)
(E) ist ein starkes Reduktionsmittel

1052 Welche Aussage über Phosphonsäure trifft zu?

(A) Sie ist eine dreibasige Säure.
(B) Sie besitzt ein hohes Oxidationsvermögen.
(C) Ihre Ester heißen Phosphinate.
(D) Ihr Zentralatom ist mit vier kovalent gebundenen Atomen verknüpft.
(E) Sie besitzt eine trigonal-planare Struktur.

2.5.16 Phosphorsäure

1053 Welche Aussage über die Sauerstoffsäuren des Phosphors trifft **nicht** zu?

(A) Reine Orthophosphorsäure besitzt bei Raumtemperatur praktisch kein Oxidationsvermögen.

(B) Phosphinsäure (H_3PO_2) ist ein stärkeres Reduktionsmittel als Phosphorige Säure.

(C) Phosphinsäure ist eine zweibasige Säure.

(D) Die Metaphosphorsäure mit der kleinsten Molmasse ist die Trimetaphosphorsäure.

(E) Phosphonsäure (H_3PO_3) ist eine zweibasige Säure.

1054 Welche Aussage über Phosphorsäure und ihre Verbindungen trifft **nicht** zu?

(A) $H_2PO_4^-$ und HPO_4^{2-} sind Ampholyte.

(B) Primäre Phosphate reagieren sauer.

(C) Tertiäre Phosphate reagieren alkalisch.

(D) Alle tertiären Phosphate sind in Wasser schwerlöslich.

(E) Der sirupöse Zustand der konzentrierten Säure ist auf starke intermolekulare Wasserstoffbrücken zurückzuführen.

1055+ Welche Zuordnung trifft zu?

(A) H_3PO_4 – Phosphorige Säure

(B) H_3PO_3 – Hypophosphorige Säure

(C) H_3PO_2 – Pyrophosphorsäure

(D) $H_4P_2O_7$ – Orthophosphorsäure

(E)

— Trimetaphosphorsäure

Ordnen Sie bitte den Säuren der Liste 1 die jeweils zutreffende Formel aus Liste 2 zu.

Liste 1

1056+ Phosphinsäure (Hypophosphorige Säure)

1057+ Phosphonsäure (Phosphorige Säure)

Liste 2

(A)

(B)

(C)

(D)

(E)

Ordnen Sie bitte den Formeln der Liste 1 die jeweils entsprechende Bezeichnung aus Liste 2 zu.

Liste 1

1058+

1059+

Liste 2

(A) Triphosphorsäure

(B) Triphosphonsäure

(C) Trimetaphosphorsäure

(D) Tetraphosphorsäureester

(E) Orthophosphorsäureanhydrid

2.5.17 Arsen, Antimon und Bismut

1060⁺ Welche Aussagen über die Bindigkeit von Elementen der V. Hauptgruppe des Periodensystems treffen zu?

(1) Die Bindigkeit von Stickstoff beträgt maximal drei.
(2) Von Phosphor und Arsen sind Verbindungen bekannt, in denen diese Elemente fünf- oder sechsbindig auftreten.
(3) Antimon kann auch dreibindig sein.

(A) nur 1 ist richtig
(B) nur 3 ist richtig
(C) nur 1 und 2 sind richtig
(D) nur 2 und 3 sind richtig
(E) 1–3 = alle sind richtig

1061 Von Phosphor und Arsen sind Verbindungen bekannt, in denen diese Elemente fünfbindig auftreten,
weil
sowohl Phosphor als auch Arsen – im Gegensatz zu Stickstoff – metallische Modifikationen ausbilden können.

1062 Arsenwasserstoff ist eine schwächere Brönsted-Base als NH_3,
weil
AsH_3 kein freies Elektronenpaar besitzt.

1063 Welche Aussagen über Arsen und seine Verbindungen treffen zu?

(1) Es kommt in der Natur gediegen vor.
(2) Die metallische Modifikation des Arsens ist die beständigste.
(3) Beim Erhitzen von Arsen an der Luft entsteht Arsen(III)-oxid.
(4) AsH_3 besitzt wie NH_3 gegenüber Wasser ausgeprägte basische Eigenschaften.

(A) nur 1 ist richtig
(B) nur 1 und 2 sind richtig
(C) nur 2 und 3 sind richtig
(D) nur 1, 2 und 3 sind richtig
(E) nur 1, 2 und 4 sind richtig

1064 Welche der folgenden Aussagen treffen zu?

(1) Beim Erhitzen zerfällt AsH_3 in seine Bestandteile.
(2) AsH_3 verbrennt an der Luft zu As_2O_3.
(3) In alkalischer Lösung löst sich As_2O_3 zu primären, sekundären und tertiären Arseniten.
(4) AsH_3 besitzt wie NH_3 basische Eigenschaften.

(A) nur 1 und 2 sind richtig
(B) nur 3 und 4 sind richtig
(C) nur 1, 2 und 3 sind richtig
(D) nur 2, 3 und 4 sind richtig
(E) 1–4 = alle sind richtig

1065⁺ Welche Aussagen über Arsen und Antimon treffen zu?

(1) Beide treten in den Oxidationsstufen +3 und +5 auf.
(2) Sie können in Wasserstoffverbindungen des Typs XH_3 übergeführt werden (X = As, Sb).
(3) Beide kommen in verschiedenen Modifikationen vor.
(4) Ihre Oxide besitzen amphoteren Charakter.

(A) nur 1 ist richtig
(B) nur 1 und 2 sind richtig
(C) nur 3 und 4 sind richtig
(D) nur 1, 2 und 4 sind richtig
(E) 1–4 = alle sind richtig

1066⁺ Welche Aussage über Antimon bzw. seine Verbindungen trifft **nicht** zu?

(A) Antimon kommt hauptsächlich 3- und 5-wertig vor.
(B) Antimonwasserstoff bildet sich durch Einwirkung von nascierendem Wasserstoff auf lösliche Antimonverbindungen.
(C) Antimonsulfide sind in saurem Milieu praktisch wasserunlöslich.
(D) Antimon(III)-oxid kann mit Basen und konzentrierten Säuren Salze bilden.
(E) Antimonsulfide sind in einer Ammoniumsulfid-Lösung unlöslich.

1067* Welche Aussagen treffen zu?

(1) Bismut schmilzt bei Temperaturen unter 100 °C.

(2) Bismut(III)-hydroxid ist eine schwache Base.

(3) Wäßrige Lösungen von Bismut(III)-nitrat sind nur in Gegenwart überschüssiger Salpetersäure stabil.

(4) Bismut(III)-chlorid hydrolysiert in Wasser zu Bismutoxidchlorid.

(A) nur 1 ist richtig
(B) nur 2 und 3 sind richtig
(C) nur 1, 2 und 3 sind richtig
(D) nur 1, 2 und 4 sind richtig
(E) nur 2, 3 und 4 sind richtig

2.6 Kohlenstoffgruppe
(siehe Ehlers, Chemie I-Kurzlehrbuch)

IV. HG.: vgl. auch MC-Fragen Nr. 38–42, 88, 132, 138, 250, 347–349, 479, 664, 665

2.6.1 Kohlenstoff

1068⁺ Diamant ist härter als Steinsalz,
weil
Diamant tetraedrisch, Steinsalz hingegen oktaedrisch aufgebaut ist.

1069⁺ Reiner Diamant ist ein guter elektrischer Leiter,
weil
im Gitter des Diamanten jedes Kohlenstoffatom mit jedem seiner vier nächsten Nachbaratome eine Bindung ausbildet.

1070 Graphit ist ein guter elektrischer Leiter,
weil
im Graphitgitter jedes Kohlenstoffatom nur mit seinen drei nächsten Nachbarn eine kovalente Bindung ausbildet

1071 Graphit besitzt senkrecht zu den Kohlenstoff-Schichten metallische Leitfähigkeit,
weil
im Graphitgitter die π-Elektronen delokalisiert sind.

1072⁺ Graphit ist parallel zu den Kohlenstoffschichten ein guter elektrischer Leiter,
weil
im Graphitgitter jedes Kohlenstoffatom sp²-hybridisiert ist und senkrecht zur Schichtebene freie, delokalisierbare p-Elektronen vorhanden sind.

1073 Graphit wird zu den Metallen gezählt,
weil
Graphit elektrische Leitfähigkeit zeigt.

1074 Welche Aussage über Graphit trifft **nicht** zu?
Graphit

(A) zeigt metallische Leitfähigkeit für elektrischen Strom

(B) zeigt auch halbmetallische Leitfähigkeit für elektrischen Strom

(C) ist unter Normalbedingungen thermodynamisch stabiler als Diamant

(D) ist aus sp³-hybridisierten Kohlenstoffatomen aufgebaut

(E) kann in Diamant übergeführt werden

1075⁺ Welche Aussage über Kohlenstoff bzw. dessen Modifikationen trifft **nicht** zu?

(A) Natürlicher Kohlenstoff kommt in drei Isotopen vor.

(B) Das Nuclid ^{13}C wird zu Altersbestimmungen von biologischem Material benutzt.

(C) Das Nuclid ^{14}C ist ein β-Strahler.

(D) Graphit ist thermodynamisch stabiler als Diamant.

(E) Die hohe Härte des Diamants ist auf dessen große Gitterenergie zurückzuführen.

1076⁺ Welche Aussage über die Modifikationen des Kohlenstoffs trifft **nicht** zu?

(A) Diamant ist die bei Raumtemperatur thermodynamisch stabilere Kohlenstoffmodifikation.

(B) Im Diamant sind die C-Atome sp³-hybridisiert.

(C) Graphit und Diamant sind ineinander umwandelbar.

(D) Die anisotropen Eigenschaften des Graphits lassen sich aus seiner Schichtgitterstruktur herleiten.

(E) Im Graphit sind die C-Atome sp^2-hybridisiert.

1077⁺ Welche der folgenden Aussagen über Kohlenstoff trifft **nicht** zu?

(A) Bei ungenügender Luftzufuhr verbrennt Kohlenstoff zu einem Gemisch aus CO und CO_2.

(B) Kohlenstoff kann mit Wasserdampf reagieren.

(C) Die Kohlenstoffmodifikation Graphit kann in Diamant umgewandelt werden.

(D) Ruß ist eine mikrokristalline Form des Graphits.

(E) Atommassenzahlen sind auf das natürliche Isotopengemisch des Kohlenstoffs bezogen.

1078 Welche der folgenden Aussagen über Kohlenstoff trifft **nicht** zu?

(A) Der mit Silicium isoelektronische Kohlenstoff kann unter Erhalt der Struktur dessen Stelle in Silicaten einnehmen.

(B) Natürlicher Kohlenstoff enthält etwa 1% des Isotops $^{13}_{6}$C.

(C) Bei Normaldruck ist Graphit im Vergleich zum Diamant die thermodynamisch stabilere Form.

(D) Amorpher Kohlenstoff wie z. B. Ruß ist eine mikrokristalline Form des Graphits.

(E) Bei ungenügender Luftzufuhr verbrennt Kohlenstoff zu einem Gemisch aus CO und CO_2.

1079 Welche Aussagen treffen zu?

(1) Kohlenstoff bildet stabile d_π-p_π-Bindungen.

(2) CH_4 ist die einzige exotherme Verbindung vom Typ MH_4.

(3) Im Graphit sind die C-Atome sp^3-hybridisiert.

(4) Graphit ist die bei Raumtemperatur metastabile Modifikation des Kohlenstoffs.

(5) Diamant ist reaktionsträger als Graphit.

(A) nur 1 und 2 sind richtig

(B) nur 2 und 3 sind richtig

(C) nur 2 und 5 sind richtig

(D) nur 3, 4 und 5 sind richtig

(E) 1–5 = alle sind richtig

Schwefelkohlenstoff

1080 CS_2 kann nicht wie CO_2 zur Brandbekämpfung eingesetzt werden,
weil
CS_2 unter Normalbedingungen zwar flüssig, aber leicht verdampfbar und brennbar ist.

1081 CS_2 kann wie CO_2 zur Brandbekämpfung eingesetzt werden,
weil
CS_2 unter Normalbedingungen zwar flüssig und leicht verdampfbar, jedoch nicht brennbar ist.

1082 CS_2 kann nicht wie CO_2 zur Brandbekämpfung eingesetzt werden,
weil
CS_2 unter Normalbedingungen schwer verdampfbar ist.

2.6.2 Kohlenmonoxid

1083⁺ Welche Aussage trifft **nicht** zu?
Kohlenmonoxid

(A) kann als Reduktionsmittel verwendet werden

(B) kann als Komplexligand fungieren

(C) ist in Wasser weniger löslich als CO_2

(D) reagiert in wäßriger Lösung sauer

(E) steht mit Kohlenstoff und Kohlendioxid in folgendem Gleichgewicht:
$$C + CO_2 \rightleftharpoons 2\,CO \ (\Delta H \text{ ist positiv})$$

1084 Welche Aussage über Kohlenmonoxid trifft **nicht** zu?
Kohlenmonoxid

(A) ist ein farb- und geruchloses Gas

(B) ist ein Reduktionsmittel

(C) kann als Ligand mit Übergangsmetallen bei Raumtemperatur stabile Komplexe bilden

(D) reagiert in wäßriger Lösung sauer

(E) ist ein Atemgift

1085 Welche Aussage über Kohlenmonoxid trifft zu?

(A) Im Kohlenmonoxid ist der Kohlenstoff sp^2-hybridisiert.
(B) Kohlenmonoxid wird wie Stickstoffmonoxid bereits bei Raumtemperatur durch Luftsauerstoff oxidiert.
(C) In Metallcarbonylen erfolgt die Bindung des CO zum Zentralatom über den Kohlenstoff.
(D) Kohlenmonoxid löst sich in Wasser unter Bildung von Ameisensäure.
(E) CO und NO sind isoelektronisch.

1086+ Welche der nachfolgend aufgeführten Reaktionen sind für die Gewinnung von Ameisensäure bzw. Natriumformiat, ausgehend von Kohlenstoff, von Bedeutung?

(1) $C + H_2O \rightleftharpoons CO + H_2$
(2) $CO + H_2O \rightleftharpoons HCOOH$
(3) $2\,CO + O_2 \rightleftharpoons 2\,CO_2$
(4) $CO_2 + H_2 \rightleftharpoons HCOOH$
(5) $CO + NaOH \rightleftharpoons HCOO^-Na^+$

(A) nur 1 und 5 sind richtig
(B) nur 2 und 4 sind richtig
(C) nur 1, 2 und 5 sind richtig
(D) nur 1, 3 und 4 sind richtig
(E) 1–5 = alle sind richtig

1087+ Welches der folgenden Gasgemische wird als „Generatorgas" bezeichnet?

(A) CO_2/H_2
(B) CO/H_2
(C) CO_2/N_2
(D) CO/N_2
(E) O_2/N_2

2.6.3 Kohlendioxid, Kohlensäure und Derivate

1088 Welche Aussagen über Kohlenstoff und seine Derivate treffen zu?

(1) CO_2 ist isoelektronisch mit N_2O.
(2) CO ist isoelektronisch mit NO^+ und CN^-.
(3) Ein Graphitkristall zeigt eine anisotrope elektrische Leitfähigkeit.

(A) nur 1 ist richtig
(B) nur 3 ist richtig
(C) nur 1 und 3 sind richtig
(D) nur 2 und 3 sind richtig
(E) 1–3 = alle sind richtig

1089 Welche Aussagen treffen zu?

(1) CO_2 ist linear gebaut.
(2) CO_3^{2-} ist planar gebaut.
(3) CO_2 ist mit N_2O isoster.
(4) CO ist mit N_2 isoster.
(5) CO_2 läßt sich oberhalb 800 °C mit Kohle zu CO reduzieren.

(A) nur 1 und 3 sind richtig
(B) nur 2 und 4 sind richtig
(C) nur 1, 4 und 5 sind richtig
(D) nur 1, 2, 3 und 5 sind richtig
(E) 1–5 = alle sind richtig

1090+ Welche Aussagen über Kohlendioxid treffen zu?

(1) Kohlendioxid besitzt ein Dipolmoment.
(2) Die Löslichkeit von CO_2 in Wasser sinkt mit steigender Temperatur.
(3) In Wasser gelöst liegt CO_2 zu über 90% als H_2CO_3 vor.
(4) Kohlensäure reagiert gegenüber wäßriger Natronlauge als zweibasige Säure.

(A) nur 1 und 4 sind richtig
(B) nur 2 und 3 sind richtig
(C) nur 2 und 4 sind richtig
(D) nur 1, 2 und 3 sind richtig
(E) 1–4 = alle sind richtig

1091 Welche Aussage über Kohlendioxid trifft **nicht** zu?

(A) Das Molekül besitzt ein charakteristisches Dipolmoment.
(B) Der elektronische Grundzustand des Moleküls kann mit Hilfe der VB-Methode beschrieben werden.
(C) Eine gesättigte, wäßrige Lösung von Kohlendioxid besitzt einen pH-Wert zwischen 4 und 5.
(D) Das Molekül kann mit Nucleophilen reagieren.
(E) Es kann im wäßrigen Milieu zur Auflösung von Kalkspat führen.

1092+ Bei welchem der angegebenen Vorgänge wird **nicht** CO_2 gebildet?

(A) Verbrennen von Graphit
(B) Glühen von Marmor
(C) Verbrennen von Diamant
(D) Brennen von Gips
(E) Abkochen von sehr hartem Wasser

1093 Das pH einer wäßrigen CO_2-Lösung ist vom Druck der angrenzenden Gasphase abhängig,
weil
die Löslichkeit von Kohlendioxid in Wasser vom Druck der angrenzenden Gasphase abhängig ist.

1094 Beim Durchblasen von Stickstoff durch eine Kohlensäure/Hydrogencarbonat-Pufferlösung steigt das pH der Lösung,
weil
beim Durchblasen von Stickstoff durch eine Kohlensäure/Hydrogencarbonat-Pufferlösung der Gehalt der Lösung an Kohlendioxid abnimmt.

1095 Welches Gas ist schwerer als Luft?

(A) Neon
(B) Kohlendioxid
(C) Ammoniak
(D) Methan
(E) Wasserstoff

1096+ Die Löslichkeit von CO_2 in Wasser nimmt bei Temperaturerhöhung ab,
weil
der Lösevorgang von CO_2 in Wasser exotherm verläuft.

Carbonate

1097 Oxide und Oxoanionen von Kohlenstoff und Silicium besitzen ähnliche Molekülstrukturen,
weil
Kohlenstoff und Silicium Elemente der IV. Hauptgruppe des Periodensystems sind.

1098+ CO_2-haltiges Wasser löst Calciumcarbonat,
weil

Calciumcarbonat mit Kohlendioxid und Wasser zu wasserlöslichem Calciumhydrogencarbonat reagiert.

1099+ Calciumcarbonat löst sich in CO_2-haltigem Wasser schlechter als in reinem Wasser,
weil
gleichionige Zusätze die Löslichkeit schwerlöslicher Verbindungen im Regelfall erniedrigen.

1100+ Die direkte Gewinnung von Soda durch Umsetzung von NaCl mit $CaCO_3$ in wäßriger Lösung ist nicht durchführbar,
weil
$CaCO_3$ im Gegensatz zu NaCl, Na_2CO_3 und $CaCl_2$ in Wasser schwerlöslich ist.

1101+ Welche Aussage über die Eigenschaften von Carbonaten und Hydrogencarbonaten trifft **nicht** zu?

(A) Barytwasser stellt eine gesättigte Bariumhydrogencarbonat-Lösung dar.
(B) Beim Einleiten von CO_2 in eine ausreichend konzentrierte ammoniakalische Kochsalz-Lösung bildet sich das relativ schwerlösliche Natriumhydrogencarbonat.
(C) Beim Einleiten von CO_2 in eine Calciumcarbonat-Suspension entsteht eine Lösung von Calciumhydrogencarbonat.
(D) Aus Calciumhydrogencarbonat läßt sich durch starkes Erhitzen Kohlendioxid gewinnen.
(E) Das Hydrogencarbonat-Ion ist isoelektronisch (isoster) zur Salpetersäure.

1102 Welche Aussagen treffen zu?
Folgende Verbindungen können bei entsprechender Wärmezufuhr im offenen Gefäß wie angegeben thermisch gespalten werden:

(1) $CaCO_3 \longrightarrow CaO + CO_2$
(2) $N_2O_4 \longrightarrow 2\ NO_2$
(3) $2\ AsH_3 \longrightarrow 2\ As + 3\ H_2$
(4) $KClO_4 \longrightarrow KCl + 2\ O_2$

(A) nur 3 ist richtig
(B) nur 2 und 3 sind richtig
(C) nur 1, 2 und 4 sind richtig
(D) nur 2, 3 und 4 sind richtig
(E) 1–4 = alle sind richtig

2.6.4 Silicium, Halogen- und Schwefel- verbindungen des Siliciums

1103 Welche Aussage über Silicium und dessen Verbindungen trifft **nicht** zu?

(A) Silicium bildet im Gegensatz zu Kohlenstoff keine Mehrfachbindungen.
(B) Von Silicium sind in der Natur keine elementaren Vorkommen bekannt.
(C) Silicium kann durch Reduktion von Siliciumdioxid mit Kohle oder Calciumcarbid hergestellt werden.
(D) Siliciumtetrachlorid ist wie Tetrachlorkohlenstoff gegen Wasser beständig.
(E) Silicium reagiert mit elementaren Halogenen zu Siliciumtetrahalogeniden.

1104 Welche Aussagen über Silicium und seine Verbindungen treffen zu?

(1) Silicium ist nach Sauerstoff das häufigste Element in der Erdrinde.
(2) Silicium reagiert mit heißen Laugen unter Bildung von Silicat und Wasserstoff.
(3) Silicone sind Polykondensationsprodukte aus Silanolen, Silandiolen oder Silantriolen.
(4) SiO_2 hat eine CO_2-analoge Molekülstruktur.

(A) nur 1 ist richtig
(B) nur 1 und 3 sind richtig
(C) nur 2 und 4 sind richtig
(D) nur 1, 2 und 3 sind richtig
(E) 1–4 = alle sind richtig

1105 Die Bindigkeit des Siliciums kann sechs betragen,
weil
Silicium auch unbesetzte d-Orbitale für Bindungen benutzen kann.

Silane

1106 Silane besitzen bei Wasserausschluß an der Luft die gleiche kinetische Stabilität wie Alkane,
weil

Silane einen den Paraffinen analogen Molekülbau besitzen, in dem Siliciumatome an die Stelle der Kohlenstoffatome getreten sind.

1107 Alkane und Silane sind gegenüber Wasser gleich reaktiv,
weil
Kohlenstoff und Silicium in der gleichen Hauptgruppe des Periodensystems stehen.

Siliciumhalogenverbindungen

1108 Tetrachlorkohlenstoff wird von reinem Wasser bei Raumtemperatur praktisch nicht hydrolysiert,
weil
Tetrachlorkohlenstoff und Wasser praktisch nicht miteinander mischbar sind.

1109 Tetrachlorkohlenstoff wird im Gegensatz zu $SiCl_4$ von reinem Wasser bei Raumtemperatur praktisch nicht hydrolysiert,
weil
die 4 Cl-Atome im CCl_4 das kleinere C-Atom gegen den Angriff der Lewis-Base H_2O abschirmen und im Gegensatz zu $SiCl_4$ keine energetisch tiefliegenden d-Orbitale für die Bildung des aktivierten Komplexes benutzt werden können.

1110 Tetrachlorkohlenstoff wird im Gegensatz zu $SiCl_4$ von reinem Wasser bei Raumtemperatur praktisch nicht hydrolysiert,
weil
neben sterischen Abschirmungseffekten beim CCl_4 im Gegensatz zu $SiCl_4$ keine energetisch tiefliegenden d-Orbitale für die Bildung des aktivierten Komplexes benutzt werden können.

1111+ $SiCl_4$ ist im Gegensatz zu CCl_4 leicht hydrolytisch spaltbar,
weil
das im Vergleich zu Kohlenstoff größere Silicium durch die Chloratome nicht so wirksam abgeschirmt wird und zudem energetisch tiefliegende unbesetzte d-Orbitale des Siliciums die Bildung eines aktivierten Komplexes erleichtern.

1112 Siliciumtetrachlorid reagiert mit Wasser bei Raumtemperatur unter Hydrolyse,

weil
Siliciumtetrachlorid das Salz einer starken Säure mit einer schwachen Base ist.

2.6.5 Sauerstoff-verbindungen des Siliciums

Ordnen Sie bitte den Begriffen der Liste 1 die jeweils entsprechende Struktur aus Liste 2 zu.

Liste 1

1113 Gruppensilicat
1114 Bandsilicat

Liste 2

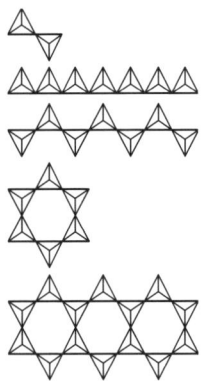

1115 Normalglas besitzt keinen definierten Schmelzpunkt,
weil
es sich bei Normalgläsern nicht um ferngeordnete, kristalline Festkörper handelt.

1116⁺ Welche der folgenden Aussagen treffen zu?
Normalglas (gewöhnliches Gebrauchsglas)

(1) kann durch Zusammenschmelzen von Soda, Kalk und Quarzsand hergestellt werden
(2) ist für kurzwelliges UV-Licht nicht transparent
(3) ist nicht beständig gegen Flußsäure
(4) verhält sich gegenüber kochendem Wasser völlig inert

(A) nur 1 ist richtig
(B) nur 2 und 4 sind richtig
(C) nur 1, 2 und 3 sind richtig
(D) nur 2, 3 und 4 sind richtig
(E) 1–4 = alle sind richtig

1117 Siliciumdioxid ist ein Feststoff,
weil
Siliciumdioxid aus einem Molekülgitter mit einzelnen, linear gebauten SiO_2-Molekülen besteht.

1118⁺ Welche Verbindung enthält **nicht** Silicat?

(A) Wasserglas
(B) Asbest
(C) Ton
(D) Talkum
(E) Korund

2.6.6 Silicone

1119⁺ Bei der Darstellung von kettenförmigen Siliconen über Methylsiliciumhalogenide kann die Kettenlänge durch das Verhältnis von Trimethylsiliciumchlorid zu Dimethylsiliciumchlorid bestimmt werden,
weil
das durch Hydrolyse von Trimethylsiliciumchlorid gebildete Silanol durch Kondensation zum Abbruch einer Siloxan-Kette führt.

1120 Silicone sind thermodynamisch stabiler als Kohlenwasserstoffe,
weil
Si-Si-Bindungen beständiger sind als C-C-Bindungen.

1121⁺ Welche Aussagen über Alkylsiliciumchloride bzw. Silicone treffen zu?

(1) Silicone entstehen durch Polykondensation von Methylsilanolen.
(2) Methylsilanole entstehen durch Hydrolyse von Methylsiliciumchloriden.
(3) Je höher der Anteil von Trimethylsiliciumchlorid im Ausgangsmaterial ist, um so stärker vernetzt ist das entstehende Silicon.

(4) Alkylsiliciumchloride können durch Reaktion von Grignard-Verbindungen (z. B. C_2H_5MgCl) mit $SiCl_4$ erhalten werden.

(A) nur 1 ist richtig
(B) nur 2 und 4 sind richtig
(C) nur 1, 2 und 3 sind richtig
(D) nur 1, 2 und 4 sind richtig
(E) 1–4 = alle sind richtig

2.6.7 Zinn und Blei

1122 Welche Aussagen über die Elemente der IV. Hauptgruppe des Periodensystems und ihre Verbindungen treffen zu?

(1) Die thermische Beständigkeit von CCl_4 ist größer als die von $PbCl_4$.
(2) Kohlenstoff besitzt in der Form des Graphits bei Normaldruck den höchsten Schmelzpunkt aller Elemente der IV. Hauptgruppe.
(3) Von allen Elementen der IV. Hauptgruppe sind Wasserstoffverbindungen bekannt.

(A) nur 3 ist richtig
(B) nur 1 und 2 sind richtig
(C) nur 1 und 3 sind richtig
(D) nur 2 und 3 sind richtig
(E) 1–3 = alle sind richtig

1123 Welche Aussagen treffen zu?

(1) Zinn kommt in der Natur im wesentlichen in Form von Zinn(IV)-Verbindungen vor.
(2) Zinn ist an der Luft beständig.
(3) Zinn(II)-Verbindungen wie $SnCl_2$ haben reduzierende Eigenschaften.
(4) Zinn(IV)-oxid reagiert mit Wasser zu einer wasserlöslichen Säure.

(A) nur 1 und 2 sind richtig
(B) nur 1 und 3 sind richtig
(C) nur 2 und 3 sind richtig
(D) nur 2 und 4 sind richtig
(E) nur 1, 2 und 3 sind richtig

1124⁺ Welche Aussagen über Zinn und seine Verbindungen treffen zu?

(1) Gegen schwache Säuren und schwache Basen ist Zinn verhältnismäßig beständig.
(2) Bronze ist eine Legierung von Kupfer und Zinn.
(3) Zinn(II) geht leicht in Zinn(IV) über.
(4) Zinn(IV)-chlorid ist bei Raumtemperatur eine farblose Flüssigkeit.

(A) nur 1 ist richtig
(B) nur 1 und 2 sind richtig
(C) nur 3 und 4 sind richtig
(D) nur 1, 2 und 3 sind richtig
(E) 1–4 = alle sind richtig

1125 Welche der folgenden Aussagen über Zinn und seine Verbindungen treffen zu?

(1) Zinn kommt in verschiedenen Modifikationen vor.
(2) Zinn gehört zu den Edelmetallen.
(3) Zinn(IV)-Verbindungen haben ebenso wie Blei(IV)-Verbindungen stark oxidierende Eigenschaften.
(4) Zinn(II)-hydroxid zeigt amphoteres Verhalten.

(A) nur 1 ist richtig
(B) nur 4 ist richtig
(C) nur 1 und 2 sind richtig
(D) nur 1 und 4 sind richtig
(E) nur 3 und 4 sind richtig

1126 Zinn gehört zu den Edelmetallen,
weil
Zinn bei Raumtemperatur an der Luft beständig ist.

1127⁺ Welche Aussage über Verbindungen des Zinns und Bleis trifft **nicht** zu?

(A) Zinn und Blei bilden Chlorverbindungen mit der Oxidationszahl +2 und +4.
(B) Zinndioxid ist ein stärkeres Oxidationsmittel als Bleidioxid.
(C) Zinn(II)-chlorid ist ein stärkeres Reduktionsmittel als Blei(II)-chlorid.
(D) Zinn(IV)-chlorid ist bei Raumtemperatur eine an der Luft rauchende Flüssigkeit.
(E) Zinn(II)- und Blei(II)-hydroxid lösen sich in konzentrierter Natriumhydroxid-Lösung.

1128 Blei ist in konzentrierter Salpetersäure nicht löslich,

weil

Blei durch konzentrierte Salpetersäure passiviert wird.

1129 Bleidioxid ist ein Oxidationsmittel,
weil
Bleidioxid ein Salz der schwachen Säure Wasserstoffperoxid ist.

1130⁺ Welche der folgenden Aussagen über Bleiverbindungen treffen zu?

(1) Pb_3O_4 enthält Blei in der Oxidationszahl +2 und +4.

(2) PbO_2 hat stark oxidierende Eigenschaften.

(3) Blei(II)-Halogenide sind in kaltem Wasser schwerlöslich.

(A) nur 2 ist richtig

(B) nur 3 ist richtig

(C) nur 1 und 2 sind richtig

(D) nur 1 und 3 sind richtig

(E) 1–3 = alle sind richtig

2.7 Borgruppe
(siehe Ehlers, Chemie I-Kurzlehrbuch)

III. HG.: vgl. auch MC-Fragen Nr. 130, 136, 137, 236

2.7.1 Bor

1131+ Welche Aussage über Bor trifft zu?

(A) Bor kommt **nicht** elementar in der Natur vor.
(B) Bor ist ein typisches Metall.
(C) Die einfachste von Bor existierende Wasserstoffverbindung ist Monoboran.
(D) Bortrichlorid ist fest und polymer.
(E) Borhydroxid ist amphoter.

1132 Welche Aussage trifft **nicht** zu?
Bor

(A) wird bei Raumtemperatur weder von Salzsäure noch von Fluorwasserstoff angegriffen
(B) wird reinst aus Diboran und Borsäure hergestellt
(C) wird durch thermische Zerlegung von Bortriiodid hergestellt
(D) ist ein Halbleiter
(E) kommt in verschiedenen Modifikationen vor

1133 Bor kommt in der Natur nicht an Sauerstoff gebunden vor,
weil
Bor beim Erhitzen an der Luft oder in Sauerstoff erst bei hohen Temperaturen zu B_2O_3 verbrennt.

1134 Welche Aussagen über Bor und seine Verbindungen treffen zu?

(1) BF_3 ist eine starke Lewis-Säure.
(2) B_2O_3 ist das Anhydrid der Borsäure.
(3) Die Borsäure ist eine dreibasige Säure.
(4) Perborate werden aus Boraten mit H_2O_2 hergestellt.
(5) Es gibt in wäßriger Lösung keine freien B^{3+}-Ionen.

(A) nur 1 ist richtig
(B) nur 2 und 3 sind richtig
(C) nur 1, 4 und 5 sind richtig
(D) nur 2, 3 und 5 sind richtig
(E) nur 1, 2, 4 und 5 sind richtig

1135 Welche Aussage über Bor und seine Verbindungen trifft **nicht** zu?

(A) Borsäure verhält sich gegenüber Wasser als Lewis-Säure.
(B) Durch bestimmte organische Polyhydroxyverbindungen kann die Acidität der Borsäure erheblich verstärkt werden.
(C) Im Diboran hat Bor die Oxidationszahl +3.
(D) Bornitrid ist eine bei Raumtemperatur stabile Verbindung.
(E) BF_3 ist bei Raumtemperatur ein salzartiger Festkörper.

1136+ Welche Aussagen über Bor und seine Verbindungen treffen zu?

(1) Bor kommt in der Natur nur mit Sauerstoff verbunden vor.
(2) Elementares Bor läßt sich durch Reduktion von Bortrioxid mit metallischem Magnesium gewinnen.
(3) Bor bildet mit Wasserstoff Elektronenmangelverbindungen.
(4) In Borwasserstoffverbindungen treten

Zweielektronen-Dreizentrenbindungen auf.

(5) Borhalogenide dissoziieren in wäßriger Lösung unter Bildung von B^{3+}-Ionen.

(A) nur 1 und 2 sind richtig
(B) nur 3 und 4 sind richtig
(C) nur 1, 2 und 5 sind richtig
(D) nur 1, 2, 3 und 4 sind richtig
(E) 1–5 = alle sind richtig

1137⁺ Welche Aussage über Bor und seine Verbindungen trifft **nicht** zu?

(A) Borsäuretrimethylester ist eine Lewis-Säure.
(B) BF_3 dissoziiert in wäßriger Lösung in B^{3+}- und F^--Ionen.
(C) Das Perborat-Dianion läßt sich formulieren als

$$\left[\begin{array}{c} \text{H-O} \qquad \text{O-O} \qquad \text{O-H} \\ \diagdown \quad \diagup \diagdown \quad \diagup \diagdown \quad \diagup \\ \quad \text{B} \qquad\quad \text{B} \\ \diagup \quad \diagdown \diagup \quad \diagdown \diagup \quad \diagdown \\ \text{H-O} \qquad \text{O-O} \qquad \text{O-H} \end{array} \right]^{2-}$$

(D) Die Addition von Diboran an unsymmetrische Alkene erfolgt entgegen der Markownikow-Regel.
(E) Bor kann durch Reduktion von B_2O_3 mit Magnesium gewonnen werden.

2.7.2 Wasserstoffverbindungen des Bors

1138⁺ Welche Aussage über Borwasserstoffverbindungen trifft **nicht** zu?

(A) Diboran kann nach folgender Reaktion dargestellt werden:
$4\,BF_3 + 3\,NaBH_4 \longrightarrow 3\,NaBF_4 + 2\,B_2H_6$
(B) BH_3 ist gegenüber B_2H_6 thermodynamisch instabil.
(C) Natriumborhydrid ist aus Na^+- und BH_4^--Ionen aufgebaut.
(D) Diboran ist eine Elektronenüberschußverbindung.
(E) In Boranen treten Zweielektronen-Dreizentrenbindungen auf.

1139 Welche Aussage über Borwasserstoffverbindungen trifft **nicht** zu?

(A) Diboran kann aus Bortrifluorid mit Natriumborhydrid dargestellt werden.
(B) BH_3 ist wesentlich instabiler als B_2H_6.
(C) Natriumborhydrid ist aus Na^+- und $B_2H_7^-$-Ionen aufgebaut.
(D) Diboran ist eine Elektronenmangelverbindung.
(E) In Boranen treten Mehrzentrenbindungen auf.

1140 Welche der folgenden Reaktionen gibt die technische Darstellung von Diboran (stöchiometrisch) korrekt wieder?

(A) $B_2O_3 + 2\,Al + 3\,H_2 + AlCl_3 \longrightarrow B_2H_6 + 3\,AlOCl$
(B) $4\,BF_3 + 3\,NaBH_4 \longrightarrow 3\,NaBF_4 + 2\,B_2H_6$
(C) $2\,BBr_3 + 5\,H_2 \longrightarrow B_2H_6 + 6\,HBr$
(D) $2\,H_3BO_3 + 5\,H_2 \longrightarrow B_2H_6 + 5\,H_2O$
(E) $3\,BH_2Cl + H_2 \longrightarrow B_2H_6 + BCl_3$

1141⁺ Welche Aussage über Diboran trifft **nicht** zu?

(A) Die Bindung wird am besten durch ein dreizentrisches B-H-B-Molekülorbital beschrieben.
(B) Die sechs Wasserstoffatome des Moleküls sind gleichwertig gebunden.
(C) Diboran wird von Wasser zu Borsäure und Wasserstoff zersetzt.
(D) Diboran ist aus Bortrifluorid und Natriumborhydrid darstellbar.
(E) Diboran reagiert mit Lithiumhydrid zu Lithiumboranat.

Ordnen Sie bitte den Begriffen der Liste 1 die jeweils dazugehörige Verbindung aus Liste 2 zu.

Liste 1		Liste 2
1142⁺ Alkalialanat	(A)	$NaBH_4$
1143 Alkaliboranat	(B)	$B(OH)_3$
1144 Boran	(C)	$LiAlH_4$
1145 Zweielektronen-Dreizentrenbindung	(D)	B_2H_6
	(E)	$NaAlO_2$

2.7.3 Sauerstoffverbin-dungen des Bors

1146 Welche Aussage über Borsäure trifft **nicht** zu?

(A) Borsäure ergibt beim Erhitzen Bortri-oxid.
(B) Borsäure wirkt in wäßriger Lösung als Brönsted-Säure.
(C) Die Löslichkeit der Borsäure in Wasser steigt mit zunehmender Temperatur an.
(D) Das pH einer wäßrigen Borsäure-Lösung kann durch Zusatz organischer Polyhy-droxyverbindungen gesenkt werden.
(E) Durch Reaktion von Borsäure mit Natri-umperoxid entsteht Perborat.

1147 Borsäure ist bei Raumtemperatur in Wasser schwerlöslich,
weil
Borsäure in wäßriger Lösung nur schwach sauer reagiert.

1148⁺ Welche Aussage über Borsäure trifft **nicht** zu?

(A) H_3BO_3 besitzt eine planar gebaute BO_3-Gruppierung.
(B) Borsäure reagiert mit Wasser unter Bil-dung von $B(OH)_4^-$-Ionen.
(C) In konzentrierter wäßriger Natriumhy-droxid-Lösung reagiert die Borsäure als zweibasige Säure.
(D) Die Acidität einer Borsäure-Lösung steigt durch Zusatz von Ethylenglycol.
(E) Die Löslichkeit der Borsäure in Wasser nimmt mit steigender Temperatur zu.

1149 Welche Aussage über Borsäure trifft **nicht** zu?

(A) Sie besitzt eine planar gebaute BO_3-Gruppe.
(B) Sie reagiert mit Wasser unter Bildung von H_3O^+- und $H_2BO_3^-$-Ionen.
(C) Sie reagiert in konzentrierter wäßriger Natriumhydroxid-Lösung als einbasige Säure.
(D) Die Acidität ihrer wäßrigen Lösung steigt nach Zusatz von Ethylenglycol.

(E) Ihre Löslichkeit in Wasser nimmt mit steigender Temperatur zu.

1150⁺ Welche Aussage über die Sauerstoffver-bindungen des Bors trifft **nicht** zu?

(A) Borsäure reagiert gegenüber Wasser als Lewis-Säure.
(B) Borsäure bildet mit Methanol und kon-zentrierter Schwefelsäure den leicht-flüchtigen Borsäuretrimethylester.
(C) Das Borat-Ion (BO_3^{3-}) ist isoelektronisch mit dem Nitrat-Ion.
(D) In Perboraten hat Bor die Oxidationszahl +5.
(E) Organische Polyhydroxyverbindungen wie Glycerol können die Acidität der Borsäure erheblich steigern.

1151⁺ Borsäure reagiert in wäßriger Lösung als einbasige Säure,
weil
sich in wäßrigen Lösungen von Borsäure fol-gendes Gleichgewicht einstellt:
$$H_3BO_3 + H_2O \rightleftharpoons H_2BO_3^- + H_3O^+$$

1152 Welche der folgenden Gleichungen tref-fen für Borsäure zu?

(1) $2\ H_3BO_3 \xrightarrow{>500\ °C} B_2O_3 + 3\ H_2O$
(2) $H_3BO_3 + H_2O \rightleftharpoons H_2BO_3^- + H_3O^+$
(3) $H_3BO_3 + 3\ CH_3OH \xrightarrow{H^+} B(OCH_3)_3 + 3\ H_2O$
(4) $H_3BO_3 + 2\ H_2O \rightleftharpoons B(OH)_4^- + H_3O^+$

(A) nur 2 ist richtig
(B) nur 1 und 3 sind richtig
(C) nur 1 und 4 sind richtig
(D) nur 2 und 3 sind richtig
(E) nur 1, 3 und 4 sind richtig

Ordnen Sie bitte den in Liste 1 aufgeführten Ionen die jeweils zutreffende Formel aus Liste 2 zu.

Liste 1		Liste 2	
1153 Orthoborat-Ion		(A)	BO_2^-
1154 Metaborat-Ion		(B)	BO_3^{3-}
		(C)	$B_4O_7^{2-}$
		(D)	$[B_4O_5(OH)_4]^{2-}$
		(E)	$[BO_2]_n^{n-}$

2.7.4 Halogenverbindungen des Bors

1155 Bortrifluorid reagiert als Lewis-Säure, **weil** durch Anlagerung eines weiteren Liganden an die pyramidale Struktur des Bortrifluorids eine trigonale Bipyramide gebildet werden kann.

1156 Welche Aussage über Bortrifluorid trifft **nicht** zu?
Bortrifluorid

(A) ist ein stechend riechendes, farbloses, an der Luft nebelbildendes Gas
(B) kann durch Erhitzen von Bortrioxid mit Calciumfluorid und konzentrierter Schwefelsäure hergestellt werden
(C) bildet mit Diethylether ein flüssiges, bei Normaldruck destillierbares Addukt
(D) bildet mit Wasser oberhalb 20 °C stabile Hydrate
(E) wird als Katalysator für zahlreiche organische Reaktionen eingesetzt

1157 Welche Aussagen über Bortrihalogenide treffen zu?

(1) Ihre Stabilität nimmt vom Bortrifluorid zum Bortriiodid hin stark zu.
(2) Bortribromid läßt sich durch Umhalogenierung von BF_3 mittels $AlBr_3$ darstellen.
(3) Sie können alle als Lewis-Säuren wirken.

(A) nur 1 ist richtig
(B) nur 2 ist richtig
(C) nur 3 ist richtig
(D) nur 1 und 2 sind richtig
(E) nur 2 und 3 sind richtig

2.7.5 Aluminium

1158 Welche Aussagen treffen zu?
Aluminium kann technisch gewonnen werden durch

(1) Reduktion von Aluminiumoxiden mit Kohle
(2) Erhitzen eines Gemisches aus Aluminiumoxiden und Aluminiumsulfiden

(3) Schmelzflußelektrolyse von Aluminiumoxiden

(A) nur 1 ist richtig
(B) nur 2 ist richtig
(C) nur 3 ist richtig
(D) nur 1 und 2 sind richtig
(E) nur 1 und 3 sind richtig

Ordnen Sie bitte den Oxiden der Liste 1 das jeweils zutreffende Reduktionsverfahren zur Herstellung des entsprechenden Metalls aus Liste 2 zu.

	Liste 1		Liste 2
1159+	PbO	(A)	Aluminothermisches Verfahren
1160+	Al_2O_3	(B)	Reduktion mit Kohle
		(C)	Schmelzflußelektrolyse
		(D)	Zonenschmelzverfahren
		(E)	Mond-Verfahren

1161 Aluminium kann nicht aus Tonerde gewonnen werden, **weil** Tonerde im wesentlichen ein Silicatmineral ist.

2.7.6 Verbindungen des Aluminiums

1162 Welche Aussage über Aluminiumverbindungen trifft zu?

(A) Aluminiumalaune sind Verbindungen der allgemeinen Formel $(M^{2+})_3Al_2(SO_4)_6 \cdot 6\,H_2O$.
(B) Thermit besteht aus äquivalenten Mengen Aluminiumoxid und Eisenpulver.
(C) Spinelle haben die allgemeine Formel $M_2Al_3O_4$ (M = 2-wertiges Metallion)
(D) Korund ist natürlich vorkommendes AlO(OH).
(E) Gealtertes Aluminiumhydroxid löst sich in Salzsäure langsamer als frisch gefälltes.

1163+ Welche Aussage über Aluminium und seine Verbindungen trifft **nicht** zu?

(A) Wasserfreies Aluminiumchlorid kann durch Reaktion von Aluminiumoxid mit

Salzsäure und anschließendes Erhitzen erhalten werden.

(B) Aluminium kann in seinen Verbindungen die Koordinationszahl 4 und 6 annehmen.

(C) $Al(OH)_3$ ist ein amphoteres Hydroxid.

(D) Aluminiumhalogenide sind Elektronenmangelverbindungen.

(E) Aluminium löst sich in nichtoxidierenden Säuren unter H_2-Entwicklung.

1164 Welche Aussage trifft **nicht** zu?

(A) Aluminium läßt sich durch kathodische Reduktion aus einem Gemisch von Al_2O_3 und $Na_3[AlF_6]$ darstellen.

(B) $AlCl_3$ ist eine Lewis-Säure.

(C) Aluminiumtrialkyle entstehen z. B. durch Reaktion von $AlCl_3$ mit Grignard-Reagenzien.

(D) Doppelsalze wie z. B. Alaune zeigen in wäßriger Lösung die Eigenschaften ihrer Einzelkomponenten.

(E) Alaune sind kristallisierte Verbindungen der Zusammensetzung $M_A(III)\, M_B(III)\, (SO_4)_2 \cdot 8\, H_2O$.

1165 Welche Aussagen treffen zu?
Aluminiumhydroxid kann gewonnen werden

(1) aus Hydroxoaluminat-Lösungen mit Kohlendioxid

(2) aus Hydroxoaluminat-Lösungen mit Ammoniumchlorid

(3) durch Erhitzen wäßriger Aluminiumacetat-Lösungen

(4) aus Aluminiumsulfat und Natriumcarbonat

(A) nur 4 ist richtig
(B) nur 1 und 3 sind richtig
(C) nur 1, 2 und 3 sind richtig
(D) nur 1, 2 und 4 sind richtig
(E) 1–4 = alle sind richtig

1166 Welche Aussagen über Aluminiumoxid treffen zu?

(1) Es wird technisch aus Bauxit gewonnen.

(2) Seine Schmelztemperatur wird durch Zusatz von Kryolith herabgesetzt.

(3) Es bildet mit Oxiden zahlreicher Metalle Mischoxide.

(4) Seine Umsetzung mit Chlorwasserstoff liefert wasserfreies Aluminiumchlorid.

(A) nur 1 ist richtig
(B) nur 3 ist richtig
(C) nur 1 und 2 sind richtig
(D) nur 1, 2 und 3 sind richtig
(E) nur 2, 3 und 4 sind richtig

1167 Welche Aussagen treffen zu?
Aluminiumchlorid

(1) kann in Benzol partiell zu Al_2Cl_6-Molekülen dimerisieren

(2) löst sich in Ether monomer unter Adduktbildung mit dem Solvens

(3) bildet als Al_2Cl_6-Molekül Mehrzentrenbindungen aus

(4) reagiert mit Wasser heftig unter Bildung von Salzsäure

(A) nur 4 ist richtig
(B) nur 1 und 2 sind richtig
(C) nur 2 und 3 sind richtig
(D) nur 3 und 4 sind richtig
(E) 1–4 = alle sind richtig

1168 Geschmolzenes Aluminiumchlorid besitzt nur eine geringe elektrische Leitfähigkeit, **weil** geschmolzenes Aluminiumchlorid aus kovalenten Molekülen besteht.

2.8 Erdalkalimetalle
(siehe Ehlers, Chemie I-Kurzlehrbuch)

II. IIG.: vgl. auch MC-Fragen Nr. 9, 121, 127, 218, 219, 333, 602

2.8.1 Elemente

1169 Erdalkalimetalle können durch Elektrolyse ihrer Halogenid-Schmelzen hergestellt werden,
weil
Erdalkalimetalle die niedrigsten 1. Ionisierungsenergien innerhalb ihrer Periode besitzen.

1170⁺ Magnesium ist auch an feuchter Luft weitgehend beständig,
weil
das aus Magnesium und Wasser zunächst gebildete Magnesiumhydroxid eine Schutzschicht um das Metall bildet.

2.8.2 Verbindungen

1171⁺ Welche Aussage trifft **nicht** zu?
Bei den Erdalkalimetallen nimmt in der angegebenen Reihenfolge Ca-Sr-Ba

(A) die thermische Beständigkeit der Carbonate ab
(B) die Löslichkeit der Sulfate in Wasser ab
(C) die Löslichkeit der Hydroxide in Wasser zu
(D) der Betrag der freiwerdenden Hydratationsenthalpie ihrer Ionen ab
(E) das Normalpotential ab (wird negativer)

1172⁺ Welche Aussagen über Erdalkalimetallverbindungen treffen zu?

Mit steigender Kernladungszahl erfolgt eine

(1) Zunahme der Löslichkeit der Hydroxide
(2) Zunahme der Löslichkeit der Carbonate
(3) Zunahme der Löslichkeit der Sulfate
(4) Abnahme der thermischen Beständigkeit der Carbonate

(A) nur 1 ist richtig
(B) nur 4 ist richtig
(C) nur 1 und 3 sind richtig
(D) nur 2 und 4 sind richtig
(E) nur 1, 2 und 4 sind richtig

1173 Welche Aussagen über die Erdalkalimetalle treffen zu?

(1) Sie kommen in der Natur nicht metallisch vor.
(2) Die Basizität ihrer Hydroxide nimmt mit steigender Ordnungszahl zu.
(3) Die Löslichkeit ihrer Sulfate nimmt mit steigender Ordnungszahl ab.
(4) Ihre Oxide sind in Säuren unlöslich.
(5) Berylliumverbindungen sind Elektronenmangelverbindungen.

(A) nur 1, 3 und 4 sind richtig
(B) nur 1, 4 und 5 sind richtig
(C) nur 2, 3 und 4 sind richtig
(D) nur 1, 2, 3 und 5 sind richtig
(E) 1–5 = alle sind richtig

1174 Berylliumchlorid ist im Gegensatz zu Magnesiumchlorid bei Raumtemperatur gasförmig,
weil
Beryllium einen kleineren Atomradius als Magnesium hat.

1175⁺ Berylliumverbindungen sind in der überwiegenden Zahl der Fälle Substanzen mit nahezu idealen Ionenbindungen,

weil

Beryllium den kleinsten Ionenradius aller Erdalkalimetalle hat.

Ordnen Sie bitte den Elementen der Liste 1 die jeweils zugehörige Eigenschaft aus Liste 2 zu.

Liste 1

1176⁺ Ba
1177⁺ Ca
1178⁺ Mg

Liste 2

(A) hat das höchste Ionisierungspotential aller Erdalkalimetalle
(B) wird von kaltem Wasser infolge Passivierung nur sehr langsam verändert
(C) ist – als Sulfat – Bestandteil des Minerals Schwerspat
(D) bildet ein leicht wasserlösliches Carbonat
(E) bildet das in Wasser schwerstlösliche Fluorid der in Liste 1 genannten Elemente

1179⁺ Welche der folgenden Verbindungen besitzt in Wasser die größte Löslichkeit?

(A) CaF_2
(B) $MgSO_4$
(C) $Mg(OH)_2$
(D) $MgCO_3$
(E) $CaSO_4$

1180⁺ Welche der folgenden Stoffe bestehen im wesentlichen aus $CaCO_3$?

(1) Marmor
(2) Gips
(3) Alabaster
(4) Kalkspat
(5) Doppelspat

(A) nur 1 und 5 sind richtig
(B) nur 1, 2 und 4 sind richtig

(C) nur 1, 4 und 5 sind richtig
(D) nur 2, 3 und 4 sind richtig
(E) 1–5 = alle sind richtig

1181⁺ Welche Aussage über Calciumverbindungen trifft **nicht** zu?

(A) $CaCl_2$ ist zum Trocknen von Ammoniakgas ungeeignet.
(B) Calcium bildet ein salzartiges Hydrid.
(C) $CaHPO_4 \cdot 2\ H_2O$ ergibt beim Glühen $Ca_2P_2O_7$.
(D) Apatite sind Verbindungen der allgemeinen Formel $CaCO_3 \cdot MCO_3$ (M = zweiwertiges Metallion).
(E) Calciumcarbonat zerfällt beim Erhitzen in Kohlendioxid und Calciumoxid.

1182 Welche der folgenden Reaktionsgleichungen ist stöchiometrisch korrekt formuliert?

(A) $Ca(OH)_2 + H_3PO_4 \longrightarrow Ca_3(PO_4)_2 + 6\ H_2O$
(B) $3\ Ca(OH)_2 + 2\ H_3PO_4 \longrightarrow Ca_3(PO_4)_2 + 4\ H_2O$
(C) $3\ Ca(OH)_2 + 2\ H_3PO_4 \longrightarrow Ca_3(PO_4)_2 + 2\ H_2O$
(D) $3\ Ca(OH)_2 + 2\ H_3PO_4 \longrightarrow Ca_3(PO_4)_2 + 6\ H_2O$
(E) $3\ Ca(OH)_2 + H_3PO_4 \longrightarrow Ca_3(PO_4)_2 + H_2O$

Ordnen Sie bitte den Begriffen der Liste 1 die jeweils zutreffende Verbindung aus Liste 2 zu.

Liste 1

1183 Organometallverbindung
1184 Ionenverbindung

Liste 2

(A) $Pt(NH_3)_2Cl_2$
(B) $HgCl_2$
(C) CH_3MgBr
(D) $Al(CH_3COO)_3$
(E) H_3BO_3

2.9 Alkalimetalle
(siehe Ehlers, Chemie I-Kurzlehrbuch)

I. HG.: vgl. auch MC-Fragen Nr. 29, 86, 129, 184, 194, 195, 212, 214–217, 220, 233–235, 345, 488, 489, 501, 502

2.9.1 Elemente

1185 In der I. Hauptgruppe des PSE verläuft die Änderung des Normalpotentials mit steigender Ordnungszahl immer parallel zur Änderung des Ionisierungspotentials,

weil

mit abnehmendem Ionisierungspotential die Bildung von Kationen erleichtert wird.

1186 Welche Aussagen zu den Elementen der Alkalimetallgruppe treffen zu?

(1) Alkalimetalldämpfe enthalten in geringem Ausmaß auch kovalente Metallmoleküle.
(2) Je nach Element werden bei der Verbrennung an der Luft Oxide, Peroxide oder Hyperoxide erhalten.
(3) Alle Alkalimetall-Alkyle lösen sich in Kohlenwasserstoffen.

(A) nur 1 ist richtig
(B) nur 2 ist richtig
(C) nur 3 ist richtig
(D) nur 1 und 2 sind richtig
(E) 1–3 = alle sind richtig

1187 Welche Aussagen über die Elemente der I. Hauptgruppe des Periodensystems treffen zu?

(1) Die Elektronegativität nimmt in der Gruppe mit steigender Ordnungszahl zu.
(2) Die Metalle haben einen relativ niedrigen Schmelzpunkt.
(3) Bei der Reaktion mit Wasser wird Wasserstoff gebildet.
(4) Die entsprechenden Kationen können keine Komplexe bilden.

(A) nur 1 und 3 sind richtig
(B) nur 2 und 3 sind richtig
(C) nur 2 und 4 sind richtig
(D) nur 1, 3 und 4 sind richtig
(E) nur 2, 3 und 4 sind richtig

1188+ Welche Aussagen über die Elemente der I. Hauptgruppe des Periodensystems treffen zu?

(1) Die Metalle lösen sich in flüssigem Ammoniak.
(2) Die Metalle können aus den **wäßrigen** Halogensalz-Lösungen elektrolytisch abgeschieden werden.
(3) Die Halogensalze geben typische Flammenfärbungen.
(4) Bei der Reaktion mit Wasser wird u. a. Wasserstoff gebildet.

(A) nur 1 und 3 sind richtig
(B) nur 2 und 4 sind richtig
(C) nur 1, 2 und 3 sind richtig
(D) nur 1, 3 und 4 sind richtig
(E) 1–4 = alle sind richtig

1189 Welche Aussagen über die Alkalimetalle treffen zu?

Mit steigender Ordnungszahl der Elemente steigen gleichzeitig folgende Werte an:

(1) Ionenradius
(2) Schmelzpunkt
(3) Ionisierungsenergie
(4) Betrag der Hydratationsenergie

(A) nur 1 ist richtig
(B) nur 4 ist richtig
(C) nur 1 und 4 sind richtig
(D) nur 2 und 3 sind richtig
(E) 1–4 = alle sind richtig

1190 Metallisches Lithium ist nur elektrolytisch darstellbar,
weil
Lithium ein sehr stark negatives Potential besitzt.

1191⁺ Welche Aussagen über Lithium und seine Derivate treffen zu?

(1) Das Lithium-Ion ist weniger hydratisiert als das Natrium-Ion.
(2) Lithium hat das höchste Ionisierungspotential aller Alkalimetalle.
(3) Die „Schrägbeziehung" zwischen Lithium und Magnesium besagt, daß Lithium bei der Salzbildung mit stark elektronegativen Atomen auch die Oxidationszahl +2 einnehmen kann.
(4) Bei der Umsetzung von metallischem Lithium mit Ethylchlorid entstehen Lithiumchlorid und Lithiumethyl.

(A) nur 1 und 3 sind richtig
(B) nur 2 und 4 sind richtig
(C) nur 1, 2 und 3 sind richtig
(D) nur 1, 3 und 4 sind richtig
(E) 1–4 = alle sind richtig

1192⁺ Welche Aussage trifft für Lithium **nicht** zu?

(A) Es besitzt den kleinsten Ionenradius der Alkalimetalle.
(B) Sein Kation wird in wäßriger Lösung kaum hydratisiert.
(C) Es löst sich in Quecksilber auf.
(D) Es bildet ein in Wasser leicht lösliches Nitrat.
(E) Es reagiert im Vergleich zu den anderen Alkalimetallen langsamer mit Wasser.

Verhalten gegenüber flüssigem Ammoniak

1193 Welche Aussagen über Lösungen von metallischem Natrium in flüssigem Ammoniak treffen zu?

(1) Natrium löst sich in flüssigem Ammoniak mit blauer Farbe.
(2) Lösungen von Natrium in flüssigem Ammoniak enthalten neben solvatisierten Natrium-Kationen auch solvatisierte Elektronen.
(3) Die Farbe der Lösung schreibt man den solvatisierten Elektronen zu.
(4) Die Zersetzungsreaktion kann photochemisch ausgelöst und durch Salze von Übergangsmetallen katalysiert werden.

(A) nur 1 und 2 sind richtig
(B) nur 1 und 3 sind richtig
(C) nur 2 und 4 sind richtig
(D) nur 1, 2 und 3 sind richtig
(E) 1–4 = alle sind richtig

1194⁺ Welche Aussagen über Lösungen von metallischem Natrium in flüssigem Ammoniak treffen zu?

(1) Natrium löst sich in flüssigem Ammoniak mit blauer Farbe.
(2) Lösungen von Natrium in flüssigem Ammoniak enthalten neben solvatisierten Natrium-Kationen auch solvatisierte Elektronen.
(3) Die Farbe der Lösung schreibt man den solvatisierten Elektronen zu.
(4) Beim Erwärmen solcher Lösungen entstehen Natriumamid und Wasserstoff als Reaktionsendprodukte.

(A) nur 1 und 2 sind richtig
(B) nur 1 und 3 sind richtig
(C) nur 2 und 4 sind richtig
(D) nur 1, 2 und 3 sind richtig
(E) 1–4 = alle sind richtig

1195⁺ Eine Lösung von Kalium in flüssigem Ammoniak leitet den elektrischen Strom,
weil
beim Auflösen von Kalium in flüssigem Ammoniak K^+-Ionen und solvatisierte Elektronen entstehen.

1196⁺ Lösungen der Alkalimetalle in flüssigem NH_3 sind außerordentlich starke Reduktionsmittel,
weil
die blauen Lösungen von Alkalimetallen in

flüssigem Ammoniak solvatisierte Elektronen enthalten.

2.9.2 Verbindungen

1197⁺ Welche der folgenden Lithiumsalze sind leicht wasserlöslich?

(1) LiCl
(2) LiBr
(3) Li_3PO_4
(4) Li_2CO_3

(A) nur 1 ist richtig
(B) nur 2 ist richtig
(C) nur 1 und 2 sind richtig
(D) nur 2 und 4 sind richtig
(E) nur 2, 3 und 4 sind richtig

1198⁺ Welches der folgenden Alkalisalze ist in Wasser am schwersten löslich?

(A) Li_2SO_4
(B) Na_2CO_3
(C) K_2S
(D) Rb_2SO_4
(E) $CsClO_4$

1199⁺ Welches der folgenden Alkalisalze ist in Wasser am schwersten löslich?

(A) Li_2CO_3
(B) Na_3PO_4
(C) K_2SO_4
(D) $LiNO_3$
(E) KBr

1200 Lithiumcarbonat ist von allen Alkalimetall-Carbonaten am besten in Wasser löslich,
weil
Lithium-Ionen von allen Alkalimetall-Ionen die größte Hydrathülle besitzen.

1201 NaCl kann nicht durch Umkristallisieren aus Wasser gereinigt werden,
weil
NaCl in kochendem und kaltem Wasser nahezu die gleiche Löslichkeit besitzt.

Ordnen Sie bitte den in Liste 1 enthaltenen Alkalimetallen den in Liste 2 enthaltenen Oxidtyp zu, der bei der Verbrennung des betreffenden Metalls an der Luft überwiegend entsteht (M = Alkalimetall)

Liste 1		Liste 2
1202⁺ Li	(A)	MO
1203⁺ K	(B)	MO_2
	(C)	M_2O
	(D)	M_2O_2
	(E)	M_2O_3

1204 Festes Kaliumhydroxid ist gegenüber Kohlendioxid unbeständig,
weil
festes Kaliumhydroxid einen gewissen Wasseranteil aufweist.

1205 Unter Luftzutritt aufbewahrtes Kaliumhydroxid ist immer Carbonat-haltig,
weil
Kaliumhydroxid aus der Luft Kohlendioxid absorbiert.

1206 Speisesalz ist hygroskopisch,
weil
Speisesalz Magnesiumchlorid enthält.

2.10 Nebengruppenelemente, insbesondere Elemente der ersten Übergangsreihe
(siehe Ehlers, Chemie I-Kurzlehrbuch)

2.10.1 Allgemeines über Nebengruppenelemente

1207 Welche Aussage über Nebengruppenelemente trifft **nicht** zu?
Nebengruppenelemente

(A) einer Periode füllen mit steigender Ordnungszahl vorzugsweise innere Elektronenschalen auf
(B) kommen oft in mehreren Oxidationsstufen vor
(C) bilden häufig farbige Verbindungen
(D) bilden oft Komplexverbindungen
(E) sind schlechte elektrische Leiter

1208⁺ Welche Aussage über die Eigenschaften der Nebengruppenelemente trifft **nicht** zu?
Nebengruppenelemente

(A) bilden oft paramagnetische Ionen
(B) bilden oft gefärbte Ionen
(C) besitzen ausgeprägten Metallcharakter
(D) sind alle in der Oxidationsstufe +2 bzw. +3 starke Oxidationsmittel
(E) besitzen als Kation im allgemeinen eine hohe Tendenz zur Komplexbildung

1209 Welche Aussage über Übergangs- oder Nebengruppenelemente trifft **nicht** zu?

(A) Alle Übergangselemente sind Metalle.
(B) Die Übergangselemente neigen zur Komplexbildung.
(C) Die Übergangselemente treten in verschiedenen Oxidationsstufen auf.
(D) Die Übergangselemente bilden häufig gefärbte Komplexe.
(E) Die Elemente der I. Nebengruppe des PSE (Cu, Ag, Au) besitzen die Valenzelektronenkonfiguration $3d^9 4s^2$.

1210⁺ Welche Aussage bezüglich der Nebengruppenelemente trifft **nicht** zu?

(A) Alle Nebengruppenelemente sind Metalle.
(B) Ionen der Nebengruppenelemente sind meistens farbig.
(C) Nebengruppenelemente sind gute Komplexbildner.
(D) Alle Platinmetalle sind Nebengruppenelemente.
(E) Alle Nebengruppenelemente besitzen unvollständig gefüllte d-Niveaus.

1211 Welche Aussage über Übergangselemente trifft **nicht** zu?

(A) Alle Übergangselemente sind Metalle.
(B) Sie zeigen eine starke Tendenz zur Komplexbildung.
(C) Sie bilden im allgemeinen diamagnetische Ionen.
(D) Sie bilden Ionen mit verschiedenen Oxidationszahlen.
(E) Ihre d-Elektronen können als Valenzelektronen fungieren.

2.10.2 Elemente der ersten Übergangsreihe

1212 Zur Reduktion von Metalloxiden zum Metall wird industriell häufig Koks eingesetzt,
weil
bei der Reduktion von Metalloxiden mit Koks Kohlenstoff-freie Metalle erhalten werden.

1213 Welche der folgenden Reaktionen kann zur Metallgewinnung verwendet werden?

(A) $Mn_2O_3 + 3\,C \xrightarrow{\Delta} 2\,Mn + 3\,CO$
(B) $2\,LiCl + H_2 \xrightarrow{\Delta} 2\,Li + 2\,HCl$
(C) $CaO + C \xrightarrow{\Delta} Ca + CO$
(D) $4\,Al_2O_3 + 9\,Fe \longrightarrow 8\,Al + 3\,Fe_3O_4$
(E) $Cr_2O_3 + 2\,Al \longrightarrow 2\,Cr + Al_2O_3$

1214 Welche der folgenden Ionen können bei starkem Ansäuern einer Chromat-Lösung mit Schwefelsäure erhalten werden?

(1) $HCrO_4^-$
(2) $Cr_2O_7^{2-}$
(3) $Cr_3O_{10}^{2-}$

(A) nur 1 ist richtig
(B) nur 3 ist richtig
(C) nur 1 und 2 sind richtig
(D) nur 2 und 3 sind richtig
(E) 1–3 = alle sind richtig

1215+ Welche Ionen können beim starken Ansäuern einer Chromat-Lösung mit Schwefelsäure erhalten werden?

(1) $Cr_2O_7^{2-}$
(2) $Cr_3O_{10}^{2-}$
(3) $Cr_4O_{13}^{2-}$

(A) nur 1 ist richtig
(B) nur 3 ist richtig
(C) nur 1 und 2 sind richtig
(D) nur 2 und 3 sind richtig
(E) 1–3 = alle sind richtig

Ordnen Sie bitte den Farben der Liste 1 die jeweils entsprechend gefärbte Verbindung aus Liste 2 zu.

Liste 1	Liste 2
1216 Grün	(A) Kaliummanganat(VI)
1217 Blau	(B) Kupfer(II)-oxid
	(C) Zinn(IV)-oxid
	(D) Kobalt(II)-aluminat
	(E) Kupfer(I)-oxid

1218+ Welche Aussage trifft zu?
Der Raney-Nickel-Katalysator wird gewonnen durch:

(A) Reduktion von NiO_2 mit Al
(B) kathodische Reduktion von Ni^{2+}-Ionen
(C) Reduktion von NiO mit Kohlenstoff
(D) Behandeln einer Ni/Mg-Legierung mit Salzsäure
(E) Behandeln einer Ni/Al-Legierung mit Natronlauge

1219 Welche der folgenden Aussagen über Raney-Nickel trifft **nicht** zu?

(A) Raney-Nickel wird aus einer Ni/Al-Legierung durch Zusatz von Natriumhydroxid-Lösung dargestellt.
(B) Frisch bereitetes, trockenes Raney-Nickel ist selbstentzündlich (pyrophor).
(C) Durch Waschen von frisch bereitetem Raney-Nickel mit Essigsäure kann dessen Aktivität stark vergrößert werden.
(D) Raney-Nickel ist als Katalysator für Hydrierungen von Carbonylgruppen geeignet.
(E) Mit Raney-Nickel läßt sich organisch gebundenes Chlor hydrogenolytisch abspalten.

1220+ Im Hämoglobin wird die Bindung des Sauerstoffs durch Fe(II) übernommen,
weil
Fe(II)-Verbindungen durch Sauerstoff leicht zu den entsprechenden Fe(III)-Verbindungen oxidiert werden können.

1221+ Welche Aussage über Titantetrachlorid trifft **nicht** zu?
Titantetrachlorid

(A) entsteht beim Überleiten von Chlor über ein glühendes Gemenge von Kohle und Titandioxid
(B) ist eine farblose, an der Luft rauchende Flüssigkeit
(C) ist in Wasser unzersetzt löslich
(D) ist eine Lewis-Säure
(E) bildet mit Ethern Addukte des Typs R_2OTiCl_4

2.11 Elemente der ersten und zweiten Nebengruppe

(siehe Ehlers, Chemie I-Kurzlehrbuch)

2.11.1 Elemente der Kupfergruppe

1222 Welche Aussagen über Kupfer(I)-Verbindungen treffen zu?

(1) Das $Cu(I)$-Ion besitzt die gleiche Elektronenzahl wie das Ni-Atom.
(2) $Cu(I)$-oxid ist farblos.
(3) Ammoniakalische CuCl-Lösung vermag Kohlenmonoxid zu absorbieren.
(4) Die $Cu(I)$-Halogenide (Chlorid, Bromid, Iodid) sind in Wasser schwerlöslich.

(A) nur 1 ist richtig
(B) nur 2 ist richtig
(C) nur 3 und 4 sind richtig
(D) nur 1, 3 und 4 sind richtig
(E) 1–4 = alle sind richtig

1223 Cu^{2+}-Ionen sind in wäßriger Lösung wesentlich beständiger als Cu^{1+}-Ionen,
weil
Cu^{2+}-Ionen eine wesentlich größere Hydratationsenthalpie besitzen als Cu^{1+}-Ionen.

1224 Welche der folgenden Verbindungen ist in Wasser am wenigsten löslich?

(A) Ag_2SO_4
(B) $Al_2(SO_4)_3$
(C) $CdSO_4$
(D) $MnSO_4$
(E) $ZnSO_4$

1225⁺ Welche der folgenden Salze sind in Wasser schwerlöslich?

(1) Li_2CO_3
(2) AgF
(3) $CuCl$
(4) $ZnSO_4$
(5) $Ca(HCO_3)_2$

(A) nur 2 ist richtig
(B) nur 1 und 3 sind richtig
(C) nur 3 und 5 sind richtig
(D) nur 2, 4 und 5 sind richtig
(E) nur 1, 3, 4, und 5 sind richtig

1226⁺ Silberiodid löst sich in konzentrierter wäßriger Ammoniak-Lösung,
weil
Silber-Ionen in wäßriger konzentrierter Ammoniak-Lösung den Komplex $[Ag(NH_3)_2]^+$ bilden.

1227⁺ Welche der folgenden Silberverbindungen liefert in gesättigter wäßriger Lösung die geringste Konzentration an Ag^+-Ionen?

(A) $[Ag(CN)_2]^-$ K^+
(B) $AgBr$
(C) $[Ag(NH_3)_2]^+$ NO_3^-
(D) AgI
(E) Ag_2S

Ordnen Sie bitte jedem der in Liste 1 aufgeführten Silberhalogenide die jeweils zutreffende Eigenschaft aus Liste 2 zu.

Liste 1

1228⁺ $AgCl$
1229⁺ AgI

Liste 2

(A) ist das am schwersten lösliche Silbersalz überhaupt
(B) ist durch Behandeln mit heißer verdünnter Schwefelsäure in Silbersulfat überführbar

(C) löst sich leicht unter Komplexsalzbildung in wäßrigem Ammoniak

(D) ist das in der Fotografie am meisten verwendete Silberhalogenid

(E) löst sich nicht in wäßrigem Ammoniak, wohl aber in wäßriger Cyanid-Lösung unter Komplexsalzbildung auf

2.11.2 Elemente der Zinkgruppe

1230⁺ Welche Aussagen über Zink treffen zu?

(1) Zn^{2+} ist isoelektronisch mit Cu^+.
(2) Zinkchlorid ist sehr hygroskopisch.
(3) Zinkoxid färbt sich in der Hitze gelb.
(4) Aus Zinksulfid-Mineralien kann Zink technisch dargestellt werden.

(A) nur 2 ist richtig
(B) nur 4 ist richtig
(C) nur 3 und 4 sind richtig
(D) nur 2, 3 und 4 sind richtig
(E) 1–4 = alle sind richtig

1231 Welche Aussage trifft **nicht** zu?
Quecksilber(I)-Verbindungen

(A) sind bimolekular
(B) sind diamagnetisch
(C) enthalten einen Metallatom-Cluster
(D) sind alle in hohem Maße toxisch
(E) sind u. a. aus Hg(II)-Salzen und elementarem Hg darstellbar

1232 Welche Aussage über Quecksilber(II)-sulfid trifft **nicht** zu?

(A) Es existiert in einer roten und einer schwarzen Modifikation.

(B) Die unterschiedlichen Farben seiner Modifikationen sind auf Unterschiede im Kristallbau zurückzuführen.

(C) Die unterschiedlichen Farben seiner Modifikationen sind auf unterschiedliche Mengen Kristallwasser zurückzuführen.

(D) Die schwarze Modifikation entsteht beim Einleiten von Schwefelwasserstoff in Quecksilber(II)-Salzlösungen.

(E) Die rote Modifikation ist die thermodynamisch stabilere.

1233 Eine wäßrige Lösung von $HgCl_2$ weist eine relativ geringe elektrolytische Leitfähigkeit auf,
weil
$HgCl_2$ in wäßriger Lösung kaum dissoziiert ist.

2.12 Platinmetalle

(siehe Ehlers, Chemie I-Kurzlehrbuch)

2.13 Nomenklatur anorganischer Verbindungen

(siehe Ehlers, Chemie I-Kurzlehrbuch, Anhang)

1234 Welche Nomenklatur für Perchlorsäure trifft zu?

(A) Hydrogentetroxochlorid
(B) Hydrogentetraoxochlorat
(C) Tetroxohydrogenchlorid
(D) Tetraoxochlorhydrid
(E) Chlorohydrogentetroxid

1235 Welche Nomenklatur für Fluorokieselsäure trifft zu?

(A) Dihydrogen-silicato-hexafluorid
(B) Hexafluorosiliciumdihydrogenat
(C) Silicodihydrogen-hexafluorat
(D) Hexafluorsilicato-dihydrid
(E) Dihydrogenhexafluorosilicat

Prüfungsfragen vom Herbst 1992

1236+ Wieviele isomere Konfigurationen kann ein quadratischer Komplex Zabcd bilden? (Z = Zentralatom; a, b, c, d = unterschiedliche einzähnige Liganden)

(A) 1
(B) 2
(C) 3
(D) 4
(E) 6

1237 Welche der folgenden Aussagen über die Alkalimetalle trifft zu?

(A) Sie haben die kleinsten Atomradien innerhalb der Perioden des Periodensystems.
(B) Sie können auch in den Oxidationsstufen +2 und −1 auftreten.
(C) Ihre Kationen besitzen alle die Elektronenkonfiguration $ns^2 np^6$.
(D) Ihre Schmelzpunkte nehmen mit zunehmender relativer Atommasse ab.
(E) Sie werden durch Elektrolyse ihrer wäßrigen Hydroxid-Lösungen dargestellt.

1238 Welche der folgenden Bezeichnungen für das entsprechende Salz trifft zu?

(A) KPO_3 : Kaliumorthophosphat
(B) Na_2SO_5 : Natriumperoxodisulfat
(C) $KClO_3$: Kaliumperchlorat
(D) $NaBO_2$: Natriummetaborat
(E) Na_2SiO_3 : Natriumorthosilicat

1239 Welche der folgenden Aussagen trifft **nicht** zu?

(A) Die leichte Beweglichkeit der Elektronen erklärt die gute elektrische Leitfähigkeit der Metalle.
(B) Ionenbindungen führen zu Kristallgittern, weil sie räumlich ungerichtet sind.
(C) Unter Elektronenaffinität versteht man das Bestreben von Elementen, Kationen zu bilden.
(D) Isostere Verbindungen sind durch gleiche Anzahl und Anordnung der Elektronen

und gleiche Anzahl der Atome charakterisiert.
(E) Die HF-Bindung ist schwächer kovalent als die HI-Bindung.

1240 Welche Aussage über den Lösevorgang eines festen Stoffes in einem Lösungsmittel trifft **nicht** zu?

(A) Die Enthalpie der Reaktion entspricht dem Unterschied von Gitter- und Solvatationsenthalpie.
(B) Durch Temperaturerhöhung kann die Löslichkeit eines festen Stoffes steigen.
(C) Zum Zerfall eines Kristalls in einzelne Ionen oder Moleküle ist keine Energie erforderlich.
(D) Die Solvatation einzelner Ionen oder Moleküle ist ein exothermer Prozeß.
(E) Die Gitterenthalpie kann größer oder kleiner sein als die Solvatationsenthalpie.

1241+ Welche der folgenden Reaktionen führt **nicht** zu einem deuterierten Produkt?

(A) CH_4 + D_2/Ni $\longrightarrow$
(B) CH_4 + D_2O $\longrightarrow$
(C) CH_3MgBr + D_2O $\longrightarrow$
(D) $CH_3CO{-}R$ + D_2O $\longrightarrow$
(E) $CH_2 = CH_2$ + D_2/Pt $\longrightarrow$

1242 Welche der folgenden Aussagen über Halogene und ihre Verbindungen trifft **nicht** zu?

(A) Entsprechend ihrer großen Elektronegativität gehen Halogene mit anderen Elementen immer ionische Bindungen ein.
(B) Die Tendenz zur Bildung von Verbindungen des Typs „X_3^-" ist beim Iod (I_3^-) stärker ausgebildet als bei Chlor und Brom.
(C) Elementares Brom läßt sich durch Oxidation von Bromid-Lösungen mit Chlorgas in schwach saurem Milieu gewinnen.
(D) Durch Lösen von elementarem Iod in Natronlauge gebildetes Hypoiodit disproportioniert schnell in Iodat und Iodid.
(E) Die Reaktion von elementarem Fluor mit Wasser führt zu Fluorwasserstoff und Sauerstoff.

1243 Welche Aussage über Hexafluorokieselsäure trifft **nicht** zu?

(A) Sie ist in reinem, wasserfreiem Zustand unbekannt.

(B) Sie zerfällt beim Entwässern in SiF_4 und H_2F_2.

(C) Ihre wäßrigen Lösungen enthalten praktisch keine freie Flußsäure.

(D) Sie bildet ein kristallines Oxoniumsalz $(H_3O)_2 SiF_6$.

(E) Sie ist eine sehr schwache Säure.

1244 Welche Aussage zu Schwefel und Selen trifft **nicht** zu?

(A) Sie existieren in mehreren Modifikationen.

(B) Ihre typischen Oxidationsstufen sind –2, +4 und +6.

(C) Sie verbrennen an der Luft zu Dioxiden.

(D) Ihre Dioxide sind bei Normalbedingungen monomere Gase.

(E) Ihre Dioxide lassen sich mit Zn/HCl zu den entsprechenden Wasserstoffverbindungen XH_2 reduzieren.

Ordnen Sie bitte den Anionen der Liste 1 jeweils die in Liste 2 aufgeführte zutreffende Hybridisierung des Zentralatoms zu!

Liste 1	Liste 2
1245 ClO_4^-	(A) sp^2
1246 SO_4^{2-}	(B) sp^3
	(C) sp
	(D) d^2sp^3
	(E) dsp^2

Ordnen Sie bitte den Eigenschaften der Liste 1 die jeweils zutreffende Verbindung aus Liste 2 zu!

Liste 1	Liste 2
1247 salzartig	(A) NaH
1248 polymer	(B) SH_2
	(C) AlH_3
	(D) PH_3
	(E) SiH_4

Ordnen Sie bitte den Verbindungen in Liste 1 den jeweils entsprechenden Begriff aus Liste 2 zu!

Liste 1	Liste 2
1249 $(CN)_2$	(A) Halon
1250 BCl_3	(B) Pseudohalogen
	(C) Interhalogenverbindung
	(D) kovalente Halogenverbindung
	(E) salzartige Halogenverbindung

Ordnen Sie bitte den Molekülen der Liste 1 den jeweils zutreffenden Bindungswinkel aus Liste 2 zu!

Liste 1	Liste 2
1251 Kohlendioxid	(A) $90°$
1252 Dicyan	(B) $101°$
	(C) $109°$
	(D) $120°$
	(E) $180°$

1253 Silicium zeigt bei Raumtemperatur nur eine geringe elektrische Leitfähigkeit,
weil
Halbleiter wie Silicium kein Valenzband haben.

1254 Eine wäßrige Lösung von Ammoniumacetat reagiert deutlich sauer,
weil
durch Protolysereaktion von Ammonium-Ionen in wäßriger Lösung H_3O^+-Ionen entstehen.

1255+ Der Pufferbereich eines Essigsäure-Natriumacetat-Puffers kann aus der Titrationskurve der Säure mit Natronlauge ermittelt werden,
weil
der Pufferbereich des Essigsäure-Natriumacetat-Puffers nur durch den pK_a-Wert der Essigsäure bestimmt wird.

1256+ Das Potential einer Fe^{2+}/Fe^{3+}-Lösung nimmt bei Zusatz von NaF ab,
weil
die Konzentration von Fe^{3+} durch Komplexierung zu $[FeF_6]^{3-}$ abnimmt.

1257+ Xenon kann Verbindungen mit anderen Elementen bilden,

weil
Xenon keine abgeschlossene 4d-Schale hat.

1258 Luftsauerstoff hat im Grundzustand nur gepaarte Valenzelektronen,
weil
Luftsauerstoff stets eine gerade Anzahl von Valenzelektronen aufweist.

1259 Kohlenmonoxid kann mit Natronlauge zu Natriumformiat reagieren,
weil
Kohlenmonoxid ein gutes Reduktionsmittel ist.

1260 Aluminium wird technisch über das aluminothermische Verfahren gewonnen,
weil
die Al-Gewinnung ein stark exothermer Prozeß ist.

1261 Welche der folgenden Aussagen zum chemischen Gleichgewicht sind richtig?

(1)   Im Zustand des chemischen Gleichgewichts sind die Geschwindigkeiten von Hin- und Rückreaktion gleich.
(2)   Bei exothermen Reaktionen läßt sich durch Temperaturerhöhung das Gleichgewicht auf die Seite der Produkte verschieben.
(3)   Katalysatoren können die Lage des chemischen Gleichgewichts beeinflussen.
(4)   Druckerhöhung verschiebt das Gleichgewicht von Gasreaktionen auf die Seite der Reaktionsgleichung mit geringerer Anzahl von Molekülen.

(A)   nur 1 und 2 sind richtig
(B)   nur 1 und 4 sind richtig
(C)   nur 2 und 3 sind richtig
(D)   nur 2, 3 und 4 sind richtig
(E)   1–4 = alle sind richtig

1262 Welche Aussagen über Atomorbitale treffen zu?

(1)   Ein Orbital ist der Raum hoher Aufenthaltswahrscheinlichkeit von Elektronen.
(2)   Zur eindeutigen Charakterisierung von Orbitalen genügt die Angabe der Nebenquantenzahl.

(3)   s-Orbitale sind kugelförmig.
(4)   p-Orbitale sind achsensymmetrisch.

(A)   nur 1 und 2 sind richtig
(B)   nur 1 und 3 sind richtig
(C)   nur 3 und 4 sind richtig
(D)   nur 1, 3 und 4 sind richtig
(E)   1–4 = alle sind richtig

1263 Welche der folgenden Elemente stehen in der 3. Periode des Periodensystems?

(1)   Magnesium
(2)   Arsen
(3)   Phosphor
(4)   Brom
(5)   Beryllium

(A)   keines der angegebenen Elemente
(B)   nur 1 ist richtig
(C)   nur 1 und 3 sind richtig
(D)   nur 2 und 4 sind richtig
(E)   nur 2, 4 und 5 sind richtig

1264 Welche Eigenschaften kennzeichnen typische harte Säuren nach dem HSAB-Prinzip (Pearson)?

(1)   niedrige positive Ladung
(2)   geringe räumliche Ausdehnung
(3)   große räumliche Ausdehnung
(4)   hohe positive Ladung
(5)   keine nichtbindenden Elektronen in der Valenzschale

(A)   nur 1 und 2 sind richtig
(B)   nur 1 und 3 sind richtig
(C)   nur 2 und 4 sind richtig
(D)   nur 3 und 4 sind richtig
(E)   nur 2, 4 und 5 sind richtig

1265 Welche Aussagen über das Phasendiagramm eines Einkomponentensystems treffen zu?

(1)   Es ist eine graphische Darstellung der Phasen und ihrer Übergänge.
(2)   Es korreliert Aggregatzustände mit der Temperatur.
(3)   Es korreliert Aggregatzustände mit dem Druck.
(4)   Zwischen zwei Kurven existiert nur eine homogene Phase.

(5) In jedem Kurvenpunkt existiert mehr als eine Phase.

(A) nur 1 und 2 sind richtig
(B) nur 1 und 3 sind richtig
(C) nur 4 und 5 sind richtig
(D) nur 2, 4 und 5 sind richtig
(E) 1–5 = alle sind richtig

1266+ Welchen der genannten Edukte reagieren unter Disproportionierung?

(1) $2\,Br^-$ + Cl_2 $\longrightarrow$
(2) Cl_2 + $2\,H_2O$ $\longrightarrow$
(3) $3\,HOCl$ + $3\,H_2O$ $\longrightarrow$
(4) K_2MnO_4 + H^+/H_2O $\longrightarrow$

(A) nur 4 ist richtig
(B) nur 1 und 2 sind richtig
(C) nur 1, 2 und 4 sind richtig
(D) nur 2, 3 und 4 sind richtig
(E) 1–4 = alle sind richtig

1267 Welche Aussagen über Silicone treffen zu?

(1) Es handelt sich um monomere, siliciumanaloge Ketone.
(2) Sie sind wegen ihrer thermischen und chemischen Beständigkeit technisch vielseitig verwendbar.
(3) Sie werden technisch über Organosiliciumhalogenide gewonnen.
(4) Ihre Si-Atome sind über organische Alkylreste miteinander verknüpft.

(A) nur 1 und 3 sind richtig
(B) nur 1 und 4 sind richtig
(C) nur 2 und 3 sind richtig
(D) nur 2 und 4 sind richtig
(E) 1–4 = alle sind richtig

1268 Welche Aussagen über folgende Stickstoffverbindungen treffen zu?

(1) HNO_3 kann zu NH_2OH reduziert werden.
(2) HN_3 ist durch mehr mesomere Grenzformeln zu beschreiben als das N_3^--Anion.
(3) N_2O ist linear gebaut.
(4) NO ist eine diamagnetische Substanz.
(5) NO_2 ist ein Radikal.

(A) nur 1 ist richtig
(B) nur 2 und 5 sind richtig

(C) nur 1, 2 und 4 sind richtig
(D) nur 1, 3 und 5 sind richtig
(E) 1–5 = alle sind richtig

1269 Welche der folgenden Aussagen treffen zu?

(1) „Königswasser" ist ein Gemisch aus einem Teil Salpetersäure und drei Teilen Salzsäure.
(2) Salpetersäure entsteht nach dem Ostwald-Verfahren direkt aus Stickstoff und Sauerstoff.
(3) Salpetrige Säure reagiert mit Ammoniak zu Stickstoff.
(4) Monophosphan ist nicht stabil.
(5) Phosphor(III)-oxid ist das Endprodukt der Verbrennung von weißem Phosphor.

(A) nur 1 und 3 sind richtig
(B) nur 2 und 3 sind richtig
(C) nur 1, 3 und 5 sind richtig
(D) nur 2, 4 und 5 sind richtig
(E) nur 1, 2, 4 und 5 sind richtig

1270 Welche Aussagen treffen zu?
Arsen (III)-oxid

(1) ist ein gelber Feststoff
(2) löst sich sehr leicht in Wasser
(3) disproportioniert in Natronlauge
(4) ist in kristalliner Form immer aus As_2O_3-Molekülen aufgebaut

(A) Keine der obigen Aussagen trifft zu.
(B) nur 1 und 2 sind richtig
(C) nur 2 und 3 sind richtig
(D) nur 2 und 4 sind richtig
(E) nur 1, 3 und 4 sind richtig

1271 Welche Aussagen treffen zu?
Kohlenmonoxid

(1) ist ein brennbares, geruchloses und giftiges Gas
(2) ist Bestandteil von Generatorgas
(3) ist Bestandteil von Wassergas (Synthesegas)
(4) kann mit Wasserdampf zu Kohlendioxid und Wasserstoff umgesetzt werden

(A) nur 1 ist richtig
(B) nur 2 ist richtig

(C)   nur 1 und 3 sind richtig
(D)   nur 2, 3 und 4 sind richtig
(E)   1–4 = alle sind richtig

1272 Welche Aussagen über die Elemente der 3. Hauptgruppe treffen zu?

(1)   Ihr Metallcharakter nimmt mit steigender relativer Atommasse ab.
(2)   Der saure Charakter ihrer Hydroxide nimmt mit steigender Atommasse des Elements zu.
(3)   Sie treten ausschließlich 3-wertig auf.
(4)   Ihre Affinität zu elektropositiven Elementen (z. B. Wasserstoff) ist viel größer als zu elektronegativen Elementen (z. B. Chlor).

(A)   Keine der obigen Aussagen trifft zu.
(B)   nur 3 ist richtig
(C)   nur 1 und 2 sind richtig
(D)   nur 1 und 3 sind richtig
(E)   nur 2, 3 und 4 sind richtig

1273* Welche der folgenden Reaktionen laufen beim **Härten** von Luft-/Kalkmörtel ab?

(1) $CaCO_3 + H_2O + CO_2 \longrightarrow Ca(HCO_3)_2$
(2) $Ca(OH)_2 + CO_2 \longrightarrow Ca(OH)(HCO_3)$
(3) $Ca(OH)(HCO_3) \longrightarrow CaCO_3 + H_2O$
(4) $CaCO_3 \longrightarrow CaO + CO_2$
(5) $CaO + H_2O \longrightarrow Ca(OH)_2$

(A)   nur 1 und 4 sind richtig
(B)   nur 2 und 3 sind richtig
(C)   nur 1, 2 und 5 sind richtig
(D)   nur 2, 3 und 4 sind richtig
(E)   nur 1, 3, 4 und 5 sind richtig

Neben den Fragen Nr. 1236–1273 waren die folgenden Aufgaben aus voranstehenden Abschnitten noch Bestandteil der **Prüfungsfragen vom Herbst 1992:** Frage Nr. 321 – 376 – 385 – 501 –535 – 582 – 594 – 615 – 616 – 803 – 833 – 1220.

Prüfungsfragen vom Frühjahr 1993

1274 Welche Aussage über die Elemente der ersten Nebengruppe trifft zu?

(A) Die vorherrschende Koordinationszahl der Element(I)-Komplexe ist 4.
(B) Die Anordnung der Liganden in den Element(I)-Komplexen ist gewinkelt.
(C) Ihre stabilste Oxidationsstufe ist immer +1.
(D) Die Metalle lösen sich – bei Luftzutritt – in wäßriger Cyanid-Lösung auf.
(E) Ihre Salze sind stets farbig.

1275 Welche Aussage über den Lösevorgang eines festen Stoffes in einem Lösungsmittel trifft **nicht** zu?

(A) Die Enthalpie der Reaktion entspricht der Differenz von Gitter- und Solvatationsenthalpie.
(B) Durch Temperaturerhöhung kann die Löslichkeit eines festen Stoffes zu- oder abnehmen.
(C) Zum Zerfall eines Kristalls in einzelne Ionen oder Moleküle ist Energie erforderlich.
(D) Die Solvatation einzelner Ionen oder Moleküle ist ein endothermer Prozeß.
(E) Die Gitterenthalpie kann größer oder kleiner sein als die Solvatationsenthalpie.

1276 Welche Aussage über Aluminiumchlorid trifft **nicht** zu?
$AlCl_3$

(A) kann sublimieren
(B) reagiert mit Lithiumhydrid zu Lithiumaluminiumhydrid
(C) ist in Wasser unzersetzt löslich
(D) kann aus metallischem Aluminium durch Erhitzen im Chlorstrom erhalten werden
(E) bildet als Lewis-Säure mit tert. Aminen Additionsverbindungen

1277 Welche Aussage über Calciumverbindungen trifft **nicht** zu?

(A) $CaCl_2$ ist zum Trocknen von Ammoniakgas geeignet.
(B) Calcium bildet ein salzartiges Hydrid.
(C) $CaHPO_4 \cdot 2H_2O$ ergibt beim Glühen $Ca_2P_2O_7$.
(D) Calciumcarbid ist ein Salz des Acetylens.
(E) Calciumcarbonat zerfällt beim Erhitzen in Kohlendioxid und Calciumoxid.

Ordnen Sie bitte den Bindungstypen der Liste 1 den jeweils damit in engstem Zusammenhang stehenden Begriff aus Liste 2 zu!

Liste 1

1278 Elektronenmangelbindung
1279 Metallbindung

Liste 2

(A) Wasserstoffbrücke
(B) Valenzband
(C) Elektrisches Feld
(D) Koordinationszahl
(E) Molekülorbital

Ordnen Sie bitte dem in Liste 1 vorgegebenen räumlichen Bau eines Komplexes jeweils die in Liste 2 aufgeführte zutreffende Hybridisierung des Zentralatoms zu!

Liste 1

1280 Oktaeder
1281 Quadrat

Liste 2

(A) sp^2
(B) sp^3
(C) sp
(D) d^2sp^3
(E) dsp^2

Ordnen Sie bitte den Namen der Liste 1 das jeweils zutreffende Anion aus Liste 2 zu!

Liste 1	**Liste 2**
1282+ Dithionit	(A) $S_2O_3^{2-}$
1283+ Disulfit (Pyrosulfit)	(B) $S_2O_4^{2-}$
1284+ Dithionat	(C) $S_2O_5^{2-}$
	(D) $S_2O_6^{2-}$
	(E) $S_2O_7^{2-}$

1285 Isotope (Nuclide) eines Elements können nur mit physikalischen Methoden getrennt werden,
weil
Nuclide eines Elements wegen gleicher Valenzelektronenzahl weitgehend gleiche chemische Eigenschaften besitzen.

1286 Die Valenzelektronen sind in besonderem Maße für das chemische Verhalten der Elemente verantwortlich,
weil
die maximale Oxidationszahl eines Elements nicht höher als die Zahl der Valenzelektronen sein kann.

1287 Die Elektronegativitätskoeffizienten der Halogene haben ein negatives Vorzeichen,
weil
polar gebundene Halogene stets eine negative Partialladung tragen.

1288 Für das Zentralatom im $HClO_4$-Molekül trifft die „Oktettregel" zu,
weil
im $HClO_4$-Molekül nur polare Einfachbindungen vorliegen.

1289 Die Entropieänderung eines abgeschlossenen Systems ist für irreversible Prozesse stets < 0,
weil
in einem abgeschlossenen System irreversible Prozesse nur freiwillig ablaufen können.

1290+ Eine freiwillig ablaufende Reaktion verläuft vom Anfangszustand aus nur bis zum Gleichgewichtszustand,
weil
bei einer zum Gleichgewicht gelangten Reaktion **keine** Änderung der freien Enthalpie mehr erfolgt.

1291 Die Acidität der Halogenwasserstoffsäuren nimmt mit dem Molekulargewicht zu,
weil
im wäßrigen Milieu die Solvatation der Halogenid-Ionen vom Fluorid zum Iodid abnimmt.

1292 Hydrazin kann durch Oxidation von NH_3 mit Natriumhypochlorit hergestellt werden,
weil
Hydrazin stark reduzierende Eigenschaften aufweist.

1293 Wie $SiCl_4$ hydrolysiert auch CCl_4 bei Raumtemperatur,
weil
CCl_4 und $SiCl_4$ kovalent gebundene Halogenverbindungen sind.

1294 Kaliumhydroxid bildet an der Luft Kaliumcarbonat,
weil
Kaliumhydroxid mit Kohlendioxid einen stabilen Komplex bildet.

1295 Welche der folgenden Aussagen über Wasserstoffbrückenbindungen treffen zu?

(1) Fluorwasserstoff bildet bei Normaltemperatur intermolekulare Wasserstoffbrückenbindungen aus.
(2) Intermolekulare Wasserstoffbrückenbindungen beeinflussen die Siedepunkte der betreffenden Verbindungen.
(3) Die Wasserstoffbrücke im HF_2^--Ion ist symmetrisch.
(4) Ein Wassermolekül kann mehrere Wasserstoffbrückenbindungen ausbilden.
(5) Wasserstoffbrückenbindungen beeinflussen die Viskosität der betreffenden Substanzen.

(A) nur 1 und 4 sind richtig
(B) nur 2 und 5 sind richtig
(C) nur 2, 3 und 5 sind richtig
(D) nur 1, 3, 4 und 5 sind richtig
(E) 1–5 = alle sind richtig

1296 Bei welchen der folgenden Komplexe Za_nb_m ist die Bildung von cis/trans-Isomeren möglich? (Z = Zentralatom, a und b = unterschiedliche einzähnige Liganden)

(1) Za_2b_2 tetraedrisch
(2) Za_2b_2 quadratisch
(3) Za_4b_2 oktaedrisch

(A) nur 1 ist richtig

(B) nur 3 ist richtig
(C) nur 1 und 2 sind richtig
(D) nur 1 und 3 sind richtig
(E) nur 2 und 3 sind richtig

1297* Welche Aussagen über Lanthanoidenelemente treffen zu?

(1) Ihre 5f-Orbitale werden besetzt.
(2) Der Radius ihrer 3-wertigen Ionen nimmt mit steigender Ordnungszahl zu.
(3) Sie kommen in Mineralien gemeinsam vor.
(4) Sie bilden nur 3-wertige Kationen.

(A) nur 1 ist richtig
(B) nur 3 ist richtig
(C) nur 1 und 2 sind richtig
(D) nur 1, 2 und 3 sind richtig
(E) 1–4 = alle sind richtig

1298 Welche Aussagen über Salze treffen zu?

(1) Sie lösen sich im allgemeinen gut in Lösungsmitteln mit hoher Dielektrizitätszahl.
(2) Sie dissoziieren in wäßriger Lösung immer vollständig.
(3) Ihre Schmelz- und Siedepunkte nehmen bei gleichem Gittertyp und gleicher Ionenladung im allgemeinen mit wachsenden Ionenradien ab.

(A) nur 1 ist richtig
(B) nur 2 ist richtig
(C) nur 1 und 3 sind richtig
(D) nur 2 und 3 sind richtig
(E) 1–3 = alle sind richtig

1299 Welche Aussagen treffen zu?
Der 3. Hauptsatz der Thermodynamik

(1) ermöglicht die Berechnung absoluter Entropiewerte von Stoffen für beliebige Temperaturen
(2) besagt, daß die Entropie ideal kristalliner Stoffe am absoluten Nullpunkt gleich Null ist
(3) besagt, daß die Enthalpie ideal kristalliner Stoffe am absoluten Nullpunkt gleich Null ist

(A) nur 1 ist richtig

(B) nur 2 ist richtig
(C) nur 3 ist richtig
(D) nur 1 und 2 sind richtig
(E) nur 1 und 3 sind richtig

1300 Welche Aussagen über Puffersysteme treffen zu?

(1) Ihre Pufferwirkung ist begrenzt.
(2) Sie bestehen aus einer schwachen Säure oder Base sowie deren Salz.
(3) Ihr Pufferbereich wird von der Dissoziationskonstanten der enthaltenen schwachen Säure oder Base bestimmt.

(A) nur 1 ist richtig
(B) nur 1 und 2 sind richtig
(C) nur 1 und 3 sind richtig
(D) nur 2 und 3 sind richtig
(E) 1–3 = alle sind richtig

1301 Welche der folgenden chemischen Umsetzungen sind Redoxreaktionen?

(1) $Ni + 4\,CO \longrightarrow Ni(CO)_4$
(2) $I_2 + Cl_2 \longrightarrow 2\,ICl$
(3) $H_2O_2 \longrightarrow H_2O + {}^1/_2\,O_2$
(4) $Ca(HCO_3)_2 \longrightarrow CaCO_3 + CO_2 + H_2O$

(A) nur 1 und 2 sind richtig
(B) nur 2 und 3 sind richtig
(C) nur 3 und 4 sind richtig
(D) nur 1, 3 und 4 sind richtig
(E) 1–4 = alle sind richtig

1302 Welche Aussagen treffen zu?
Die temporäre Härte eines Brunnenwassers

(1) beruht auf seinem Gehalt an $Ca(HCO_3)_2$
(2) wird auch als Carbonathärte bezeichnet
(3) kann durch Titration mit verdünnter Salzsäure bestimmt werden
(4) kann durch längeres Kochen beseitigt werden

(A) nur 1 ist richtig
(B) nur 2 ist richtig
(C) nur 1 und 2 sind richtig
(D) nur 3 und 4 sind richtig
(E) 1–4 = alle sind richtig

1303* Welche Aussagen über Kohlenmonoxid treffen zu?

(1) Es kann aus überhitztem Wasserdampf und glühender Kohle hergestellt werden.
(2) Es reagiert mit ammoniakalischer oder salzsaurer CuCl-Lösung.
(3) In ihm sind Kohlenstoff und Sauerstoff sp^2-hybridisiert.
(4) Es ist isoelektronisch mit N_2.

(A) nur 4 ist richtig
(B) nur 1 und 4 sind richtig
(C) nur 2 und 3 sind richtig
(D) nur 1, 2 und 4 sind richtig
(E) 1–4 = alle sind richtig

1304+ Welche der folgenden Aussagen treffen zu?
Gewöhnliches Gebrauchsglas

(1) kann durch Zusammenschmelzen von Soda, Kalk und Quarzsand hergestellt werden
(2) ist für kurzwelliges UV-Licht nicht transparent
(3) wird von Flußsäure angegriffedsn
(4) ist als unterkühlte Schmelze metastabil

(A) nur 1 ist richtig
(B) nur 3 ist richtig
(C) nur 1 und 2 sind richtig
(D) nur 2 und 4 sind richtig
(E) 1–4 = alle sind richtig

1305 Welche Aussagen treffen zu?
Bortrifluorid
(1) wird aus Bortrioxid und Flußsäure hergestellt

(2) ist eine Lewis-Säure
(3) bildet mit Diethylether ein stabiles Etherat

(A) nur 2 ist richtig
(B) nur 3 ist richtig
(C) nur 1 und 2 sind richtig
(D) nur 2 und 3 sind richtig
(E) 1–3 = alle sind richtig

1306 Welche Aussagen über Natrium treffen zu?

(1) Metallisches Natrium wird zur Darstellung von Alkoholaten verwendet.
(2) Seine Gewinnung erfolgt durch kathodische Reduktion seines Kations.
(3) Sein Hydrid ist salzartig.
(4) Sein Amalgam reagiert mit Diboran in Ether zu Natriumborhydrid.

(A) nur 1 ist richtig
(B) nur 2 und 3 ist richtig
(C) nur 1, 2 und 4 sind richtig
(D) nur 2, 3 und 4 sind richtig
(E) 1–4 = alle sind richtig

Neben den Fragen Nr. 1274–1306 waren noch folgende Aufgaben aus voranstehenden Abschnitten Bestandteil der **Prüfungsfragen vom Frühjahr 1993:** Frage Nr. 118 – 128 – 208 – 365 – 372 – 481 – 653 –728 – 773 – 787 – 936 – 947 – 994 – 1013 – 1032 – 1037 – 1043.

Prüfungsfragen vom Herbst 1993

1307+ Welche Aussage trifft zu?

Die Anlagerung von Lösungsmittelmolekülen an ein Ion nennt man:

(A) Neutralisation
(B) Dissoziation
(C) Hydrierung
(D) Solvatation
(E) Hydrolyse

1308+ Welche Angabe im abgebildeten Zustandsdiagramm von Luft gibt die Taupunkte dampfförmiger O_2/N_2-Gemische an?

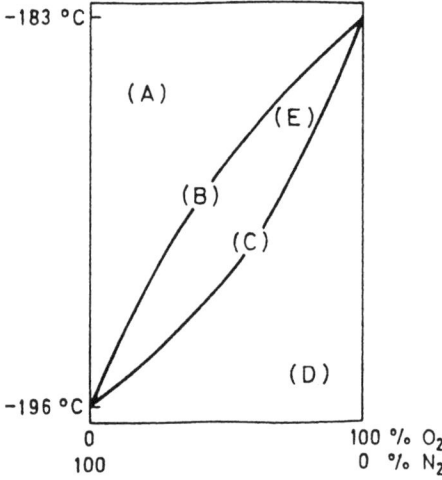

1309 In welchem der folgenden Stoffe ist der Kohlenstoff sp^3-hybridisiert?

(A) Kohlendioxid
(B) Natriumcarbonat
(C) Diamant
(D) Graphit
(E) Blausäure

1310 Welches Volumen nehmen 2 Mol eines idealen Gases bei 300 K und 1 bar Druck ein? (Gaskonstante $R = 0{,}08 \, l \cdot bar \cdot K^{-1} \cdot mol^{-1}$)

(A) 12 Liter
(B) 22 Liter
(C) 24 Liter
(D) 48 Liter
(E) 96 Liter

1311+ Welche Aussage trifft zu?
Die Löslichkeit von Bi_2S_3 (Löslichkeitsprodukt $K_L = 10^{-96} \, mol^5 \cdot l^{-5}$) in Wasser beträgt etwa:

(A) $10^{-9,6} \, mol^1 \cdot l^{-1}$
(B) $10^{-19} \, mol^1 \cdot l^{-1}$
(C) $10^{-32} \, mol^1 \cdot l^{-1}$
(D) $10^{-48} \, mol^1 \cdot l^{-1}$
(E) $10^{-96} \, mol^1 \cdot l^{-1}$

1312 Welche Aussage trifft zu?
Der pH-Wert einer wäßrigen 0,1 M-Ammoniak-Lösung ($pK_b = 5$) ist

(A) 7,5
(B) 8
(C) 9,5
(D) 10
(E) 11

1313 Welche der folgenden Charakterisierungen beschreibt den Begriff Lewis-Säure zutreffend?

(A) Protonendonator
(B) Molekül oder Ion mit einer Elektronenpaarlücke
(C) Abspaltung von Protonen bei der Protolyse in Wasser
(D) Kation, das Protonen abgeben kann
(E) Anion, das Elektronen abgeben kann

1314 Welches der folgenden Gleichgewichte liegt der Acidität von Borsäure in Wasser zugrunde?

(A) $H_3BO_3 + H_2O \rightleftharpoons H_2BO_3^- + H_3O^+$
(B) $H_3BO_3 + 2\,H_2O \rightleftharpoons H_4BO_4^- + H_3O^+$
(C) $H_3BO_3 + 2\,H_2O \rightleftharpoons HBO_3^{2-} + 2\,H_3O^+$
(D) $H_3BO_3 + 3\,H_2O \rightleftharpoons BO_3^{3-} + 3\,H_3O^+$
(E) $4\,H_3BO_3 \rightleftharpoons HB_4O_7^- + H_3O^+ + H_2O$

1315 Welche Aussage trifft **nicht** zu?
In der Gruppe der Chalkogene nimmt mit zunehmender relativer Atommasse

(A) die Elektronegativität nach Pauling ab
(B) der Atomradius ab

(C) die 1. Ionisierungsenergie ab

(D) der salzartige Charakter ihrer Halogenide zu

(E) der Metallcharakter zu

1316 Welche der folgenden Umsetzungen
führt **nicht** zu Wasserstoff?

(A) $CaH_2 \xrightarrow{H_2O}$

(B) $Si \xrightarrow{NaOH/H_2O}$

(C) $Al \xrightarrow{NaOH/H_2O}$

(D) $CO \xrightarrow{H_2O_{(Gas)}}$

(E) $Mg_2N_3 \xrightarrow{H_2O}$

1317 Bei welchem der folgenden Verfahren
entsteht Schwefeltrioxid **nicht** als Hauptprodukt?

(A) Oxidation von Schwefeldioxid mit Luft in
Gegenwart von Stickstoffoxiden (N_2O_3)

(B) direkte Verbrennung von Schwefel

(C) Umsetzung von Schwefeldioxid mit molekularem Sauerstoff in Gegenwart von
Katalysatoren

(D) Erhitzen von Disulfaten

(E) Entwässern von Schwefelsäure

1318+ Welche Aussage trifft **nicht** zu?
Das ^{14}C-Isotop

(A) kommt in Spuren in natürlichem Kohlenstoff vor

(B) entsteht in der oberen Atomsphäre aus
^{14}N durch Neutronenaufnahme

(C) zerfällt unter α-Emission

(D) besitzt eine hohe Halbwertszeit

(E) bildet die Grundlage der sog. „Radiocar-
bonmethode" zur Altersbestimmung

Ordnen Sie bitte den Elektronenkonfigurationen der Liste 1 das jeweils entsprechende Element im Grundzustand aus Liste 2 zu!

Liste 1	Liste 2
1319 $4s^1\ 3d^{10}$	(A) Cu
1320 $4s^2\ 3d^5$	(B) Zn
	(C) Cr
	(D) Mn
	(E) Fe

Ordnen Sie bitte den in Liste 1 aufgeführten
Reaktionstypen die jeweils entsprechende Reaktionsgleichung aus Liste 2 zu!

Liste 1

1321+ Reduktionsreaktion
1322+ Oxidationsreaktion

Liste 2

(A) $NaOH + HCl \longrightarrow NaCl + H_2O$

(B) $R\text{-}R \longrightarrow R\cdot + R\cdot$

(C) $2\,Na + Cl_2 \longrightarrow 2\,Cl^- + 2\,Na^+$

(D) $BaSO_4 \longrightarrow Ba^{2+} + SO_4^{2-}$

(E) $CO_2 + H_2O \longrightarrow H_2CO_3$

Die folgende Abbildung zeigt das Energieprofil einer Reaktion. Ordnen Sie bitte den Begriffen in Liste 1 die jeweils entsprechende Kennzeichnung (A bis E) aus der Abbildung in Liste
2 zu!

Liste 1

1323 Aktivierungsenergie der Hinreaktion
1324 Reaktionsenergie

Liste 2

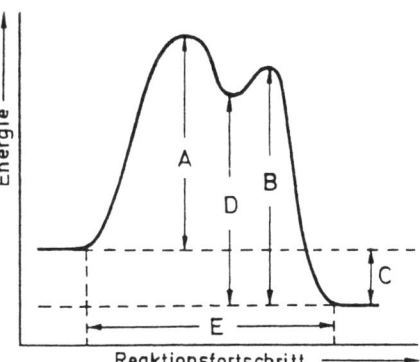

Ordnen Sie bitte den Sauerstoff-Formen der
Liste 1 die jeweils zutreffende Spinkonfigura-
tion der energiereichsten π*-Elektronen aus
Liste 2 zu!

Liste 1

1325 $^1O_2$
1326 $^3O_2$

Liste 2

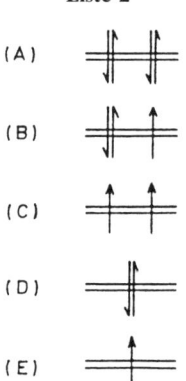

(A)

(B)

(C)

(D)

(E)

Ordnen Sie bitte den in Liste 1 genannten Säuren den jeweils zugehörigen pK_a-Wert aus Liste 2 zu!

Liste 1		Liste 2
1327 H_2CO_3	(A)	1,0
1328 HCO_3^-	(B)	3,8
	(C)	6,4
	(D)	8,0
	(E)	10,3

Ordnen Sie bitte den Verbindungen der Liste 1 den jeweils entsprechenden Begriff aus Liste 2 zu!

Liste 1		Liste 2
1329 BrF	(A)	Halon
1330 BF_3	(B)	Pseudohalogen
	(C)	Interhalogen
	(D)	kovalente Halogenverbindung
	(E)	Halogenid

1331* Verbindungen mit Zweielektronen-Dreizentrenbindungen werden Elektronenmangelverbindungen genannt,
weil
in Elektronenmangelverbindungen die Gesamtzahl aller Bindungselektronen kleiner ist als die Zahl kovalent verknüpfter Atome.

1332 Bei der Schmelzflußelektrolyse, z.B. von NaCl, wird das Anion an der Anode reduziert,
weil
bei Elektrolysen die Anode als elektronenaufnehmende Elektrode fungiert.

1333 Das System H_2/O_2 ist bei Raumtemperatur thermodynamisch stabil,
weil
die Reaktion von Wasserstoff mit Sauerstoff zu Wasser eine sehr hohe Aktivierungsenergie besitzt.

1334 Chlorwasserstoff ist eine Ionenverbindung,
weil
Chlorwasserstoff in Wasser dissoziiert vorliegt.

1335 Durch Fraktionierung verflüssigter Luft kann weder reiner Sauerstoff noch reiner Stickstoff erhalten werden,
weil
Siede- und Taukurve von flüssiger Luft unterschiedlich verlaufen.

1336 Die salzartigen Oxide der Erdalkalimetalle sind alle leicht wasserlöslich,
weil
die salzartigen Oxide der Erdalkalimetalle hohe Gitterenergien besitzen.

1337 Die Ionen vieler Übergangsmetalle bilden in wäßriger Lösung Aquokomplexe,
weil
in Übergangsmetallionen u.a. unbesetzte Orbitale mit den freien Elektronenpaaren des Wassers in Wechselwirkung treten können.

1338 Welche Aussagen treffen zu?
Die Gesamtbildungsenthalpie einer ionischen Verbindung hängt u.a. ab von der:

(1) Ionisierungsenergie der Elemente
(2) Elektronenaffinität der Elemente
(3) Verdampfungswärme der Elemente
(4) Dissoziationswärme der Elemente
(5) Gitterenergie der betreffenden Verbindung

(A) nur 1 und 2 sind richtig
(B) nur 3 und 4 sind richtig
(C) nur 1, 3 und 5 sind richtig
(D) nur 2, 4 und 5 sind richtig
(E) 1–5 = alle sind richtig

1339 Welche Aussagen zum Komplex von Kupfer(II)-Ionen mit Seignette-Salz treffen zu?

Der Komplex

(1) hat eine blaue Farbe
(2) ist ähnlich stabil wie der entsprechende Kupfer(I)-Komplex
(3) ist trigonal-planar gebaut
(4) ist tetraedrisch gebaut

(A) nur 1 ist richtig
(B) nur 4 ist richtig
(C) nur 1 und 3 sind richtig
(D) nur 2 und 4 sind richtig
(E) nur 1, 2 und 4 sind richtig

1340 Welche Aussagen über Edelgase treffen zu?

(1) Alle Edelgasatome haben in der äußersten Schale die Elektronenkonfiguration ns^2p^6.
(2) Alle Edelgase treten als Bestandteile der Luft auf.
(3) Alle Edelgase werden technisch nur aus flüssiger Luft gewonnen.
(4) Von allen Edelgasen in der Luft weist Argon die höchste Konzentration auf.
(5) Argon ist ein oft verwendetes Schutzgas.

(A) nur 4 und 5 sind richtig
(B) nur 1, 2 und 3 sind richtig
(C) nur 2, 3 und 4 sind richtig
(D) nur 2, 4 und 5 sind richtig
(E) 1–5 = alle sind richtig

1341 Welche der folgenden Verbindungen werden in saurer Lösung von Wasserstoffperoxid oxidiert?

(1) Iodwasserstoff
(2) Schweflige Säure
(3) Kaliumpermanganat
(4) Alkene
(5) Chlor

(A) nur 2 ist richtig
(B) nur 5 ist richtig
(C) nur 1 und 2 sind richtig
(D) nur 1, 2 und 4 sind richtig
(E) nur 3, 4 und 5 sind richtig

1342 Welche der folgenden Aussagen treffen zu?

Arsenwasserstoff
(1) zerfällt beim Erhitzen in As und H_2
(2) verbrennt bei genügender Luftzufuhr u. a. zu Arsentrioxid
(3) wirkt in wäßriger Lösung reduzierend
(4) ist ähnlich basisch wie NH_3

(A) nur 1 und 2 sind richtig
(B) nur 3 und 4 sind richtig
(C) nur 1, 2 und 3 sind richtig
(D) nur 2, 3 und 4 sind richtig
(E) 1–4 = alle sind richtig

Neben den Fragen Nr. 1307–1342 waren noch folgende Aufgaben aus voranstehenden Abschnitten Bestandteil der **Prüfungsfragen vom Herbst 1993:** Frage Nr. 79 – 118 – 233 – 272 – 344 – 388 – 569 – 607 – 656 – 847 – 907 – 915 – 999 – 1210.

Prüfungsfragen vom Frühjahr 1994

1343 Welche Aussage trifft zu?
Die Angabe $^{14}_{6}$ vor einem Elementsymbol zeigt, daß dieses Element

(A) ein Stickstoffisotop ist
(B) in seiner Elektronenhülle 8 Elektronen enthält
(C) die relative Atommasse 20 hat
(D) in seinem Kern 8 Neutronen enthält
(E) 14 Protonen im Kern aufweist

1344 Welche Aussage trifft **nicht** zu?
Helium

(A) entsteht bei radioaktiven Zerfallsvorgängen
(B) hat den tiefsten Siedepunkt aller bekannten Stoffe
(C) bildet stabile Fluoride
(D) wird technisch aus bestimmten Erdgasen gewonnen
(E) zeigt bei sehr tiefen Temperaturen das Phänomen der Suprafluidität

1345 Durch welche der folgenden Verfahren/ Umsetzungen läßt sich Chlor **nicht** darstellen?

(A) wäßrige HCl $\xrightarrow{\text{Elektrolyse}}$
(B) CaCl(OCl) + wäßrige HCl $\longrightarrow$
(C) PCl_3 + H_2O $\longrightarrow$
(D) wäßrige HCl + MnO_2 $\longrightarrow$
(E) HCl + O_2 $\xrightarrow{CuCl_2}$

1346 Welche Aussage trifft **nicht** zu?
Ozon

(A) ist symmetrisch gebaut
(B) ist linear gebaut
(C) absorbiert sehr stark UV-Licht
(D) ist eine Sauerstoff-Modifikation
(E) reagiert mit Alkenen zu cyclischen Ozoniden

1347 Welche Aussage trifft **nicht** zu?
Quecksilber(I)-Verbindungen

(A) sind bimolekular
(B) sind diamagnetisch
(C) besitzen eine Hg-Hg-Bindung
(D) bilden in wäßriger Lösung toxische Hg^+-Ionen
(E) sind u. a. aus Hg(II)-Salzen und elementarem Hg darstellbar

Ordnen Sie bitte den in Liste 1 genannten Elementgruppen das jeweils entsprechende Element aus Liste 2 zu!

Liste 1		Liste 2
1348 Alkaligruppenelement	(A)	Ga
1349 Lanthanidenelement	(B)	Rb
	(C)	Ti
	(D)	Ce
	(E)	Hg

Ordnen Sie bitte den Begriffen der Liste 1 die/ das jeweils entsprechende Verbindung/Teilchen aus Liste 2 zu!

Liste 1		Liste 2
1350 Lewis-Säure	(A)	$(CH_3)_4N^{\oplus}$
1351 Lewis-Base	(B)	SO_3
	(C)	CO_2
	(D)	CCl_4
	(E)	NH_3

1352 Alle Isotope eines Elements haben die gleiche Massenzahl,
weil
die Zahl der Protonen bei allen Isotopen eines Elements gleich ist.

1353 Elemente mit Elektronegativitätsdifferenzen zwischen 2 bis 3 bilden stets kovalente Verbindungen miteinander,
weil
die Elektronegativität der Hauptgruppenelemente Einfluß auf die Art ihrer chemischen Bindung hat.

1354 Durch Zusatz von 10 g KCl zu 100 ml einer wäßrigen 1 proz. NaCl-Lösung wird die elektrolytische Leitfähigkeit erniedrigt,
weil
sich der Aktivitätskoeffizient bei Zunahme der Konzentration im allgemeinen verringert.

1355 Die Bildungsenthalpie einer Verbindung aus ihren Elementen ist vom durchlaufenden Reaktionsweg abhängig,
weil
der Aufbau einer Verbindung aus ihren Elementen auf unterschiedlichen Reaktionswegen verschiedene Reaktionsenthalpien der Teilschritte erfordert.

1356 Die Pufferkapazität von Puffern aus einer Brönsted-Säure und ihrer konjugaten Base kann aus der Titrationskurve der betreffenden Säure ermittelt werden,
weil
die Pufferkapazität von Puffern aus einer Brönsted-Säure und ihrer konjugaten Base neben der Gesamtkonzentration des Puffers vom pK_a der betreffenden Säure und dem pH der Lösung abhängt.

1357* Die Oxidation von Schwefeldioxid zu Schwefeltrioxid mittels Sauerstoff wird in Gegenwart eines Katalysators durchgeführt,
weil
die Reaktion von SO_2 mit O_2 endotherm verläuft.

1358 Bei der technischen Ammoniak-Synthese nach Haber-Bosch wird zur Ausbeutesteigerung bei erhöhtem Druck gearbeitet,
weil
die Reaktion von N_2 und H_2 zu NH_3 unter Volumenverminderung verläuft.

1359 Der Kohlenstoff im CO_2-Molekül ist sp^2-hybridisiert,
weil
im CO_2-Molekül Doppelbindungen vorliegen.

1360 Borsäure führt in wäßriger Lösung u. a. zur Bildung von H_3O^+-Ionen,
weil
Borsäure gegenüber Wasser als Lewis-Säure reagiert.

1361* $[Cu(CN)_4]^{3-}$ ist stabiler als $[Cu(NH_3)_4]^{2+}$,
weil
Kupfer in $[Cu(CN)_4]^{3-}$ die Elektronenkonfiguration von Krypton aufweist.

1362 Meso-Weinsäure bildet keine Chelatkomplexe,
weil
meso-Weinsäure optisch inaktiv ist.

1363 Welche Aussagen treffen zu?
Die Elektronegativität

(1) nimmt innerhalb der 2. Periode von links nach rechts zu
(2) nimmt innerhalb der Halogengruppe von oben nach unten ab
(3) ist ein Maß für die Fähigkeit eines Atoms, in einer Kovalenzbindung Elektronen anzuziehen
(4) ist die Energie, die bei der Bildung eines Salzes aus isolierten Ionen frei wird
(5) ist die Energie, die bei der Aufnahme eines Elektrons durch das Element frei wird

(A) nur 1 und 4 sind richtig
(B) nur 2 und 3 sind richtig
(C) nur 3 und 5 sind richtig
(D) nur 1, 2 und 3 sind richtig
(E) nur 2, 3 und 5 sind richtig

1364 Welche Aussagen über Ionenverbindungen treffen zu?

(1) Sie besitzen im allgemeinen hohe Schmelzpunkte.
(2) Ihre Löslichkeit ist in polaren Lösungsmitteln größer als in unpolaren.
(3) Ihre wäßrigen Lösungen und Schmelzen leiten den elektrischen Strom.
(4) Sie sind im allgemeinen schwer flüchtig.

(A) nur 1 und 2 sind richtig
(B) nur 3 und 4 sind richtig
(C) nur 1, 2 und 3 sind richtig
(D) nur 2, 3 und 4 sind richtig
(E) 1–4 = alle sind richtig

1365 Welche Aussagen treffen zu?
Ein Molekül, welches ein permanentes Dipolmoment aufweist,

(1) kann nur Elemente unterschiedlicher Perioden beinhalten
(2) muß linear gebaut sein
(3) zerfällt in wäßriger Lösung in Ionen

(4)　besitzt stets eine dem Wasser vergleichbar hohe Dielektrizitätszahl

(A)　Keine der obigen Aussagen trifft zu.
(B)　nur 1 ist richtig
(C)　nur 2 ist richtig
(D)　nur 3 und 4 ist richtig
(E)　nur 1, 3 und 4 sind richtig

1366 Welche der folgenden Aussagen über Wasserstoff treffen zu?

(1)　Er kommt als Anion und Kation vor.
(2)　Der Atomkern von ^1_1H besteht aus einem Proton und einem Neutron.
(3)　In NaH und CaH_2 ist der Wasserstoff jeweils durch eine Atombindung an ein anderes Element gebunden.
(4)　Neben ^1_1H existieren zwei weitere Wasserstoffisotope.

(A)　nur 1 ist richtig
(B)　nur 2 ist richtig
(C)　nur 1 und 4 sind richtig
(D)　nur 2 und 4 sind richtig
(E)　nur 1, 3 und 4 sind richtig

1367 Welche der folgenden Metallhalogenide sind in kristallinem Zustand überwiegend kovalent gebaut?

(1)　Hg_2Cl_2
(2)　$HgCl_2$
(3)　$CaCl_2$
(4)　$AlCl_3$

(A)　nur 1 ist richtig
(B)　nur 1 und 2 sind richtig
(C)　nur 3 und 4 sind richtig
(D)　nur 1, 2 und 3 sind richtig
(E)　1–4 = alle sind richtig

1368 Welche Aussagen zu Salpetersäure treffen zu?
Salpetersäure

(1)　besitzt ein planar gebautes Molekül
(2)　ist in reinster wasserfreier Form goldgelb

(3)　kann als Brönsted-Säure und -Base reagieren
(4)　reagiert im Gemisch mit konzentrierter Salzsäure zu Chlor und Nitrosylchlorid

(A)　nur 1 ist richtig
(B)　nur 2 ist richtig
(C)　nur 1 und 3 sind richtig
(D)　nur 1, 3 und 4 sind richtig
(E)　1–4 = alle sind richtig

1369 Welche der folgenden Strukturen können auf den Komplex $Pt(NH_3)_2Cl_2$ zutreffen?

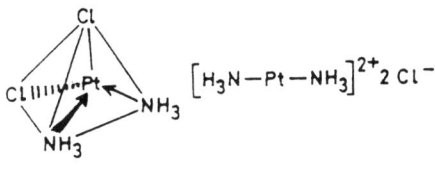

(1)　　　　　(2)

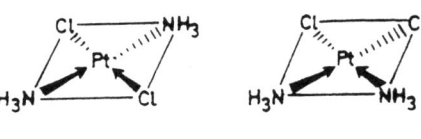

(3)　　　　　(4)

(A)　nur 1 ist richtig
(B)　nur 2 ist richtig
(C)　nur 3 ist richtig
(D)　nur 4 ist richtig
(E)　nur 3 und 4 sind richtig

Neben den Fragen Nr. 1343–1369 waren noch folgende Aufgaben aus voranstehenden Abschnitten Bestandteil der **Prüfungsfragen vom Frühjahr 1994:** Frage Nr. 82 – 174 – 175 – 201 – 341 – 346 – 354 –373 – 570 – 662 – 759 – 763 – 769 – 948 – 983 – 984 – 1056 – 1057 – 1072 –1096 – 1118 – 1180 – 1215.

Prüfungsfragen vom Herbst 1994

1370 Welche Aussage trifft zu?
Zwischen der freien Enthalpieänderung ΔG und der elektromotorischen Kraft (EMK) einer elektrochemischen Zelle besteht folgende Beziehung (z = Zahl der ausgetauschten Ladungen pro Formelumsatz):

(A) $EMK = \dfrac{R \cdot T}{z \cdot F} \cdot \ln \Delta G$

(B) $\Delta G + EMK = z \cdot F$

(C) $\Delta G = -z \cdot F \cdot EMK$

(D) $EMK = \dfrac{0{,}059}{z \cdot \Delta G}$

(E) $\Delta G = -z \cdot F \cdot \ln EMK$

1371+ Wieviel Wasserstoffgas braucht man, um nach der Gleichung

$$H_2 + \frac{1}{2} O_2 \longrightarrow H_2O$$

11,2 Liter Wasserdampf (Normalbedingungen) zu erzeugen? (rel. Atommassen: H = 1; O = 16; Molvolumen: $22{,}4\,l \cdot mol^{-1}$)

(A) $\dfrac{18}{22{,}4}\,g\ H_2$

(B) $0{,}5\ g\ H_2$

(C) $1\ g\ H_2$

(D) $1\ l\ H_2$

(E) $2\ mol\ H_2$

1372+ Welche Eigenschaft nimmt in der Gruppe der Halogene mit steigender relativer Atommasse ab?

(A) Atomradius
(B) Ionenradius der Anionen
(C) Normalpotential von $X_2/2X^-$
(D) Metallcharakter
(E) Siedepunkt

1373+ Welches der folgenden Salze wird als „Schwerspat" bezeichnet?

(A) $MgSO_4$
(B) Na_2SO_4
(C) $CaSO_4$
(D) $SrSO_4$
(E) $BaSO_4$

1374+ Welches war das ordnende Prinzip des Periodensystems nach Mendelejew und Meyer?

(A) die Neutronenzahl
(B) die Protonenzahl
(C) die Elektronenzahl
(D) das Atomgewicht (relative Atommasse)
(E) die Elektronegativität

1375 Welches der nachfolgend aufgeführten Anionen ist nach Pearson eine harte Base?

(A) F^-
(B) I^-
(C) CN^-
(D) S^{2-}
(E) SCN^-

1376 Welche der folgenden Verbindungen besitzt am Zentralatom ein nichtbindendes Elektronenpaar?

(A) BF_3
(B) BH_4^-
(C) $HClO_3$
(D) H_3PO_4
(E) HNO_3

1377 Welche Aussage über abgeschlossene (isolierte) Systeme trifft zu?

(A) Sie tauschen nur Materie mit der Umgebung aus.
(B) Sie tauschen nur Energie mit der Umgebung aus.
(C) Sie tauschen Energie und Materie mit der Umgebung aus.
(D) Sie sind durchlässig für Arbeit, aber undurchlässig für Wärme.
(E) Sie sind undurchlässig für Materie und Energie.

1378 Welche Aussage trifft zu?
Die Reaktion von Kohlenstoff mit Sauerstoff zu CO_2 kann direkt oder über CO als Zwischenstufe verlaufen.

(1) Reaktionsweg:
$C + O_2 \longrightarrow CO_2$; $\Delta H^\circ = -394\,kJ$

(2)   Reaktionsweg
1. Schritt:

$$C + \frac{1}{2} O_2 \longrightarrow CO; \Delta H^\circ_{C \longrightarrow CO} = ?$$

2. Schritt:

$$CO + \frac{1}{2} O_2 \longrightarrow CO_2; \Delta H^\circ = -283 \text{ kJ}$$

Mit dem Satz von Hess errechnet sich die unbekannte Reaktionswärme $\Delta H^\circ_{C \longrightarrow CO}$ zu:

(A)   – 220 kJ
(B)   – 111 kJ
(C)   – 55 kJ
(D)   + 55 kJ
(E)   + 111 kJ

1379 Welche Aussage trifft zu?
Befindet sich eine exotherme Reaktion im Gleichgewicht, so bewirkt Energiezufuhr

(A)   eine Verschiebung des Gleichgewichts in Richtung der Produkte
(B)   eine Verschiebung des Gleichgewichts in Richtung der Edukte
(C)   eine Erhöhung der Reaktionsenthalpie
(D)   keine Veränderung der Gleichgewichtslage der Reaktion
(E)   eine Erniedrigung der Reaktionsenthalpie

1380 Welche Reihenfolge trifft zu?
Die folgenden korrespondierenden Redoxpaare sollen nach steigenden Normalpotentialen geordnet werden:

(1) Ce^{4+}/Ce^{3+}
(2) $Br_2/2\ Br^-$
(3) Sn^{2+}/Sn

(A)   3 < 2 < 1
(B)   3 < 1 < 2
(C)   2 < 1 < 3
(D)   2 < 3 < 1
(E)   1 < 2 < 3

1381 Welche Aussage trifft **nicht** zu?
Chlor kann auf folgende Weise erhalten werden:

(A) $HCl + PbO \longrightarrow$
(B) $HCl + MnO_2 \longrightarrow$
(C) $CaCl(OCl) + HCl \longrightarrow$

(D) $HCl + O_2 \xrightarrow{\text{CuCl}_2\text{-Katalysator}}$
(E)   Elektrolyse von wäßriger NaCl-Lösung

1382 Welche Aussage zur Komplexchemie trifft **nicht** zu?

(A)   Die Tendenz zur Komplexbildung steigt im allgemeinen mit zunehmender Basizität des Liganden.
(B)   Bei quadratisch-planaren Chelatkomplexen mit zweizähnigen Liganden sind cis/trans-Isomere möglich.
(C)   Die Komplexbildungskonstante K einer Komplexbildungsreaktion ist ein Maß für die Differenz zwischen der freien Enthalpie des Komplexes und der freien Enthalpie der Edukte im Standardzustand.
(D)   Wegen der geringen Größe bildet das Fluorid-Ion mit vielen Metallionen stabilere Komplexe als das Chlorid-Ion.
(E)   Tetraedrische Komplexe bilden bevorzugt cis/trans-Isomere.

Ordnen Sie bitte jedem der in Liste 1 aufgeführten thermodynamischen Symbole die jeweils zutreffende Aussage aus Liste 2 zu!

Liste 1	Liste 2	
1383 ΔU	(A)	Änderung der freien Enthalpie
1384 ΔH	(B)	Änderung der Gesamtenergie
	(C)	Änderung der Inneren Energie
	(D)	Änderung der Entropie
	(E)	Änderung der Enthalpie

1385 Das Oxidationsvermögen des Ozons ist größer als das des molekularen Sauerstoffs,
weil
Ozon stets mit allen drei Sauerstoffatomen oxidierend wirkt.

1386 Borsäure reagiert **nicht** mit Wasser,
weil
Borsäure eine Lewis-Säure darstellt.

1387 Kohlenstoff kann σ- und π-Bindungen bilden,

weil
die Elektronenkonfiguration von Kohlenstoff im Grundzustand $1s^2 2s^2 2p^2$ ist.

1388⁺ Alle Säure-Base-Reaktionen nach Broensted sind zugleich Redoxreaktionen,
weil
bei allen Säure-Base-Reaktionen nach Broensted Protonenwanderungen stattfinden.

1389 Der pK_a-Wert der Essigsäure kann durch Titration mit Natronlauge ermittelt werden,
weil
der pH-Wert einer äquimolaren Mischung aus Essigsäure und Natriumhydroxid dem pK_a-Wert der Essigsäure entspricht.

1390 Welche der folgenden Verbindungen können bei der Reaktion von Carbiden mit Wasser entstehen?

(1) Methan
(2) Ethen
(3) Ethin
(4) Propen

(A) nur 3 ist richtig
(B) nur 4 ist richtig
(C) nur 1 und 3 sind richtig
(D) nur 2 und 4 sind richtig
(E) nur 1, 3 und 4 sind richtig

1391 Welche Aussagen über reines Wasser treffen zu?

(1) Wasser kann intermolekulare Wasserstoffbrückenbindungen ausbilden.
(2) Das Sauerstoffatom des Wassers ist an der Wasserstoffbrückenbindung beteiligt.
(3) Der H-O-H-Winkel im Wassermolekül beträgt infolge Überlappung von zwei p-Orbitalen des Sauerstoffs mit je einem 1s-Orbital der beiden Wasserstoffe nahezu exakt 90°.
(4) Im gasförmigen Zustand besitzt Wasser kein Dipolmoment.
(5) Wasser besitzt bei 0 °C die größte Dichte.

(A) nur 1 ist richtig
(B) nur 1 und 2 sind richtig

(C) nur 2 und 5 sind richtig
(D) nur 2, 3 und 4 sind richtig
(E) 1–5 = alle sind richtig

1392 Welche der folgenden Aussagen treffen zu?
Das Kohlenstoffisotop ^{14}C

(1) ist ein Isotop von $_6C$
(2) besitzt insgesamt 8 Elektronen
(3) hat die relative Atommasse 20
(4) enthält im Atomkern 8 Neutronen
(5) hat 6 Valenzelektronen

(A) nur 1 ist richtig
(B) nur 1 und 4 sind richtig
(C) nur 3 und 5 sind richtig
(D) nur 1, 3 und 5 sind richtig
(E) nur 2, 3 und 4 sind richtig

1393 Welche der folgenden Substanzen können u. a. zur Herstellung „Fehlingscher Lösung" verwendet werden?

(1) Kupfer(II)-sulfat
(2) Ethanol
(3) Kalium-Natrium-Citrat
(4) Natronlauge
(5) Glucose

(A) nur 1 und 3 sind richtig
(B) nur 1 und 4 sind richtig
(C) nur 1, 2 und 3 sind richtig
(D) nur 2, 4 und 5 sind richtig
(E) 1–5 = alle sind richtig

1394 Welche Aussagen über Atomorbitale treffen zu?

(1) Ein Orbital ist der Ort hoher Aufenthaltswahrscheinlichkeit von Elektronen.
(2) Zur eindeutigen Charakterisierung von Orbitalen genügt die Angabe der Haupt- und Nebenquantenzahl.
(3) Es gibt fünf unterschiedliche p-Orbitale.
(4) p-Orbitale sind rosettenförmig.

(A) nur 1 ist richtig
(B) nur 2 ist richtig
(C) nur 1 und 2 sind richtig
(D) nur 1 und 3 sind richtig
(E) nur 2, 3 und 4 sind richtig

1395 Welche Aussagen zur Elektronegativität eines Atoms treffen zu?
Die Elektronegativität

(1) ist eine direkt meßbare Größe
(2) ist von der Ladung abhängig
(3) ist von der Größe abhängig
(4) wächst innerhalb einer Hauptgruppe mit zunehmender relativer Atommasse
(5) bezieht sich auf einzelne Atome im Gaszustand

(A) nur 1 und 3 sind richtig
(B) nur 1 und 5 sind richtig
(C) nur 2 und 3 sind richtig
(D) nur 2 und 4 sind richtig
(E) nur 3 und 5 sind richtig

1396 Welche Aussagen über die metallische Bindung treffen zu?

(1) Sie führt zur Ausbildung einer Gitterstruktur.
(2) Sie ist durch keine gerichteten Bindungskräfte charakterisiert.
(3) Sie wird durch bewegliche Valenzelektronen der Metallatome ermöglicht.

(A) nur 1 ist richtig
(B) nur 3 ist richtig
(C) nur 1 und 3 sind richtig
(D) nur 2 und 3 sind richtig
(E) 1–3 = alle sind richtig

Neben den Fragen Nr. 1370–1396 waren noch folgende Aufgaben aus voranstehenden Abschnitten Bestandteil der **Prüfungsfragen vom Herbst 1994:** Frage Nr. 24 – 170 – 246 – 264 – 265 – 272 – 387 – 509 – 611 – 618 – 652 – 697 – 778 – 829 – 948 – 1001 – 1058 – 1059 – 1072 – 1198 – 1218 – 1357– 1361.

Prüfungsfragen vom Frühjahr 1995

1397* Welche Aussage trifft zu?
Eine Broensted-Base ist eine Substanz, die

(A) nur als Salz existenzfähig ist
(B) Protonen aufnehmen kann
(C) Elektronen aufnehmen kann
(D) mindestens zweistufig dissoziiert
(E) in wäßriger Lösung immer vollständig dissoziiert ist

1398 Welche Aussage über die Element-Reihenfolge P, S, Cl, Ar, K trifft zu?
Sie ist

(A) eine Periode des Periodensystems
(B) nach zunehmendem Metallcharakter geordnet
(C) nach steigender Kernladungszahl geordnet
(D) nach abnehmender maximaler Wertigkeit geordnet
(E) ungeordnet

1399 Wie groß ist etwa der pH-Wert einer 0,01 M-Ameisensäure-Lösung? (pK_a von Ameisensäure = 3,8)

(A) 1,8
(B) 2,5
(C) 2,9
(D) 3,5
(E) 3,8

1400 Welche Aussage trifft zu?
Bei einer Reaktion 1. Ordnung $A \longrightarrow B$ ist die Reaktionsgeschwindigkeit

(A) proportional der Konzentration von A
(B) proportional der Konzentration von B
(C) unabhängig von der Konzentration von A
(D) proportional dem Produkt der Konzentrationen von A und B
(E) proportional dem Quadrat der Konzentration von A

1401 Welcher der folgenden Stoffe reagiert mit Natriumthiosulfat zu Natriumtetrathionat?

(A) Chlor
(B) Iod
(C) Silberchlorid
(D) Silberbromid
(E) Silberiodid

1402 Welche Oxidationsstufe besitzt der Schwefel im Peroxodisulfat?

(A) + 2
(B) + 4
(C) + 6
(D) + 7
(E) + 8

1403 Welche Aussage zum abgebildeten Zustandsdiagramm von Luft trifft **nicht** zu?

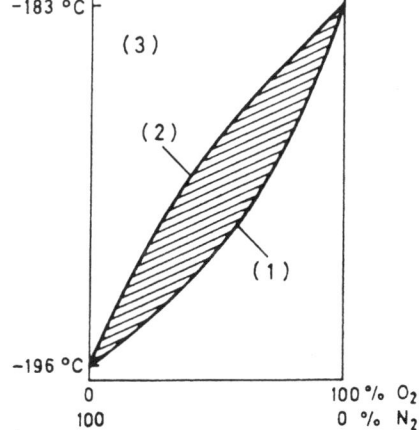

(A) Kurve (1) ist die Siedekurve.
(B) Kurve (2) ist die Taukurve.
(C) Bereich (3) kennzeichnet den flüssigen Zustand.
(D) Dampf und Flüssigkeit haben zwischen −183 °C und −196 °C verschiedene Zusammensetzung
(E) Durch Fraktionierung zwischen −183 °C und −196 °C können N_2 und O_2 rein erhalten werden.

1404 Welches der folgenden Elemente kommt **nicht** allotrop vor?

(A) Phosphor
(B) Arsen

(C)   Kohlenstoff
(D)   Sauerstoff
(E)   Chlor

1405 Welche der folgenden Aussagen trifft **nicht** zu?
Perchlorsäure

(A)   kann aus Chlorat hergestellt werden
(B)   ist in verdünnter wäßriger Lösung ein starkes Oxidationsmittel
(C)   ist stärker sauer als Chlorsäure
(D)   ist tetraedrisch gebaut
(E)   bildet in wäßriger Lösung stabile Salze

1406 Welche Aussage trifft **nicht** zu?
Schwefelhexafluorid ist

(A)   unmittelbar aus den Elementen darstellbar
(B)   reaktionsträge
(C)   oktaedrisch gebaut
(D)   ein ausgezeichnetes Fluorierungsmittel z. B. für Ketone
(E)   isoster mit $[SiF_6]^{2-}$

1407 Welche Aussage trifft **nicht** zu?
Stickstoffmonoxid (NO)

(A)   ist ein farbloses Gas
(B)   besitzt eine ungerade Elektronenzahl
(C)   wird technisch bei Raumtemperatur durch katalytische Oxidation von N_2 gewonnen
(D)   ist leicht zu NO_2 oxidierbar
(E)   reagiert mit Chlor zu Nitrosylchlorid

1408 Welches der folgenden Silbersalze löst sich **nicht** vollständig in konzentriertem Ammoniak auf?

(A) Ag_2SO_4
(B) $AgNO_3$
(C) $AgCl$
(D) $AgBr$
(E) AgI

Ordnen Sie bitte den Begriffen in Liste 1 die jeweils entsprechende Aussage aus Liste 2 zu!

Liste 1

1409 Elektronegativität

1410 Elektronenaffinität
1411 Ionisierungsenergie

Liste 2

(A)   Energie, die mit der Aufnahme von Elektronen durch ein neutrales Atom verbunden ist
(B)   Energie, die zur Abspaltung eines Elektrons von einem Atom oder Ion aufzuwenden ist
(C)   Energie, die beim Zerfall einer Substanz in Ionen frei wird
(D)   Fähigkeit eines Atoms, Elektronen in einer Kovalenzbindung anzuziehen
(E)   Fähigkeit, in einer Lösung in Ionen zu zerfallen

Ordnen Sie bitte den Aggregatzuständen (bei Raumtemperatur) der Liste 1 die jeweils entsprechende Substanz aus Liste 2 zu!

Liste 1   **Liste 2**

1412 gasförmig   (A)   Brom
1413 fest   (B)   Iod
                      (C)   Ammoniak
                      (D)   Anilin
                      (E)   Diethylether

1414 Beim radioaktiven Zerfall eines Elements unter β^--Strahlung nehmen Atommasse und Ordnungszahl um je eine Einheit zu,
weil
β^--Strahlung aus Elektronen besteht.

1415 Die Basizität des Stickstoffs nimmt mit zunehmendem s-Anteil bei der Hybridisierung mit p-Orbitalen in der Reihenfolge $sp^3 > sp^2 > sp$ ab,
weil
die Elektronegativität des Stickstoffs mit steigendem s-Anteil bei der Hybridisierung mit p-Orbitalen zunimmt.

1416 Übergangsmetalle reagieren als Lewis-Säuren mit geeigneten Lewis-Base-Liganden nach der 18-Elektronen-Regel,
weil
Übergangsmetallkomplexe mit gefüllten s-, p- und d-Valenzorbitalen energetisch begünstigt sind.

1417* Als Halbleiter hat Silicium kein Valenzband,

weil

Halbleiter bei Raumtemperatur alle Valenzelektronen für Bindungen im Kristall benutzen.

1418 N_2O_5 ist im Gegensatz zu P_2O_5 ein starkes Oxidationsmittel,

weil

Phosphor im Gegensatz zu Stickstoff eine hohe Affinität zum Sauerstoff aufweist.

1419 Bor bildet in wäßriger Lösung ebenso wie Aluminium dreifach positiv geladene Ionen,

weil

Bor und Aluminium Elemente der 3. Hauptgruppe des PSE sind.

1420 Welche Aussagen über Atomorbitale treffen zu?

(1) Ihre Hybridisierung ist nur bei Energiegleichheit möglich.
(2) Zu ihrer eindeutigen Charakterisierung genügt die Angabe der Nebenquantenzahl.
(3) Ihre Besetzung mit Elektronen ist nur paarweise möglich.
(4) Ihre paarweise Besetzung mit Elektronen setzt gleiche Spinquantenzahl voraus.

(A) Keine der obigen Aussagen trifft zu.
(B) nur 1 ist richtig
(C) nur 3 ist richtig
(D) nur 2 und 4 sind richtig
(E) nur 1, 3 und 4 sind richtig

1421 Welche der folgenden Komplexe sind cis-konfiguriert?
(Z = Zentralatom; a, b = unterschiedliche einzähnige Liganden, c = zweizähniger Ligand)

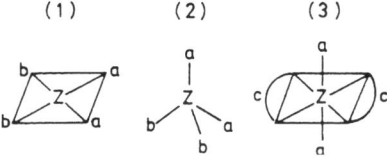

1422 Welche Eigenschaften treffen für ein festes Metall zu?

(1) Ausbildung einer Gitterstruktur
(2) niedrige Ionisationsenergie
(3) hohe Ionisationsenergie
(4) Delokalisierung aller Elektronen
(5) Delokalisierung aller Valenzelektronen

(A) nur 1 und 2 sind richtig
(B) nur 2 und 4 sind richtig
(C) nur 3 und 5 sind richtig
(D) nur 1, 2 und 5 sind richtig
(E) nur 1, 3 und 4 sind richtig

1423 Welche der folgenden Aussagen treffen zu?
Sulfurylchlorid

(1) ist das Dichlorid der Schwefligen Säure
(2) wird auch als Chloroschwefelsäure bezeichnet
(3) wird aus Cl_2 und SO_3 hergestellt
(4) kann in der organischen Synthese zur Sulfochlorierung verwendet werden
(5) dient in der organischen Synthese als Chlorierungsmittel

(A) nur 1 und 2 sind richtig
(B) nur 3 und 4 sind richtig
(C) nur 4 und 5 sind richtig
(D) nur 2, 3 und 4 sind richtig
(E) 1–5 = alle sind richtig

1424 Welche der folgenden Verbindungen/ Ionen sind gewinkelt gebaut?

(1) NOCl
(2) NO_2
(3) NO_2^+

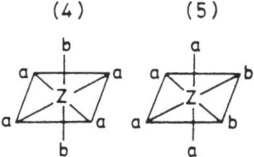

(4) NO_2^-
(5) N_2O

(A)   nur 2 und 3 sind richtig
(B)   nur 3 und 5 sind richtig
(C)   nur 1, 2 und 4 sind richtig
(D)   nur 2, 3 und 4 sind richtig
(E)   1–5 = alle sind richtig

1425 Welche der folgenden Aussagen treffen zu?
Phosphor(III)-oxid

(1)   ist das Anhydrid der Phosphinsäure
(2)   besitzt eine Adamantan-Struktur
(3)   verbrennt beim Erhitzen an der Luft zu Phosphor(V)-oxid
(4)   reagiert mit Chlor zu Phosphor(III)-chlorid

(A)   nur 1 ist richtig
(B)   nur 2 und 3 sind richtig
(C)   nur 3 und 4 sind richtig
(D)   nur 1, 2 und 4 sind richtig
(E)   nur 2, 3 und 4 sind richtig

1426 Welche der folgenden Aussagen treffen zu?
Kohlendioxid

(1)   kann als Lewis-Säure reagieren
(2)   ist eine Broensted-Säure
(3)   ist schwerer als Luft
(4)   ist ein gewinkeltes Molekül

(A)   nur 2 ist richtig
(B)   nur 3 ist richtig
(C)   nur 1 und 3 sind richtig
(D)   nur 2 und 4 sind richtig
(E)   1–4 = alle sind richtig

1427 Welche der folgenden Hydroxide sind amphoter?

(1) $Be(OH)_2$
(2) $Mg(OH)_2$
(3) $Ca(OH)_2$
(4) $Al(OH)_3$
(5) $Fe(OH)_3$

(A)   nur 3 ist richtig
(B)   nur 1 und 4 sind richtig
(C)   nur 2 und 3 sind richtig
(D)   nur 1, 2 und 5 sind richtig
(F.)   nur 2, 3 und 4 sind richtig

1428 Welche Aussagen über Nickeltetracarbonyl treffen zu?

(1)   CO fungiert als Lewis-Base.
(2)   Ni fungiert als Lewis-Säure.
(3)   Besetzte d-Orbitale des Zentralatoms überlappen mit leeren Liganden-Orbitalen (back donation).
(4)   Der Komplex trägt keine äußere Ladung.
(5)   Der Komplex wird bei der Reppe-Synthese als Katalysator zur Carbonylierung eingesetzt.

(A)   nur 1 ist richtig
(B)   nur 2 und 3 sind richtig
(C)   nur 2 und 4 sind richtig
(D)   nur 1, 2 und 5 sind richtig
(E)   1–5 = alle sind richtig

Neben den Fragen Nr. 1397–1428 waren noch folgende Aufgaben aus voranstehenden Abschnitten Bestandteil der **Prüfungsfragen vom Frühjahr 1995:** Frage Nr. 309 – 377 – 385 – 554 – 579 – 591 – 603 –654 – 744 – 754 – 845 – 1076 – 1099 – 1194.

Prüfungsfragen vom Herbst 1995

1429 Welche Aussage über Oxide des Stickstoffs trifft zu?

(A) NO wird auch als Lachgas bezeichnet.
(B) NO_2 ist das Anhydrid der salpetrigen Säure.
(C) NO_2 entsteht direkt durch Reduktion von verdünnter HNO_3 mit Kupfer.
(D) N_2O ist ein farbloses, diamagnetisches Gas.
(E) N_2O reagiert bereits bei Raumtemperatur heftig mit Luftsauerstoff.

1430 Welches der folgenden Hydroxide besitzt die geringste Löslichkeit in Wasser?

(A) $Mg(OH)_2$
(B) $Ba(OH)_2$
(C) $LiOH$
(D) $Ca(OH)_2$
(E) $Sr(OH)_2$

1431 Welche der folgenden Aussagen trifft zu?
In den abgebildeten Diagrammen einer Lösung und des zugehörigen Lösungsmittels kennzeichnet

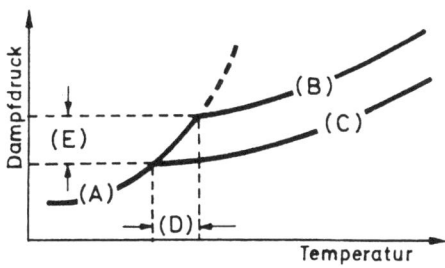

(A) die Dampfdruckkurve des festen reinen Lösungsmittels
(B) die Dampfdruckkurve der Lösung
(C) die Dampfdruckkurve des reinen flüssigen Lösungsmittels
(D) die Gefrierpunktserhöhung der Lösung
(E) die Dampfdruckerhöhung der Lösung

1432 Welche Aussage trifft **nicht** zu?
Weißer Phosphor

(A) ist amorph
(B) reduziert Schwefelsäure zu Schwefeldioxid
(C) verbrennt an der Luft zu Phosphor(V)-oxid
(D) disproportioniert in Natronlauge zu Phosphorwasserstoff und Phosphinat
(E) ist reaktiver als roter Phosphor

1433 Welche Aussage zum Bohrschen Atommodell trifft **nicht** zu?

(A) Der Atomkern ist stets positiv geladen.
(B) Der Atomkern repräsentiert nahezu die gesamte Atommasse.
(C) Der Atomkern enthält stets Neutronen.
(D) Der Atomkern enthält stets Protonen.
(E) Das Atom enthält stets Elektronen.

1434 Welche Aussage zum HSAB-Konzept nach Pearson trifft **nicht** zu?

(A) Ein großes, leicht polarisierbares Teilchen, wie z. B. I^-, zählt zu den weichen Basen.
(B) Ein kleines, wenig polarisierbares Teilchen, wie z. B. OH^-, zählt zu den harten Basen.
(C) Große, niedriggeladene Kationen, wie z. B. Ag^+, werden zu den weichen Säuren gerechnet.
(D) Kleine, hochgeladene Kationen, wie z. B. Al^{3+}, werden zu den harten Säuren gerechnet.
(E) Harte Säuren reagieren bevorzugt mit weichen Basen, weiche Säuren bevorzugt mit harten Basen.

1435 Welche Aussage trifft **nicht** zu?
Eine spontane, freiwillig ablaufende Reaktion

(A) ist beispielsweise die Umsetzung eines unedlen Metalls mit Säure
(B) ist stets irreversibel
(C) tritt unter der Bedingung $\Delta G < 0$ ein
(D) ist stets exotherm
(E) kann Arbeit leisten

1436 Welche Aussage trifft **nicht** zu?

(A) Nach Arrhenius sind Basen Verbindungen, die Protonen aufnehmen können.
(B) Lewis-Säuren sind Moleküle oder Ionen mit einer Elektronenpaarlücke.
(C) Bei einem korrespondierenden Säure/Base-Paar beträgt die Summe von pK_a- und pK_b-Wert in Wasser immer 14.
(D) Essigsäure kann als Ampholyt reagieren.
(E) Brönsted-Basen sind stets auch Lewis-Basen.

1437 Welche Aussage trifft **nicht** zu?
Für eine Folgereaktion
$$A + B \xrightarrow{k_1} C \xrightarrow{k_2} D \text{ mit } k_1 \gg k_2,$$
die bei Raumtemperatur spontan abläuft, gilt:

(A) D ist das thermodynamisch kontrollierte Produkt.
(B) Nach kurzer Reaktionszeit ist C einziges Produkt.
(C) C ist das kinetisch kontrollierte Produkt.
(D) Es handelt sich um eine exergonische Reaktion.
(E) Der erste Reaktionsschritt ist der geschwindigkeitsbestimmende Schritt.

Ordnen Sie bitte den Formeln der Liste 1 die jeweils zutreffende Bezeichnung aus Liste 2 zu!

Liste 1	Liste 2
1438 $SnCl_2 \cdot 2H_2O$	(A) Zinnbutter
1439 SnO_2	(B) Zinnober
	(C) Zinnsalz
	(D) Zinnpest
	(E) Zinnstein

Ordnen Sie bitte den Namen der Liste 1 die jeweils entsprechende Komplexformel der Liste 2 zu!

Liste 1	Liste 2
1440 Kryolith	(A) $Na_3[AlF_6]$
1441 Neßlers Reagenz	(B) $K_2[HgI_4]$
(in wäßrig-alkalischer Lösung)	(C) $K[BiI_4]$
	(D) $K_2[Co(SCN)_4]$
	(E) $Na_2[SiF_6]$

Ordnen Sie bitte den Reaktionstypen der Liste 1 die jeweils richtige Umsetzung aus Liste 2 zu!

Liste 1	Liste 2
1442 Dispropor-tionierung	(A) $HCl + KCN \longrightarrow$
	(B) $HI + HIO_3 \longrightarrow$
1443 Kompropor-tionierung	(C) $Cl_2 + NaOH \longrightarrow$
	(D) $Cl_2 + HBr \longrightarrow$
	(E) $HCl + H_2O \longrightarrow$

Ordnen Sie bitte den Begriffen der Liste 1 die jeweils zutreffende Charakterisierung aus Liste 2 zu!

Liste 1

1444 Bildungsenthalpie
1445 Elektronegativität nach Mulliken

Liste 2

(A) Energie, die bei der Bildung von 1 Mol der Verbindung aus den Elementen unter Standardbedingungen umgesetzt wird
(B) Mittelwert aus Ionisierungsenergie und Elektronenaffinität
(C) Energie, die zur vollständigen Abtrennung des Valenzelektrons von einem Atom aufzuwenden ist
(D) Ausgetauschte Energie bei der Anlagerung eines Elektrons an ein Atom
(E) Der zur Auslösung einer Reaktion erforderliche Mindestbetrag an kinetischer Teilchenenergie

1446 Beim Lösen von Iod in wäßriger Kaliumiodid-Lösung werden I_3^--Ionen gebildet,
weil
bei der Bildung von I_3^--Ionen aus Iod und Iodid die Entropie stark zunimmt.

1447 Sauerstoff wirkt in saurer Lösung schwächer oxidierend als in alkalischer,
weil
das Redoxpotential von Sauerstoff pH-abhängig ist.

1448 H_3PO_3 ist in wäßriger Lösung eine dreibasige Säure,
weil
H_3PO_3 Ester der Struktur $P(OR)_3$ bilden kann.

1449 Die Hydrationsenthalpie des Li^+-Ions ist größer als die der übrigen Alkalimetall-Ionen,

weil

das Li^+-Ion den größten Ionenradius aller Alkalimetall-Kationen besitzt.

1450 Sn^{2+} ist in alkalischer Lösung ein wesentlich stärkeres Reduktionsmittel als in saurer Lösung,

weil

die Konzentration von Sn^{4+}-Ionen in alkalischer Lösung kleiner ist als in saurem Milieu.

1451 Die erste Ionisierungsenergie nimmt beim Übergang vom Stickstoff zum Sauerstoff ab,

weil

die Abspaltung eines Elektrons beim Sauerstoff zu einer günstigeren Elektronen-Konfiguration führt als beim Stickstoff.

1452 Die Bindungslänge im F_2-Molekül ist kleiner als im Br_2-Molekül,

weil

Fluor eine größere Elektronegativität als Brom besitzt.

1453 Eine Reaktion mit positiver freier Enthalpie wird „exergonisch" genannt,

weil

exergonische Reaktionen Arbeit leisten können.

1454 Ein kinetisch stabiles chemisches System ist auch stets thermodynamisch stabil,

weil

ein kinetisch stabiles chemisches System eine hohe freie Aktivierungsenthalpie ($\Delta G^{\neq}$) besitzt.

1455 Welche der folgenden Stoffe sind technische Produkte der Chloralkali-Elektrolyse?

(1) H_2
(2) NaOH
(3) O_2
(4) Cl_2
(5) $NaClO_4$

(A) nur 1 und 4 sind richtig
(B) nur 2 und 4 sind richtig
(C) nur 2 und 5 sind richtig
(D) nur 3 und 5 sind richtig
(E) nur 1, 2 und 4 sind richtig

1456 Welche der folgenden Elemente existieren in Modifikationen?

(1) Bor
(2) Kohlenstoff
(3) Stickstoff
(4) Sauerstoff
(5) Chlor

(A) nur 2 ist richtig
(B) nur 2 und 4 sind richtig
(C) nur 3 und 5 sind richtig
(D) nur 1, 2 und 4 sind richtig
(E) 1–5 = alle sind richtig

1457 Welche der folgenden Aussagen zur Chemie der Komplexe treffen zu?

(1) Im oktaedrischen Ligandenfeld werden die d-Orbitale des Zentralions in zwei energetisch höhere und drei energetisch niedrigere Orbitale aufgespalten.
(2) In Abhängigkeit von der Art der Liganden kann ein Metallion sowohl high-spin- als auch low-spin-Komplexe bilden.
(3) In tetraedrischen Komplexen überlappen d^2sp^3-Hybridorbitale des Zentralions mit den Ligandenorbitalen.
(4) Cyanid-Ionen bewirken eine schwächere Ligandenfeldaufspaltung als Iodid.
(5) Das Zentralion in planar-quadratischen Komplexen ist dsp^2-hybridisiert.

(A) Keine der obigen Aussagen trifft zu.
(B) nur 3 und 4 sind richtig
(C) nur 1, 2 und 5 sind richtig
(D) nur 3, 4 und 5 sind richtig
(E) 1–5 = alle sind richtig

1458 Welche der folgenden Elemente gehören zu den Erdalkalien?

(1) Natrium
(2) Magnesium
(3) Calcium
(4) Gallium
(5) Strontium

(A) nur 1 ist richtig
(B) nur 3 ist richtig
(C) nur 3 und 5 sind richtig
(D) nur 2, 3 und 5 sind richtig
(E) nur 3, 4 und 5 sind richtig

1459 In welchen der folgenden Stoffe ist der Kohlenstoff sp-hybridisiert?

(1) Kohlendioxid
(2) Natriumcarbonat
(3) Diamant
(4) Ethylen
(5) Blausäure

(A) nur in 1 und 5
(B) nur in 3 und 4
(C) nur in 1, 2 und 3
(D) nur in 1, 3 und 5
(E) in 1 bis 5

1460 Welche Aussagen über die Gefrierpunktserniedrigung einer wäßrigen Kochsalz-Lösung treffen zu?

(1) Sie hängt von der Konzentration des gelösten Kochsalzes ab.
(2) Sie korreliert mit einer Siedepunktserhöhung der Lösung.
(3) Sie ist etwa doppelt so groß, wie sich nach dem Raoultschen Gesetz für die gleiche Stoffmenge einer gelösten nichtdissoziierenden Substanz errechnen läßt.

(A) nur 1 ist richtig
(B) nur 3 ist richtig
(C) nur 1 und 3 sind richtig
(D) nur 2 und 3 sind richtig
(E) 1–3 = alle sind richtig

1461 Welche Aussagen treffen zu?
Aufgrund ihrer Normalpotentiale (E°) sollten in Wasser von pH = 7 unter Anwendung der Nernst-Gleichung folgende Metalle in Lösung gehen können:

(1) Zn (E° = –0,76 V)
(2) In (E° = –0,34 V)
(3) Sn (E° = –0,16 V)
(4) Pb (E° = –0,13 V)

(A) Keines der obigen Metalle.
(B) nur 1 ist richtig
(C) nur 1 und 2 sind richtig
(D) nur 3 und 4 sind richtig
(E) 1–4 = alle sind richtig

1462 Welche Aussagen über Puffersysteme treffen zu?

(1) Es sind Stoffgemische, deren pH-Wert relativ unempfindlich gegen Säure- bzw. Base-Zusatz ist.
(2) Äquimolare Mischungen schwacher Säuren mit Natronlauge ergeben Puffersysteme.
(3) Die Pufferkapazität eines Puffers ist vom pH-Wert abhängig.
(4) Ihre Pufferkapazität ist unabhängig vom Konzentrationsverhältnis der Pufferkomponenten.

(A) nur 1 ist richtig
(B) nur 2 ist richtig
(C) nur 1 und 3 sind richtig
(D) nur 1, 3 und 4 sind richtig
(E) 1–4 = alle sind richtig

Neben den Fragen Nr. 1429–1462 waren noch folgende Aufgaben aus voranstehenden Abschnitten Bestandteil der **Prüfungsfragen vom Herbst 1995:** Frage Nr. 185 – 351 – 375 – 380 – 844 – 862 – 904 –908 – 932 – 933 – 963 – 1033 – 1131 – 1311 – 1388.

Prüfungsfragen vom Frühjahr 1996

1463 Welche der folgenden Reaktionsgleichungen beschreibt das „Boudouard-Gleichgewicht"?

(A) $C + H_2O \rightleftharpoons CO + H_2$
(B) $CO + H_2O \rightleftharpoons CO_2 + H_2$
(C) $C + CO_2 \rightleftharpoons 2CO$
(D) $CO_2 + H_2 \rightleftharpoons CO + H_2O$
(E) $2C + O_2 \rightleftharpoons 2CO$

1464 Welches der folgenden Salze wird als „Glaubersalz" bezeichnet?

(A) $MgSO_4 \cdot 7H_2O$
(B) $Na_2SO_4 \cdot 10H_2O$
(C) $CaSO_4 \cdot 2H_2O$
(D) K_2SO_4
(E) $BaSO_4$

1465 Wieviel isomere Konfigurationen kann ein tetraedrischer Komplex Zabcd bilden? (Z = Zentralatom; a, b, c, d = unterschiedliche einzähnige Liganden)

(A) 1
(B) 2
(C) 3
(D) 4
(E) 6

1466 Welches der aufgeführten Kationen ist nach Pearson eine weiche Säure?

(A) H^+
(B) Al^{3+}
(C) Ag^+
(D) Cr^{6+}
(E) Mg^{2+}

1467 Welche Aussage trifft zu?
Aktivierungsenthalpie ist die

(A) Enthalpiedifferenz zwischen dem Produkt und dem Edukt.
(B) Erniedrigung der Reaktionsenthalpie bei Verwendung eines Katalysators.
(C) Enthalpiedifferenz zwischen einer Zwischenstufe und dem Endprodukt.

(D) Enthalpiedifferenz zwischen dem Edukt und einem Übergangszustand.
(E) aufzubringende Enthalpie bei einer endothermen Reaktion.

1468 Welche Aussage trifft **nicht** zu?
Calciumcarbid

(A) kann aus Koks und Calciumoxid hergestellt werden
(B) ist ein Salz
(C) enthält C_2^{2-}-Ionen
(D) enthält HC_2^--Ionen
(E) reagiert mit Wasser zu Acetylen (Ethin)

1469 Welche Aussage trifft **nicht** zu?
Molekularer Sauerstoff (O_2)

(A) zerfällt in der Atmosphäre unter Absorption von kurzwelligem UV-Licht in Sauerstoffatome
(B) reagiert in der Atmosphäre mit Sauerstoffatomen exotherm zu Ozon
(C) entsteht in der Atmosphäre endotherm aus Sauerstoffatomen und Ozon
(D) ist in sehr dicker Schicht bläulich
(E) reagiert bei Anwesenheit von Katalysatoren mit Wasserstoff auch bei Raumtemperatur spontan

1470 Welche der folgenden Verbindungen ist **nicht** linear gebaut?

(A) O_3
(B) CO_2
(C) NO_2^+
(D) C_2H_2
(E) HCN

1471 Welche Aussage über Orbitale trifft **nicht** zu?

(A) Sie werden durch 3 Quantenzahlen charakterisiert.
(B) Sie sind Orte hoher Aufenthaltswahrscheinlichkeit der Elektronen.
(C) s-Orbitale sind immer kugelsymmetrisch.
(D) p_x-Orbitale können maximal 2 Elektronen aufnehmen.
(E) d_{z^2}-Orbitale können maximal 4 Elektronen aufnehmen.

1472 Welche Aussage trifft **nicht** zu?
Folgende Verbindungspaare bilden intermolekulare H-Brücken aus:

(A) Cl₃C—H / (H₃C)₂S=O

(B) H₃C—OH / H₅C₂—O—C₂H₅

(C) C₆H₅—OH / (H₃C)₂N—C(=O)—H

(D) (H₃C)₃C—H / Thiophen

(E) Pyrrol / Pyridin

Ordnen Sie bitte den Namen der Liste 1 die jeweils zutreffende Formel aus Liste 2 zu!

Liste 1	Liste 2
1473 Lachgas	(A) NO
1474 Stickoxid	(B) NO_2
	(C) N_2O
	(D) N_2O_3
	(E) N_2O_5

Ordnen Sie bitte den Formeln der Liste 1 die jeweils zutreffende Bezeichnung aus Liste 2 zu!

Liste 1	Liste 2
1475 SnO_2	(A) Zinnbutter
1476 HgS	(B) Zinnober
	(C) Zinnsalz
	(D) Zinnpest
	(E) Zinnstein

Ordnen Sie bitte den Begriffen der Liste 1 jeweils eine zutreffende Verbindung der Liste 2 zu!

Liste 1	Liste 2
1477 Broensted-Base	(A) NH_4^+
1478 Lewis-Säure	(B) SO_4^{2-}
	(C) SO_3
	(D) H_3O^+
	(E) HCl

1479 Salpetersäure ist in Wasser eine stärkere Säure als Salpetrige Säure,
weil
Salpetrige Säure in wäßriger Lösung unbeständiger ist als Salpetersäure.

1480 Silicone besitzen im Vergleich zu Paraffinen eine hohe Thermostabilität,
weil
Silicone Si-Si-Ketten anstelle der C-C-Ketten der Paraffine enthalten.

1481 Borsäure ist in Wasser eine starke Säure ($pK_a < 0$),
weil
Borsäure mit Wasser primär als Lewis-Säure reagiert.

1482 Die Reihenfolge der Elemente im Periodensystem ist stets mit steigender (mittlerer) Atommassenzahl verknüpft,
weil
die Anordnung der Elemente im Periodensystem nach steigender Kernladungszahl erfolgt.

1483 Die Oxidationskraft einer $KMnO_4$-Lösung ist im neutralen Milieu größer als im sauren,
weil
das Redoxpotential einer $KMnO_4$-Lösung von der H_3O^+-Konzentration abhängt.

1484 Welche Aussagen treffen zu?
Quecksilber(II)-sulfid

(1) kommt in der Natur vor
(2) hat den Namen Kalomel
(3) hat den Namen Sublimat
(4) kann eine rote Farbe haben
(5) kann eine schwarze Farbe haben

(A) nur 2 ist richtig
(B) nur 3 ist richtig
(C) nur 1 und 4 sind richtig
(D) nur 2 und 5 sind richtig
(E) nur 1, 4 und 5 sind richtig

1485+ Welche der folgenden Metalle kommen in der Natur gediegen vor?

(1) Kalium

(2)   Kupfer
(3)   Calcium
(4)   Chrom
(5)   Gold

(A)   nur 4 ist richtig
(B)   nur 5 ist richtig
(C)   nur 2 und 5 sind richtig
(D)   nur 1, 3 und 4 sind richtig
(E)   nur 1, 2, 4 und 5 sind richtig

1486 Welche der folgenden Substanzen haben ausschließlich kovalente Bindungen?

(1) H_2O
(2) NH_3
(3) CaF_2
(4) CH_3COCH_3
(5) C_6H_5Cl

(A)   nur 1 und 3 sind richtig
(B)   nur 2 und 5 sind richtig
(C)   nur 3 und 4 sind richtig
(D)   nur 3, 4 und 5 sind richtig
(E)   nur 1, 2, 4 und 5 sind richtig

1487 In welchen der folgenden Verbindungen ist der Kohlenstoff sp^2-hybridisiert?

(1)   Kohlendioxid
(2)   Natriumcarbonat
(3)   Diamant
(4)   Ethylen
(5)   Blausäure

(A)   nur in 2 und 4
(B)   nur in 3 und 4
(C)   nur in 1, 2 und 3
(D)   nur in 3, 4 und 5
(E)   in 1 bis 5 = in allen

1488 Welche Aussagen über eine wäßrige Glucose-Lösung treffen zu?

(1)   Die Dampfdruckkurve der Lösung verläuft unterhalb der des reinen Lösungsmittels.
(2)   Die Dampfdruckerniedrigung der Lösung ist der Molzahl n des gelösten Stoffes proportional.
(3)   Der Gefrierpunkt der Lösung liegt niedriger als der des reinen Lösungsmittels.
(4)   Die Siedepunktsverschiebung der Lösung ist stets merklich kleiner als die Gefrierpunktsverschiebung.

(A)   nur 1 ist richtig
(B)   nur 1 und 2 sind richtig
(C)   nur 3 und 4 sind richtig
(D)   nur 1, 2 und 3 sind richtig
(E)   1–4 = alle sind richtig

Neben den Fragen Nr. 1463–1488 waren noch folgende Aufgaben aus voranstehenden Abschnitten Bestandteil der **Prüfungsfragen vom Frühjahr 1996:** Frage Nr. 124 – 153 – 159 – 194 – 329 – 339 – 490 –573 – 585 – 587 – 661 – 821 – 871 – 884 – 1060 – 1163 – 1241 – 1256 – 1273 –1282 – 1283 – 1284 – 1297 – 1410 – 1411.

Prüfungsfragen vom Herbst 1996

1489* Welche Aussage über das abgebildete Dissoziationsdiagramm der Phosphorsäure trifft zu?

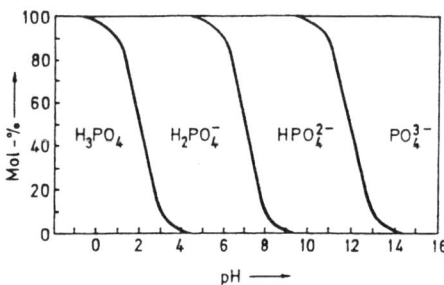

(A) An den Schnittpunkten der Kurven mit der Abszisse liegen Puffersysteme vor.
(B) Die Schnittpunkte der Kurven mit der Abszisse entsprechen den pK-Werten der Phosphorsäure.
(C) Die pK-Werte der Phosphorsäure lassen sich aus dem Diagramm nicht entnehmen.
(D) Optimale Pufferkapazität liegt bei pH 4,5 und pH 9,5 vor.
(E) Zwischen pH 6–8 ist die Pufferkapazität hoch.

1490 Bei welchem pH-Wert werden Magnesium-Ionen praktisch vollständig ($c_{Mg^{2+}}=10^{-5}$ mol · l^{-1}) als Hydroxid gefällt?
($LP_{Mg(OH)_2}=10^{-11}$ mol^3 · l^{-3})

(A) 7
(B) 8
(C) 9
(D) 10
(E) 11

1491 Welchen pH-Wert erreicht eine 0,01 M-Salzsäure, wenn man sie um das 10^8-fache ihres Volumens mit Wasser verdünnt?

(A) 6
(B) 7
(C) 8
(D) 9
(E) 10

1492 Welche Aussage trifft **nicht** zu?
Ozon

(A) ist ein geruchloses Gas
(B) ist gewinkelt gebaut
(C) absorbiert UV-Licht
(D) ist eine Sauerstoff-Modifikation
(E) reagiert mit Alkenen zu cyclischen Ozoniden

1493 Welche Aussage zum Ammonium-Ion trifft **nicht** zu?

(A) Im Ammonium-Ion ist der Stickstoff sp^3-hybridisiert.
(B) Kalium- und Ammonium-Ionen haben ähnliche Ionenradien.
(C) Beim Erwärmen einer Ammoniumchlorid-Lösung mit Kaliumnitrit entsteht u. a. elementarer Stickstoff.
(D) Das Ammonium-Ion kann als Komplexligand fungieren.
(E) Magnesiumoxid setzt aus Ammoniumchlorid-Lösung Ammoniak frei.

1494 Welche Zuordnung trifft **nicht** zu?

(A) H_3PO_4 Orthophosphorsäure
(B) H_3PO_3 Phosphorige Säure
(C) H_3PO_2 Metaphosphorsäure
(D) $H_4P_2O_7$ Pyrophosphorsäure

(E) Trimetaphosphorsäure

1495 Welche Aussage über Fe(III)-chlorid trifft **nicht** zu?

(A) Es bildet in wäßriger Lösung mit H_2O_2 primär OH-Radikale.
(B) Es ist eine Lewis-Säure.
(C) Seine wäßrige Lösung enthält komplexe Anionen.
(D) Seine Lösung erhält man durch Auflösen von metallischem Eisen in konz. Salzsäure unter Luftabschluß.
(E) Seine wäßrige Lösung reagiert sauer.

1496 Welche der folgenden Aussagen zur Umsetzung von Alkalimetallen mit flüssigem Ammoniak trifft **nicht** zu?
Die Lösungen

(A) haben eine intensive blaue Farbe
(B) zersetzen sich schnell zu elementarem Wasserstoff und Alkalimetallamid
(C) enthalten solvatisierte Elektronen
(D) zeigen gute elektrische Leitfähigkeit
(E) sind starke Reduktionsmittel

1497 Welche Aussage zur Chemie der Komplexe trifft **nicht** zu?

(A) Im Hexacyanoferrat(III)-Komplex ist das Fe^{3+}-Ion d^2sp^3 hybridisiert.
(B) Im high spin-Komplex hat das Zentralion die größtmögliche Anzahl ungepaarter Elektronen.
(C) Komplexe der Koordinationszahl 4 sind tetraedrisch oder quadratisch-planar gebaut.
(D) Bei quadratisch-planaren Komplexen ist im Gegensatz zu tetraedrischen Komplexen eine cis/trans-Isomerie möglich.
(E) Komplexe mit einzähnigen Liganden sind – bei gleichem Donoratom – stabiler als solche mit mehrzähnigen Liganden.

Ordnen Sie bitte den Eigenschaften der Liste 1 die jeweils zutreffende Verbindung aus Liste 2 zu!

Liste 1	Liste 2
1498 salzartig	(A) NaH
1499 polymer	(B) SH_2
	(C) AlH_3
	(D) PH_3
	(E) CH_4

Ordnen Sie bitte den Quecksilber-Verbindungen in Liste 1 die jeweils zugehörige Bezeichnung aus Liste 2 zu!

Liste 1	Liste 2
1500+ HgS	(A) Zinnober
1501+ $HgCl_2$	(B) unschmelzbares Präzipitat
	(C) Kalomel
	(D) Sublimat
	(E) Zinnstein

Ordnen Sie bitte den Verbindungen in Liste 1 jeweils die in wäßriger Lösung zutreffende Klassifikation aus Liste 2 zu!

Liste 1	Liste 2
1502 Borsäure	(A) Lewis-Säure
1503 Anilin	(B) Arrhenius-Säure
	(C) Brönsted-Säure
	(D) Lewis-Base
	(E) Arrhenius-Base

Die folgende Abbildung zeigt das Energieprofil einer Reaktion. Ordnen Sie bitte den Begriffen in Liste 1 die jeweils entsprechende Kennzeichnung (A) bis (E) aus der Abbildung in Liste 2 zu!

Liste 1

1504 Reaktionsfortschritt
1505 Reaktionsenergie

Liste 2

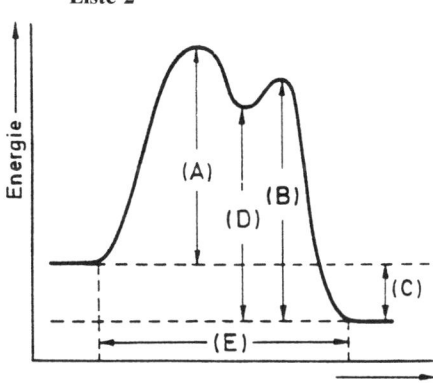

1506 Singulett-Sauerstoff ist diamagnetisch,
weil
beim Singulett-Sauerstoff der entgegengesetzte Spin der energiereichen π^*-Elektronen zu einer Spinkompensation führt.

1507 α- und β-Zerfall eines Nuclids haben stets eine Elementumwandlung zur Folge,
weil
sich beim α- und β-Zerfall eines Nuclids stets die Zahl seiner Protonen ändert.

1508 Die Valenzelektronen bestimmen das chemische Verhalten der Elemente,

weil
der Energieaufwand für die Beteiligung der Valenzelektronen an chemischen Reaktionen besonders groß ist.

1509 Das $HClO_4$-Molekül ist quadratisch-planar gebaut,
weil
im $HClO_4$-Molekül nur Doppelbindungen vorliegen.

1510 Der Bindungswinkel im Wassermolekül beträgt 90°,
weil
die p-Orbitale eines Atoms rechte Winkel bilden.

1511+ Silicium ist ein elekrischer Halbleiter,
weil
nach dem Energiebändermodell im Silicium zwischen Valenz- und Leitungsband eine **breite** verbotene Zone liegt.

1512 Wird ein Eisenblech in eine Kupfersulfat-Lösung getaucht, so überzieht es sich mit einer einer Kupferschicht,
weil
Eisen ein positiveres Normalpotential als Kupfer besitzt.

1513 Welche Bindungstypen können bei Wasserstoffverbindungen von Elementen der 2. Periode auftreten?

(1) Metallbindung
(2) Ionenbindung
(3) Dreizentrenbindung
(4) Atombindung

(A) nur 2 ist richtig
(B) nur 4 ist richtig
(C) nur 1 und 3 sind richtig
(D) nur 2 und 4 sind richtig
(E) nur 2, 3 und 4 sind richtig

1514 Welche Aussagen treffen zu?
Diboran

(1) ist die leichteste bei Raumtemperatur stabile Borwasserstoffverbindung
(2) ist aus Borhalogeniden herstellbar

(3) enthält eine B-B-Bindung
(4) ist an der Luft stabil
(5) reagiert mit Wasser zu Borsäure und Wasserstoff

(A) nur 1 und 4 sind richtig
(B) nur 3 und 4 sind richtig
(C) nur 1, 2 und 5 sind richtig
(D) nur 2, 3 und 5 sind richtig
(E) 1–5 = alle sind richtig

1515 Welche Eigenschaften sind für die „Schrägbeziehung" im PSE von Bedeutung?

(1) Ionenstärke
(2) Ionisierungsenergie
(3) Ionenradius
(4) Ionenladung

(A) nur 1 ist richtig
(B) nur 2 ist richtig
(C) nur 2 und 3 sind richtig
(D) nur 3 und 4 sind richtig
(E) nur 2, 3 und 4 sind richtig

1516 Welche der folgenden Stoffe sind Salze?

(1) Na_2O
(2) $HgCl_2$
(3) $LiAlH_4$
(4) $PtCl_4$

(A) keiner der genannten Stoffe
(B) nur 1 ist richtig
(C) nur 2 ist richtig
(D) nur 1 und 3 sind richtig
(E) nur 2 und 4 sind richtig

1517 Welche der Verbindungen 1 bis 5 können als mehrstufig dissoziierende Elektrolyte auftreten?

(1) H_3PO_4
(2) H_2S
(3) KH_2PO_4
(4) H_2CO_3
(5) H_2SO_4

(A) nur 4 ist richtig
(B) nur 2 und 4 sind richtig
(C) nur 1, 2 und 3 sind richtig
(D) nur 1, 2 und 5 sind richtig
(E) 1–5 = alle sind richtig

1518 Welche Aussagen über ideal kristalline Stoffe treffen zu?
Nach dem 3. Hauptsatz der Thermodynamik ist ihre

(1) Entropie von der Temperatur unabhängig
(2) Entropie am absoluten Nullpunkt gleich Null
(3) Enthalpie am absoluten Nullpunkt gleich Null

(A) nur 1 ist richtig
(B) nur 2 ist richtig
(C) nur 3 ist richtig
(D) nur 1 und 2 sind richtig
(E) nur 1 und 3 sind richtig

1519 Welche der nachstehend aufgeführten Säure/Base-Paare spielen im menschlichen Organismus eine Rolle als Puffer?

(1) HCl/Cl^-
(2) H_2CO_3/HCO_3^-
(3) CH_3COOH/CH_3COO^-
(4) NH_4^+/NH_3

(A) nur 2 ist richtig
(B) nur 3 ist richtig
(C) nur 2 und 3 sind richtig
(D) nur 1, 3 und 4 sind richtig
(E) nur 2, 3 und 4 sind richtig

Neben den Fragen Nr. 1489–1519 waren noch folgende Aufgaben aus voranstehenden Abschnitten Bestandteil der **Prüfungsfragen vom Herbst 1996:** Frage Nr. 18 – 263 – 826 – 832 – 834 – 835 – 838 – 848 – 877 – 883 – 901 – 965 – 1066 – 1087 – 1179 – 1236 – 1307 – 1308 – 1318.

Prüfungsfragen vom Frühjahr 1997

1520+ Welche Aussage trifft zu?
Kaliumhyperoxid

(A) hat die Formel K_2O_2
(B) hat die Formel KO_2
(C) hat die Formel KO_3
(D) ist in Wasser stabil
(E) bildet sich beim Überleiten von Ozon über gepulvertes Kaliumhydroxid

1521 Welche Aussage zur Chemie der Halogene trifft **nicht** zu?

(A) Alle Halogene bilden zweiatomige Moleküle.
(B) Die Gitterenergien der Natriumhalogenide nehmen vom Fluor zum Iod ab.
(C) Bei der Reaktion von Fluor mit Wasser entsteht Flußsäure und Sauerstoff.
(D) Chlor disproportioniert in Natronlauge.
(E) Phosphortribromid ist ein salzartiges Halogenid.

Ordnen Sie bitte den Komplexteilchen aus Liste 1 den jeweils entsprechenden Koordinationspolyeder aus Liste 2 zu!

Liste 1 **Liste 2**

1522 Hexacyano-
ferrat(III)   (A) Quadrat
                     (B) Tetraeder
1523 Tetrammin-
kupfer (II)   (C) Oktaeder
(wasserfrei)   (D) trigonale Bipyramide
                     (E) Würfel

Ordnen Sie bitte den Begriffen der Liste 1 jeweils zutreffende Charakterisierung aus Liste 2 zu!

Liste 1

1524 Aktivierungsenergie
1525 Bindungsenergie

Liste 2

(A) die zur Auslösung einer Reaktion erforderliche Mindestenergie

(B) Differenz zwischen Energieinhalt zweier isolierter Atome und der entsprechenden gebundenen Atome
(C) Energie, die zur vollständigen Abtrennung des Valenzelektrons von einem Atom aufzuwenden ist
(D) ausgetauschte Energie bei der Anlagerung eines Elektrons an ein Atom
(E) Maß für die Fähigkeit eines Atoms, in einer kovalenten Bindung Elektronen anzuziehen

Ordnen Sie bitte den Begriffen der Liste 1 die jeweils zutreffende Formel aus Liste 2 zu!

Liste 1 **Liste 2**

1526 Alaun   (A) $NaFe(SO_4)_2 \cdot 12\ H_2O$
1527 Spinell (B) $(NH_4)_2Fe(SO_4)_2 \cdot 6\ H_2O$
            (C) $ZnAl_2O_4$
            (D) $NaAl(OH)_4 \cdot 3\ H_2O$
            (E) $KAlSi_3O_8$

1528 Der Bindungswinkel im Wassermolekül beträgt 90°,
weil
im Wassermolekül an der Bindung der beiden Wasserstoffe ausschließlich p-Orbitale des Sauerstoffs beteiligt sind.

1529 Der Siedepunkt einer Salzlösung ist im Vergleich zu dem des reinen Lösungsmittels erniedrigt,
weil
die Dampfdruckkurve einer Salzlösung unterhalb der des reinen Lösungsmittels verläuft.

1530 Die Umsetzung $Ca^{2+} + CO_3^{2-} \longrightarrow CaCO_3$ in Wasser ist eine endergonische Reaktion,
weil
bei der Fällungsreaktion $Ca^{2+} + CO_3^{2-} \longrightarrow CaCO_3$ die Zahl der in Lösung befindlichen Ionen verringert wird.

1531 O_2 kann als Radikalfänger wirken,
weil
O_2 im Grundzustand radikalisch vorliegt.

1532 Die Oxidation von Schwefeldioxid zu Schwefeltrioxid mittels Sauerstoff wird in Gegenwart eines Katalysators durchgeführt,

weil

das Gleichgewicht

$$2\,SO_2 + O_2 \rightleftharpoons 2\,SO_3$$

sich durch einen Katalysator überwiegend auf die rechte Seite verschieben läßt.

1533 Welche Aussagen über Orbitale treffen zu?

(1) Sie werden durch vier Quantenzahlen charakterisiert.
(2) Sie sind Orte hoher Aufenthaltswahrscheinlichkeit der Elektronen.
(3) Sie können nach dem Pauli-Prinzip maximal zwei Elektronen aufnehmen.
(4) Alle d-Orbitale sind rosettenförmig.

(A) nur 1 ist richtig
(B) nur 2 und 3 sind richtig
(C) nur 2 und 4 sind richtig
(D) nur 1, 2 und 3 sind richtig
(E) nur 2, 3 und 4 sind richtig

1534 Worin müssen sich zwei Salze gleichen, die Mischkristalle bilden können?

(1) im Gittertyp
(2) in den Ionenabständen im Gitter
(3) in den Wertigkeiten ihrer Anionen und Kationen
(4) in den chemischen Eigenschaften

(A) nur 1 und 2 sind richtig
(B) nur 2 und 3 sind richtig
(C) nur 3 und 4 sind richtig
(D) nur 1, 2 und 4 sind richtig
(E) nur 2, 3 und 4 sind richtig

1535 Welche Aussagen zur Auflösung eines Festkörpers in einer Flüssigkeit treffen zu?

(1) Die Löslichkeit kann mit steigender Temperatur abnehmen.

(2) Die Enthalpie des Lösevorgangs ist abhängig von der Solvatationsenthalpie.
(3) Die Solvatationsenthalpie kann größer sein als die Gitterenthalpie.
(4) Die Solvatation der einzelnen Teilchen kann endotherm erfolgen.

(A) nur 2 ist richtig
(B) nur 4 ist richtig
(C) nur 1 und 3 sind richtig
(D) nur 1, 2 und 3 sind richtig
(E) 1–4 = alle sind richtig

1536 Welche Aussagen über Redox-Systeme treffen zu?

(1) Je negativer das Normalpotential, umso stärker ist die reduzierende Wirkung.
(2) pH-abhängige Redox-Systeme nennt man Redoxamphotere.
(3) In saurer Lösung sind pH-abhängige Oxidationsmittel wie $MnO_4^- \longrightarrow Mn^{2+}$ stärker wirksam als in alkalischer.
(4) In Wasser lösen sich alle Metalle mit negativem Normalpotential unter H_2-Entwicklung auf.

(A) nur 1 ist richtig
(B) nur 1 und 2 sind richtig
(C) nur 1 und 3 sind richtig
(D) nur 2 und 4 sind richtig
(E) nur 3 und 4 sind richtig

Neben den Fragen Nr. 1520–1536 waren noch folgende Aufgaben aus voranstehenden Abschnitten Bestandteil der **Prüfungsfragen vom Frühjahr 1997:** Frage Nr. 114 – 135 – 180 – 186 – 221 – 240 – 241 –248 – 258 – 260 – 283 – 381 – 606 – 627 – 758 – 823 – 866 – 897 – 898 – 930 – 951 – 971 – 1000 – 1027 – 1034 – 1086 – 1092 – 1111 – 1170 – 1227 – 1236 –1255– 1417.

Prüfungsfragen vom Herbst 1997

1537 Welche der folgenden Aussagen über Alkalimetalle trifft zu?

(A) Sie haben die kleinsten Atomradien innerhalb der Perioden des Periodensystems.

(B) Sie können auch in den Oxidationsstufen +2 und −1 auftreten.

(C) Ihre Kationen besitzen alle die Elektronenkonfiguration $ns^2 np^6$.

(D) Ihre Schmelzpunkte nehmen mit zunehmender relativer Atommasse ab.

(E) Sie werden durch Elektrolyse ihrer wäßrigen Hydroxid-Lösungen dargestellt.

1538 Welche Reihenfolge der Stabilität der Silberkomplexe trifft zu?

(A) $[AgCl_2]^- < [Ag(NH_3)_2]^+ < [Ag(S_2O_3)_2]^{3-}$
(B) $[Ag(NH_3)_2]^+ < [Ag(S_2O_3)]^{3-} < [AgCl_2]^-$
(C) $[Ag(S_2O_3)_2]^{3-} < [AgCl_2]^- < [Ag(NH_3)_2]^+$
(D) $[Ag(S_2O_3)_2]^{3-} < [Ag(NH_3)_2]^+ < [AgCl_2]^-$
(E) $[Ag(NH_3)_2]^+ < [AgCl_2]^- < [Ag(S_2O_3)_2]^{3-}$

1539* Wieviel Prozent des Wassers sind in H^+- und OH^--Ionen gespalten, wenn der Dissoziationsgrad des Wassers (bei 25 °C) $1,8 \cdot 10^{-9}$ beträgt?

(A) $1,8 \cdot 10^{-5}\%$
(B) $1,8 \cdot 10^{-7}\%$
(C) $1,8 \cdot 10^{-9}\%$
(D) $1,8 \cdot 10^{-11}\%$
(E) $1,8 \cdot 10^{-12}\%$

1540 In den folgenden Verbindungen sind für bestimmte Atome Oxidationszahlen angegeben.
Welche Oxidationszahl trifft zu?

(A) $\overset{+6}{H_2SO_4}$

(B) $\overset{+3}{NH_4}Cl$

(C) $\overset{-1}{H_2S}$

(D) $\overset{+7}{H_3PO_4}$

(E) $\overset{+1}{Na}Cl$

1541 Bei welcher der folgenden Reaktionen kommt es **nicht** zur Abscheidung von elementarem Schwefel?

(A) $2\,H_2S + O_2 \longrightarrow$
(B) $2\,H_2S + SO_2 \longrightarrow$
(C) $H_2S + I_2 \longrightarrow$
(D) $Na_2S_2O_3 + 2\,H^+ \xrightarrow{\text{in Wasser}}$
(E) $Zn + H_2SO_4 \text{ (konz.)} \longrightarrow$

1542 Welche Aussage über Siliciumdioxid trifft **nicht** zu?

(A) Es bildet polymorphe Formen.

(B) Es wird zur Herstellung von Gläsern benutzt.

(C) Im SiO_2 hat Silicium ausnahmslos die Koordinationszahl 4.

(D) Es ist gegen alle Halogenwasserstoffsäuren stabil.

(E) Es bildet durch Schmelzen mit Soda wasserlösliche Silicate.

1543 Welche Aussage trifft **nicht** zu?
Nickeltetracarbonyl

(A) ist leicht aus Nickel und Kohlenmonoxid darstellbar

(B) ist bei Raumtemperatur/Normaldruck eine niedrigsiedende Flüssigkeit

(C) ist unlöslich in organischen Lösungsmitteln

(D) ist tetraedrisch gebaut

(E) besitzt für Nickel die formale Oxidationszahl Null

1544 Welche der folgenden Aussagen zu Nebengruppenelementen trifft **nicht** zu?

(A) Sie besitzen eine ausgeprägte Neigung zur Bildung von Komplexen.

(B) Es existieren auch Nichtmetalle.

(C) Sie bilden häufig farbige Komplexionen.

(D) Es werden d- oder f-Orbitale mit Elektronen besetzt.

(E) In der 8. Nebengruppe tritt Sechswertigkeit bevorzugt bei den Elementen höherer Ordnungszahlen auf.

1545 Welche Charakterisierung trifft **nicht** zu?

(A) Die Elektronegativität ist ein Maß für die Tendenz eines Atoms, Elektronen in einer kovalenten Bindung anzuziehen.

(B) Die Elektronenaffinität eines Atoms bezeichnet die Energie, die mit der Aufnahme eines Elektrons verbunden ist.

(C) Als 1. Ionisierungsenergie bezeichnet man die Energie, die zur vollständigen Ablösung des am stärksten gebundenen Elektrons eines Atoms benötigt wird.

(D) Bei der Disproportionierung tauschen identische Teilchen Elektronen aus.

(E) Unter dem Normalpotential versteht man das gegenüber einer Normalwasserstoffelektrode gemessene Potential eines Redoxpaares unter Normalbedingungen.

1546 Welche der folgenden Aussagen zur Komplexchemie trifft **nicht** zu?

(A) Geometrische Isomerie kann sowohl bei planar-quadratischen als auch bei oktaedrischen Komplexen auftreten.

(B) Die Koordinationszahl eines Komplexes ist unabhängig von der formalen Ladung des Zentralions.

(C) Die Bruttobeständigkeitskonstante eines Komplexes mit einzähnigen Liganden ist gleich dem Produkt der Einzelbeständigkeitskonstanten.

(D) Beständige Komplexe sind durch kleine Beständigkeitskonstanten gekennzeichnet.

(E) Die Stabilität eines Komplexes wird sowohl von der Art des Zentralions als auch durch die Eigenschaften der koordinierten Liganden beeinflußt.

1547 Welche Aussage zu Puffersystemen trifft **nicht** zu?

(A) Werden 100 ml einer 0,1 M-Essigsäure-Lösung mit 5 ml einer 1 M-NaOH versetzt, so enthält die entstandene Lösung zu gleichen Teilen Essigsäure und Natriumacetat.

(B) Mischt man eine schwache Base mit ihrer korrespondierenden Säure im äquimolaren Verhältnis, so erhält man eine neutrale Lösung (pH=7).

(C) Der pH-Wert einer Lösung, bestehend

aus gleichen Teilen Natriumacetat und Essigsäure, kann mit der Henderson-Hasselbalch-Gleichung berechnet werden.

(D) Die optimale Pufferwirkung erhält man, wenn schwache Säure und korrespondierende Base im Verhältnis 1:1 vorliegen.

(E) Eine Mischung aus Kohlensäure und $NaHCO_3$ bildet in wäßriger Lösung ein Puffersystem.

Ordnen Sie bitte den Elementbegriffen der Liste 1 die jeweils zutreffende Angabe aus Liste 2 zu!

Liste 1

1548 Isotop
1549 Isobar

Liste 2

	Protonen-zahl	Neutronen-zahl	Massen-zahl
(A)	gleich	verschieden	verschieden
(B)	verschieden	verschieden	gleich
(C)	gleich	gleich	gleich
(D)	verschieden	gleich	verschieden
(E)	verschieden	verschieden	verschieden

1550+ Die Vereinigung von H-Atomen zu H_2-Molekülen tritt spontan nur unvollständig ein,
weil
bei der Vereinigung von H-Atomen zu H_2-Molekülen die freiwerdende Bindungsenergie teilweise zu erneutem Zerfall führt.

1551 Natriumthiosulfat wird Fixiersalz genannt,
weil
Natriumthiosulfat Chlor zu Chlorid reduzieren kann.

1552 Das Sulfat-Ion besitzt unterschiedliche Bindungslängen zwischen Schwefel und Sauerstoff,
weil
das Sulfat-Ion keine Mesomeriestabilisierung aufweist.

1553 Kryolith ist ein Doppelsalz,

weil
Kryolith beim Auflösen in Wasser in Na^+-, Al^{3+}- und F^--Ionen zerfällt.

1554 Kolloidal gelöste Stoffe sind von echt gelösten durch Dialyse abtrennbar,
weil
bei kolloidal gelösten Stoffen der Teilchendurchmesser kleiner als bei echt gelösten ist.

1555 Durch Zugabe von Fremdionen kann die Löslichkeit eines schwerlöslichen Elektrolyten verringert werden,
weil
durch Zugabe von Fremdionen zur Lösung eines schwerlöslichen Salzes die Ionenstärke der Elektrolytlösung erhöht wird.

1556 Das Addukt aus Ammoniak und Bortrifluorid dissoziiert vollständig in Wasser,
weil
die Umsetzung von Ammoniak mit Bortrifluorid eine Säure/Base-Reaktion nach Lewis darstellt.

1557 Ein Katalysator beeinflußt die Gleichgewichtslage einer Reaktion,
weil
ein Katalysator die Geschwindigkeit der Hinreaktion erhöht, die Rückreaktion jedoch verlangsamt.

1558 Welche der folgenden Aussagen über Schwefel und seine Verbindungen sind richtig?

(1)   Im Thiosulfat-Ion ist ein Sauerstoffatom des Sulfat-Ions formal durch Schwefel ersetzt.
(2)   Das SO_3-Molekül ist trigonal planar.
(3)   Elementarer Schwefel kann in allotropen Modifikationen vorliegen.
(4)   Iod oxidiert in neutraler Lösung Thiosulfat zu Sulfat.
(5)   Bei der Reaktion von Peroxodischwefelsäure mit Kaliumiodid in schwefelsaurem Milieu wird der Schwefel oxidiert.

(A)   nur 1 ist richtig
(B)   nur 2 und 4 sind richtig
(C)   nur 1, 2 und 3 sind richtig
(D)   nur 1, 2, 3 und 4 sind richtig
(E)   1–5 = alle sind richtig

1559 Welche der folgenden Verbindungen besitzen im festen Zustand Adamantan-Struktur?

(1)   Graphit
(2)   Phosphor(III)-oxid
(3)   Diamant
(4)   Schwefel
(5)   Hexamethylentetramin

(A)   nur 1 ist richtig
(B)   nur 5 ist richtig
(C)   nur 3 und 5 sind richtig
(D)   nur 1, 2 und 4 sind richtig
(E)   nur 2, 3 und 5 sind richtig

1560 Welche Aussagen zum PSE treffen zu?

(1)   Innerhalb der Hauptgruppe nimmt der Ionenradius mit steigender Ordnungszahl zu.
(2)   Innerhalb der Hauptgruppe nimmt die Elektronegativität mit steigender Ordnungszahl zu.
(3)   Elemente der 2. Periode können maximal vier kovalente Bindungen eingehen.
(4)   Der metallische Charakter wächst innerhalb einer Hauptgruppe mit steigender Ordnungszahl.
(5)   Die Ionisierungsenergie steigt innerhalb einer Gruppe mit wachsender Ordnungszahl.

(A)   nur 1 ist richtig
(B)   nur 4 und 5 sind richtig
(C)   nur 1, 3 und 4 sind richtig
(D)   nur 1, 4 und 5 sind richtig
(E)   nur 2, 3 und 4 sind richtig

1561 Welche der folgenden Stoffe sind Komplexsalze?

(1)   Kaliumalaun
(2)   Kryolith
(3)   Dolomit
(4)   Rotes Blutlaugensalz
(5)   Gelbes Blutlaugensalz

(A)   nur 1 ist richtig
(B)   nur 2 und 3 sind richtig
(C)   nur 2, 4 und 5 sind richtig
(D)   nur 1, 3, 4 und 5 sind richtig
(E)   1–5 = alle sind richtig

1562 Welche der folgenden Salze führen in wäßriger Lösung zu saurer Reaktion?

(1)   Ammoniumsulfat
(2)   Aluminiumsulfat
(3)   Kaliumcyanid
(4)   Kaliumhydrogencarbonat
(5)   Natriumperchlorat

(A)   nur 1 ist richtig
(B)   nur 1 und 2 sind richtig
(C)   nur 3 und 5 sind richtig
(D)   nur 1, 2 und 4 sind richtig
(E)   nur 3, 4 und 5 sind richtig

Neben den Fragen Nr. 1537–1562 waren noch folgende Aufgaben aus voranstehenden Abschnitten Bestandteil der **Prüfungsfragen vom Herbst 1997:** Frage Nr. 188 – 263 – 282 – 285 – 344 – 373 – 517 – 535 – 600 – 624 – 639 – 718 – 719 – 773 – 824 – 875 – 891 – 892 – 1032 – 1075 – 1136 – 1172 – 1321 – 1322.

Prüfungsfragen vom Frühjahr 1998

1563 Welche Aussage trifft zu?
Als Thionylchlorid bezeichnet man das

(A) Monochlorid der schwefligen Säure
(B) Dichlorid der Schwefligen Säure
(C) Monochlorid der Schwefelsäure
(D) Dichlorid der Schwefelsäure
(E) Monochlorid der Thioschwefelsäure

1564 Welche Aussage trifft zu?
Die Elektronegativität

(A) wird auch Elektronenaffinität genannt
(B) gibt die Oxidationszahl eines Teilchens an
(C) wächst mit abnehmender Rumpfladung
(D) wächst mit zunehmender Rumpfgröße
(E) Keine der obigen Aussagen trifft zu

1565 Welche Aussage trifft zu?
Nach dem 1. Hauptsatz der Thermodynamik gilt für geschlossene Systeme
(U: Innere Energie; Q: aufgenommene Wärme; W: aufgenommene Arbeit)

(A) $U = $ konst.
(B) $\Delta U = 0$
(C) $\Delta U = Q + W$
(D) $\Delta U = -Q - W$
(E) $Q = -W$

1566 Welche Aussage trifft **nicht** zu?
Chlorsulfonsäure

(A) wird aus Schwefeltrioxid und Chlorwasserstoff hergestellt
(B) wird aus Schwefeltrioxid und Salzsäure hergestellt
(C) ist ein Chlorid der Schwefelsäure
(D) ist ein Chlorierungsmittel
(E) ist ein Sulfonierungsmittel

1567 Welche Aussage trifft **nicht** zu?
Peroxomonoschwefelsäure

(A) hat die Formel H_2SO_5
(B) wird als „Carosche Säure" bezeichnet
(C) entsteht bei der partiellen Hydrolyse der Peroxodischwefelsäure

(D) hydrolysiert zu Wasserstoffperoxid und Schwefelsäure
(E) bildet ein stabiles Natriumsalz, das als Fixiersalz bezeichnet wird

1568 Welche Aussage trifft **nicht** zu?
Phosphinsäure

(A) hat die Formel H_3PO_2
(B) ist eine zweibasige Säure
(C) ist eine mittelstarke Säure
(D) bildet Salze, die ebenso wie die freie Säure reduzierende Eigenschaften besitzen
(E) wird u. a. bei der Dissoziation von P_4 in Kalilauge in Form ihres Kaliumsalzes erhalten

1569 Welche Aussage über Kohlendioxid trifft **nicht** zu?

(A) Sein Molekül besitzt kein Dipolmoment.
(B) Es ist isoelektronisch mit dem Azid-Ion.
(C) Seine gesättigte, wäßrige Lösung reagiert deutlich sauer.
(D) Seine Reaktion mit Wasser ist stark exotherm.
(E) Es kann im wäßrigen Milieu zur Auflösung von Calciumcarbonat führen.

1570 Welche Aussage über Silicone trifft **nicht** zu?
Ihre

(A) Struktur ist polymer
(B) Bausteine sind Silanole
(C) Synthese kann von elementarem Silicium und Alkylhalogeniden ausgehen
(D) Si-Atome sind über Sauerstoffbrücken verknüpft
(E) Sauerstofffunktionen bedingen wasserlösliche Eigenschaften

1571 Welche Aussage trifft **nicht** zu?

(A) Beim Lösen von Kochsalz in Wasser nimmt die Entropie zu.
(B) Beim Gefrieren von Wasser (Bildung von Eis) nimmt die Entropie ab.
(C) Beim Übergang vom flüssigen Zustand in den dampfförmigen Zustand nimmt die Entropie zu.

(D) Die Entropieänderung ist mitbestimmend für die Triebkraft einer chemischen Reaktion.

(E) Bei einem reversiblen Prozeß in einem isolierten System kann die Änderung der Entropie größer oder kleiner Null sein.

1572 Welche Aussage über chemische Gleichgewichte trifft **nicht** zu?

(A) Wird die Konzentration eines Reaktionspartners verändert, so verschiebt sich auch die Lage des Gleichgewichts der Reaktion.

(B) Die Veränderung der Reaktionstemperatur hat Einfluß auf die Gleichgewichtskonstante.

(C) Bei Erhöhung der Temperatur verschiebt sich das Gleichgewicht einer exothermen Reaktion auf die Seite der Edukte.

(D) Ist die Gleichgewichtslage einer Reaktion erreicht, kommen Hin- und Rückreaktion zum absoluten Stillstand.

(E) Bei Gasreaktionen, in denen die gasförmigen Produkte ein kleineres Volumen als die gasförmigen Edukte einnehmen, kann die Gleichgewichtslage durch Erhöhung des Druckes zugunsten der Produkte verschoben werden.

Ordnen Sie den in Liste 1 angegebenen Molekülen oder Ionen die jeweils zutreffende Hybridisierung aus Liste 2 zu!

Liste 1	Liste 2
1573 $[BF_4]^-$	(A) sp
1574 BF_3	(B) sp^2
	(C) sp^3
	(D) dsp^2
	(E) d^2sp^3

1575 Das Phosphor(III)-oxid-Molekül enthält P-O-Einfach- und P=O-Doppelbindungen,
weil
Phosphor(III)-oxid mit kaltem Wasser eine zweibasige Säure der Formel H_3PO_3 bildet.

1576 Die Stabilität von Metallkomplexen mit mehrzähnigen Liganden ist – bei gleichem Donoratom – größer als die mit entsprechenden einzähnigen Liganden,

weil
die Entropiezunahme bei der Bildung von Chelatkomplexen größer ist als bei Komplexen mit einzähnigen Liganden.

1577 Die elektrische Leitfähigkeit von Silicium nimmt mit steigender Temperatur zu,
weil
das Valenzband von Silicium bei Raumtemperatur vollständig besetzt ist.

1578 Der Dissoziationsgrad von Elektrolyten läßt sich durch Messung des osmotischen Drucks ermitteln,
weil
der osmotische Druck von der Gesamtzahl der dissoziierten und undissoziiert gelösten Teilchen abhängt.

1579 Beim Verdünnen eines Puffers mit Wasser ändert sich der pH-Wert praktisch nicht,
weil
der pH-Wert eines bestimmten Puffers nur vom Konzentrationsverhältnis des korrespondierenden Säure/Base-Paares abhängt.

1580 Bei der Bestimmung von Normalpotentialen mit der Normalwasserstoffelektrode wird eine platinierte Platin-Elektrode verwendet,
weil
bei der Bestimmung der Normalpotentiale mit einer nichtplatinierten Platinelektrode das Potential der Wasserstoffelektrode durch Überspannung verfälscht ist.

1581 Welche der folgenden Verbindungen sind Elektronenmangelverbindungen?

(1) Diboran
(2) Borsäure
(3) Aluminiumhydrid
(4) Aluminiumhydroxid

(A) nur 2 ist richtig
(B) nur 1 und 3 sind richtig
(C) nur 2 und 4 sind richtig
(D) nur 1, 2 und 3 sind richtig
(E) 1–4 = alle sind richtig

1582 Welche der folgenden Aussagen über Nebengruppenelemente treffen zu?

(1) Kupfer(II)-Komplexe bevorzugen die Koordinationszahlen 4 und 6.
(2) Messing ist eine Legierung aus Cu und Zn.
(3) Die häufigsten Oxidationsstufen von Kobalt sind +1 und +3.
(4) Vom Eisen sind Verbindungen in der Oxidationsstufe +6 bekannt.
(5) $Ni(CO)_4$ enthält Nickel der Oxidationsstufe +4.

(A) nur 2 ist richtig
(B) nur 1 und 3 sind richtig
(C) nur 4 und 5 sind richtig
(D) nur 1, 2 und 4 sind richtig
(E) nur 2, 3 und 5 sind richtig

1583 Welche Aussagen treffen zu?
Die Zerfallsgeschwindigkeit eines radioaktiven Nuclids hängt ab

(1) von der beim Kernzerfall freigesetzten Energie
(2) vom Ionisationszustand des Nuclids
(3) von der in einem bestimmten Zeitpunkt vorhandenen Anzahl unzerfallener Atome
(4) von äußerer Energiezufuhr

(A) nur 1 ist richtig
(B) nur 3 ist richtig
(C) nur 1 und 4 sind richtig
(D) nur 2 und 3 sind richtig
(E) nur 2 und 4 sind richtig

1584 Welche der folgenden Elemente gehören zur 3. Hauptgruppe des Periodensystems?

(1) Bi
(2) Ga
(3) Cr
(4) Tl

(A) nur 1 ist richtig
(B) nur 2 ist richtig
(C) nur 2 und 4 sind richtig
(D) nur 3 und 4 sind richtig
(E) nur 1, 2 und 3 sind richtig

1585 Welche Aussagen treffen zu?
Der Komplex von Kupfer(II)-Ionen mit Seignette-Salz

(1) wird als Schweizers Reagenz bezeichnet
(2) besitzt eine blaue Farbe
(3) bildet in Lösung mit Natronlauge blaues $Cu(OH)_2$
(4) reagiert mit Natronlauge zu Cupraten
(5) kann reduziert werden.

(A) nur 1 ist richtig
(B) nur 2 und 5 sind richtig
(C) nur 3 und 5 sind richtig
(D) nur 1, 2 und 4 sind richtig
(E) nur 2, 4 und 5 sind richtig

1586 Welche Aussagen zur Auflösung eines Festkörpers in einer Flüssigkeit treffen zu?

(1) Die Löslichkeit nimmt mit der Temperatur stets zu.
(2) Die Enthalpie des Lösevorgangs ist abhängig von der Gitterenthalpie.
(3) Die Gitterenthalpie kann größer sein als die Solvatationsenthalpie.
(4) Die Solvatation der einzelnen Teilchen erfolgt exotherm.

(A) nur 2 ist richtig
(B) nur 3 ist richtig
(C) nur 1 und 2 sind richtig
(D) nur 1 und 4 sind richtig
(E) nur 2, 3 und 4 sind richtig

Neben den Fragen Nr. 1563–1586 waren noch folgende Aufgaben aus voranstehenden Abschnitten Bestandteil der **Prüfungsfragen vom Frühjahr 1998:** Frage Nr. 104 – 109 – 110 – 199 – 215 – 243 – 287 –295 – 364 – 389 – 646 – 806 – 854 – 874 – 895 – 896 – 923 – 952 – 989 – 999 –1171 – 1199 – 1228 – 1229 – 1266 – 1331.

Prüfungsfragen vom Herbst 1998

1587 Welche Reihenfolge **steigender** Gefrierpunktserniedrigungen trifft für folgende jeweils 0,001-molale, wäßrige Lösungen zu?

(A) Rohrzucker < NaCl < K_2SO_4 < $K_3[Fe(CN)_6]$

(B) NaCl < K_2SO_4 < $K_3[Fe(CN)_6]$ < Rohrzucker

(C) $K_3[Fe(CN)_6]$ < K_2SO_4 < NaCl < Rohrzucker

(D) Rohrzucker < $K_3[Fe(CN)_6]$ < K_2SO_4 < NaCl

(E) K_2SO_4 < $K_3[Fe(CN)_6]$ < NaCl < Rohrzucker

1588 Wievielfach müssen Sie verdünnen, um aus einer Salzsäure mit pH=2 eine mit pH=4 herzustellen?

(A) 2-fach
(B) 4-fach
(C) 10-fach
(D) 100-fach
(E) 200-fach

1589 In welcher Reihenfolge nimmt die thermische Beständigkeit der angegebenen Hydride zu?

(A) $NH_3 < PH_3 < AsH_3 < SbH_3 < BiH_3$
(B) $PH_3 < NH_3 < BiH_3 < SbH_3 < AsH_3$
(C) $BiH_3 < SbH_3 < AsH_3 < PH_3 < NH_3$
(D) $NH_3 < PH_3 < SbH_3 < AsH_3 < BiH_3$
(E) $BiH_3 < AsH_3 < SbH_3 < NH_3 < PH_3$

1590 Welcher der folgenden Stoffe reagiert mit Natriumthiosulfat zu Natriumsulfat?

(A) Chlor
(B) Iod
(C) Silberchlorid
(D) Silberbromid
(E) Silberiodid

1591 Welche Aussage über Elektronen und Orbitale in einem Atom trifft **nicht** zu?

(A) Das Orbital ermöglicht eine Aussage über die Aufenthaltswahrscheinlichkeit eines Elektrons.

(B) Jedes Elektron kann durch vier Quantenzahlen eindeutig charakterisiert werden.

(C) Es gibt keine Elektronen, die in drei Quantenzahlen übereinstimmen.

(D) Ein Orbital kann höchstens mit zwei Elektronen besetzt werden.

(E) Elektronen können verschiedene Energiestufen einnehmen.

1592 Welche Aussage zur Elektronegativität (EN) trifft **nicht** zu?

(A) Innerhalb einer Periode nimmt sie mit steigender Ordnungszahl zu.

(B) Innerhalb einer Gruppe des PSE nimmt sie mit steigender Ordnungszahl zu.

(C) Nach Mulliken ist sie der Mittelwert aus Ionisierungsenergie und Elektronenaffinität.

(D) Sie ist ein Maß für die Anziehungskraft eines Atoms auf die Elektronen einer kovalenten Bindung.

(E) Durch die Zuordnung der Bindungselektronen zu dem elektronegativeren Element läßt sich die formale Oxidationszahl eines Atoms in einer kovalenten Bindung berechnen.

1593 Welche(s) Verbindung(Ion) existiert **nicht**?

(A) NCl_5
(B) PCl_6^-
(C) AsF_5
(D) $SbCl_6^-$
(E) BiF_6^-

1594 Welche Aussage zur chemischen Bindung trifft **nicht** zu?

(A) Im Wassermolekül ist der Sauerstoff sp^3-hybridisiert.

(B) Eine kovalente Bindung bildet sich zwischen Elementen mit ähnlicher Elektronegativität aus.

(C) Das Bindungsorbital des Methanmoleküls besitzt s- und p-Charakter.

(D) Durch die Ausbildung einer Mehrfachbindung wird die freie Rotation um die Bindungsachse aufgehoben.

(E) Ein Molekülorbital kann maximal mit zwei Elektronen mit parallelem Spin besetzt werden.

Ordnen Sie bitte den in Liste 1 genannten Verbindungen den jeweils entsprechenden Bindungstyp aus Liste 2 zu!

Liste 1	Liste 2
1595 B_2H_6	(A) unpolar-kovalente Bindung
1596 $AlCl_{3(kristallin)}$	(B) Ionenbindung
	(C) Metallische Bindung
	(D) Wasserstoffbrückenbindung
	(E) Dreizentrenbindung

Ordnen Sie bitte den in Liste 1 genannten Molekülen die jeweils zutreffende Atomanordnung aus Liste 2 zu!

Liste 1	Liste 2
1597 NH_3	(A) trigonal-planar
1598⁺ BF_3	(B) quadratisch-planar
	(C) oktaedrisch
	(D) linear
	(E) trigonal-pyramidal

Ordnen Sie bitte den Lösungen der Liste 1 die jeweils entsprechende Farbe der Liste 2 zu!

Liste 1	Liste 2
1599 I_2, KI (in Wasser)	(A) grün
	(B) rot
1600 I_2, KI, Amylose (in Wasser)	(C) violett
	(D) blau
	(E) gelbbraun

1601 Alle Elemente der 5. Hauptgruppe können maximal 6 kovalente Bindungen bilden,
weil
alle Elemente der 5. Hauptgruppe über unbesetzte d-Orbitale verfügen.

1602 Silicium besitzt bei Raumtemperatur nur eine geringe elektrische Leitfähigkeit,
weil
bei Halbleitern wie Silicium die Atomorbitale der Valenzelektronen in ein Valenzband übergehen.

1603 Die Löslichkeit von Bariumcarbonat in Wasser ist größer als nach dem Löslichkeitsprodukt zu erwarten ist,
weil
Carbonat-Ionen mit Wasser teilweise zu Hydrogencarbonat- und Hydroxid-Ionen reagieren.

1604 H_2O_2 ist in Wasser eine stärkere Säure als H_2O,
weil
in H_2O_2 die Wasserstoffatome nicht am gleichen O-Atom gebunden sind.

1605 Das BF_3-Molekül hat ein Dipolmoment,
weil
das BF_3-Molekül trigonal-planar gebaut ist.

1606 Welche Aussagen zur Lösungsenthalpie fester Stoffe treffen zu?
Die Lösungsenthalpie

(1) hängt von der Temperatur der Lösung ab
(2) hängt von der Konzentration der erhaltenen Lösung ab
(3) hängt von der Gitterenergie des Stoffes ab
(4) tritt nur bei ionogenen Stoffen auf
(5) hat stets einen positiven Wert

(A) nur 1 und 3 sind richtig
(B) nur 2 und 4 sind richtig
(C) nur 3 und 5 sind richtig
(D) nur 1, 2 und 3 sind richtig
(E) nur 2, 4 und 5 sind richtig

1607 Welche der folgenden Aussagen treffen zu?
Eine thermodynamisch kontrollierte Reaktion verläuft charakteristischerweise

(1) relativ schnell
(2) merklich reversibel
(3) mit niedriger Aktivierungsenergie
(4) zu thermodynamisch stabilen Produkten

(A) nur 1 ist richtig
(B) nur 4 ist richtig
(C) nur 1 und 3 sind richtig

(D) nur 1, 2 und 3 sind richtig
(E) nur 2, 3 und 4 sind richtig

1608 Welche Aussagen treffen zu?
Die Geschwindigkeit einer chemischen Reaktion wird beeinflußt durch die

(1) Reaktionsenthalpie (ΔH)
(2) Aktivierungsenthalpie (ΔH^*)
(3) Freie Reaktionsenthalpie (ΔG)
(4) Freie Aktivierungsenthalpie (ΔG^*)
(5) Aktivierungsentropie (ΔS^*)

(A) nur 3 ist richtig
(B) nur 1 und 2 sind richtig
(C) nur 3 und 4 sind richtig
(D) nur 2, 4 und 5 sind richtig
(E) 1–5 = alle sind richtig

1609 Welche der folgenden Verbindungen/ Ionen sind isoelektronisch?

(1) N_2
(2) NO^{2+}
(3) CO_2
(4) CN^-
(5) C_2^{2-}

(A) nur 1 und 3 sind richtig
(B) nur 2 und 3 sind richtig

(C) nur 1, 4 und 5 sind richtig
(D) nur 2, 3 und 5 sind richtig
(E) 1–5 = alle sind richtig

1610 Welche Aussagen über Kohlensäure (H_2CO_3) treffen zu?

(1) Sie ist eine sehr schwache Säure ($pK_{s_i} > 6$).
(2) Sie ist eine mittelstarke Säure ($pK_{s_i} > 3$).
(3) Sie liegt in Wasser überwiegend als hydratisiertes CO_2 vor.
(4) Ihr Dichlorid wird als Phosgen bezeichnet.

(A) nur 1 ist richtig
(B) nur 3 ist richtig
(C) nur 1 und 3 sind richtig
(D) nur 2 und 4 sind richtig
(E) nur 2, 3 und 4 sind richtig

Außer den Fragen Nr. 1587–1610 waren noch folgende Aufgaben aus voranstehenden Abschnitten Bestandteil der **Prüfung vom Herbst 1998**: Frage Nr. 220 – 267 – 304 – 32 0 – 321 – 343 – 380 – 528 – 569 – 632 – 764 – 775 – 855 – 873 – 929 – 1023 – 1024 – 1052 – 1058 – 1059 – 1132 – 1196 – 1208 – 1373.

Prüfungsfragen vom Frühjahr 1999

1611 Welche der folgenden Isomieriearten trifft für die beiden Komplexe zu?

(A) geometrische Isomerie
(B) Ionisationsisomerie
(C) optische Isomerie
(D) Salzisomerie
(E) E/Z-Isomerie

1612 Wieviel isomere Konfigurationen kann ein tetraedrischer Komplex Zabcd bilden? (Z = Zentralatom; a, b, c, d = unterschiedliche einzähnige Liganden)

(A) 1
(B) 2
(C) 3
(D) 4
(E) 6

1613 Für eine chemische Reaktion wurden die Werte ΔG = +65 kJ und ΔH = +60 kJ berechnet.
Welche Aussage über diese Reaktion trifft zu?

(A) Sie ist exotherm.
(B) Sie ist exergonisch.
(C) Sie ist exergonisch und exotherm.
(D) Die Aktivierungsenthalpie beträgt 5 kJ.
(E) Die Entropie nimmt ab.

1614 Wieviel Mol I (Iod) ergibt die Umsetzung von 1 Mol Kaliumiodat mit Kaliumiodid in saurer Lösung?

(A) 1
(B) 2
(C) 3
(D) 5
(E) 6

1615 Bei welcher der folgenden Verbindungen ist der ionische Charakter am stärksten ausgeprägt?

(A) CaH_2
(B) SiH_4
(C) AsH_3
(D) B_2H_6
(E) $PdH_{0,8}$

1616 Welche der folgenden Aussagen über Iod trifft zu?

(A) In Wasser ist Iod leicht löslich.
(B) Eine konzentrierte alkoholische Lösung von Iod ist violett.
(C) In Chloroform ist Iod mit brauner Farbe löslich.
(D) Die blaue Farbe der Iod-Stärke-Reaktion ist hitzebeständig.
(E) Elementares Iod bildet zusammen mit Kaliumiodid gut wasserlösliche charge-transfer-Komplexe.

1617 Welche Reihenfolge der Stabilität der Silberkomplexe trifft zu?

(A) $[Ag(H_2O)_2]^+ < [Ag(NH_3)_2]^+$
$< [Ag(S_2O_3)_2]^{3-}$
(B) $[Ag(NH_3)_2]^+ < [Ag(S_2O_3)_2]^{3-}$
$< [Ag(H_2O)_2]^+$
(C) $[Ag(S_2O_3)_2]^{3-} < [Ag(H_2O)_2]^+$
$< [Ag(NH_3)_2]^+$
(D) $[Ag(S_2O_3)_2]^{3-} < [Ag(NH_3)_2]^+$
$< [Ag(H_2O)_2]^+$
(E) $[Ag(NH_3)_2]^+ < [Ag(H_2O)_2]^+$
$< [Ag(S_2O_3)_2]^{3-}$

1618 Welche der folgenden Aussagen über die Alkalimetalle trifft zu?

(A) Sie haben die kleinsten Atomradien innerhalb der Perioden des Periodensystems.
(B) Sie können auch in den Oxidationsstufen +II und −I auftreten.
(C) Ihre Kationen besitzen alle die Elektronenkonfiguration $ns^2 np^6$.
(D) Ihre Schmelzpunkte nehmen mit zunehmender relativer Atommasse ab.
(E) Sie werden durch Elektrolyse ihrer wäßrigen Hydroxid-Lösungen dargestellt.

1619 Welches der folgenden Ionen ist **nicht** tetraedrisch gebaut?

A) BF_4^-
(B) $PtCl_4^{2-}$
(C) PO_4^{3-}
(D) SO_4^{2-}
(E) ClO_4^-

1620 Welche der folgenden Reaktionen kann **nicht** als Redoxreaktion aufgefaßt werden?

(A) $I_2 + Cl_2 \longrightarrow 2\ ICl$
(B) $MnCl_4 \longrightarrow MnCl_2 + Cl_2$
(C) $CH_4 + Cl_2 \xrightarrow{h \cdot \nu} CH_3Cl + HCl$
(D) $2\ Na + 2\ CH_3OH \longrightarrow 2\ CH_3ONa + H_2$
(E) $Ni(CO)_4 \longrightarrow Ni + 4\ CO$

1621 Welche Aussage trifft **nicht** zu?
Helium

(A) entsteht bei radioaktiven Zerfallsvorgängen
(B) hat den tiefsten Siedepunkt aller bekannten Stoffe
(C) bildet stabile Fluoride
(D) wird technisch aus bestimmten Erdgasen gewonnen
(E) zeigt bei sehr tiefen Temperaturen das Phänomen der Suprafluidität

1622 Welche der folgenden Aussagen trifft **nicht** zu?
Perchlorsäure

(A) kann aus Chlorat hergestellt werden
(B) kann als Oxidationsmittel wirken
(C) ist stärker sauer als Chlorsäure
(D) ist tetraedrisch gebaut
(E) bildet ein in Wasser leichtlösliches Kaliumsalz

1623 Welche Aussage trifft **nicht** zu?
Weißer Phosphor

(A) wird unter Wasser aufbewahrt
(B) reduziert Schwefelsäure zu Schwefel
(C) verbrennt an der Luft zu Phosphor(V)-oxid
(D) disproportioniert in Natronlauge zu Phosphorwasserstoff und Phosphinat
(E) ist reaktiver als roter Phosphor

1624 Welche Aussage über Königswasser trifft **nicht** zu?

(A) Bei der Herstellung von Königswasser entstehen Chlor und Nitrosylchlorid.
(B) In Königswasser werden Silber und Gold oxidiert.
(C) Es wird aus 1 Teil konz. Salpetersäure und 3 Teilen konz. Salzsäure hergestellt.
(D) Königswasser löst Quecksilbersulfid.
(E) Platingeräte sind widerstandsfähig gegen Königswasser.

1625 Welche Aussage über Aluminium oder seine Verbindungen trifft **nicht** zu?

(A) Wasserfreies Aluminiumchlorid kann aus Aluminiumoxid und Salzsäure hergestellt werden.
(B) Aluminium kann in seinen Verbindungen die Koordinationszahl 4 und 6 annehmen.
(C) $Al(OH)_3$ ist ein amphoteres Hydroxid.
(D) Aluminiumhalogenide sind Lewis-Säuren.
(E) Aluminium löst sich in nichtoxidierenden Säuren unter H_2-Entwicklung.

Ordnen Sie bitte den in Liste 1 genannten 1:1-Puffergemischen den in Liste 2 aufgeführten zutreffenden pH-Bereich zu!

Liste 1	Liste 2
1626 NH_3/NH_4^+	(A) pH = 1 bis 3
1627 $H_2PO_4^-$ /	(B) pH = 4 bis 6
HPO_4^{2-}	(C) pH = 6 bis 8
	(D) pH = 8 bis 10
	(E) pH = 10 bis 12

Ordnen Sie bitte den Begriffen der Liste 1 die jeweils zutreffende Formel aus Liste 2 zu!

Liste 1	Liste 2
1628 Alaun	(A) $KAl(SO_4)_2 \cdot 12\ H_2O$
1629 Spinell	(B) $(NH_4)_2Fe(SO_4)_2 \cdot 6\ H_2O$
	(C) $CoAl_2O_4$
	(D) $NaAl(OH)_4 \cdot 3\ H_2O$
	(E) $KAlSi_3O_8$

Ordnen Sie bitte den Aggregatzuständen der Liste 1 die jeweils entsprechende Verbindung aus Liste 2 zu!
(RT = Raumtemperatur)

	Liste 1		Liste 2
1630	gasförmig	(A)	HCl
	bei RT	(B)	H_2CCl_2
1631	fest bei RT	(C)	$SiCl_4$
		(D)	$HCBr_3$
		(E)	HCl_3

Ordnen Sie bitte den Sauerstoff-Ionen der Liste 1 den zutreffenden Begriff aus Liste 2 zu!

	Liste 1		Liste 2
1632	O_2^+	(A)	Oxid-Iod
1633	O_2^-	(B)	Dioxygenyl-Ion
		(C)	Hyperoxid-Ion
		(D)	Peroxid-Ion
		(E)	Ozonid-Ion

Ordnen Sie bitte den Kohlenstoff-Hybridisierungen der Liste 1 die entsprechende Verbindung aus Liste 2 zu!

	Liste 1		Liste 2
1634	sp	(A)	HCHO
1635	sp^3	(B)	Ethen
		(C)	Acetylen
		(D)	H_2CO_3
		(E)	Hexamethylentetramin

1636 Ethylendiaminkomplexe z. B. von Nickel (II) sind wesentlich stabiler als die entsprechenden Amminkomplexe,
weil
im Fall der Ethylendiamin-Ni (II)-Komplexbildung eine größere Entropiezunahme resultiert als bei der Bildung von Amminkomplexen.

1637 Als Halbleiter hat Silicium kein Valenzband,
weil
Halbleiter bei Raumtemperatur die Valenzelektronen für Bindungen im Kristall benutzen.

1638 Die elektrische Leitfähigkeit von Metallen nimmmt typischerweise mit steigender Temperatur zu,
weil
bei Metallen die Zahl der Leitungselektronen durch Temperaturerhöhung vergrößert wird.

1639 Das Hydroxid-Ion ist in Dimethylformamid eine wesentlich stärkere Base als in Wasser,
weil
Dimethylformamid eine hohe Dielektrizitätszahl besitzt.

1640 Schwache Elektrolyte sind in wäßriger Lösung vollständig dissoziiert,
weil
durch die Hydratation der Ionen schwacher Elektrolyte in wäßriger Lösung die interionische Wechselwirkung stark verringert wird.

1641 Wird eine chemische Umsetzung in einem verschlossenen, nicht thermisch isolierten Gefäß durchgeführt, liegt ein „offenes System" vor,
weil
bei Durchführung einer chemischen Umsetzung in einem verschlossenen, nicht thermisch isolierten Gefäß zwar kein Edukt/Produkt- aber ein Energieaustausch mit der Umgebung möglich ist.

1642 Nach Brönsted gibt es Substanzen, die sowohl als Säure und als Base reagieren können,
weil
nach der Brönstedschen Säure/Base-Theorie Wasser als Reaktionspartner vorhanden sein muß.

1643 Edukte, welche zunächst kinetisch kontrolliert reagieren, liefern nach langer Zeit thermodynamisch kontrollierte Produkte,
weil
thermodynamisch kontrollierte Reaktionen grundsätzlich eine niedrigere freie Aktivierungsenthalpie benötigen als die entsprechenden kinetisch kontrollierten Reaktionen.

1644 D_2O zersetzt sich spontan bei Raumtemperatur,
weil
Deuterium ein radioaktives Wasserstoffisotop ist.

1645 Fluorwasserstoff stellt in wäßriger Lösung die stärkste Halogenwasserstoffsäure dar,

weil
Fluor das elektronegativste aller Halogene ist.

1646 AsH_3 ist eine schwächere Brönsted-Base als NH_3,
weil
AsH_3 kein freies Elektronenpaar besitzt.

1647 Diamant ist härter als Steinsalz,
weil
Diamant tetraedrisch, Steinsalz hingegen oktaedrisch aufgebaut ist.

1648 Silicone besitzen im Vergleich zu Paraffinen eine hohe Thermostabilität,
weil
Silicone Si-Si-Ketten anstelle der C-C-Ketten der Paraffine enthalten.

1649 Kryolith ist ein Doppelsalz,
weil
Kryolith beim Auflösen in Wasser in Na^+-, Al^{3+}- und F^--Ionen zerfällt.

1650 Welche Aussagen über Orbitale treffen zu?

(1) Sie werden durch 4 Quantenzahlen charakterisiert.
(2) Sie sind Orte hoher Aufenthaltswahrscheinlichkeit der Elektronen.
(3) Sie können nach dem Pauli-Prinzip maximal 2 Elektronen aufnehmen.
(4) Alle d-Orbitale sind rosettenförmig.

(A) nur 1 ist richtig
(B) nur 2 und 3 sind richtig
(C) nur 2 und 4 sind richtig
(D) nur 1, 2 und 3 sind richtig
(E) nur 2, 3 und 4 sind richtig

1651 Welche der folgenden Stoffe sind Salze?

(1) HgF_2
(2) $HgCl_2$
(3) $LiAlH_4$
(4) $Ni(CO)_4$

(A) keiner der genannten Stoffe
(B) nur 1 ist richtig
(C) nur 2 ist richtig
(D) nur 1 und 3 sind richtig
(E) nur 2 und 4 sind richtig

1652 Welche Eigenschaften sind für die „Schrägbeziehung" im PSE von Bedeutung?

(1) Ionenstärke
(2) Ionisierungsenergie
(3) Ionenradius
(4) Ionenladung

(A) nur 1 ist richtig
(B) nur 2 ist richtig
(C) nur 2 und 3 sind richtig
(D) nur 3 und 4 sind richtig
(E) nur 2, 3 und 4 sind richtig

1653 Welche Bindungstypen sind beim Diboran realisiert?

(1) Kovalente Bindung
(2) Ionenbindung
(3) Wasserstoffbrückenbindung
(4) Dreizentrenbindung
(5) Koordinative Bindung

(A) nur 2 ist richtig
(B) nur 1 und 3 sind richtig
(C) nur 1 und 4 sind richtig
(D) nur 1 und 5 sind richtig
(E) nur 1, 3 und 4 sind richtig

1654 Welche Aussagen treffen zu?
In Komplexen der Koordinationszahl 5 können die Liganden folgende räumliche Anordnung einnehmen:

(1) Würfel
(2) quadratische Pyramide
(3) dreiseitige Bipyramide
(4) Oktaeder

(A) nur 2 ist richtig
(B) nur 1 und 2 sind richtig
(C) nur 2 und 3 sind richtig
(D) nur 2 und 4 sind richtig
(E) nur 3 und 4 sind richtig

1655 Welche Aussagen zur Auflösung eines Salzes in einer Flüssigkeit treffen zu?

(1) Die Löslichkeit kann mit steigender Temperatur abnehmen.
(2) Die Enthalpie des Lösevorgangs ist abhängig von der Solvatationsenthalpie.
(3) Die Solvatationsenthalpie kann größer sein als die Gitterenthalpie.

(4) Die Solvatation der freien Ionen erfolgt endotherm.

(A) nur 2 ist richtig
(B) nur 4 ist richtig
(C) nur 1 und 3 sind richtig
(D) nur 1, 2 und 3 sind richtig
(E) 1–4 = alle sind richtig

1656 Welche der folgenden Aussagen über chemische Reaktionen im Gleichgewicht treffen zu?

(1) Die Konzentrationen der Reaktionspartner sind konstant.
(2) Die Konzentrationen der Reaktionspartner hängen von der Temperatur ab.
(3) Die Reaktionsgeschwindigkeiten von Hin- und Rückreaktion sind gleich groß.
(4) Die Änderung der freien Enthalpie ist Null.

(A) nur 1 ist richtig
(B) nur 1 und 3 sind richtig
(C) nur 2 und 3 sind richtig
(D) nur 2 und 4 sind richtig
(E) 1–4 = alle sind richtig

1657 Welche Aussagen über Ozon treffen zu?

(1) Ozon ist ein geruchloses Gas.
(2) Das Ozonmolekül ist gewinkelt gebaut.
(3) Ozon ist ungiftig.
(4) Ozon entsteht aus Sauerstoff bei UV-Bestrahlung
(5) Ozon kann zur Trinkwasserdesinfizierung dienen.

(A) nur 1 und 2 sind richtig
(B) nur 2 und 5 sind richtig
(C) nur 3 und 4 sind richtig
(D) nur 2, 4 und 5 sind richtig
(E) 1–5 = alle sind richtig

1658 Welche Aussagen zum CO_2-Molekül treffen zu?

(1) Sein Kohlenstoff ist sp-hybridisiert.
(2) Es ist linear gebaut.
(3) Es besitzt ein Dipolmoment.
(4) Es ist isoelektronisch mit NH_3.

(A) nur 1 ist richtig
(B) nur 1 und 2 sind richtig

(C) nur 1 und 3 sind richtig
(D) nur 3 und 4 sind richtig
(E) nur 1, 2 und 4 sind richtig

1659 Welche Aussagen treffen zu?
Bariumsulfat eignet sich als Röntgenkontrastmittel zur Magen-Darm-Darstellung wegen

(1) der Schwerlöslichkeit in Wasser und Säuren
(2) der hohen Ordnungszahl des Bariums
(3) des Vorliegens kovalenter Moleküle
(4) der Dissoziation in seine Ionen in Lösung

(A) nur 1 ist richtig
(B) nur 1 und 2 sind richtig
(C) nur 3 und 4 sind richtig
(D) nur 1, 2 und 4 sind richtig
(E) nur 1, 3 und 4 sind richtig

1660 Welche Aussagen über Nickeltetracarbonyl treffen zu?

(1) CO fungiert als Lewis-Base.
(2) Ni fungiert als Lewis-Säure.
(3) Besetzte d-Orbitale des Zentralatoms überlappen mit leeren Liganden-Orbitalen (back donation).
(4) Der Komplex trägt keine äußere Ladung.
(5) Der Komplex wird bei der Reppe-Synthese als Katalysator zur Carbonylierung eingesetzt.

(A) nur 1 ist richtig
(B) nur 2 und 3 sind richtig
(C) nur 2 und 4 sind richtig
(D) nur 2, 3 und 4 sind richtig
(E) 1–5 = alle sind richtig

Prüfungsfragen vom Herbst 1999

Anorganische Chemie

1661 Welche Aussage über Edelgase trifft **nicht** zu?

(A) Argon ist das in Luft am häufigsten vorhandene Edelgas.
(B) Die technische Gewinnung von Neon, Krypton und Xenon erfolgt vorwiegend aus Erdgas.
(C) Helium besitzt den tiefsten Schmelz- und Siedepunkt aller Gase.
(D) Im Gitter von Eis sowie einiger organischer Verbindungen können Edelgase eingeschlossen werden.
(E) Von Xenon wurden die ersten stabilen Edelgasverbindungen hergestellt.

1662 Welche Aussage über Wasserstoff trifft **nicht** zu?

(A) Wasserstoff ist das kosmisch häufigste Element.
(B) Seine technische Gewinnung kann durch Reduktion von Wasser mit Kohle erfolgen.
(C) Als Folge der relativ großen Bindungsenthalpie ist molekularer Wasserstoff ziemlich reaktionsträge.
(D) Aufgrund der geringen relativen Atommasse sind die Reaktionsgeschwindigkeiten der verschiedenen Wasserstoffisotope identisch.
(E) Er vermag sowohl als Reduktionsmittel als auch als Oxidationsmittel zu wirken.

1663 Welche Aussage über Halogenwasserstoffverbindungen trifft **nicht** zu?

(A) Alle Halogenwasserstoffe lassen sich aus den Elementen herstellen.
(B) Alle Halogenwasserstoffe lösen sich gut in Wasser.
(C) Ihre Säurestärke nimmt von Fluorwasserstoff zu Iodwasserstoff zu.
(D) Der vergleichsweise hohe Siedepunkt von Fluorwasserstoff wird durch Wasserstoffbrücken bedingt.

(E) Wäßrige Fluorwasserstoff-Lösungen können Gold und Platin angreifen.

1664 Welche der folgenden Anionen werden zu den Pseudohalogeniden gerechnet?

(1) CN^-
(2) SCN^-
(3) OCl^-
(4) I_3^-

(A) nur 1 und 2 sind richtig
(B) nur 1 und 3 sind richtig
(C) nur 3 und 4 sind richtig
(D) nur 1, 2 und 3 sind richtig
(E) 1–4 = alle sind richtig

1665 Natriumthiosulfat ist ein Reduktionsmittel,
weil
Natriumthiosulfat mit Chlor zu Natriumtetrathionat reagiert.

Ordnen Sie bitte den Namen der Liste 1 das jeweils zutreffende Anion aus Liste 2 zu!

Liste 1	Liste 2
1666 Dithionit	(A) $S_2O_3^{2-}$
1667 Peroxodisulfat	(B) $S_2O_4^{2-}$
1668 Pyrosulfat	(C) $S_2O_5^{2-}$
	(D) $S_2O_7^{2-}$
	(E) $S_2O_8^{2-}$

1669 Welche Aussage über Sauerstoff trifft zu?

(A) Im Sauerstoff-Molekül (O_2) liegt ein einziges ungepaartes Elektron vor.
(B) Das ^{18}O-Isotop ist radioaktiv.
(C) Die Bildung von Ozon aus O_2 ist ein endothermer Vorgang.
(D) Im Ozon liegen unterschiedliche O-O-Abstände vor.
(E) In allen seinen Verbindungen ist Sauerstoff der elektronegative Partner.

1670 Welche(s) Verbindung/Ion ist **nicht** trigonal-planar gebaut?

(A) BCl_3
(B) NH_3
(C) CO_3^{2-}

(D) NO_3^-

(E) SO_3

1671 Welche Aussage über Stickstoffwasserstoffsäure (HN_3) trifft **nicht** zu? Stickstoffwasserstoffsäure

(A) ist aus Salpetersäure und Ammoniak herstellbar

(B) liegt als gewinkeltes Molekül vor

(C) ist eine schwache Säure wie Essigsäure

(D) bildet Silber- oder Blei(II)-Salze, die hinsichtlich der Wasserlöslichkeit den entsprechenden Chloriden ähneln

(E) kann sowohl oxidierend als auch reduzierend wirken

1672 Welche Aussage trifft **nicht** zu? Phosphinsäure

(A) entsteht beim Erwärmen von weißem Phosphor in Wasser durch Disproportionierung

(B) ist eine einbasige Säure

(C) hat reduzierende Eigenschaften

(D) bildet ein tetraedrisch gebautes Anion

(E) liegt im 1:1-Tautomerengleichgewicht vor

1673 Welche Aussage trifft **nicht** zu? Weißer Phosphor

(A) bildet sich bei der Kondensation von Phosphordampf

(B) enthält tetraedrische P_4-Moleküle

(C) ist unlöslich in Ether oder Benzen

(D) ist an der Luft selbstentzündlich

(E) ist ein starkes Gift

1674 Welche Aussagen über PH_3 und NH_3 treffen zu?

(1) Beide Verbindungen lassen sich aus den Elementen herstellen.

(2) NH_3 besitzt stärkere reduzierende Eigenschaften als PH_3.

(3) PH_3 besitzt schwächere basische Eigenschaften als NH_3.

(4) Ebenso wie beim NH_3 können auch beim PH_3 die Wasserstoffatome durch Metallatome ersetzt werden.

(A) nur 1 ist richtig

(B) nur 2 ist richtig

(C) nur 3 und 4 sind richtig

(D) nur 1, 3 und 4 sind richtig

(E) 1–4 = alle sind richtig

1675 Welche Aussage trifft **nicht** zu? Kohlenmonoxid

(A) besitzt reduzierende Wirkung

(B) reagiert bei Raumtemperatur mit Luftsauerstoff zu Kohlendioxid

(C) ist isoelektronisch mit N_2

(D) ist aus Ameisensäure mittels konz. Schwefelsäure herstellbar

(E) ist in Wasser nur wenig löslich

1676 Welches der folgenden Gemische wird als „Wassergas" bezeichnet?

(A) CO/H_2O

(B) CO_2/H_2O

(C) CO/H_2

(D) CO_2/H_2

(E) CO/N_2

1677 Welches Gas ist schwerer als Luft?

(A) Neon

(B) Kohlendioxid

(C) Ammoniak

(D) Methan

(E) Wasserstoff

Ordnen Sie bitte den in Liste 1 aufgeführten Ionen die richtige Formel aus Liste 2 zu!

Liste 1	Liste 2
1678 Orthoborat-Ion	(A) BO_3^-
1679 Metaborat-Ion	(B) BO_3^{3-}
	(C) $B_4O_7^{2-}$
	(D) $[B_4O_5(OH)_4]^{2-}$
	(E) $[BO_2]_n^{n-}$

1680 Welche Aussage über Aluminium und seine Verbindungen trifft **nicht** zu?

(A) Die Abtrennung von Eisenverunreinigungen des Bauxits kann mittels Natronlauge erfolgen.

(B) Aluminium ist an der Luft infolge Bildung einer zusammenhängenden Oxidschicht beständig.

(C) Amalgamiertes Aluminium reagiert bei Raumtemperatur lebhaft mit Wasser.

(D) Beim aluminothermischen Verfahren wird aus einem Gemisch von Aluminiumoxid und Eisenpulver in exothermer Reaktion Aluminium gebildet.

(E) Aluminium reagiert mit Chlor zum Trichlorid.

1681 Welche Aussage über Alkalimetalle trifft zu?

(A) Cäsium kommt auch elementar in der Natur vor.

(B) Die Gewinnung der Metalle kann durch Elektrolyse ihrer wäßrigen Chlorid- oder Hydroxid-Lösungen erfolgen.

(C) Die Schmelzpunkte der Metalle nehmen mit wachsender relativer Atommasse zu.

(D) Die Ionisierungsenergie nimmt vom Lithium zum Cäsium hin kontinuierlich ab.

(E) Die Hydratationsfähigkeit der Kationen steigt vom Lithium zum Cäsium hin kontinuierlich an.

1682 Welche der folgenden Verbindungen ist **nicht** mit dem richtigen Trivialnamen bezeichnet?

(A) HgS – Zinnober

(B) $Na_2SO_4 \cdot 10H_2O$ – Glaubersalz

(C) $NaNO_3$ – Chilesalpeter

(D) $Ca(NO_3)_2$ – Kreide

(E) $MgSO_4 \cdot 7H_2O$ – Bittersalz

Ordnen Sie bitte den Farben der Liste 1 die jeweils entsprechende Verbindung aus Liste 2 zu!

Liste 1		Liste 2
1683 Grün	(A)	Kaliummanganat (VI)
1684 Blau	(B)	Kupfer(II)-oxid
	(C)	Zinn(IV)-oxid
	(D)	Kobalt(II)-aluminat
	(E)	Kupfer(I)-oxid

1685 Beim Versetzen einer wäßrigen Kupfer(II)-Salzlösung mit überschüssigem Ammoniak fällt kein $Cu(OH)_2$ aus,

weil

beim Behandeln einer wäßrigen Kupfer(II)-Salzlösung mit überschüssigem Ammoniak eine so geringe Cu^{2+}-Konzentration verbleibt, daß das Löslichkeitsprodukt von $Cu(OH)_2$ nicht mehr überschritten werden kann.

Allgemeine Chemie

1686 Ordnendes Prinzip des „Periodensystems der Elemente" ist die:

(A) Anzahl der Protonen

(B) Anzahl der Neutronen

(C) Anzahl der Protonen und Neutronen

(D) höchste Oxidationsstufe

(E) Zahl der Valenzelektronen

1687 Welche der folgenden natürlichen Elemente bestehen aus einem Nuclid (= „Reinelement")?

(1) Wasserstoff

(2) Fluor

(3) Chlor

(4) Natrium

(5) Iod

(A) nur 1 und 3 sind richtig

(B) nur 1 und 4 sind richtig

(C) nur 2, 3 und 5 sind richtig

(D) nur 2, 4 und 5 sind richtig

(E) nur 3, 4 und 5 sind richtig

1688 Welche der folgenden Kernreaktionen kann **nicht** zum angegebenen Element führen?

(A) $He + Li \longrightarrow B + n$

(B) $He + B \longrightarrow N + n$

(C) $He + C \longrightarrow O + n$

(D) $He + N \longrightarrow F + n$

(E) $He + Na \longrightarrow Mg + n$

1689 Welche der folgenden Elemente können als Ionen die Elektronenkonfiguration des Kryptons aufweisen?

(1) Zink

(2) Strontium

(3) Brom

(4) Selen

(5) Eisen

(A) nur 2 ist richtig

(B) nur 1 und 3 sind richtig

(C) nur 2, 3 und 4 sind richtig

(D) nur 2, 3 und 5 sind richtig

(E) nur 1, 3, 4 und 5 sind richtig

1690 Der Ionenradius von Kationen ist kleiner als der Radius der entsprechenden neutralen Atome,

weil

die auf die Elektronenhülle wirkenden Anziehungskräfte beim Kation größer sind als beim Atom.

1691 Welche Aussage über die Gitterenergie trifft **nicht** zu?
Die Gitterenergie

(A) ist ein Maß für die Bindungsstärke zwischen den Ionen im Kristall
(B) ermöglicht die exotherme Bildung von Salzen aus den Elementen
(C) nimmt mit der Ionenladung zu
(D) nimmt mit kleiner werdendem Ionenradius ab
(E) kann über den Born-Haber-Kreisprozeß ermittelt werden

Ordnen Sie bitte den Bindungstypen der Liste 1 den jeweils damit in engstem Zusammenhang stehenden Begriff aus Liste 2 zu!

Liste 1		Liste 2
1692 Elektronen-	(A)	Wasserstoffbrücke
mangel-	(B)	Valenzband
bindung	(C)	Elektrisches Feld
1693 Metall-	(D)	Koordinationszahl
bindung	(E)	Molekülorbital

1694 Welche der folgenden Komplex-Geometrien lassen cis/trans-Isomerie zu?

(1) planar-quadratisch
(2) oktaedrisch
(3) tetraedrisch
(4) linear

(A) nur 1 und 2 sind richtig
(B) nur 1 und 4 sind richtig
(C) nur 2 und 3 sind richtig
(D) nur 3 und 4 sind richtig
(E) nur 1, 2 und 3 sind richtig

1695 Welche Aussage über die energetische Aufspaltung von d-Orbitalen eines Zentralatoms im Ligandenfeld trifft **nicht** zu?

(A) Sie wird u. a. von der Geometrie des Ligandenfeldes beeinflußt.
(B) Sie wird von der Natur und Art der Liganden beeinflußt.
(C) Die Größe der Aufspaltung beeinflußt die magnetischen Eigenschaften.
(D) Durch starke Aufspaltung resultieren high-spin-Komplexe.
(E) Sie ist auch von der Oxidationsstufe des Zentralatoms abhängig.

1696 Kaliumpermanganat kann durch Zusatz von Kronenethern (z. B. [18]-Krone-6) in Benzen gelöst werden,

weil

ein Kronenether wie [18]-Krone-6 durch Ionen-Dipol-Wechselwirkung mit Kalium-Ionen stabile Komplexe bildet.

1697 Welche der folgenden Eigenschaften sind für alle Metalle charakteristisch?

(1) Oberflächenglanz
(2) fester Zustand bei Raumtemperatur
(3) gute Wärmeleitfähigkeit
(4) zunehmende elektrische Leitfähigkeit bei steigender Temperatur
(5) abnehmende elektrische Leitfähigkeit bei steigender Temperatur

(A) nur 1 und 2 sind richtig
(B) nur 3 und 4 sind richtig
(C) nur 1, 3 und 5 sind richtig
(D) nur 2, 3 und 4 sind richtig
(E) nur 1, 2, 3 und 4 sind richtig

1698 Halbleiter zeigen eine temperaturabhängige Leitfähigkeit,

weil

bei Halbleitern Valenz- und Leitungsband durch eine sehr breite verbotene Energiezone getrennt sind.

1699 Welche Aussage trifft zu?
Die Reaktion von Kohlenstoff mit Sauerstoff zu CO_2 kann direkt oder über CO als Zwischenstufe verlaufen.

1. Reaktionsweg:
   $C + O_2 \longrightarrow CO_2$; $\Delta H° = -393$ kJ
2. Reaktionsweg:
   1. Schritt: $C + \frac{1}{2}O_2 \longrightarrow CO$; $\Delta H° = ?$

2. Schritt: $CO + \frac{1}{2}O_2 \longrightarrow CO_2$;
$\Delta H° = -283$ kJ

Wie groß ist die unbekannte Reaktionswärme $\Delta H°$ bei der Reaktion $C \longrightarrow CO$?

(A) −220 kJ
(B) −110 kJ
(C) −55 kJ
(D) +55 kJ
(E) +110 kJ

1700 An welchen der folgenden Vorgängen können Lösungsmittelmoleküle beteiligt sein?

(1) Ionisation
(2) Dissoziation
(3) Solvatation
(4) Kristallisation

(A) nur bei 1
(B) nur bei 3
(C) nur bei 2 und 3
(D) nur bei 1, 3 und 4
(E) bei 1 bis 4 = bei allen

1701 Salze sind in flüssigem Schwefeldioxid praktisch nicht löslich,
weil
Schwefeldioxid kein Dipolmoment besitzt.

1702 Welche Aussagen über das Phasendiagramm eines Einkomponentensystems treffen zu?

(1) Es ist eine graphische Darstellung der Phasen und ihrer Übergänge.
(2) Es korreliert Aggregatzustände mit der Temperatur.
(3) Es korreliert Aggregatzustände mit dem Druck.
(4) Zwischen 2 Kurven existiert nur eine homogene Phase.
(5) In jedem Kurvenpunkt existiert mehr als eine Phase.

(A) nur 1 und 2
(B) nur 1 und 3
(C) nur 4 und 5
(D) nur 2, 4 und 5
(E) 1 bis 5 (alle)

1703 Eine Substanz hat für Wasser/Ether den Verteilungskoeffizienten k = 1.

Wieviel Prozent dieser Substanz werden aus 50 ml wäßriger Lösung mit 50 ml Ether ausgeschüttelt?

(A) 100%
(B) 75%
(C) 50%
(D) 25%
(E) 10%

1704 Welche Aussage trifft **nicht** zu?
Eine Brönsted-Base

(A) ist stets auch eine Lewis-Base
(B) ist immer ein Anion
(C) verfügt über mindestens ein freies Elektronenpaar
(D) kann ein Proton aufnehmen
(E) verringert ihre Basizität durch Hydratation

1705 Welche Aussagen zu hydratisierten Metallkationen wie $[Me(H_2O)_6]^{3+}$ treffen zu?

(1) Sie sind Kationsäuren.
(2) Sie sind Brönsted-Säuren.
(3) Sie sind Lewis-Säuren.
(4) Ihre Acidität hängt vom Radius des Kations ab.

(A) nur 1 und 2
(B) nur 3 und 4
(C) nur 1, 2 und 4
(D) nur 2, 3 und 4
(E) 1 bis 4 (alle)

1706 Chlorwasserstoff ist in Eisessig stärker sauer als Perchlorsäure,
weil
Eisessig einen differenzierenden Effekt auf die Acidität von Chlorwasserstoff und Perchlorsäure ausübt.

1707 Welche der angegebenen Oxidationszahlen treffen zu?

(1) $H_2\overset{-1}{N}OH$
(2) $H\overset{+1}{Cl}O$
(3) $H_2\overset{-2}{O_2}$
(4) $H_3\overset{-3}{P}$

(A) nur 1 und 4
(B) nur 2 und 3
(C) nur 1, 2 und 4
(D) nur 2, 3 und 4
(E) 1 bis 4 (alle)

1708 Welche Aussage trifft zu?
Wenn der pH-Wert einer Lösung, die ein konstantes Konzentrationsverhältnis von MnO_4^-- und Mn^{2+}-Ionen enthält, von 3 auf 4 erhöht wird, ändert sich das Redoxpotential annähernd um

(A) 0 V
(B) − 0,1 V
(C) + 0,1 V
(D) − 1 V
(E) + 1 V

1709 Azobisisobutyronitril zerfällt nach einer Reaktion erster Ordnung. Bei 80 °C hat es eine Geschwindigkeitskonstante des Zerfalls von $1,5 \cdot 10^{-4}$ sec^{-1} und eine Halbwertzeit von 1 Stunde 17 Minuten.

Welche der angegebenen Reaktionszeiten ist notwendig, damit etwa 75 % der Ausgangskomponente zerfallen sind?

(A) 2,5 Std.
(B) 5 Std.
(C) 12,5 Std.
(D) 25 Std.
(E) 10 Tage

1710 Welches der folgenden Energie-Reaktionskoordinaten-Diagramme ist für die angegebene Reaktion charakteristisch?

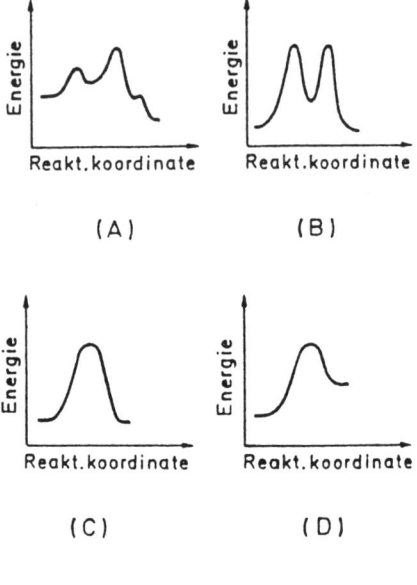

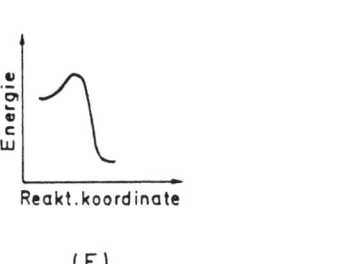

Prüfungsfragen vom Frühjahr 2000

Anorganische Chemie

1711 Xenon läßt sich nicht in den festen Aggregatzustand überführen,
weil
Xenonatome keine anziehenden Wechselwirkungen aufeinander ausüben.

1712 Welche Reaktion ist zur Gewinnung von Wasserstoff **nicht** geeignet?

(A) $Zn + 2\,HCl \longrightarrow ZnCl_2 + H_2$
(B) $Cu + 2\,HNO_3 \longrightarrow Cu(NO_3)_2 + H_2$
(C) $C + H_2O \xrightarrow{\Delta} CO + H_2$
(D) $2\,Na + 2\,NH_3 \longrightarrow 2\,NaNH_2 + H_2$
(E) $CaH_2 + 2\,H_2O \longrightarrow Ca(OH)_2 + 2\,H_2$

1713* Bromwasserstoff läßt sich in sehr guter Ausbeute aus Natriumbromid und konz. Schwefelsäure gewinnen,
weil
Bromwasserstoff im Gegensatz zu Schwefelsäure leicht flüchtig ist.

1714 Welche Aussagen über das Anion einer wäßrigen I_2/KI-Lösung treffen zu?
Es ist

(1) in hydratisierter Form braun
(2) ein Polyhalogenid
(3) mesomeriestabilisiert
(4) linear gebaut

(A) nur 2 ist richtig
(B) nur 1 und 3 sind richtig
(C) nur 1 und 4 sind richtig
(D) nur 1, 2 und 3 sind richtig
(E) 1–4 = alle sind richtig

1715 In welcher Reihenfolge nimmt die mesomere Stabilisierung der Anionen zu?

(A) $ClO^- < ClO_2^- < ClO_4^- < ClO_3^-$
(B) $ClO_4^- < ClO_3^- < ClO_2^- < ClO^-$
(C) $ClO^- < ClO_2^- < ClO_3^- < ClO_4^-$
(D) $ClO^- < ClO_4^- < ClO_3^- < ClO_2^-$
(E) $ClO_2^- < ClO_3^- < ClO_4^- < ClO^-$

1716 Welche Aussage trifft **nicht** zu?
Ozon

(A) ist ein geruchloses Gas
(B) ist gewinkelt gebaut
(C) absorbiert UV-Licht
(D) ist eine Sauerstoff-Modifikation
(E) reagiert mit Alkenen zu cyclischen Ozoniden

1717 Welche Aussagen treffen zu?
Sauerstoff (O_2)

(1) kann aus H_2O_2 und MnO_2 gewonnen werden
(2) kann aus H_2O und MnO_2 gewonnen werden
(3) kann katalytisch mit Wasserstoff zu H_2O umgesetzt werden
(4) reagiert mit Wasserstoff spontan zu H_2O_2

(A) nur 2 ist richtig
(B) nur 4 ist richtig
(C) nur 1 und 3 sind richtig
(D) nur 1 und 4 sind richtig
(E) nur 1, 2 und 3 sind richtig

1718 Welche der folgenden Verbindungen besitzen eine Peroxo-Gruppe?

(1) SO_2
(2) PbO_2
(3) BaO_2
(4) SeO_2
(5) CrO_2

(A) nur 3 ist richtig
(B) nur 1 und 3 sind richtig
(C) nur 2 und 5 sind richtig
(D) nur 3 und 4 sind richtig
(E) nur 1, 3 und 5 sind richtig

1719 Welche der folgenden Stoffe können mit Natriumthiosulfat reagieren?

(1) Chlor
(2) Iod
(3) Silberchlorid
(4) Silberbromid
(5) Silberiodid

(A) nur 1 ist richtig
(B) nur 2 ist richtig
(C) nur 1 und 3 sind richtig

(D) nur 2 und 5 sind richtig
(E) 1–5 = alle sind richtig

Ordnen Sie bitte den Molekülen der Liste 1 die zutreffende räumliche Anordnung der Atome (keine Teilstrukturen) aus Liste 2 zu!

Liste 1	Liste 2
1720 $HgCl_2$	(A) trigonal-planar
1721 SO_3	(B) tetraedrisch
	(C) gewinkelt
	(D) linear
	(E) pyramidal

1722 Welche Aussagen treffen zu?
Das Ammonium-Ion

(1) besitzt einen sp^3-hybridisierten Stickstoff
(2) ist eine Brönsted-Säure
(3) ist eine Lewis-Säure
(4) ist acider als H_3O^+

(A) nur 2 ist richtig
(B) nur 1 und 2 sind richtig
(C) nur 1 und 3 sind richtig
(D) nur 2 und 4 sind richtig
(E) nur 1, 3 und 4 sind richtig

1723 Welche Aussagen treffen zu?
Stickstoffmonoxid (NO)

(1) ist bei Raumtemperatur ein farbloses Gas
(2) wird auch als Lachgas bezeichnet
(3) ist paramagnetisch
(4) ist durch Oxidation von NH_3 herstellbar

(A) nur 2 ist richtig
(B) nur 1 und 3 sind richtig
(C) nur 1, 3 und 4 sind richtig
(D) nur 2, 3 und 4 sind richtig
(E) 1–4 = alle sind richtig

1724 Welche Aussagen treffen zu?
Weißer Phosphor

(1) ist tetraedrisch gebaut
(2) ist eine Modifikation von Phosphor
(3) muß unter Petrolether aufbewahrt werden
(4) reagiert mit Wasser zu Phosphorsäure

(A) nur 2 ist richtig
(B) nur 3 ist richtig

(C) nur 1 und 2 sind richtig
(D) nur 2, 3 und 4 sind richtig
(E) 1–4 = alle sind richtig

Ordnen Sie bitte den in Liste 1 genannten Stoffen die jeweils zutreffende Formel aus Liste 2 zu (R, R' = Alkyl)!

Liste 1	Liste 2
1725 Trialkylphosphit	(A) $P(OR)_3$
1726 Monoalkyl-phosphat	(B) $R'PO(OR)_2$
	(C) $(HO)_2PO(OR)$
	(D) R'_3PO
	(E) $R'_2PO(OR)$

1727 Welche Verbindung enthält **nicht** Silicat?

(A) Wasserglas
(B) Asbest
(C) Ton
(D) Talkum
(E) Korund

1728 Welche Aussage über Silicium und seine Verbindungen trifft **nicht** zu?

(A) Siliciumatome bilden im Gegensatz zu Kohlenstoff keine Mehrfachbindungen untereinander aus.
(B) Von Silicium sind in der Natur keine elementaren Vorkommen bekannt.
(C) Silicium kann durch Reduktion von Siliciumdioxid mit Kohle oder Calciumcarbid hergestellt werden.
(D) Siliciumtetrachlorid ist wie Tetrachlorkohlenstoff gegen Wasser beständig.
(E) Silicium reagiert mit elementaren Halogenen zu Siliciumtetrahalogeniden.

1729 Bei welcher der folgenden Verbindungen sind Bindungselektronen am stärksten delokalisiert?

(A) Diboran
(B) Ethan
(C) Disilan
(D) Hydrazin
(E) Diphosphan

1730 Welche der folgenden Aussagen über Borsäure treffen zu?

(1) Sie kommt in der Natur als Mineral vor.
(2) Sie kann aus Borax und Salzsäure erhalten werden.
(3) Sie reagiert mit Wasser als Lewis-Säure.
(4) Ihre Säurestärke kann durch Zusatz von vic. Glykolen erhöht werden.

(A) nur 1 ist richtig
(B) nur 1 und 2 sind richtig
(C) nur 3 und 4 sind richtig
(D) nur 2, 3 und 4 sind richtig
(E) 1–4 = alle sind richtig

1731 Welche der folgenden Reaktionen laufen beim Härten von Luft-/Kalkmörtel ab?

(1) $CaCO_3 + H_2O + CO_2 \longrightarrow Ca(HCO_3)_2$
(2) $Ca(OH)_2 + CO_2 \longrightarrow Ca(OH)(HCO_3)$
(3) $Ca(OH)(HCO_3)_3 \longrightarrow CaCO_3 + H_2O$
(4) $CaCO_3 \longrightarrow CaO + CO_2$
(5) $CaO + H_2O \longrightarrow Ca(OH)_2$

(A) nur 1 und 4 sind richtig
(B) nur 2 und 3 sind richtig
(C) nur 1, 2 und 5 sind richtig
(D) nur 2, 3 und 4 sind richtig
(E) nur 1, 3, 4 und 5 sind richtig

Ordnen Sie bitte den Metallverbindungen aus Liste 1 die zutreffende Oxidationsstufe des Metallions aus Liste 2 zu!

Liste 1		Liste 2
1732 Na_2O_2	(A)	+4
1733 KO_2	(B)	+3
	(C)	+2
	(D)	+1
	(E)	$+^1/_2$

1734 Welche der folgenden Elemente bilden 2- und 3-wertige Kationen?

(1) Magnesium
(2) Bor
(3) Aluminium
(4) Phosphor
(5) Eisen
(6) Nickel

(A) nur 2 ist richtig
(B) nur 3 und 4 sind richtig
(C) nur 5 und 6 sind richtig
(D) nur 1, 3, 4 und 6 sind richtig
(E) nur 2, 4, 5 und 6 sind richtig

1735 Eine wäßrige Lösung von $HgCl_2$ weist eine relativ geringe elektrolytische Leitfähigkeit auf,
weil
$HgCl_2$ in wäßriger Lösung kaum dissoziiert ist.

Allgemeine Chemie

1736 Welche Aussagen über das Periodensystem der Elemente sind richtig?

(1) Chemisch verwandte Elemente stehen in der gleichen Periode.
(2) Die Elemente sind nach steigender Kernladungszahl angeordnet.
(3) Ausgehend vom Wasserstoff werden die Energieniveaus entsprechend ihrer energetischen Reihenfolge mit Elektronen besetzt.
(4) Elemente mit zunehmender Massenzahl folgen immer direkt aufeinander.

(A) nur 2 ist richtig
(B) nur 1 und 4 sind richtig
(C) nur 2 und 3 sind richtig
(D) nur 3 und 4 sind richtig
(E) 1–4 = alle sind richtig

1737 Welche der folgenden Elemente stehen in der 3. Periode des Periodensystems?

(1) Bor
(2) Natrium
(3) Gallium
(4) Krypton
(5) Silicium

(A) keines der angegebenen Elemente
(B) nur 1 und 3 sind richtig
(C) nur 2 und 5 sind richtig
(D) nur 3 und 4 sind richtig
(E) nur 1, 4 und 5 sind richtig

Ordnen Sie bitte den in Liste 1 genannten Quantenzahlen die entsprechende Charakterisierung aus Liste 2 zu!

Liste 1 **Liste 2**

1738+ Neben-
quanten-
zahl

(A) Spin des Elektrons

(B) Orbitalorientierung
im Raum

1739+ Magnet-
quanten-
zahl

(C) Schalencharakteri-
stikum, Hauptener-
gieniveau

(D) Entartung aufge-
spaltener Energie-
niveaus im Magnet-
feld

(E) Orbitalform

1740 Ionenverbindungen sind in Wasser alle
leicht löslich,
weil
Wasser die Coulombschen Kräfte zwischen
Kation und Anion im Vergleich zum Ionenkristall verringert.

1741 Welche Aussage über die zweiatomige
Ionenbindung trifft **nicht** zu?

(A) Es handelt sich um eine ungerichtete
elektrostatische Bindung.

(B) Sie kommt bei Ionen von Elementen
stark unterschiedlicher Elektronegativität vor.

(C) Sie wirkt in alle drei Raumrichtungen.

(D) Sie kann zum Aufbau eines Gitters führen.

(E) Sie beruht auf einem gemeinsamen Elektronenpaar.

1742 Welche Aussagen über die Atombindung treffen zu?

(1) Sie beruht auf einem elektrostatischen
Feld.

(2) Sie tritt vorzugsweise bei Elementen ähnlicher Elektronegativität auf.

(3) Ihre Ladungsdichteverteilung zwischen
den Kernen kann asymmetrisch sein.

(4) Sie wird durch Überlappen von Atomorbitalen beschrieben.

(5) Sie kann homolytisch und heterolytisch
gespalten werden.

(A) nur 1 ist richtig

(B) nur 2 und 3 sind richtig

(C) nur 4 und 5 sind richtig

(D) nur 1, 3 und 4 sind richtig

(E) nur 2, 3, 4 und 5 sind richtig

Ordnen Sie bitte den Anionen der Liste 1 die in
Liste 2 aufgeführte zutreffende Hybridisierung
des Zentralatoms zu!

Liste 1 **Liste 2**

1743 ClO_4^-

1744 SO_4^{2-}

(A) sp^2

(B) sp^3

(C) sp

(D) d^2sp^3

(E) dsp^2

1745 Bei welchen der folgenden Komplex-
geometrien können cis/trans-Isomere auftreten?

(1) linear

(2) quadratisch-planar

(3) tetraedrisch

(4) oktaedrisch

(A) nur bei 3

(B) nur bei 4

(C) nur bei 2 und 4

(D) nur bei 2, 3 und 4

(E) bei 1–4 = bei allen

1746+ cis-Platin (cis-Dichlorodiamminpla-
tin(II)) kann stereospezifisch hergestellt werden,
weil
in planar-quadratischen Platin(II)-Komplexen
bestimmte Liganden in trans-Stellung bevorzugt austauschbar sind.

1747 Die elektrische Leitfähigkeit von Halbleitern ist bei Raumtemperatur im allgemeinen
geringer als bei typischen Metallen,
weil
bei Halbleitern der Ladungstransport durch
bewegte Ionen erfolgt.

1748 Welche Aussage zur Hydrationsenthalpie trifft zu?

(A) Sie tritt nur bei Salzen auf.

(B) Sie tritt bei jedem Lösevorgang eines
Festkörpers in Wasser auf.

(C) Ihr Betrag nimmt mit zunehmendem Ionenradius zu.

(D) Ihr Betrag nimmt – bezogen auf ein Einzelteilchen – mit zunehmender Ionenladung ab.

(E) Innerhalb einer Gruppe des PSE nimmt ihr Betrag mit steigender Ordnungszahl zu.

1749 Welche der Kurven gibt die Abhängigkeit des Dampfdrucks einer flüssigen Substanz von der Temperatur richtig wieder?

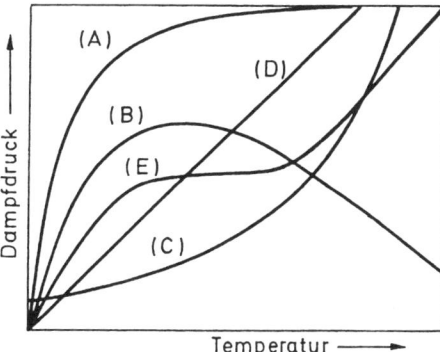

1750 Für eine Reaktion, die bei konstantem Druck ausgeführt wird, kann die Reaktionsenthalpie aus der Differenz der Standardenthalpien der Edukte und Produkte errechnet werden,
weil
die Reaktionsenthalpie eines bestimmten Vorgangs **nicht** vom durchlaufenen Weg abhängt.

1751 Welche der folgenden Aussagen zum Nernstschen Verteilungsgesetz trifft zu?

(A) Es beschreibt ein homogenes Säure/Base-Gleichgewicht.

(B) Es beschreibt ein heterogenes Säure/Base-Gleichgewicht.

(C) Es beschreibt ein Potential einer reversiblen Redoxreaktion.

(D) Seine Konstante heißt „Verteilungskoeffizient".

(E) Seine Konstante ist eine temperaturunabhängige Stoffkonstante.

1752 Eine Brönsted-Base ist stets ein Anion,
weil
eine Brönsted-Base stets Protonen aufnehmen kann.

1753 Wasser nivelliert die Basizität von Hydrid-, Amid- oder Methanolat-Ionen,
weil
Hydrid-, Amid- und Methanolat-Ionen in Wasser eine Protolyse-Reaktion zu OH^--Ionen eingehen.

Ordnen Sie bitte den in Liste 1 aufgeführten pH-Bereichen die zutreffende 1:1-Pufferlösung aus Liste 2 zu!

Liste 1	Liste 2
1754 pH = 4 bis 6	(A) KCl/HCl
1755 pH = 6 bis 8	(B) NH_3/NH_4Cl
	(C) $H_3CCOONa$/ H_3CCOOH
	(D) Na_2HPO_4/NaH_2PO_4
	(E) Na_2HPO_4/Na_3PO_4

1756 Welche Aussage trifft zu?
Aus dem Redoxpotential E eines Redoxpaares errechnet sich die freie Reaktionsenthalpie ΔG nach:
(n: Zahl der gemäß Reaktionsgleichung übergehenden Elektronen; F: Faraday-Konstante)

(A) $\Delta G = n^2 \cdot F \cdot E$

(B) $\Delta G = -n \cdot F \cdot E$

(C) $\Delta G = \dfrac{E}{n \cdot F}$

(D) $\Delta G = -\dfrac{E}{n \cdot F}$

(E) $\Delta G = -n \cdot F \cdot \lg E$

1757 Normalpotentiale lassen sich nur für Redoxprozesse, bei denen Metalle beteiligt sind, festlegen,
weil
Elektroden nur aus Metallen bestehen können.

1758 Welche Reihenfolge trifft zu?
Die folgenden korrespondierenden Redoxpaare sollen nach steigenden Normalpotentialen in saurer Lösung geordnet werden:

(1) $Br_2/2\ Br^-$
(2) Ce^{4+}/Ce^{3+}
(3) $I_2/2\ I^-$
(4) Fe^{3+}/Fe^{2+}

(A)   1, 3, 4, 2
(B)   2, 3, 4, 1
(C)   3, 4, 1, 2
(D)   3, 4, 2, 1
(E)   4, 3, 2, 1

1759 Ein thermodynamisch instabiles chemisches System ist auch stets kinetisch instabil, **weil** ein thermodynamisch instabiles chemisches System eine negative Freie Reaktionsenthalpie (ΔG) aufweist.

1760 Welche der folgenden Charakteristika treffen für einen Katalysator zu?
Ein Katalysator

(1)   beschleunigt die Hinreaktion
(2)   beschleunigt die Rückreaktion
(3)   verschiebt das Reaktionsgleichgewicht auf die Seite der Produkte
(4)   bildet mit Ausgangsstoffen reaktive Zwischenprodukte

(A)   nur 1 ist richtig
(B)   nur 3 ist richtig
(C)   nur 1 und 2 sind richtig
(D)   nur 1, 2 und 4 sind richtig
(E)   1–4 = alle sind richtig

Prüfungsfragen vom Herbst 2000

Allgemeine Chemie

Ordnen Sie bitte den Molekülpaaren der Liste 1 die zutreffende Eigenschaft aus Liste 2 zu!

Liste 1		Liste 2
1761 D_2/T_2	(A)	Isomerie
1762 $KClO_4/KMnO_4$	(B)	Isomorphie
	(C)	Isobarie
	(D)	Isotopie
	(E)	Isotonie

1763 Der Ionenradius von Anionen ist größer als der Radius der entsprechenden neutralen Atome,

weil

die auf die Elektronenhülle wirkenden Anziehungskräfte beim Atom größer sind als beim Anion.

1764 Die 1. Ionisierungsenergie von Neon ist größer als die von Lithium,

weil

beim Neon die elektrostatische Anziehung der Elektronen durch den Kern größer ist als beim Lithium.

1765 In welcher der aufgeführten Wasserstoffverbindungen ist der Wasserstoff elektronegativer als sein Bindungspartner?

(1) H_3BO_3
(2) CH_4
(3) NH_3
(4) $LiAlH_4$
(5) $NaBH_4$

(A) bei keiner der aufgeführten Verbindungen
(B) nur bei 1 und 5
(C) nur bei 4 und 5
(D) nur bei 1, 2 und 3
(E) bei 1–5 = bei allen

1766 Alle Moleküle mit polaren Bindungen haben ein Dipolmoment,

weil

eine polare Bindung eine unsymmetrische Ladungsverteilung besitzt.

1767 Welche Aussage trifft zu?

Eine polarisierte Atombindung liegt vor bei
(A) Natriumfluorid
(B) Chlorwasserstoff
(C) Natriumhydrid
(D) Cäsiumchlorid
(E) Keine der obigen Aussagen trifft zu.

Ordnen Sie bitte den in Liste 1 vorgegebenen räumlichen Bau eines Komplexes die in Liste 2 aufgeführte zutreffende Hybridisierung des Zentralatoms zu!

Liste 1		Liste 2
1768 Oktaeder	(A)	sp^2
1769 Quadrat	(B)	sp^3
	(C)	sp
	(D)	d^2sp^3
	(E)	dsp^2

1770 Bei welchen der folgenden Molekülgeometrien können Isomere auftreten?

(1) linear
(2) quadratisch-planar
(3) tetraedrisch
(4) oktaedrisch

(A) nur bei 2
(B) nur bei 4
(C) nur bei 1 und 3
(D) nur bei 2, 3 und 4
(E) bei 1–4 = bei allen

1771 Welche Aussagen treffen zu?
Die Strukturen der folgenden Verbindungen bzw. Ionen können durch Annahme einer sp^2-Hybridisierung des Stickstoffs am besten beschrieben werden:

(1) NH_3
(2) NH_2OH
(3) NO_2^-
(4) NO_3^-

(A) nur 3 ist richtig
(B) nur 1 und 4 sind richtig
(C) nur 2 und 3 sind richtig
(D) nur 3 und 4 sind richtig
(E) 1–4 = alle sind richtig

1772 Welche Aussage über die metallische Bindung trifft **nicht** zu?

(A) Sie führt zur Ausbildung einer Gitterstruktur.

(B) Sie ist durch keine gerichteten Bindungskräfte charakterisiert.

(C) Sie wird durch bewegliche Valenzelektronen der Metallatome ermöglicht.

(D) Sie läßt, bis auf wenige Ausnahmen, fein verteilte Metalle schwarz erscheinen.

(E) Sie resultiert aus der Beteiligung der gesamten Elektronenhülle der Metallatome.

1773 Welche Eigenschaft hat für die Lösefähigkeit des Wassers gegenüber Salzen die größte Bedeutung?

(A) protischer Charakter
(B) schwach saurer Charakter
(C) schwach basischer Charakter
(D) Dipolcharakter
(E) Fähigkeit zur Bildung von H-Brücken

1774 Die van der Waals-Kräfte zwischen Xenon-Atomen sind größer als zwischen Neon-Atomen,

weil

mit zunehmendem Radius bei Edelgasatomen leichter ein Dipolmoment induziert werden kann.

1775 Welche der folgenden Systeme sind aus mehreren Phasen aufgebaut?

(1) Wassergas
(2) Milch
(3) Paraffinöl
(4) Kochsalz-Lösung

(A) nur 2 ist richtig
(B) nur 3 ist richtig
(C) nur 1 und 4 sind richtig
(D) nur 2 und 3 sind richtig
(E) 1–4 = alle sind richtig

1776 Welche Aussagen treffen zu?
Bei der Berechnung der Ionenstärke einer Magnesiumsulfat-Lösung werden u. a. berücksichtigt

(1) die Ladung des Magnesiums-Ions
(2) die Konzentration der Magnesium-Ionen
(3) die Temperatur der Lösung

(4) die Ladung des Sulfat-Ions

(A) nur 1 ist richtig
(B) nur 2 ist richtig
(C) nur 1 und 2 sind richtig
(D) nur 1, 2 und 4 sind richtig
(E) 1–4 = alle sind richtig

1777 Welche Aussagen zum Ablauf von chemischen Reaktionen treffen zu?

(1) Bei thermodynamisch kontrollierten Reaktionen stellt das energetisch stabilste Produkt das Hauptprodukt dar.

(2) Bei kinetisch kontrollierten Reaktionen entsteht überwiegend die Verbindung mit der geringsten Aktivierungsenergie.

(3) Katalysatoren nehmen Einfluß auf die Gleichgewichtslage einer chemischen Reaktion.

(4) Katalysatoren senken die Aktivierungsenergie chemischer Reaktionen.

(5) Exergonische Reaktionen laufen unter Energiezufuhr ab.

(A) nur 1 ist richtig
(B) nur 1, 2 und 3 sind richtig
(C) nur 1, 2 und 4 sind richtig
(D) nur 2, 3 und 5 sind richtig
(E) 1–5 = alle sind richtig

1778 Welche Aussage trifft zu?

Wenn nach einmaligem Ausschütteln einer Lösung von 2 g Benzylalkohol in 100 ml Wasser mit 100 ml Dichlormethan 0,2 g Benzylalkohol in der wäßrigen Phase zurückbleiben, beträgt der Verteilungskoeffizient ($K_{CH_2Cl_2/H_2O}$) von Benzylalkohol zwischen diesen beiden Lösungsmitteln

(A) 0,95
(B) 1,9
(C) 9
(D) 19
(E) 38

1779 Überschüssiges, schwerlösliches $BaSO_4$ werde mit einer Carbonat-Lösung, deren Gleichgewichtskonzentration 1 mol/l betrage, versetzt. Welche Gleichgewichtskonzentration an SO_4^{2-}-Ionen ergibt sich ungefähr?

$K_{L(BaSO_4)} = 10^{-10}\,mol^2/l^2$; $K_{L(BaCO_3)} = 10^{-8}\,mol^2/l^2$

(A) 10^{-10} mol/l
(B) 10^{-8} mol/l
(C) 10^{-4} mol/l
(D) 10^{-2} mol/l
(E) 1 mol/l

1780 Welche der folgenden Gleichungen gilt für die Protolyse einer Kation-Säure?

(A) $HCl + H_2O \longrightarrow H_3O^+ + Cl^-$
(B) $NaOH + H_2O \longrightarrow Na(H_2O)^+ + OH^-$
(C) $NR_3H^+ + H_2O \longrightarrow H_3O^+ + NR_3$
(D) $H_2PO_4^- + H_2O \longrightarrow H_3O^+ + HPO_4^{2-}$
(E) $[Al(H_2O)_5(OH)]^{2+} + H_2O \longrightarrow$
     $OH^- + [Al(H_2O)_6]^{3+}$

1781 Welche Säure der folgenden korrespondierenden Säure/Base-Paare besitzt den kleinsten pK_s-Wert?

(A) H_2O/HO^-
(B) H_3O^+/H_2O
(C) HSO_4^-/SO_4^{2-}
(D) $H_3PO_4/H_2PO_4^-$
(E) CH_3COOH/CH_3COO^-

1782 Die Oxidationskraft von MnO_4^- nimmt mit steigendem pH-Wert zu,
weil
nach Nernst das Potential von MnO_4^- mit steigendem pH-Wert zunimmt.

1783 Welche der folgenden Gleichungen stellt bei gleicher Konzentration der beiden Reaktionspartner die Geschwindigkeitsgleichung für eine Reaktion 2. Ordnung dar?

(A) $-\dfrac{dc}{dt} = k \cdot c$

(B) $-\dfrac{dc}{dt} = k \cdot c^2$

(C) $-t_{1/2} = \dfrac{\ln 2}{k}$

(D) $\log c = -\dfrac{k}{2,3}\,t + \log c_o$

(E) $t_{1/2} = \dfrac{l}{k \cdot c_o}$

Anorganische Chemie

1784 Welche Aussagen treffen zu?
Argon

(1) ist das in Luft am häufigsten vorkommende Edelgas
(2) kann als Schutzgas verwendet werden
(3) bildet Oxide vom Typ ArO_2
(4) besitzt eine dem Wasserstoff vergleichbare Elektronegativität

(A) nur 2 ist richtig
(B) nur 1 und 2 sind richtig
(C) nur 3 und 4 sind richtig
(D) nur 1, 2 und 4 sind richtig
(E) 1–4 = alle sind richtig

1785 Welche Reaktion ist für die Gewinnung von H_2 aus H_2O **nicht** brauchbar?

(A) $H_2O + CaH_2 \longrightarrow CaO + 2\,H_2$
(B) $H_2O + NaH \longrightarrow NaOH + H_2$
(C) $H_2O + C \xrightarrow{\Delta} CO + H_2$
(D) $H_2O + SO_2 \xrightarrow{\Delta} SO_3 + H_2$
(E) $2\,H_2O + 2\,Na \longrightarrow 2\,NaOH + H_2$

1786 Das System H_2/O_2 ist bei Raumtemperatur kinetisch instabil,
weil
die Reaktion von Wasserstoff mit Sauerstoff zu Wasser eine sehr kleine Aktivierungsenergie besitzt.

1787 Welche Aussage trifft **nicht** zu?

Chlor kann auf folgende Weise erhalten werden:

(A) $HCl + PbO \longrightarrow$
(B) $HCl + MnO_2 \longrightarrow$
(C) $CaCl\,(OCl) + HCl \longrightarrow$
(D) $HCl + O_2 \xrightarrow{CuCl_2-Katalysator}$
(E) Elektrolyse von wäßriger NaCl-Lösung

1788 Bei starkem Erhitzen zerfällt Kaliumperchlorat in Kaliumchlorid und Sauerstoff,
weil
Kaliumperchlorat bei höheren Temperaturen disproportioniert wird.

1789 Welche der folgenden Aussagen über Halogene und ihre Verbindungen trifft **nicht** zu?

(A) Entsprechend ihrer großen Elektronegativität gehen Halogene mit anderen Elementen immer ionische Bindungen ein.

(B) Die Tendenz zur Bildung von Verbindungen des Typs „X_3^-" ist beim Iod (I_3^-) stärker ausgebildet als bei Chlor und Brom.

(C) Elementares Brom läßt sich durch Oxidation von Bromid-Lösungen mit Chlorgas in schwach saurem Milieu gewinnen.

(D) Durch Lösen von elementarem Iod in Natronlauge gebildetes Hypoiodit disproportioniert schnell in Iodat und Iodid.

(E) Die Reaktion von elementarem Fluor mit Wasser führt zu Fluorwasserstoff und Sauerstoff.

1790 Welche der folgenden Oxidationszahlen kann Sauerstoff in bisher bekannten chemischen Verbindungen einnehmen?

(1) −2
(2) −1
(3)   0
(4) +1
(5) +2

(A) nur 1 und 4 sind richtig
(B) nur 2 und 3 sind richtig
(C) nur 1, 2, 3 und 4 sind richtig
(D) nur 2, 3, 4 und 5 sind richtig
(E) 1–5 = alle sind richtig

1791 Welche Aussage trifft **nicht** zu?
Ozon

(A) ist symmetrisch gebaut
(B) ist linear gebaut
(C) absorbiert sehr stark UV-Licht
(D) ist eine Sauerstoff-Modifikation
(E) reagiert mit Alkenen zu cyclischen Ozoniden

1792 Welche Aussage trifft **nicht** zu?
Wasserstoffperoxid

(A) ist in flüssigem Zustand über Wasserstoffbrückenbindungen assoziiert
(B) besitzt ebenso wie Wasser eine hohe Dielektrizitätszahl

(C) besitzt einen kleineren pK_s-Wert als Wasser

(D) zerfällt in exothermer Reaktion zu Wasser und Sauerstoff

(E) kann durch Alkalizusatz stabilisiert werden

1793 Welche Aussage trifft **nicht** zu?
Schwefelwasserstoff

(A) kann durch Hydrolyse von Thioacetamid gewonnen werden

(B) kann durch Erhitzen von Paraffin und Schwefel gewonnen werden

(C) ist schwächer sauer (1. Dissoziationsstufe) als Wasser

(D) ist oxidierbar

(E) bildet wasserlösliche Alkalisulfide

1794 Welches der folgenden Elemente zeigt **nicht** Polymorphie?

(A) Kohlenstoff
(B) Stickstoff
(C) Phosphor
(D) Sauerstoff
(E) Schwefel

1795 Welche Aussage über Ammoniak (NH_3) trifft zu?

(A) Seine Bildung aus den Elementen erfolgt endotherm.

(B) Sein Stickstoff ist sp^3-hybridisiert.

(C) Der Bindungswinkel H-N-H entspricht exakt dem Tetraederwinkel.

(D) Es ist bei Raumtemperatur eine farblose Flüssigkeit.

(E) Im Gegensatz zu Wasser zeigt es keine Autoprotolyse.

1796 Nitrit-Ionen zählen zu den ambidenten Nucleophilen,
weil
Nitrit-Ionen sowohl am Stickstoff als auch am Sauerstoff mit Elektrophilen reagieren können.

Ordnen Sie bitte den Namen der Liste 1 die richtigen Formeln aus Liste 2 zu!

Liste 1   Liste 2

1797 Phosphin-
       säure   (A)

1798 Phosphon-
       säure   (B)

              (C)

              (D)

              (E)

1799 Welche der folgenden Aussagen über Kohlenstoff trifft **nicht** zu?

(A) Bei ungenügender Luftzufuhr verbrennt Kohlenstoff zu einem Gemisch von CO und CO_2.

(B) Kohlenstoff kann mit Wasserdampf reagieren.

(C) Die Kohlenstoffmodifikation Graphit kann in Diamant umgewandelt werden.

(D) Ruß ist eine mikrokristalline Form des Graphit.

(E) Atommassenzahlen sind auf das natürliche Isotopengemisch des Kohlenstoffs bezogen.

1800 Welche Aussage zu Kohlenstoff und seinen Verbindungen trifft **nicht** zu?

(A) CO_3^{2-} besitzt trigonal-planare Struktur.

(B) CO ist isolelektronisch mit CO_2.

(C) Kohlenstoff besitzt im Grundzustand die Elektronen-Konfiguration $1s^2 2s^2 2p^2$.

(D) Im Diamant sind alle Kohlenstoffatome sp^3-hybridisiert.

(E) Im Graphit sind alle Kohlenstoffatome sp^2-hybridisiert.

1801 Welche Aussagen über Silicone treffen zu?

(1) Es handelt sich um monomere, siliciumanaloge Ketone.

(2) Sie sind wegen ihrer thermischen und chemischen Beständigkeit technisch vielseitig verwendbar.

(3) Sie werden technisch über Organosiliciumhalogenide gewonnen.

(4) Ihre Si-Atome sind über organische Alkylreste miteinander verknüpft.

(A) nur 1 und 3 sind richtig
(B) nur 1 und 4 sind richtig
(C) nur 2 und 3 sind richtig
(D) nur 2 und 4 sind richtig
(E) 1–4 = alle sind richtig

1802 Welches der folgenden Hydroxide besitzt die geringste Löslichkeit in Wasser?

(A) $Mg(OH)_2$
(B) $Ba(OH)_2$
(C) $LiOH$
(D) $Ca(OH)_2$
(E) $Sr(OH)_2$

1803 Welche der folgenden Hydroxide sind amphoter?

(1) $Zn(OH)_2$
(2) $Pb(OH)_2$
(3) $Ni(OH)_2$
(4) $Fe(OH)_3$
(5) $Al(OH)_3$

(A) nur 1 ist richtig
(B) 1, 2 und 5 sind richtig
(C) nur 1, 3 und 5 sind richtig
(D) nur 2, 3 und 4 sind richtig
(E) 1–5 = alle sind richtig

1804 Welche Aussage trifft **nicht** zu?

(A) Aluminium läßt sich durch kathodische Reduktion aus einem Gemisch von Al_2O_3 und $Na_3[AlF_6]$ darstellen.

(B) $AlCl_3$ ist eine Lewis-Säure.

(C) Aluminiumtrialkyle entstehen z. B. durch Reaktion von $AlCl_3$ mit Grignard-Reagenzien.

(D) Doppelsalze wie z. B. Alaune zeigen in wäßriger Lösung die Eigenschaften ihrer Einzelkomponenten.

(E) Alaune sind kristallisierte Verbindungen der Zusammensetzung $M_A(III)M_B(III)(SO_4)_2 \cdot 8\ H_2O$.

Ordnen Sie bitte den in Liste 1 enthaltenen Alkalimetallen den in Liste 2 aufgeführten Oxidtyp zu, der bei der Verbrennung des betreffenden Metalls an der Luft überwiegend entsteht! (M = Alkalimetall)

Liste 1	Liste 2
1805 Lithium	(A) MO
1806 Kalium	(B) MO_2
	(C) M_2O
	(D) M_2O_2
	(E) M_2O_3

1807 Welche Ionen können beim starken Ansäuern einer Chromat-Lösung mit Schwefelsäure erhalten werden?

(1) $Cr_2O_7^{2-}$
(2) $Cr_3O_{10}^{2-}$
(3) $Cr_4O_{13}^{2-}$

(A) nur 1 ist richtig
(B) nur 3 ist richtig
(C) nur 1 und 2 sind richtig
(D) nur 2 und 3 sind richtig
(E) 1–3 = alle sind richtig

1808 Welche Aussage über Quecksilber(II)-sulfid trifft **nicht** zu?

(A) Es existiert in einer roten und einer schwarzen Modifikation.

(B) Die unterschiedlichen Farben seiner Modifikationen sind auf Unterschiede im Kristallbau zurückzuführen.

(C) Die unterschiedlichen Farben seiner Modifikationen sind auf unterschiedliche Mengen Kristallwasser zurückzuführen.

(D) Die schwarze Modifikation entsteht beim Einleiten von Schwefelwasserstoff in Quecksilber(II)-salz-Lösungen.

(E) Die rote Modifikation ist die thermodynamisch stabilere.

Prüfungsfragen vom Frühjahr 2001

Allgemeine Chemie

1809 Welche Aussagen über Atomorbitale treffen zu?

(1) Sie sind graphisch darstellbar.
(2) Sie sind Beschreibungsgrößen.
(3) Ihre Form wird durch die Nebenquantenzahl charakterisiert.
(4) Ihre räumliche Orientierung wird durch die Magnetquantenzahl charakterisiert.

(A) nur 1 und 2 sind richtig
(B) nur 3 und 4 sind richtig
(C) nur 1, 2 und 3 sind richtig
(D) nur 2, 3 und 4 sind richtig
(E) 1–4 = alle sind richtig

1810 Elemente der 1. und 2. Hauptgruppe des Periodensystems bilden leicht Kationen,
weil
Elemente der 1. und 2. Hauptgruppe des Periodensystems eine vergleichsweise geringe Ionisierungsenergie aufweisen.

1811 Die 1. Ionisierungsenergie (Betrag) ist beim Sauerstoff kleiner als beim Stickstoff,
weil
eine halbbesetzte Teilschale energetisch begünstigt ist.

1812 $KMnO_4$ und $KClO_4$ können Mischkristalle bilden,
weil
grundsätzlich nur Verbindungen mit gleicher Ladung der Anionen zur Mischkristallbildung befähigt sind.

1813 In welchem der folgenden Stoffe ist der Kohlenstoff sp^3-hybridisiert?

(A) Kohlendioxid
(B) Natriumcarbonat
(C) Diamant
(D) Graphit
(E) Blausäure

1814 Welche der folgenden Verbindungen besitzen eine Dreizentrenbindung?

(1) Cyclopropan
(2) Aziridin
(3) B_2H_6
(4) $Na_3[AlF_6]$
(5) $Na[Al(OH)_4(H_2O)_2]$

(A) nur 3 ist richtig
(B) nur 2 und 3 sind richtig
(C) nur 4 und 5 sind richtig
(D) nur 1, 2 und 3 sind richtig
(E) nur 2, 4 und 5 sind richtig

1815 In Komplexen mit großer Stabilitätskonstante werden die Liganden stets nur sehr langsam ausgetauscht,
weil
Komplexe mit großen Stabilitätskonstanten thermodynamisch stabiler als solche mit kleinen sind.

1816 Welche Aussagen zum Kupfer(II)-tartrat-Komplex treffen zu?
Er ist

(1) quadratisch-planar gebaut
(2) ein Chelat-Komplex
(3) farblos
(4) ein Oxidationsmittel
(5) Bestandteil von Schiff's Reagenz

(A) nur 3 ist richtig
(B) nur 1 und 4 sind richtig
(C) nur 2 und 3 sind richtig
(D) nur 1, 2 und 4 sind richtig
(E) nur 3, 4 und 5 sind richtig

1817 Welche Aussagen über die Lösungsenthalpie fester Stoffe treffen zu?
Sie

(1) ist temperaturabhängig
(2) hängt von der Gitterenergie des Festkörpers ab
(3) hängt vom Lösungsmittel ab
(4) tritt nur bei Salzen auf
(5) hat stets positive Werte

(A) nur 1 und 2 sind richtig
(B) nur 2 und 3 sind richtig

(C) nur 3 und 4 sind richtig
(D) nur 1, 2 und 3 sind richtig
(E) nur 3, 4 und 5 sind richtig

1818 Wieviel g CH_3COONa braucht man zur Herstellung von 1 Liter 0,3 M-CH_3COONa-Lösung?
(rel. Atommassen: $O = 16$; $Na = 23$; $H = 1$; $C = 12$)

(A) 12,3 g
(B) 20,3 g
(C) 24,6 g
(D) 32,8 g
(E) 49,2 g

1819 Wie groß ist die Ionenstärke einer 0,01 M-Magnesiumsulfat-Lösung?

(A) 0,01
(B) 0,02
(C) 0,04
(D) 0,08
(E) 0,16

1820 Der Aktivitätskoeffizient einer Elektrolyt-Lösung weicht umso stärker von 1 ab, je höher die Ladung der Ionen und die Ionenstärke der Lösung ist,
weil
bei Elektrolyt-Lösungen die Interaktion der Ionen bei höheren Konzentrationen und höherer Ionenladung zunimmt.

1821 Die Schmelzenthalpie eines Stoffes ist in der Regel viel größer als seine Verdampfungsenthalpie,
weil
die benötigte Energie für die Zerstörung eines Festkörpergitters größer ist als die zur vollständigen Trennung flüssiger Teilchen (bezogen auf 1 Mol).

1822 Der Verteilungskoeffizient $K_{CH_2Cl_2/H_2O}$ von Benzylalkohol zwischen Dichlormethan und Wasser betrage 9,5.
Wieviel g Benzylalkohol verbleiben beim einmaligen Ausschütteln von 1 g Benzylalkohol in 50 ml Wasser mit 100 ml Dichlormethan in der wäßrigen Phase?

(A) 0,95 g
(B) 0,66 g
(C) 0,15 g
(D) 0,05 g
(E) 0,01 g

1823 Chlorwasserstoff ist in Eisessig stärker sauer als Perchlorsäure,
weil
Eisessig keinen nivellierenden Effekt auf die Aciditäten von Chlorwasserstoff und Perchlorsäure ausübt.

1824 In welchem Molverhältnis sind Ameisensäure ($pK_a \approx 4$) und Natriumformiat zu lösen, wenn eine Pufferlösung mit pH $\approx$ 3 erhalten werden soll?

	HCOOH		HCOONa
(A)	1	:	1
(B)	1	:	2
(C)	1	:	10
(D)	2	:	1
(E)	10	:	1

1825 Welche der folgenden Eduktpaare reagieren unter Disproportionierung?

(1) $HNO_2 + H_2NSO_3H$
(2) $Br_2 + NaOH$
(3) $HOCl + HCl$
(4) $Br^- + Cl_2$
(5) $HIO_3 + HI$

(A) nur 1 ist richtig
(B) nur 2 ist richtig
(C) nur 3 und 4 sind richtig
(D) nur 4 und 5 sind richtig
(E) nur 1, 2 und 5 sind richtig

1826 Welche Aussagen zur Katalyse einer chemischen Reaktion treffen zu?

(1) Durch den Katalysator wird die Freie Aktivierungsenthalpie $\Delta G^{\neq}$ gesenkt.
(2) Durch den Einsatz eines Katalysators wird die Freie Reaktionsenthalpie ΔG gesenkt.
(3) Bei der katalysierten Reaktion erhält man stets das thermodynamisch kontrollierte Produkt.
(4) Der Katalysator beeinflußt die Lage des Gleichgewichts nicht.

(A) nur 1 und 4 sind richtig
(B) nur 2 und 3 sind richtig
(C) nur 1, 2 und 3 sind richtig
(D) nur 2, 3 und 4 sind richtig
(E) 1–4 = alle sind richtig

Anorganische Chemie

1827 Das System H_2/O_2 (Knallgasgemisch) ist bei Raumtemperatur thermodynamisch stabil, **weil** die Reaktion von Wasserstoff mit Sauerstoff zu Wasser eine sehr hohe Aktivierungsenergie besitzt.

1828 Welche Aussagen über Wasser und Schwefelwasserstoff treffen zu?
Beide

(1) bilden 2 Reihen von Salzen
(2) haben den gleichen Bindungswinkel
(3) haben etwa die gleiche Säurestärke (1. Stufe)
(4) sind oxidierbar
(5) sind über Wasserstoffbrücken stark assoziiert

(A) nur 1 ist richtig
(B) nur 2 ist richtig
(C) nur 1 und 4 sind richtig
(D) nur 3 und 5 sind richtig
(E) nur 1, 3, 4 und 5 sind richtig

1829 Welche Aussage trifft **nicht** zu?
Stickstoff

(A) ist häufigster Bestandteil der Luft
(B) wird technisch durch fraktionierte Destillation von verflüssigter Luft gewonnen
(C) ist bei Raumtemperatur ein geruch- und geschmackloses Gas
(D) besitzt nach der VB-Theorie eine Doppelbindung
(E) kann großtechnisch zu Ammoniak hydriert werden

1830 Welche Aussagen über die Kohlenstoff-Modifikation C_{60} treffen zu?
Es

(1) entsteht bei Rußentwicklung
(2) heißt Fulleren
(3) ist farbig
(4) besitzt Diamant-Struktur

(A) nur 1 ist richtig
(B) nur 2 ist richtig
(C) nur 1 und 3 sind richtig
(D) nur 1, 2 und 3 sind richtig
(E) 1–4 = alle sind richtig

1831 Welche Aussagen treffen zu?
Das CO_2-Molekül

(1) ist linear gebaut
(2) reagiert mit Alkoholen zu Carbonsäuren
(3) ist in Wasser hauptsächlich physikalisch gelöst
(4) ist in Alkalilauge stabil

(A) nur 1 ist richtig
(B) nur 1 und 3 sind, richtig
(C) nur 3 und 4 sind richtig
(D) nur 1, 2 und 3 sind richtig
(E) nur 1, 3 und 4 sind richtig

1832+ Welche Aussagen über Silicium treffen zu?

(1) Es ist nach Sauerstoff das häufigste Element der Erdrinde.
(2) Es kommt wie Kohlenstoff elementar vor.
(3) Es kann technisch durch Reduktion seines Dioxids mit Kohlenstoff hergestellt werden.
(4) Es ist ein Halbleiter.

(A) nur 1 ist richtig
(B) nur 2 ist richtig
(C) nur 3 und 4 sind richtig
(D) nur 1, 3 und 4 sind richtig
(E) nur 2, 3 und 4 sind richtig

1833 Welche der folgenden Verbindungen zeigen Polymorphie?

(1) $CaCO_3$
(2) SiO_2
(3) HgS

(A) nur 1 ist richtig
(B) nur 2 ist richtig

(C)   nur 3 ist richtig
(D)   nur 1 und 3 sind richtig
(E)   1–3 = alle sind richtig

1834 Welche Aussagen über Silicone treffen zu?
Sie sind

(1)   polymer
(2)   über Si-O-Si-Brücken vernetzt
(3)   über Si-Si-Bindungen verknüpft
(4)   gut wasserlöslich

(A)   nur 1 ist richtig
(B)   nur 2 ist richtig
(C)   nur 1 und 2 sind richtig
(D)   nur 3 und 4 sind richtig
(E)   nur 1, 2 und 3 sind richtig

1835 Welche Aussagen über Bor treffen zu?
Es

(1)   ist ein weicher Festkörper
(2)   ist ein Übergangselement
(3)   wird technisch aus Bortriiodid hergestellt
(4)   kann Dreizentrenbindungen eingehen
(5)   kann koordinative Bindungen eingehen

(A)   nur 2 ist richtig
(B)   nur 1 und 2 sind richtig
(C)   nur 4 und 5 sind richtig
(D)   nur 1, 3 und 4 sind richtig
(E)   nur 3, 4 und 5 sind richtig

1836 Welche der folgenden Hydroxide sind farbig?

(1) $Zn(OH)_2$
(2) $Pb(OH)_2$
(3) $Cr(OH)_3$
(4) $Fe(OH)_3$
(5) $Al(OH)_3$

(A)   nur 1 und 2 sind richtig
(B)   nur 3 und 4 sind richtig
(C)   nur 4 und 5 sind richtig
(D)   nur 1, 2 und 3 sind richtig
(E)   nur 3, 4 und 5 sind richtig

1837 NaCl kann nicht durch Umkristallisieren aus Wasser gereinigt werden,
weil
die Wasserlöslichkeit von NaCl nahezu temperaturunabhängig ist.

1838 Lithiumcarbonat ist eine metallorganische Verbindung,
weil
Lithiumcarbonat eine Metall-Kohlenstoff-Bindung enthält.

Außer den Fragen Nr. 1809–1838 waren noch folgende Aufgaben aus voranstehenden Abschnitten Bestandteil der **Prüfung vom Frühjahr 2001:** Frage Nr. 186 – 203 – 204 – 297 – 374 – 382 – 598 – 694 – 768 – 883 – 885 – 890 – 927 – 986 – 987 – 1048 – 1371 – 1372 – 1489 – 1500 – 1501.

Prüfungsfragen vom Herbst 2001

Allgemeine Chemie

1839 Beim radioaktiven Zerfall eines Elementes kann ein neues Element höherer Ordnungszahl entstehen,
weil
bei der Umwandlung eines Neutrons neben einem Elektron auch ein Proton entsteht.

1840 Welches der folgenden Ionen ist mit den übrigen **nicht** isoelektronisch?

(A)　K^+
(B)　Mg^{2+}
(C)　Al^{3+}
(D)　O^{2-}
(E)　F^-

1841 Welche der folgenden Aussagen über Ionenverbindungen trifft **nicht** zu?
Ionenverbindungen

(A)　sind Festkörper mit hohem Schmelzpunkt
(B)　leiten in wäßriger Lösung und Schmelze den elektrischen Strom
(C)　sind in Wasser alle gut löslich
(D)　werden auch Salze genannt
(E)　können in Lösung Ionenpaare bilden

1842 Welche Bindungsarten stehen im Zusammenhang mit der Tautomerie von Verbindungen?

(1)　σ-Bindungen
(2)　Koordinative Bindungen
(3)　π-Bindungen
(4)　Dreizentren-Bindungen

(A)　nur 1 ist richtig
(B)　nur 3 ist richtig
(C)　nur 1 und 3 sind richtig
(D)　nur 2 und 4 sind richtig
(E)　1–4 = alle sind richtig

1843 Welche der folgenden Verbindungen sind Chelatkomplexe?

(1)　Kryolith
(2)　Nickeldiacetyldioxim
(3)　Nickeltetracarbonyl
(4)　Weinstein

(A)　nur 1 ist richtig
(B)　nur 2 ist richtig
(C)　nur 2 und 3 sind richtig
(D)　nur 2 und 4 sind richtig
(E)　nur 1, 3 und 4 sind richtig

1844 Kaliumpermanganat löst sich in Gegenwart von [18]Krone-6 in Benzen,
weil
das Kalium-Ion mit [18]Krone-6 einen lipophilen Komplex bildet.

1845 Welche der folgenden Halogenwasserstoffsäuren bilden mit Wasser ein Azeotrop?

(1)　HF
(2)　HCl
(3)　HBr
(4)　HI

(A)　nur 2 ist richtig
(B)　nur 3 und 4 sind richtig
(C)　nur 1, 2 und 3 sind richtig
(D)　nur 1, 3 und 4 sind richtig
(E)　1–4 = alle sind richtig

1846 Nach dem Prinzip von Le Chatelier führt Erhöhung des Drucks auf ein bei 0 °C im Gleichgewicht befindliches Eis/Wasser-Gemisch zum Schmelzen des Eises,
weil
beim Schmelzen des Eises das Volumen des Eis/Wasser-Gemisches vergrößert wird.

1847 Welche Aussage trifft **nicht** zu?
Für mehrstufige Reaktionen gilt:

(A)　Die Änderungen der freien Enthalpien addieren sich zu einem Gesamtbetrag.
(B)　Die Reaktionsenthalpien addieren sich zu einem Gesamtbetrag.
(C)　Für jede Teilreaktion kann man eine eigene Reaktionsgleichung aufstellen.

(D) Das Produkt der Gleichgewichtskonstanten der Teilreaktionen ist gleich der Gleichgewichtskonstanten der Gesamtreaktion.

(E) Die Summe der Gleichgewichtskonstanten der Teilreaktionen ist gleich der Geschwindigkeitskonstanten der Gesamtreaktion.

1848 Welche der folgenden Verbindungen können deprotoniert werden?

(1) HNO_2
(2) HNO_3
(3) H_2SO_3
(4) H_2SO_4
(5) $H_3C\text{-}CH_2OH$
(6) $H_3C\text{-}CHO$

(A) nur 1 und 2 sind richtig
(B) nur 3 und 4 sind richtig
(C) nur 5 und 6 sind richtig
(D) nur 1, 3, 4 und 5 sind richtig
(E) 1–6 = alle sind richtig

1849 Welche Aussage trifft zu?
Der pH-Wert einer äquimolaren wäßrigen Lösung von Methylamin und Methylammoniumchlorid ($pK_s = 10,64$) beträgt etwa:

(A) 5,3
(B) 7,8
(C) 9,3
(D) 10,6
(E) 11,2

1850 Welche der folgenden Eduktpaare reagieren unter Disproportionierung?

(1) $HNO_2 + H_2NSO_3H$
(2) $Br_2 + NaOH$
(3) $HOCl + HCl$
(4) $Br^- + Cl_2$
(5) $HIO_3 + HI$

(A) nur 1 ist richtig
(B) nur 2 ist richtig
(C) nur 3 und 4 sind richtig
(D) nur 4 und 5 sind richtig
(E) nur 1, 2 und 5 sind richtig

1851 Welches Konzentrations-Zeit-Diagramm beschreibt schematisiert den Ablauf einer exergonischen Reaktion?

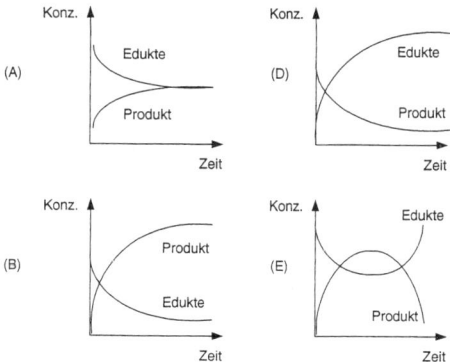

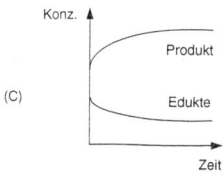

Anorganische Chemie

1852 Welche der folgenden Verbindungen sind als kovalente Halogenverbindungen anzusehen?

(1) BF_3
(2) CCl_4
(3) $HgCl_2$
(4) PBr_3
(5) ICl

(A) nur 1 und 2 sind richtig
(B) nur 3 und 5 sind richtig
(C) nur 4 und 5 sind richtig
(D) nur 1, 3 und 4 sind richtig
(E) 1–5 = alle sind richtig

1853 Welche Aussage über Perchlorsäure/Perchlorate trifft **nicht** zu?

(A) Perchlorsäure kann aus Natriumperchlorat und konz. Schwefelsäure erhalten werden.

(B) Perchlorsäure gehört zu den stärksten bekannten Säuren.

(C) Ihre Salze sind beständige Sauerstoffverbindungen des Chlors.

(D) Alle Alkaliperchlorate sind leicht wasserlöslich.

(E) Das Perchlorat-Ion ist tetraedrisch gebaut.

1854 Welche Aussage über Wasserstoffperoxid trifft **nicht** zu?

(A) Es entsteht bei der Hydrolyse der Caro'schen Säure.

(B) In verdünnter wäßriger Lösung disproportioniert es bei Raumtemperatur außerordentlich schnell.

(C) Es ist stärker sauer als H_2O.

(D) Es dient zur Darstellung von Percarbonsäuren.

(E) Seine hochkonzentrierten Lösungen neigen zu explosionsartigem Zerfall.

1855 Schweflige Säure kann mit Ethylbromid zu Schwefligsäureethylester und zu Ethansulfonsäure alkyliert werden,
weil
Schweflige Säure eine zweibasige Säure ist.

1856 Phosphor(III)-oxid reagiert mit Wasser **nicht** zu Phosphonsäure,
weil
das Phosphor(III)-oxid-Molekül keine PO-Doppelbindung besitzt.

1857 Bei der Aluminium-Gewinnung aus (eisenhaltigem) Bauxit kann Eisenoxid mittels Natronlauge abgetrennt werden,
weil
Eisenoxid in Natronlauge als Natriumferrat leicht löslich ist.

Ordnen Sie bitte den Naturstoffen der Liste 1 das jeweils entsprechende komplexgebundene Metall aus Liste 2 zu!

Liste 1	Liste 2
1858 Chlorophyll	(A) Cobalt
1859 Hämoglobin	(B) Kupfer
	(C) Eisen
	(D) Zink
	(E) Magnesium

1860 Welche der folgenden Quecksilber(II)-Verbindungen können farbig sein?

(1) $HgCl_2$
(2) $HgBr_2$
(3) HgI_2
(4) HgO
(5) HgS

(A) nur 2 und 3 sind richtig
(B) nur 3 und 5 sind richtig
(C) nur 4 und 5 sind richtig
(D) nur 1, 2 und 3 sind richtig
(E) nur 3, 4 und 5 sind richtig

1861 Welche Aussage über Calciumverbindungen trifft **nicht** zu?

(A) $CaCl_2$ ist zum Trocknen von Ammoniakgas geeignet.

(B) Calcium bildet ein salzartiges Hydrid.

(C) $CaHPO_4 \cdot 2\ H_2O$ ergibt beim Glühen $Ca_2P_2O_7$.

(D) Calciumcarbid ist ein Salz des Ethins (Acetylen).

(E) Calciumcarbonat zerfällt beim Erhitzen in Kohlendioxid und Calciumoxid.

Außer den Fragen Nr. 1839–1861 waren noch folgende Aufgaben aus voranstehenden Abschnitten Bestandteil der **Prüfung vom Herbst 2001:** Frage Nr. 98 – 266 – 267 –288 – 535 – 578 – 639 – 672 – 691 – 781 – 826 – 858 – 863 – 865 – 901 – 996 – 1131 – 1188 – 1256 – 1318 – 1374 – 1397 – 1511 – 1539 – 1545 – 1550 – 1832.

Prüfungsfragen vom Frühjahr 2002

Allgemeine Chemie

1862 Welche Aussagen treffen zu?
Die relativen Atommassen der Elemente beziehen sich definitionsgemäß (nach IUPAC) auf

(1) die Masse des Wasserstoffisotops $_1^1$H
(2) den zwölften Teil der Masse des Kohlenstoffisotops $_6^{12}$C
(3) die verschiedenen Isotope eines Elementes
(4) die Summe von Protonen, Neutronen und Elektronen eines Atoms

(A) nur 1 ist richtig
(B) nur 2 ist richtig
(C) nur 1 und 3 sind richtig
(D) nur 2 und 4 sind richtig
(E) nur 2, 3 und 4 sind richtig

1863 Elemente der Chalkogen- und Halogengruppe des Periodensystems können Anionen bilden,
weil
Elemente der Chalkogen- und Halogengruppe eine vergleichsweise große Elektronenaffinität (Betrag) aufweisen.

1864 Der Ionenradius von Kationen ist größer als der Radius der entsprechenden neutralen Atome,
weil
die auf die Elektronenhülle wirkenden Anziehungskräfte beim Kation kleiner sind als beim Atom.

1865 Welche der folgenden Bindungen kommen in reiner, flüssiger Essigsäure vor?

(1) σ-Bindungen
(2) π-Bindungen
(3) Wasserstoffbrückenbindungen
(4) Koordinative Bindungen
(5) Dreizentren-Bindungen

(A) nur 1 und 3 sind richtig
(B) nur 3 und 4 sind richtig
(C) nur 1, 2 und 3 sind richtig
(D) nur 1, 4 und 5 sind richtig
(E) nur 2, 3, 4 und 5 sind richtig

1866 Welche der folgenden Bindungen sind innerhalb eines mesomeren Systems verschiebbar?

(1) σ-Bindungen
(2) Koordinative Bindungen
(3) π-Bindungen
(4) Wasserstoffbrückenbindungen

(A) nur 1 ist richtig
(B) nur 3 ist richtig
(C) nur 1 und 3 sind richtig
(D) nur 2 und 4 sind richtig
(E) 1–4 = alle sind richtig

1867 Welche der folgenden Verbindungen besitzen **keine** Ionenbindung?

(1) HCl
(2) NaCl
(3) B_2H_6
(4) $Na_3[AlF_6]$
(5) $Na[Al(OH)_4(H_2O)_2]$

(A) nur 2 ist richtig
(B) nur 1 und 3 sind richtig
(C) nur 2 und 4 sind richtig
(D) nur 3 und 4 sind richtig
(E) nur 2, 4 und 5 sind richtig

1868 Welcher der folgenden Eisen-Komplexe ist ein Sandwich-Komplex?

(A) Häm
(B) Berliner Blau
(C) Ferrocen
(D) Ferroin
(E) Nitroprussidnatrium

Ordnen Sie bitte den Komplexen der Liste 1 die jeweils zutreffende geometrische Form aus Liste 2 zu!

Liste 1	Liste 2
1869 $[Ni(CO)_4]$	(A) tetraedrischer Komplex

1870 [Fe(CO)$_5$]

    (B) quadratisch-planarer Komplex

    (C) Sandwich-Komplex

    (D) quadratisch-pyramidaler Komplex

    (E) trigonal-bipyramidaler Komplex

1871 An welchen der folgenden Vorgänge können Lösungsmittelmoleküle beteiligt sein?

(1) Solvolyse
(2) Protolyse
(3) Heterolyse
(4) Kristallisation

(A) nur bei 1
(B) nur bei 3
(C) nur bei 2 und 3
(D) nur bei 1, 3 und 4
(E) bei 1–4 = bei allen

1872 Welche der folgenden Säuren ist **nicht** als Azeotrop mit Wasser destillierbar?

(A) HCl
(B) HClO$_4$
(C) H$_3$PO$_4$
(D) HBr
(E) HI

1873 Welche Aussagen treffen zu?
Eine wäßrige 0,1 M-Essigsäure werde durch Zugabe von Wasser im Verhältnis 1:1 verdünnt. Dabei

(1) wird der pH-Wert kleiner
(2) steigt die Wasserstoffionenkonzentration
(3) nimmt die Konzentration der Essigsäure ab

(A) nur 1 ist richtig
(B) nur 3 ist richtig
(C) nur 1 und 2 sind richtig
(D) nur 1 und 3 sind richtig
(E) 1–3 = alle sind richtig

1874 Bei Zugabe äquimolarer Mengen von Hydrid- oder Methanolat-Ionen zu jeweils gleichen Mengen Wasser entstehen Lösungen gleichen pH-Wertes,
weil
Hydrid- und Methanolat-Ionen mit Wasser eine Protolyse-Reaktion eingehen.

1875 Welche der folgenden Verbindungen können protoniert werden?

(1) HNO$_2$
(2) HNO$_3$
(3) H$_2$SO$_3$
(4) H$_2$SO$_4$
(5) H$_3$C-CH$_2$OH
(6) H$_3$C-CHO

(A) nur 1 und 2 sind richtig
(B) nur 3 und 4 sind richtig
(C) nur 5 und 6 sind richtig
(D) nur 1, 3, 4 und 5 sind richtig
(E) 1–6 = alle sind richtig

1876 Welche Aussagen treffen zu?
Die Gleichgewichtskonstante einer Redoxreaktion kann berechnet werden aus der (dem) entsprechenden

(1) freien Standardenthalpie ($\Delta G°$)
(2) freien Aktivierungsenthalpie
(3) Normalpotential
(4) Reaktionsgeschwindigkeit

(A) nur 1 ist richtig
(B) nur 3 ist richtig
(C) nur 1 und 2 sind richtig
(D) nur 1 und 3 sind richtig
(E) nur 2 und 4 sind richtig

1877 cis-Platin (cis-Dichlorodiamminplatin(II)) kann stereospezifisch aus Tetrachloroplatinat(II) durch Ligandenaustausch mit Ammoniak hergestellt werden,
weil
beim planar-quadratischen Tetrachloroplatinat(II) der stufenweise Ligandenaustausch mit NH$_3$ bevorzugt in trans-Stellung zum Chlor erfolgt.

1878 Welches Diagramm für den Geschwindigkeitsverlauf einer reversiblen chemischen Reaktion trifft zu?

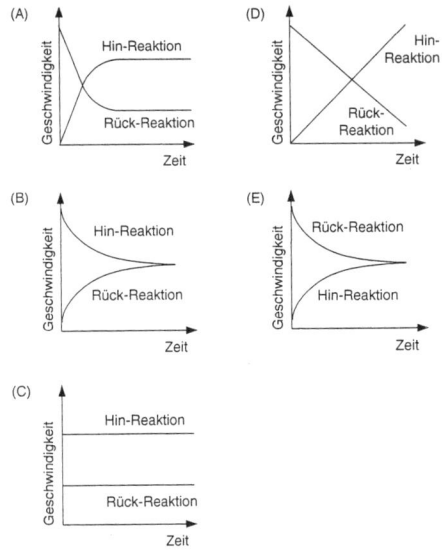

Anorganische Chemie

1879 Welche Aussage über Reaktionen des Wasserstoffs trifft **nicht** zu?

(A) Die Knallgasreaktion verläuft über Radikale.
(B) Knallgas kann bei Raumtemperatur ohne merkliche Umsetzung aufbewahrt werden.
(C) Wasserstoff kann von Palladium absorbiert werden.
(D) Lithium reagiert beim Erhitzen mit Wasserstoff.
(E) Wassergas ist eine Mischung von H_2 mit CO_2.

1880 Welche der folgenden Aussagen über Halogene treffen zu?

(1) Bromdampf hat unter Normalbedingungen eine höhere Dichte als Luft.
(2) Iod kann aus Iodaten gewonnen werden.
(3) Fluor kann aus Flussspat und Chlor gewonnen werden.
(4) Chlor wird technisch auf elektrochemischem Weg dargestellt.

(A) nur 1 und 2 sind richtig
(B) nur 1 und 3 sind richtig
(C) nur 2 und 4 sind richtig
(D) nur 1, 2 und 4 sind richtig
(E) 1–4 = alle sind richtig

1881 Die Schmelz- und Siedepunkte der Halogene steigen mit zunehmender Ordnungszahl an,
weil
mit steigender Ordnungszahl die Polarisierbarkeit der Halogenmoleküle und damit die van der Waals-Kräfte zunehmen.

1882 Welche Aussagen über Perchlorsäure treffen zu?
Perchlorsäure

(1) kann durch anodische Oxidation von Chlor gewonnen werden
(2) ist eine stärkere Säure als Chlorsäure
(3) bildet kristalline Hydrate
(4) oxidiert Salzsäure selbst in verdünnter Lösung zu Chlor

(A) nur 1 und 3 sind richtig
(B) nur 2 und 4 sind richtig
(C) nur 1, 2 und 3 sind richtig
(D) nur 1, 2 und 4 sind richtig
(E) 1–4 = alle sind richtig

1883 Welche Aussagen treffen zu?
Eine wäßrige Kaliumcyanid-Lösung

(1) ist farblos
(2) reagiert alkalisch
(3) enthält Blausäure
(4) enthält Cyansäure

(A) nur 1 ist richtig
(B) nur 1 und 3 sind richtig
(C) nur 2 und 4 sind richtig
(D) nur 1, 2 und 3 sind richtig
(E) nur 2, 3 und 4 sind richtig

1884 Welche der folgenden Stoffe können in mehreren Modifikationen vorliegen?

(1) Kohlenstoff
(2) Sauerstoff
(3) Silicium(IV)-oxid
(4) Phosphor

(A) nur 1 und 3 sind richtig
(B) nur 1 und 4 sind richtig
(C) nur 3 und 4 sind richtig
(D) nur 1, 2 und 3 sind richtig
(E) 1–4 = alle sind richtig

1885 Welche Reihenfolge trifft zu?
Die Verbindungen Methanol, Wasser, Essigsäure sind nach steigender **Dielektrizitätszahl** geordnet.

(A) Wasser < Methanol < Essigsäure
(B) Essigsäure < Methanol < Wasser
(C) Wasser < Essigsäure < Methanol
(D) Essigsäure < Wasser < Methanol
(E) Methanol < Essigsäure < Wasser

1886 Welche Aussagen über Distickstoffmonoxid (N_2O) treffen zu?

(1) Es entsteht beim Erhitzen einer konzentrierten wäßrigen Ammoniumnitrat-Lösung.
(2) Es ist ein bei Raumtemperatur hellbraunes Gas.
(3) Es unterhält bei höherer Temperatur die Verbrennung.
(4) Sein Molekül besitzt eine gewinkelte Struktur.
(5) Es wird auch als Lachgas bezeichnet.

(A) nur 1 und 5 sind richtig
(B) nur 1, 2 und 4 sind richtig
(C) nur 1, 3 und 5 sind richtig
(D) nur 2, 3 und 4 sind richtig
(E) 1–5 = alle sind richtig

1887 Welche der folgenden Verbindungen können als Tautomere reagieren?

(1) HNO_3
(2) H_2SO_4
(3) $H_3C–CH_2OH$
(4) $H_3C–CHO$

(A) nur 1 ist richtig
(B) nur 2 ist richtig
(C) nur 4 ist richtig
(D) nur 1 und 2 sind richtig
(E) nur 3 und 4 sind richtig

Ordnen Sie bitte den in Liste 1 genannten Stoffen die jeweils zutreffende Formel aus Liste 2 zu (R, R' = Alkyl)!

Liste 1		Liste 2
1888+ Trialkylphosphit	(A)	$P(OR)_3$
1889 Trialkylphosphat	(B)	$R'PO(OR)_2$
	(C)	$OP(OR)_3$
	(D)	R'_3PO
	(E)	$R'_2PO(OR)$

1890 Welche der folgenden Aussagen über Kohlenstoff trifft **nicht** zu?

(A) Kohlenstoff kann unter Erhalt der Struktur in Silicaten die Stelle des Siliciums einnehmen.
(B) Er enthält etwa 1% des Isotops $^{13}_{6}C$.
(C) Bei Normaldruck ist Graphit im Vergleich zum Diamant die thermodynamisch stabilere Form.
(D) Amorpher Kohlenstoff wie z. B. Ruß ist eine mikrokristalline Form des Graphits.
(E) Er verbrennt bei ungenügender Luftzufuhr zu einem Gemisch von CO und CO_2.

1891 Welche der folgenden Elemente können die Oxidationsstufe +VI in Verbindungen besitzen, die in reiner Form darstellbar sind?

(1) Mn
(2) Co
(3) Mo
(4) Ni

(A) nur 1 ist richtig
(B) nur 1 und 3 sind richtig
(C) nur 2 und 4 sind richtig
(D) nur 1, 3 und 4 sind richtig
(E) 1–4 = alle sind richtig

1892 Quecksilber(II)-chlorid ist in Wasser bei Raumtemperatur praktisch unlöslich,
weil
Quecksilber(II)-chlorid eine kovalente Struktur besitzt.

1893 Kaliumhexacyanoferrat(III) enthält praktisch **keine** freien Fe^{3+}- und CN^--Ionen,
weil
Kaliumhexacyanoferrat(III) ein stabiles Komplexsalz ist.

Außer den Fragen Nr. 1862–1893 waren noch folgende Aufgaben aus voranstehenden Abschnitten Bestandteil der **Prüfung vom Frühjahr 2002:** Frage Nr. 111 – 112 –194 – 737 – 820 – 841 – 951 – 1044 – 1083 – 1141 – 1171 – 1218 – 1290 – 1304 – 1355 – 1520 – 1738 – 1739.

Prüfungsfragen vom Herbst 2002

Allgemeine Chemie

1894 Welche Aussage trifft **nicht** zu?
Isobare sind Nuklide mit:

(A) gleicher Massenzahl
(B) verschiedener Protonenzahl
(C) verschiedener Elektronenzahl
(D) unterschiedlicher chemischer Reaktivität
(E) gleicher Protonenzahl

Ordnen Sie bitte den in Liste 1 genannten Elementgruppen das jeweils entsprechende Element aus Liste 2 zu!

Liste 1	Liste 2
1895+ Lanthanoid	(A) P
1896 Actinoid	(B) Ce
	(C) Pd
	(D) Pb
	(E) Pu

1897 Die Elektronegativität der Elemente nimmt innerhalb einer Periode mit zunehmender Ordnungszahl in der Regel zu,
weil
die Kernladung der Elemente innerhalb einer Periode mit steigender Ordnungszahl kontinuierlich abnimmt.

1898 Welche der folgenden Bindungen kommen in wäßriger Schwefelsäure vor?

(1) σ-Bindungen
(2) π-Bindungen
(3) Wasserstoffbrückenbindungen
(4) Dreizentrenbindungen

(A) nur 1 und 2 sind richtig
(B) nur 3 und 4 sind richtig
(C) nur 1, 2 und 3 sind richtig
(D) nur 1, 2 und 4 sind richtig
(E) 1–4 = alle sind richtig

1899 Welche der folgenden Charakterisierungen trifft für den Begriff „Polymorphie" zu?

(A) Auftreten eines Elements in unterschiedlich angeregten Elektronenzuständen
(B) Austausch eines Kations oder Anions im Ionenkristall durch ein anderes, fremdes Kation oder Anion
(C) Vorkommen von Verbindungen gleicher Summenformel als Strukturisomere
(D) Vorkommen zweier verschiedener Verbindungen mit gleicher Atom- und Elektronenzahl
(E) Existenz einer Verbindung in verschiedenen Modifikationen

1900 Welche Aussage trifft zu?
Im gasförmigen Zustand ist das Molekül PCl_5 trigonal-bipyramidal gebaut. Die Hybridisierung von Phosphor ist somit:

(A) sp^3
(B) sp^2d
(C) sp^3d
(D) sp^3d^2
(E) sp^3d^3

Ordnen Sie bitte den Komplexen der Liste 1 die jeweils zutreffende geometrische Form aus Liste 2 zu!

Liste 1	Liste 2
1901 $[Ni(CN)_4]^{2-}$	(A) tetraedrischer Komplex
1902 $[Ni(Cl)_4]^{2-}$	(B) quadratisch-planarer Komplex
	(C) Sandwich-Komplex
	(D) quadratisch-pyramidaler Komplex
	(E) trigonal-bipyramidaler Komplex

1903 Eine Lösung enthält Pb^{2+}- und Ba^{2+}-Ionen jeweils in einer Konzentration von 10^{-8} mol/l. Es wird H_2SO_4 bis zu einer Konzentration von 0,1 mol/l zugegeben.
$LP_{BaSO_4} = 10^{-10}$ mol$^2 \cdot$ l^{-2};
$LP_{PbSO_4} = 10^{-8}$ mol$^2 \cdot$ l^{-2}
Welche Aussage trifft zu?

(A) Es fallen $PbSO_4$ und $BaSO_4$ aus.
(B) Es fällt nur $BaSO_4$ aus.
(C) Es fällt nur $PbSO_4$ aus.
(D) Es tritt kein Niederschlag auf.

(E) Es tritt ein Niederschlag auf, der sich in NaOH löst.

1904 Welche der folgenden Oxidationen verlaufen exotherm?

(1) $C + O_2 \rightarrow CO_2$
(2) $2\,Mg + O_2 \rightarrow 2\,MgO$
(3) $4\,NH_3 + 3\,O_2 \rightarrow 6\,H_2O + 2\,N_2$
(4) $2\,H_2 + O_2 \rightarrow 2\,H_2O$

(A) nur 1 und 2 sind richtig
(B) nur 1 und 4 sind richtig
(C) nur 3 und 4 sind richtig
(D) nur 1, 2 und 4 sind richtig
(E) 1–4 = alle sind richtig

1905 Eine wäßrige 0,1 M-Essigsäure werde durch Zugabe von Wasser im Verhältnis 1:1 verdünnt.
Welche Aussagen sind richtig?

(1) Der Dissoziationsgrad nimmt ab.
(2) Der pH-Wert wird größer.
(3) Die Acetationenkonzentration sinkt.

(A) nur 1 ist richtig
(B) nur 2 ist richtig
(C) nur 1 und 2 sind richtig
(D) nur 2 und 3 sind richtig
(E) 1–3 = alle sind richtig

1906 Welche der folgenden Reaktionen sind Autoprotolysen?

1907 In welcher der folgenden Reihenfolgen sind die Säuren nach steigenden pK_s-Werten geordnet?

(A) $HPO_4^{2-} < HCO_4^{2-} < NH_4^+$
(B) $NH_4^+ < HPO_4^{2-} < HCO_3^-$
(C) $HCO_3^- < NH_4^+ < HPO_4^{2-}$
(D) $NH_4^+ < HCO_3^- < HPO_4^{2-}$
(E) $HPO_4^{2-} < NH_4^+ < HCO_3^-$

1908 Protonen führen in wäßriger Lösung zu einer besonders hohen elektrischen Leitfähigkeit.
weil
Wasserstoff-Kationen die einzigen Ionen sind, die nur aus einem Atomkern bestehen.

1909 Welche(s) der folgenden Ionen/Verbindungen ist **nicht** tetraedrisch gebaut?

(A) SO_4^{2-}
(B) ClO_4^-
(C) CO_3^{2-}
(D) $SiCl_4$
(E) BH_4^-

1910 Kohlenmonoxid und Cyanid sind für den Menschen toxisch,
weil
Kohlenmonoxid und Cyanid isoster sind.

Anorganische Chemie

1911 In welchen Lösungsmitteln löst sich Iod mit violetter Farbe?

(1) Tetrachlorkohlenstoff
(2) Chloroform
(3) Ethanol
(4) Benzen

(A) nur 1 und 2 sind richtig
(B) nur 2 und 3 sind richtig
(C) nur 3 und 4 sind richtig
(D) nur 1, 2 und 3 sind richtig
(E) 1–4 = alle sind richtig

1912 Welche Aussage über Fluor bzw. seine Verbindungen trifft **nicht** zu?

(A) Antimonpentafluorid ist eine starke Lewis-Säure.
(B) Das BF_4^--Anion ist ein starkes Nucleophil.
(C) In flüssigem Fluorwasserstoff liegen starke Wasserstoffbrücken vor.
(D) Calciumfluorid löst sich in Wasser schwerer als Calciumchlorid.
(E) Fluor hat von allen Halogenen das höchste 1. Ionisierungspotential.

1913 Welcher der folgenden Reaktionen verdankt Natriumthiosulfat seinen Namen „Fixiersalz"?

(A) $Na_2S_2O_3 + I_2$
(B) $Na_2S_2O_3 + HgCl_2$
(C) $Na_2S_2O_3 + Br_2$
(D) $Na_2S_2O_3 + AgBr$
(E) Keiner der obgengenannten Reaktionen.

1914 Welche Aussagen zum I_3^--Anion treffen zu?
Das Anion ist

(1) in hydratisierter Form braun
(2) ein Polyhalogenid
(3) mesomeriestabilisiert
(4) linear gebaut
(5) aus I_2 und KI in wäßriger Lösung herstellbar

(A) nur 2 ist richtig
(B) nur 1 und 3 sind richtig
(C) nur 1, 2 und 4 sind richtig
(D) nur 2, 3 und 5 sind richtig
(E) 1–5 = alle sind richtig

1915 Welche Aussagen über Nitride treffen zu?

(1) Erdalkali- und Alkalinitride besitzen Salzcharakter.

(2) Li_3N hydrolysiert leicht zu Lithiumhydrid und Hydroxylamin.
(3) Salzartige Nitride können aus den Elementen dargestellt werden.

(A) nur 1 ist richtig
(B) nur 2 ist richtig
(C) nur 1 und 3 sind richtig
(D) nur 2 und 3 sind richtig
(E) 1–3 = alle sind richtig

1916 Welche Aussagen über Phosphonsäure treffen zu?

(1) Ihre Summenformel ist H_3PO_3.
(2) Sie ist eine dreibasige Säure.
(3) Sie besitzt ein starkes Reduktionsvermögen.
(4) Sie bildet Ester.
(5) Sie wird durch Hydrolyse von Phosphoroxychlorid hergestellt.

(A) nur 1 ist richtig
(B) nur 1 und 2 sind richtig
(C) nur 3 und 5 sind richtig
(D) nur 1, 3 und 4 sind richtig
(E) nur 2, 4 und 5 sind richtig

1917 Welche der folgenden Substanzen besteht **nicht** aus Calciumcarbonat?

(A) Kalkstein
(B) Kesselstein
(C) Apatit
(D) Marmor
(E) Doppelspat

1918 Calciumhydroxid wird auch „gebrannter Kalk" genannt,
weil
Calciumhydroxid unter starker Wärmeentwicklung aus Calciumoxid und Wasser entsteht.

Außer den Fragen Nr. 1894–1918 waren noch folgende Aufgaben aus voranstehenden Abschnitten Bestandteil der **Prüfung vom Herbst 2002:** Frage Nr. 85 – 185 – 219 –355 – 373 – 470 – 672 – 805 – 820 – 832 – 834 – 836 – 902 – 940 – 1037 – 1151 – 1159 – 1160 – 1192 – 1241 – 1303 – 1308 – 1485 – 1844 – 1883.

Lösungen der MC-Fragen

1	D	51	B	101	D	151	B
2	C	52	E	102	A	152	E
3	B	53	A	103	E	153	B
4	A	54	B	104	D	154	B
5	C	55	A	105	D	155	A
6	A	56	B	106	D	156	B
7	B	57	E	107	C	157	C
8	D	58	E	108	A	158	C
9	D	59	A	109	D	159	E
10	D	60	E	110	A	160	E
11	A	61	A	111	D	161	D
12	E	62	A	112	A	162	C
13	C	63	C	113	D	163	D
14	E	64	A	114	E	164	D
15	C	65	B	115	E	165	C
16	D	66	D	116	D	166	A
17	B	67	C	117	E	167	A
18	B	68	D	118	D	168	E
19	A	69	C	119	D	169	D
20	E	70	B	120	A	170	D
21	D	71	B	121	B	171	B
22	C	72	A	122	C	172	C
23	A	73	C	123	B	173	E
24	B	74	C	124	A	174	C
25	B	75	D	125	C	175	E
26	A	76	C	126	C	176	B
27	C	77	E	127	E	177	C
28	B	78	B	128	A	178	E
29	A	79	A	129	A	179	B
30	B	80	C	130	C	180	C
31	B	81	C	131	A	181	B
32	E	82	B	132	B	182	C
33	B	83	E	133	C	183	C
34	B	84	A	134	D	184	A
35	D	85	E	135	C	185	B
36	A	86	D	136	E	186	A
37	C	87	C	137	D	187	C
38	E	88	B	138	A	188	D
39	B	89	C	139	E	189	E
40	E	90	B	140	C	190	E
41	C	91	B	141	A	191	E
42	B	92	C	142	E	192	E
43	B	93	C	143	D	193	D
44	B	94	C	144	A	194	E
45	E	95	E	145	C	195	D
46	D	96	A	146	D	196	D
47	A	97	D	147	E	197	D
48	E	98	B	148	A	198	B
49	D	99	C	149	A	199	D
50	A	100	B	150	E	200	C

201	C	251	D	301	D	351	C
202	B	252	E	302	A	352	D
203	B	253	E	303	C	353	D
204	A	254	C	304	C	354	C
205	B	255	B	305	C	355	A
206	E	256	B	306	B	356	C
207	C	257	C	307	D	357	D
208	E	258	A	308	B	358	C
209	E	259	D	309	A	359	E
210	E	260	B	310	C	360	E
211	B	261	B	311	A	361	A
212	A	262	B	312	C	362	C
213	A	263	B	313	C	363	E
214	B	264	B	314	C	364	A
215	C	265	C	315	D	365	C
216	D	266	C	316	D	366	A
217	C	267	A	317	A	367	D
218	E	268	D	318	A	368	E
219	A	269	A	319	C	369	D
220	D	270	B	320	A	370	D
221	E	271	C	321	B	371	E
222	B	272	E	322	C	372	E
223	E	273	E	323	E	373	E
224	D	274	E	324	C	374	D
225	A	275	E	325	E	375	E
226	D	276	D	326	D	376	A
227	C	277	C	327	D	377	E
228	C	278	A	328	D	378	A
229	B	279	B	329	E	379	A
230	A	280	D	330	C	380	E
231	E	281	E	331	C	381	B
232	C	282	A	332	A	382	D
233	A	283	E	333	A	383	A
234	C	284	E	334	B	384	B
235	E	285	A	335	D	385	D
236	A	286	B	336	D	386	C
237	E	287	C	337	E	387	D
238	C	288	E	338	E	388	A
239	B	289	E	339	A	389	B
240	C	290	E	340	A	390	A
241	D	291	C	341	A	391	C
242	C	292	E	342	B	392	B
243	D	293	C	343	C	393	D
244	D*	294	B	344	E	394	C
245	E	295	B	345	D	395	E
246	E	296	C	346	A	396	E*
247	D	297	E	347	E	397	A
248	C	298	B	348	D	398	D
249	D	299	E	349	B	399	B
250	C	300	B	350	D	400	A

401	E	451	D	501	D	551	B
402	B	452	C	502	B	552	E
403	B	453	E	503	A	553	E
404	A	454	B	504	D	554	D
405	A	455	C	505	C	555	C
406	E	456	B	506	D	556	E
407	D	457	C	507	C	557	D
408	B	458	C	508	B	558	E
409	E	459	B	509	D	559	B
410	A	460	A	510	D	560	D
411	B	461	A	511	C	561	C
412	C	462	B	512	D	562	C
413	E	463	D	513	C	563	D
414	A	464	E	514	A	564	A
415	C	465	C	515	D	565	E
416	E	466	C	516	A	566	A
417	B	467	B	517	E	567	D
418	A	468	D	518	D	568	E
419	A	469	E	519	D	569	C
420	D	470	A	520	D	570	B
421	E	471	D	521	D	571	A
422	E	472	E	522	C	572	B
423	E	473	E	523	C	573	C
424	D	474	B	524	C	574	A
425	C	475	A	525	D	575	D
426	E	476	A	526	E	576	A
427	D	477	D	527	D	577	D
428	A	478	A	528	C	578	A
429	D	479	A	529	E	579	E
430	A	480	D	530	D	580	A
431	E	481	A	531	A	581	C
432	E	482	D	532	E	582	B
433	B	483	C	533	B	583	D
434	C	484	D	534	E	584	C
435	D	485	A	535	D	585	B
436	C	486	C	536	E	586	D
437	B	487	B	537	B	587	E
438	C	488	D	538	B	588	A
439	B	489	B	539	B	589	B
440	E	490	A	540	B	590	E
441	D	491	E	541	C	591	E
442	E	492	C	542	C	592	D
443	C	493	D	543	C	593	D
444	E	494	B	544	E	594	D
445	B	495	A	545	D	595	D
446	B	496	A	546	A	596	A
447	C	497	B	547	B	597	A
448	D	498	C	548	C	598	B
449	B	499	C	549	A	599	A
450	B	500	C	550	D	600	E

601	D	651	B	701	D	751	A
602	D	652	D	702	D	752	A
603	E	653	A	703	D	753	B
604	D	654	A	704	E	754	E
605	C	655	A	705	D	755	A
606	E	656	B	706	D	756	A
607	E	657	C	707	C	757	E
608	D	658	E	708	E	758	D
609	A	659	D	709	D	759	C
610	A	660	B	710	D	760	B
611	D	661	C	711	B	761	D
612	C	662	A	712	C	762	C
613	B	663	D	713	E	763	C
614	A	664	E	714	D	764	C
615	A	665	D	715	C	765	A
616	A	666	D	716	B	766	D
617	D	667	E	717	E	767	B
618	E	668	B	718	D	768	D
619	A	669	B	719	A	769	C
620	E	670	D	720	A	770	D
621	C	671	A	721	C	771	D
622	E	672	D	722	D	772	A
623	B	673	D	723	D	773	B
624	C	674	A	724	E	774	C
625	A	675	D	725	D	775	D
626	C	676	D	726	B	776	C
627	B	677	B	727	E	777	E
628	E	678	E	728	B	778	E
629	C	679	D	729	B	779	C
630	D	680	C	730	B	780	B
631	A	681	B	731	B	781	A
632	A	682	C	732	D	782	C
633	B	683	C	733	E	783	D
634	A	684	B	734	C	784	A
635	A	685	E	735	E	785	B
636	B	686	B	736	B	786	E
637	E	687	D	737	D	787	C
638	E	688	C	738	C	788	D
639	D	689	D	739	D	789	A
640	A	690	D	740	B	790	C
641	A	691	C	741	C	791	D
642	C	692	A	742	D	792	D
643	C	693	C	743	B	793	D
644	A	694	C	744	C	794	D
645	D	695	C	745	E	795	B
646	B	696	A	746	C	796	C
647	C	697	A	747	B	797	A
648	B	698	D	748	C	798	E
649	A	699	C	749	A	799	A
650	C	700	C	750	E	800	A

801	D	851	B	901	A	951	E
802	E	852	B	902	D	952	C
803	E	853	C	903	B	953	A
804	A	854	B*	904	B	954	D
805	A	855	A	905	C	955	D
806	A	856	E	906	D	956	C
807	C	857	D	907	B	957	C
808	C	858	D	908	E	958	B
809	A	859	A	909	D	959	E
810	A	860	E	910	E	960	E
811	D	861	E	911	D	961	B
812	E	862	C	912	B*	962	B
813	E	863	A	913	E	963	D
814	B	864	A	914	A	964	D
815	D	865	C	915	E	965	E
816	D	866	B	916	B	966	B
817	B	867	C	917	A	967	C
818	D	868	A	918	D	968	D
819	C	869	C	919	B	969	E
820	C	870	B	920	C	970	B
821	B	871	A	921	A	971	D
822	D	872	A	922	A	972	B
823	A	873	B	923	B	973	D
824	A	874	D	924	C	974	E
825	A	875	A	925	C	975	A
826	D	876	E	926	D	976	C
827	D	877	D	927	E	977	A
828	D	878	B	928	C	978	C
829	D	879	D	929	B	979	E
830	E	880	D	930	B	980	E
831	D	881	C	931	A	981	C
832	A	882	C	932	B	982	A
833	E	883	B	933	C	983	B
834	A	884	D	934	A	984	E
835	B	885	E	935	D	985	C
836	D	886	C	936	B	986	B
837	A	887	A	937	B	987	D
838	B	888	C	938	E	988	C
839	D	889	B	939	B	989	E
840	E	890	A	940	B	990	C
841	D	891	D	941	C	991	B
842	D	892	B	942	B	992	D
843	A	893	D	943	B	993	D
844	B	894	B	944	C	994	B
845	D	895	E	945	C	995	C
846	E	896	B	946	D	996	C
847	A	897	E	947	B	997	E
848	C	898	B	948	E	998	E
849	C	899	E	949	A	999	C
850	C	900	B	950	E	1000	C

1001	B	1051	C	1101	A	1151	C
1002	B	1052	D	1102	E	1152	E
1003	D	1053	C	1103	D	1153	B
1004	C	1054	D	1104	D	1154	E
1005	E	1055	E	1105	A	1155	C
1006	E	1056	C	1106	D	1156	D
1007	C	1057	D	1107	D	1157	E
1008	D	1058	C	1108	B	1158	C
1009	C	1059	E	1109	A	1159	B
1010	E	1060	D	1110	A	1160	C
1011	C	1061	B	1111	A	1161	E
1012	C	1062	C	1112	C	1162	E
1013	A	1063	D	1113	A	1163	A
1014	D	1064	C	1114	E	1164	E
1015	A	1065	E*	1115	A	1165	E
1016	E	1066	E	1116	C	1166	D
1017	D	1067	E	1117	C	1167	E
1018	C	1068	B	1118	E	1168	A
1019	D	1069	D	1119	A	1169	C
1020	A	1070	A	1120	E	1170	A
1021	A	1071	D	1121	D	1171	A
1022	D	1072	A	1122	E	1172	A
1023	A	1073	D	1123	E	1173	D
1024	E	1074	D	1124	E	1174	D
1025	E	1075	B	1125	D	1175	D
1026	A	1076	A	1126	D	1176	C
1027	A	1077	E	1127	B	1177	E
1028	E	1078	A	1128	E	1178	B
1029	C	1079	C	1129	C	1179	B
1030	C	1080	A	1130	E	1180	C
1031	A	1081	E	1131	A	1181	D
1032	C	1082	C	1132	B	1182	D
1033	E	1083	D	1133	D	1183	C
1034	D	1084	D	1134	E	1184	D
1035	A	1085	C	1135	E	1185	D
1036	C	1086	A	1136	D	1186	D
1037	B	1087	D	1137	B	1187	B
1038	A*	1088	E	1138	D	1188	D
1039	D	1089	E	1139	C	1189	A
1040	B	1090	C	1140	B	1190	A
1041	C	1091	A	1141	B	1191	B
1042	D	1092	D	1142	C	1192	B
1043	A	1093	A	1143	A	1193	E
1044	E	1094	A	1144	D	1194	E
1045	B	1095	B	1145	D	1195	A
1046	B	1096	A	1146	B	1196	A
1047	A	1097	D	1147	D	1197	C
1048	C	1098	A	1148	C	1198	E
1049	D	1099	D	1149	B	1199	A
1050	A	1100	A	1150	D	1200	D

1201	A	1251	E	1301	B	1351	E
1202	C	1252	E	1302	E	1352	D
1203	B	1253	C	1303	D	1353	D
1204	B	1254	D	1304	E	1354	D
1205	A	1255	A	1305	E	1355	D
1206	A	1256	A	1306	E	1356	A
1207	E	1257	C	1307	D	1357	C
1208	D	1258	D	1308	B	1358	A
1209	E	1259	B	1309	C	1359	D
1210	E	1260	E	1310	D	1360	A
1211	C	1261	B	1311	B	1361	A
1212	C	1262	D	1312	E	1362	D
1213	E	1263	C	1313	B	1363	D
1214	E	1264	E	1314	B	1364	E
1215	E	1265	E	1315	B	1365	A
1216	A	1266	D	1316	E	1366	C
1217	D	1267	C	1317	B	1367	B
1218	E	1268	D	1318	C	1368	D
1219	C	1269	A	1319	A	1369	E
1220	B	1270	A	1320	D	1370	C
1221	C	1271	E	1321	C	1371	C
1222	D	1272	A	1322	C	1372	C
1223	A	1273	B	1323	A	1373	E
1224	A	1274	D	1324	C	1374	D
1225	B	1275	D	1325	D	1375	A
1226	D	1276	C	1326	C	1376	C
1227	E	1277	A	1327	B	1377	E
1228	C	1278	E	1328	E	1378	B
1229	E	1279	B	1329	C	1379	B
1230	E	1280	D	1330	D	1380	A
1231	D	1281	E	1331	C	1381	A
1232	C	1282	B	1332	D	1382	E
1233	A	1283	C	1333	D	1383	C
1234	B	1284	D	1334	D	1384	E
1235	E	1285	A	1335	D	1385	C
1236	C	1286	B	1336	D	1386	D
1237	D	1287	E	1337	A	1387	B
1238	D	1288	E	1338	E	1388	D
1239	C	1289	E	1339	A	1389	C
1240	C	1290	A	1340	D	1390	C
1241	B	1291	B	1341	D	1391	B
1242	A	1292	B	1342	C	1392	B
1243	E	1293	D	1343	D	1393	B
1244	D	1294	C	1344	C	1394	A
1245	B	1295	E	1345	C	1395	C
1246	B	1296	E	1346	B	1396	E
1247	A	1297	B	1347	D	1397	B
1248	C	1298	C	1348	B	1398	C
1249	B	1299	D	1349	D	1399	C
1250	D	1300	E	1350	B	1400	A

1401	B	1451	A	1501	D	1551	B
1402	C	1452	B	1502	A	1552	E
1403	C	1453	D	1503	D	1553	E
1404	E	1454	D	1504	E	1554	C
1405	B	1455	E	1505	C	1555	D
1406	D	1456	D	1506	A	1556	D
1407	C	1457	C	1507	A	1557	E
1408	E	1458	D	1508	C	1558	C
1409	D	1459	A	1509	E	1559	E
1410	A	1460	E	1510	D	1560	C
1411	B	1461	B	1511	C	1561	C
1412	C	1462	C	1512	C	1562	B
1413	B	1463	C	1513	E	1563	B
1414	D	1464	B	1514	C	1564	E
1415	A	1465	B	1515	D	1565	C
1416	A	1466	C	1516	D	1566	B
1417	D	1467	D	1517	E	1567	E
1418	A	1468	D	1518	B	1568	B
1419	D	1469	C	1519	A	1569	D
1420	A	1470	A	1520	B	1570	E
1421	B	1471	E	1521	E	1571	E
1422	D	1472	D	1522	C	1572	D
1423	C	1473	C	1523	A	1573	C
1424	C	1474	A	1524	A	1574	B
1425	B	1475	E	1525	B	1575	D
1426	C	1476	B	1526	A	1576	A
1427	B	1477	B	1527	C	1577	C
1428	E	1478	C	1528	E	1578	A
1429	D	1479	B	1529	D	1579	A
1430	A	1480	C	1530	D	1580	A
1431	A	1481	D	1531	A	1581	B
1432	A	1482	D	1532	C	1582	D
1433	C	1483	D	1533	B	1583	B
1434	E	1484	E	1534	A	1584	C
1435	D	1485	C	1535	D	1585	B
1436	A	1486	E	1536	C	1586	E
1437	E	1487	A	1537	D	1587	A
1438	C	1488	E	1538	A	1588	D
1439	E	1489	E	1539	B	1589	C
1440	A	1490	E	1540	A	1590	A
1441	B	1491	B	1541	E	1591	C
1442	C	1492	A	1542	D	1592	B
1443	B	1493	D	1543	C	1593	A
1444	A	1494	C	1544	B	1594	E
1445	B	1495	D	1545	C	1595	E
1446	C	1496	B	1546	D	1596	B
1447	D	1497	E	1547	B	1597	E
1448	D	1498	A	1548	A	1598	A
1449	C	1499	C	1549	B	1599	E
1450	A	1500	A	1550	A	1600	D

1601	E	1651	D	1701	E	1751	D
1602	B	1652	D	1702	E	1752	D
1603	A	1653	C	1703	C	1753	A
1604	B	1654	C	1704	B	1754	C
1605	D	1655	D	1705	C	1755	D
1606	D	1656	E	1706	D	1756	B
1607	B	1657	D	1707	C	1757	E
1608	D	1658	B	1708	B	1758	C
1609	C	1659	B	1709	A	1759	D
1610	E	1660	E	1710	B	1760	D
1611	A	1661	B	1711	E	1761	D
1612	B	1662	D	1712	B	1762	B
1613	E	1663	E	1713	D	1763	D
1614	E	1664	A	1714	E	1764	A
1615	A	1665	C	1715	C	1765	C
1616	E	1666	B	1716	A	1766	D
1617	A	1667	E	1717	C	1767	B
1618	D	1668	D	1718	A	1768	D
1619	B	1669	C	1719	E	1769	E
1620	E	1670	B	1720	D	1770	D
1621	C	1671	A	1721	A	1771	D
1622	E	1672	E	1722	B	1772	E
1623	B	1673	C	1723	C	1773	D
1624	E	1674	D	1724	C	1774	A
1625	A	1675	B	1727	A	1775	A
1626	D	1676	C	1726	C	1776	D
1627	C	1677	B	1727	E	1777	C
1628	A	1678	B	1728	D	1778	C
1629	C	1679	E	1729	A	1779	D
1630	A	1680	D	1730	E	1780	C
1631	E	1681	D	1731	B	1781	B
1632	B	1682	D	1732	D	1782	E
1633	C	1683	A	1733	D	1783	B
1634	C	1684	D	1734	C	1784	B
1635	E	1685	A	1735	A	1785	D
1636	A	1686	A	1736	C	1786	E
1637	D	1687	D	1737	C	1787	A
1638	E	1688	E	1738	E	1788	C
1639	B	1689	C	1739	B	1789	A
1640	D	1690	A	1740	D	1790	E
1641	D	1691	D	1741	E	1791	B
1642	C	1692	E	1742	E	1792	E
1643	C	1693	B	1743	B	1793	C
1644	E	1694	A	1744	B	1794	B
1645	D	1695	D	1745	C	1795	B
1646	C	1696	A	1746	A	1796	A
1647	B	1697	C	1747	C	1797	C
1648	C	1698	C	1748	B	1798	D
1649	E	1699	B	1749	C	1799	E
1650	B	1700	E	1750	A	1800	B

1801	C	1851	B	1901	B		
1802	A	1852	E	1902	A		
1803	B	1853	D	1903	B		
1804	E	1854	B	1904	E		
1805	C	1855	B	1905	D		
1806	B	1856	D	1906	B		
1807	E	1857	C	1907	D		
1808	C	1858	E	1908	B		
1809	E	1859	C	1909	C		
1810	A	1860	E	1910	B		
1811	A	1861	A	1911	A		
1812	C	1862	B	1912	B		
1813	C	1863	A	1913	D		
1814	A	1864	E	1914	E		
1815	D	1865	C	1915	C		
1816	D	1866	B	1916	D		
1817	D	1867	B	1917	C		
1818	C	1868	C	1918	D		
1819	C	1869	A				
1820	A	1870	E				
1821	E	1871	E				
1822	D	1872	C				
1823	D	1873	B				
1824	E	1874	A				
1825	B	1875	E				
1826	A	1876	D				
1827	D	1877	A				
1828	C	1878	B				
1829	D	1879	E				
1830	D	1880	D				
1831	B	1881	A				
1832	D	1882	C				
1833	E	1883	D				
1834	C	1884	E				
1835	E	1885	B				
1836	B	1886	C				
1837	A	1887	C				
1838	E	1888	A				
1839	A	1889	C				
1840	A	1890	A				
1841	C	1891	B				
1842	C	1892	D				
1843	B	1893	A				
1844	A	1894	E				
1845	E	1895	B				
1846	C	1896	E				
1847	E	1897	C				
1848	E	1898	C				
1849	D	1899	E				
1850	B	1900	C				

Anmerkungen zu einzelnen MC-Fragen

[**Frage Nr. 244**] Der Ausdruck „Außenelektronen" im Zusammenhang mit Molekülstrukturen ist mißverständlich. Gemeint ist die Summe der bindenden **und** freien Elektronenpaare aller am Aufbau der genannten Moleküle beteiligten Atome. Sie beträgt **24** bei Molekülen wie NO_3^-, SO_3, BF_3 sowie CO_3^{2-} und **26** beim PCl_3.

[**Frage Nr. 396**] In Aussage (1) müßte es korrekterweise heißen: $0\,°C$ entspricht dem Schmelzpunkt von **Eis** unter Normalbedingungen.

[**Frage Nr. 854**] Nicht eindeutig formuliert ist der zweite Teil der Verknüpfungsfrage: „im Wasserstoffmolekül die Elektronen unterschiedliche Spins **haben können**". Sie besitzen antiparallelen Spin, da ein Orbital (AO, MO) nur dann mit maximal zwei Elektronen besetzt werden kann, sofern die beiden Elektronen entgegengesetzten Spin **haben.**

[**Frage Nr. 912**] Von den genannten Metallhalogeniden besitzt neben $HgCl_2$ und Hg_2Cl_2 auch **$AlCl_3$** erhebliche kovalente Bindungsanteile. $AlCl_3$ kristallisiert in einer Schichtgitterstruktur; die Schichten werden durch polare kovalente Bindungen zusammengehalten. Dies bestätigt auch **MC-Frage Nr. 1168.**

[**Frage Nr. 1038**] Die erste Aussage dieser Verknüpfungsfrage ist **falsch**, so daß Lösung **(D)** richtig wäre. Phosphor kann, wie z. B. im PCl_6^--Ion, maximal **sechsbindig** auftreten. Dies dokumentiert auch die Richtigkeit der Aussage (4) in Frage Nr. **1043** und der Aussage (2) in Frage Nr. **1060.**

[**Frage Nr. 1065**] Zu dieser Frage ist auszuführen, daß As_2O_3 (As_4O_6) ein Säureanhydrid ist und Sb_2O_3 (Sb_4O_6) amphoteren Charakter besitzt. Daher ist die Formulierung der Aussage (4) in dieser Form nicht korrekt.

Erklärung der Aufgabentypen

Aufgabentyp A1: Einfachauswahl

Erläuterung: Auf eine Frage oder unvollständige Aussage folgen bei diesem Aufgabentyp fünf mit (A) – (E) gekennzeichnete Antworten oder Ergänzungen, von denen sie eine *einzige* auswählen sollen und zwar

        entweder   die *einzig* richtige

        oder   die *beste* von mehreren möglichen.

Lesen Sie immer alle Antwortmöglichkeiten durch, bevor Sie sich für eine Lösung entscheiden.

Aufgabentyp A2: Einfachauswahl

Erläuterung: Diese Aufgaben sind so formuliert, daß Sie aus den angebotenen Antwortalternativen jeweils die einzig **nicht** zutreffende wählen sollen.

Aufgabentyp B: Aufgabengruppe mit gemeinsamem Antwortangebot – Zuordnungsaufgaben

Erläuterung: Jede dieser Aufgabengruppen besteht aus

    a) einer Liste mit numerierten Begriffen, Fragen oder Aussagen (Liste 1 = Aufgabengruppe)

    b) einer Liste von fünf durch die Buchstaben (A)–(E) gekennzeichneten Antwortmöglichkeiten (Liste 2).

Sie sollen zu jeder numerierten Aufgabe der Liste 1 aus der Liste 2 die *eine* Antwort (A)–(E) auswählen, die Sie für zutreffend halten oder von der Sie meinen, daß sie im engsten Zusammenhang mit dieser Aufgabe steht. Bitte beachten Sie, daß jede Antwortmöglichkeit (A)–(E) auch für mehrere Aufgaben der Liste 1 die Lösung darstellen kann.

Aufgabentyp C: Kausale Verknüpfung

Erläuterung: Dieser Aufgabentyp besteht aus drei Teilen:

    Teil 1:   Aussage 1

    Teil 2:   Aussage 2

    Teil 3:   Kausale Verknüpfung („weil")

Jeder der beiden Aussagen kann unabhängig von der anderen richtig oder falsch sein. Wenn beide Aussagen richtig sind, so kann die Verknüpfung durch „weil" richtig oder falsch sein. Entnehmen Sie den richtigen Lösungsbuchstaben nach Prüfung der einzelnen Teile dem nachfolgenden Lösungsschema:

Antwort	Aussage 1	Aussage 2	Verknüpfung
A	richtig	richtig	richtig
B	richtig	richtig	falsch
C	richtig	falsch	–
D	falsch	richtig	–
E	falsch	falsch	–

Aufgabentyp D: Aussagekombination

Erläuterung: Dieser Aufgabentyp besteht aus
a) einer Frage oder unvollständigen Aussage,
b) mehreren durch eingeklammerte Zahlen gekennzeichneten Aussagen sowie
c) mit den Buchstaben (A)–(E) gekennzeichneten Antworten (Aussagekombination).

Wählen Sie bitte die zutreffende Lösung unter den fünf vorgegebenen Aussagekombinationen (A)–(E) aus.